- 高等学校教材
- 国家级网络教育精品课程配套教材

物理化学

张庆轩 杨国华 张志庆 编

Physical Chemistry

化学工业出版社
·北京·

本书根据高等工科院校近化学化工类专业的特点,在阐明基本原理的基础上,注重理论与实践的结合。本书对热力学内容作了较大的调整,主要内容有气体、化学热力学基础、多组分系统热力学与相平衡、化学平衡、电化学、化学反应动力学、表面现象与胶体分散系统等。

本书可作为高等工科院校近化学化工类各专业的教材,也可供有关人员参考。

图书在版编目(CIP)数据

物理化学/张庆轩,杨国华,张志庆编 .—北京:化学工业出版社,2011.10(2016.3重印)
高等学校教材
国家级网络教育精品课程配套教材
ISBN 978-7-122-12435-7

Ⅰ.物… Ⅱ.①张…②杨…③张… Ⅲ.物理化学-高等学校-教材 Ⅳ.O64

中国版本图书馆 CIP 数据核字 (2011) 第 197520 号

责任编辑:宋林青　　　　　　　　　　文字编辑:孙凤英
责任校对:陶燕华　　　　　　　　　　装帧设计:史利平

出版发行:化学工业出版社(北京市东城区青年湖南街13号　邮政编码100011)
印　　装:三河市延风印装有限公司
787mm×1092mm　1/16　印张18　字数454千字　2016年3月北京第1版第2次印刷

购书咨询:010-64518888(传真:010-64519686)　售后服务:010-64518899
网　　址:http://www.cip.com.cn
凡购买本书,如有缺损质量问题,本社销售中心负责调换。

定　价:32.00元　　　　　　　　　　　　　　　　　版权所有　违者必究

前　言

物理化学是材料、地质、储运、轻工等专业学生的一门重要的基础课。该课程系统性、理论性强，概念抽象、公式繁多，因此初学者往往由于难以与实际应用结合而感到理解困难。我们在多年物理化学课程建设的基础上，参考近年来物理化学最新的教学和科研成果，同时结合近化学、化工类专业的特点，编写了这本适用于少学时的工科物理化学教材。

编写本教材总体的指导思想是力图做到简明扼要、重点突出，并注重理论知识的实际应用。在各章节内容的编排上，按基础知识、能力扩展、综合应用三个层次架构教学内容体系，突出物理化学的方法原理以及与生产实际的结合。为便于学生学习，各章节对核心内容作了简要介绍，提出对本章的基本要求。各章均附有自测题和习题，便于学生通过必要的练习，掌握基本概念和理论，并拓展灵活运用能力。

本书共7章，包括气体、化学热力学基础、多组分系统热力学与相平衡、化学平衡、电化学、化学反应动力学、表面现象与胶体分散系统。第1、2、4、5、6章由张庆轩编写，第3章由杨国华编写，第7章由张志庆编写。全书由张庆轩统稿和定稿。

本书可作为高等院校近化学、化工类专业学生的物理化学教材，也可作为其他专业学生及从事相关工作的工程技术人员的参考用书。

本书在编写过程中，得到了中国石油大学（华东）物理化学教研室各位老师及化学工业出版社的大力支持和帮助，在此谨致感谢。

由于我们水平有限，书中疏漏和不妥之处在所难免，敬请同行专家和读者批评指正。

编者
2011 年 9 月

目 录

第1章 气体 ··· 1
  §1.1 理想气体状态方程 ·· 1
    1.1.1 低压气体的经验定律 ·· 2
    1.1.2 理想气体状态方程 ··· 2
    1.1.3 理想气体的定义及微观模型 ··································· 3
  §1.2 道尔顿分压定律和阿马格分体积定律 ····························· 4
    1.2.1 混合气体的组成及平均摩尔质量 ······························ 4
    1.2.2 分压力定义和道尔顿分压定律 ································ 5
    1.2.3 分体积定义和阿马格（Amagat）分体积定律 ·················· 5
  §1.3 真实气体状态方程 ·· 6
    1.3.1 真实气体的非理想行为 ·· 7
    1.3.2 范德华方程 ·· 8
    1.3.3 真实气体的其他状态方程 ····································· 8
  §1.4 真实气体的液化与临界状态 ······································ 10
    1.4.1 CO_2 气体液化过程的 p-V_m 等温曲线 ··················· 10
    1.4.2 临界状态及真实气体液化的条件 ···························· 11
    1.4.3 超临界流体及应用 ·· 12
  §1.5 普遍化压缩因子图 ·· 13
    1.5.1 对比参数及对应状态原理 ···································· 13
    1.5.2 压缩因子 Z 及其物理意义 ··································· 13
    1.5.3 Z 值的求法——普遍化压缩因子图 ························· 14

第2章 化学热力学基础 ··· 19
  §2.1 基本概念 ·· 19
    2.1.1 系统和环境 ·· 20
    2.1.2 状态和状态函数 ·· 20
    2.1.3 热力学平衡态 ··· 21
    2.1.4 过程与途径 ·· 21
    2.1.5 热和功 ·· 22
  §2.2 热力学第一定律 ··· 23
    2.2.1 热力学能 ·· 24
    2.2.2 热力学第一定律 ·· 24
    2.2.3 焓（H） ·· 25
    2.2.4 理想气体的热力学能和焓 ··································· 25
    2.2.5 定容热和定压热 ·· 26
  §2.3 热容及单纯变温过程热的计算 ·································· 27
    2.3.1 热容定义 ·· 27
    2.3.2 定容摩尔热容和定压摩尔热容 ······························ 27
    2.3.3 $C_{p,m}$ 与 $C_{V,m}$ 的关系 ································· 28

2.3.4　热容与温度的关系 ··· 28
　　2.3.5　单纯变温过程热的计算 ··· 28
§2.4　可逆过程及可逆体积功的计算 ··· 30
　　2.4.1　可逆过程及其特点 ··· 30
　　2.4.2　可逆过程体积功计算 ·· 32
　　2.4.3　卡诺循环 ··· 35
§2.5　节流膨胀过程 ··· 37
　　2.5.1　焦耳-汤姆逊（Joule-Thomson）实验 ································ 37
　　2.5.2　节流膨胀过程的 ΔU 和 ΔH ······································· 38
　　2.5.3　焦耳-汤姆逊系数 ··· 38
§2.6　热力学第二定律 ··· 38
　　2.6.1　自发过程的共同特征 ·· 39
　　2.6.2　热力学第二定律的经典表述 ·· 39
§2.7　熵函数 ·· 40
　　2.7.1　熵函数及熵变定义 ··· 40
　　2.7.2　热力学第二定律的数学式——克劳修斯不等式 ······················ 42
　　2.7.3　熵增加原理与熵判据 ·· 42
　　2.7.4　熵的物理意义 ··· 43
§2.8　亥姆霍兹函数与吉布斯函数 ·· 43
　　2.8.1　亥姆霍兹（Helmholtz）函数 ··· 44
　　2.8.2　吉布斯（Gibbs）函数 ·· 45
§2.9　热力学函数间的重要关系式 ·· 46
　　2.9.1　热力学函数间的关系式 ··· 46
　　2.9.2　热力学的基本公式 ··· 46
　　2.9.3　麦克斯韦（J. C. Maxwell）关系式 ···································· 47
§2.10　物理过程热力学函数变的计算 ··· 49
　　2.10.1　单纯 pVT 变化过程热力学函数变的计算 ·························· 49
　　2.10.2　混合过程热力学函数变的计算 ·· 51
　　2.10.3　相变过程热力学函数变的计算 ·· 52
§2.11　化学反应过程热力学函数变的计算 ······································ 55
　　2.11.1　化学反应过程热的计算 ·· 55
　　2.11.2　化学反应过程熵变的计算 ·· 60
　　2.11.3　反应的标准摩尔吉布斯函数变计算 ··································· 62

第3章　多组分系统热力学与相平衡

§3.1　组成表示法 ··· 69
　　3.1.1　B 的物质的量分数 ··· 70
　　3.1.2　B 的物质的量浓度（简称 B 的浓度） ································· 70
　　3.1.3　B 的质量分数 ··· 70
　　3.1.4　溶质 B 的组成标度 ·· 70
§3.2　偏摩尔量和化学势 ·· 71
　　3.2.1　偏摩尔量的定义 ·· 72
　　3.2.2　偏摩尔量的集合公式 ·· 72
　　3.2.3　偏摩尔量之间的函数关系 ··· 74
　　3.2.4　化学势定义 ·· 74
　　3.2.5　化学势与温度、压力的关系 ·· 75

3.2.6 理想气体化学势表示式 …………………………………………………………… 75
3.2.7 化学势判据及应用 ……………………………………………………………… 76
§3.3 拉乌尔定律和亨利定律 ……………………………………………………………… 76
3.3.1 拉乌尔（Raoult）定律 ………………………………………………………… 77
3.3.2 亨利（Henry）定律 …………………………………………………………… 77
3.3.3 拉乌尔定律和亨利定律的微观解释 …………………………………………… 77
§3.4 理想液态混合物 ……………………………………………………………………… 78
3.4.1 理想液态混合物的定义和微观特征 …………………………………………… 78
3.4.2 理想液态混合物中各组分的化学势 …………………………………………… 79
3.4.3 理想液态混合物的混合性质 …………………………………………………… 79
§3.5 理想稀溶液 …………………………………………………………………………… 80
3.5.1 理想稀溶液的定义 ……………………………………………………………… 81
3.5.2 理想稀溶液中溶剂和溶质的化学势 …………………………………………… 81
3.5.3 稀溶液的依数性 ………………………………………………………………… 83
3.5.4 溶质在不同稀溶液相中的分配——分配定律 ………………………………… 85
§3.6 逸度与活度 …………………………………………………………………………… 86
3.6.1 纯真实气体的化学势——逸度概念 …………………………………………… 87
3.6.2 真实液态混合物中组分 B 的化学势和活度 …………………………………… 87
3.6.3 真实溶液中溶剂和溶质的化学势 ……………………………………………… 88
§3.7 相律 …………………………………………………………………………………… 90
3.7.1 基本概念 ………………………………………………………………………… 90
3.7.2 相律 ……………………………………………………………………………… 91
3.7.3 相律的应用 ……………………………………………………………………… 91
§3.8 单组分系统相图 ……………………………………………………………………… 93
3.8.1 相图制作 ………………………………………………………………………… 93
3.8.2 相图解析 ………………………………………………………………………… 94
3.8.3 复杂单组分相图 ………………………………………………………………… 94
3.8.4 克拉佩龙方程 …………………………………………………………………… 95
§3.9 二组分系统气液平衡相图 …………………………………………………………… 97
3.9.1 二组分理想液态混合物气液平衡相图 ………………………………………… 97
3.9.2 二组分真实液态混合物的气液平衡相图 ……………………………………… 100
3.9.3 二组分液态部分互溶系统的气液平衡相图 …………………………………… 101
3.9.4 二组分完全不互溶系统——水蒸气蒸馏 ……………………………………… 103
§3.10 液-固平衡相图 ……………………………………………………………………… 104
3.10.1 固相完全不互溶系统固液相图——熔点-组成图 …………………………… 105
3.10.2 固相部分互溶系统固液相图 ………………………………………………… 108
3.10.3 固相完全互溶系统固液相图 ………………………………………………… 108
3.10.4 复杂固液系统相图分析 ……………………………………………………… 109

第 4 章 化学平衡 ……………………………………………………………………………… 121
§4.1 化学反应的平衡条件 ………………………………………………………………… 121
§4.2 理想气体化学反应的等温方程与平衡常数 ………………………………………… 122
4.2.1 理想气体化学反应的等温方程 ………………………………………………… 122
4.2.2 化学反应标准平衡常数 ………………………………………………………… 123
4.2.3 理想气体反应系统平衡常数表示方法 ………………………………………… 125
§4.3 复相化学平衡 ………………………………………………………………………… 126

§4.4 化学反应平衡常数的计算及其应用 …………………………………………… 128
　　4.4.1 平衡常数的测定方法 …………………………………………………… 128
　　4.4.2 平衡常数的计算 ………………………………………………………… 129
　　4.4.3 化学平衡常数的应用——平衡组成的计算 …………………………… 129
　　4.4.4 同时反应平衡组成的计算 ……………………………………………… 132
§4.5 温度及其他因素对理想气体化学平衡的影响 ………………………………… 133
　　4.5.1 化学反应等压方程——温度对化学平衡的影响 ……………………… 133
　　4.5.2 化学反应等压方程的积分式及其应用 ………………………………… 134
　　4.5.3 压力对化学平衡的影响 ………………………………………………… 136
　　4.5.4 惰性气体对化学平衡的影响 …………………………………………… 137
§4.6 其他系统的化学平衡 …………………………………………………………… 138
　　4.6.1 真实气体反应的化学平衡 ……………………………………………… 138
　　4.6.2 液态混合物中的化学平衡 ……………………………………………… 138
§4.7 化学反应平衡的应用实例 ……………………………………………………… 139
　　4.7.1 合成氨反应的化学平衡 ………………………………………………… 139
　　4.7.2 烃类热解过程中的化学平衡 …………………………………………… 139
　　4.7.3 生活中的化学平衡 ……………………………………………………… 140

第5章 电化学 ……………………………………………………………………… 146
§5.1 电解质溶液的导电机理及法拉第定律 ………………………………………… 146
　　5.1.1 导体的分类 ……………………………………………………………… 147
　　5.1.2 电解质溶液的导电机理 ………………………………………………… 147
　　5.1.3 法拉第定律 ……………………………………………………………… 147
§5.2 电导、电导率和摩尔电导率 …………………………………………………… 148
　　5.2.1 电导与电导率 …………………………………………………………… 149
　　5.2.2 摩尔电导率 ……………………………………………………………… 149
　　5.2.3 电导的测定 ……………………………………………………………… 149
　　5.2.4 摩尔电导率与浓度的关系 ……………………………………………… 151
　　5.2.5 离子独立运动定律 ……………………………………………………… 151
　　5.2.6 电导测定的应用 ………………………………………………………… 152
§5.3 强电解质溶液的活度和活度因子 ……………………………………………… 153
　　5.3.1 平均离子活度及平均离子活度因子 …………………………………… 153
　　5.3.2 离子强度 ………………………………………………………………… 155
　　5.3.3 德拜-休克尔极限公式 …………………………………………………… 155
§5.4 可逆电池的条件 ………………………………………………………………… 156
　　5.4.1 可逆电池的条件 ………………………………………………………… 156
　　5.4.2 可逆电池的书写方法 …………………………………………………… 157
§5.5 可逆电池热力学 ………………………………………………………………… 157
　　5.5.1 由可逆电池电动势计算电池反应的摩尔吉布斯函数变 ……………… 158
　　5.5.2 由可逆电池电动势及其温度系数求反应的 $\Delta_r H_m$ 和 $\Delta_r S_m$ ………… 158
　　5.5.3 计算原电池可逆放电时的反应热 ……………………………………… 158
　　5.5.4 能斯特（Nernst）方程 …………………………………………………… 158
　　5.5.5 计算电池反应的平衡常数 ……………………………………………… 159
§5.6 电极电势和电极种类 …………………………………………………………… 160
　　5.6.1 电池电动势的形成 ……………………………………………………… 161
　　5.6.2 电极电势 ………………………………………………………………… 161

5.6.3　可逆电极的种类 …………………………………… 164
§5.7　原电池设计 …………………………………………… 166
　　5.7.1　原电池的设计方法 …………………………………… 166
　　5.7.2　化学原电池设计实例 ………………………………… 167
　　5.7.3　浓差原电池设计实例 ………………………………… 168
　　5.7.4　液体接界电势的消除 ………………………………… 168
§5.8　电极极化现象 ………………………………………… 169
　　5.8.1　分解电压 ……………………………………………… 170
　　5.8.2　电极的极化 …………………………………………… 171
　　5.8.3　极化现象产生的原因 ………………………………… 171
　　5.8.4　超电势和极化曲线 …………………………………… 172
§5.9　电解时的电极反应 …………………………………… 173
　　5.9.1　反应顺序规则 ………………………………………… 173
　　5.9.2　计算实例 ……………………………………………… 174
§5.10　金属的电化学腐蚀与防护 …………………………… 175
　　5.10.1　金属腐蚀的分类 ……………………………………… 175
　　5.10.2　金属的电化学腐蚀原理 ……………………………… 175
　　5.10.3　钢铁的腐蚀 …………………………………………… 176
　　5.10.4　金属腐蚀的防护 ……………………………………… 176

第6章　化学反应动力学 ……………………………………… 185
§6.1　化学反应速率的表示方法 ……………………………… 185
　　6.1.1　化学反应速率的惯用表示法 …………………………… 185
　　6.1.2　用反应进度定义化学反应速率 ………………………… 186
　　6.1.3　反应速率的测定方法 …………………………………… 187
§6.2　化学反应的速率方程 …………………………………… 187
　　6.2.1　化学反应的速率方程 …………………………………… 188
　　6.2.2　基元反应及其速率方程的建立 ………………………… 188
　　6.2.3　反应分子数、反应级数、反应速率常数 ……………… 189
§6.3　简单级数的反应 ………………………………………… 189
　　6.3.1　零级反应 ………………………………………………… 190
　　6.3.2　一级反应 ………………………………………………… 191
　　6.3.3　二级反应 ………………………………………………… 193
　　6.3.4　n 级反应 ……………………………………………… 195
§6.4　反应级数的测定 ………………………………………… 196
　　6.4.1　积分法（或尝试法）…………………………………… 197
　　6.4.2　微分法 …………………………………………………… 198
　　6.4.3　半衰期法 ………………………………………………… 200
　　6.4.4　孤立法（过量浓度法）………………………………… 201
§6.5　几种典型的复杂反应 …………………………………… 202
　　6.5.1　对峙反应 ………………………………………………… 202
　　6.5.2　平行反应 ………………………………………………… 204
　　6.5.3　连续反应 ………………………………………………… 205
§6.6　温度对反应速率的影响 ………………………………… 207
　　6.6.1　反应速率与温度关系的几种类型 ……………………… 207
　　6.6.2　反应速率常数与温度关系 ……………………………… 207

§ 6.8 反应速率的近似处理方法 ………………………………………………… 210
  6.8.1 ………………………………………………………………………… 210
  6.8.2 催化反应——稳态近似法及平衡态近似法 ………………………… 211
§ 6.9 非等温反应动力学方法 …………………………………………………… 211
  6.9.1 线性升温动力学 ……………………………………………………… 214
  6.9.2 动力学模式函数 $f(c)$ ………………………………………………… 214
  6.9.3 动力学方程的求解方法 ……………………………………………… 215
  6.9.4 温度积分的近似解 …………………………………………………… 216
                                                          216
                                                          217
                                                          217

第 7 章 表面现象与胶体分散系统 …………………………………………… 226
§ 7.1 表面的基本概念 …………………………………………………………… 226
  7.1.1 表面吉布斯（Gibbs）函数 …………………………………………… 227
  7.1.2 液体的表面张力 ……………………………………………………… 227
  7.1.3 溶液的表面吸附 ……………………………………………………… 228
§ 7.2 表面活性剂 ………………………………………………………………… 229
  7.2.1 表面活性剂的分类 …………………………………………………… 229
  7.2.2 表面活性剂缔合系统 ………………………………………………… 230
  7.2.3 表面活性剂的 HLB 值 ………………………………………………… 230
  7.2.4 表面活性剂的性能及应用 …………………………………………… 232
§ 7.3 固体表面的吸附 …………………………………………………………… 235
  7.3.1 吸附作用 ……………………………………………………………… 236
  7.3.2 物理吸附和化学吸附 ………………………………………………… 236
  7.3.3 吸附曲线 ……………………………………………………………… 236
  7.3.4 吸附等温式 …………………………………………………………… 238
§ 7.4 液体对固体的润湿 ………………………………………………………… 240
  7.4.1 润湿角与杨氏方程 …………………………………………………… 240
  7.4.2 铺展 …………………………………………………………………… 241
§ 7.5 弯曲液面的特性 …………………………………………………………… 241
  7.5.1 弯曲液面的附加压力 ………………………………………………… 242
  7.5.2 毛细现象 ……………………………………………………………… 243
  7.5.3 弯曲液面的蒸气压与 Kelvin 公式的应用 …………………………… 243
§ 7.6 胶体的分类与制备 ………………………………………………………… 245
  7.6.1 胶体的概念 …………………………………………………………… 245
  7.6.2 胶体的分类 …………………………………………………………… 246
  7.6.3 胶体的制备 …………………………………………………………… 246
  7.6.4 溶胶的净化 …………………………………………………………… 247
§ 7.7 溶胶 ………………………………………………………………………… 248
  7.7.1 溶胶的性质 …………………………………………………………… 248
  7.7.2 溶胶的胶团结构 ……………………………………………………… 250
  7.7.3 溶胶的稳定与聚沉 …………………………………………………… 250
§ 7.8 乳状液与微乳液 …………………………………………………………… 253
  7.8.1 乳状液的定义与分类 ………………………………………………… 253

  7.8.2 乳状液的稳定与破乳 …………………………………… 258
  7.8.3 乳状液的应用 …………………………………………… 259
  7.8.4 微乳液 …………………………………………………… 259
§7.9 高分子溶液 ……………………………………………………… 260
  7.9.1 高分子的分子量 ………………………………………… 261
  7.9.2 高分子溶液的渗透压 …………………………………… 261
  7.9.3 高分子溶液的黏度 ……………………………………… 268
§7.10 凝胶 …………………………………………………………… 268
  7.10.1 凝胶的制备 …………………………………………… 269
  7.10.2 凝胶的稳定性 ………………………………………… 270
  7.10.3 凝胶的特性 …………………………………………… 270

附录 ………………………………………………………………… 270
 附录一 国际单位制 …………………………………………… 271
 附录二 希腊字母 ……………………………………………… 272
 附录三 基本物理常数 ………………………………………… 272
 附录四 换算因数 ……………………………………………… 273
 附录五 元素的相对原子质量表（1997） ……………………
 附录六 某些物质的临界参数 …………………………………
 附录七 某些气体的范德华常数 ………………………………
 附录八 某些气体的摩尔定压热容与温度的关系 …………… 274
 附录九 某些有机物的标准摩尔燃烧焓（标准压力 $p^{\ominus}=100\text{kPa}$，25℃）
 附录十 某些物质的标准摩尔生成焓、标准摩尔生成吉布斯函数、标准摩尔熵
    及摩尔定压热容（标准压力 $p^{\ominus}=100\text{kPa}$，25℃） …………… 277

参考文献 ……………………………………………………………

§ 6.7 链反应及复合反应速率的近似处理方法 ………………………………………… 210
 6.7.1 链反应一般特征 ………………………………………………………… 210
 6.7.2 直链反应和支链反应 …………………………………………………… 211
 6.7.3 链反应速率方程的建立方法——稳态近似法及平衡态近似法 ……… 211
§ 6.8 催化反应简介 ………………………………………………………………………… 214
 6.8.1 催化剂加速反应的原因 ………………………………………………… 214
 6.8.2 催化反应的特点 ………………………………………………………… 215
§ 6.9 非等温反应动力学的处理方法 ……………………………………………………… 216
 6.9.1 线性升温动力学方程 …………………………………………………… 216
 6.9.2 动力学模式函数 $f(c)$ 的确定 …………………………………………… 216
 6.9.3 动力学方程的求解方法 ………………………………………………… 217
 6.9.4 温度积分的近似解 ……………………………………………………… 217

第7章 表面现象与胶体分散系统 …………………………………………………………… 226
§ 7.1 表面的基本概念 ……………………………………………………………………… 226
 7.1.1 表面吉布斯（Gibbs）函数 ……………………………………………… 227
 7.1.2 液体的表面张力 ………………………………………………………… 227
 7.1.3 溶液的表面吸附 ………………………………………………………… 228
§ 7.2 表面活性剂 …………………………………………………………………………… 229
 7.2.1 表面活性剂的分类 ……………………………………………………… 229
 7.2.2 表面活性剂缔合系统 …………………………………………………… 230
 7.2.3 表面活性剂的 HLB 值 …………………………………………………… 230
 7.2.4 表面活性剂的性能及应用 ……………………………………………… 232
§ 7.3 固体表面的吸附 ……………………………………………………………………… 235
 7.3.1 吸附作用 ………………………………………………………………… 236
 7.3.2 物理吸附和化学吸附 …………………………………………………… 236
 7.3.3 吸附曲线 ………………………………………………………………… 236
 7.3.4 吸附等温式 ……………………………………………………………… 238
§ 7.4 液体对固体的润湿 …………………………………………………………………… 240
 7.4.1 润湿角与杨氏方程 ……………………………………………………… 240
 7.4.2 铺展 ……………………………………………………………………… 241
§ 7.5 弯曲液面的特性 ……………………………………………………………………… 241
 7.5.1 弯曲液面的附加压力 …………………………………………………… 242
 7.5.2 毛细现象 ………………………………………………………………… 243
 7.5.3 弯曲液面的蒸气压与 Kelvin 公式的应用 ……………………………… 243
§ 7.6 胶体的分类与制备 …………………………………………………………………… 245
 7.6.1 胶体的概念 ……………………………………………………………… 245
 7.6.2 胶体的分类 ……………………………………………………………… 246
 7.6.3 胶体的制备 ……………………………………………………………… 246
 7.6.4 溶胶的净化 ……………………………………………………………… 247
§ 7.7 溶胶 …………………………………………………………………………………… 248
 7.7.1 溶胶的性质 ……………………………………………………………… 248
 7.7.2 溶胶的胶团结构 ………………………………………………………… 250
 7.7.3 溶胶的稳定与聚沉 ……………………………………………………… 250
§ 7.8 乳状液与微乳液 ……………………………………………………………………… 253
 7.8.1 乳状液的定义与分类 …………………………………………………… 253

7.8.2	乳状液的稳定与破乳	……	254
7.8.3	乳状液的应用	……	256
7.8.4	微乳液	……	256

§7.9 高分子溶液 …… 257
 7.9.1 高分子的分子量 …… 258
 7.9.2 高分子溶液的渗透压 …… 258
 7.9.3 高分子溶液的黏度 …… 259

§7.10 凝胶 …… 259
 7.10.1 凝胶的制备 …… 260
 7.10.2 凝胶的稳定性 …… 261
 7.10.3 凝胶的特性 …… 261

附录 …… 268

 附录一 国际单位制 …… 268
 附录二 希腊字母表 …… 269
 附录三 基本物理常数 …… 270
 附录四 换算因子 …… 270
 附录五 元素的相对原子质量表（1997） …… 270
 附录六 某些物质的临界参数 …… 271
 附录七 某些气体的范德华常数 …… 272
 附录八 某些气体的摩尔定压热容与温度的关系 …… 272
 附录九 某些有机物的标准摩尔燃烧焓（标准压力 $p^\ominus=100\text{kPa}$，25℃） …… 273
 附录十 某些物质的标准摩尔生成焓、标准摩尔生成吉布斯函数、标准摩尔熵及摩尔定压热容（标准压力 $p^\ominus=100\text{kPa}$，25℃） …… 274

参考文献 …… 277

第 1 章 气 体

宏观物质是由大量微观粒子（分子、原子等）聚集而成的，通常有气、液、固三种不同的聚集状态。气体和液体统称为流体，液态和固态称为凝聚相。不同外界条件下的同一种物质以及相同外界条件下的不同物质可以处于不同的聚集状态。在特定的外界条件下，还可以产生超导态、等离子态等一些具有特殊性质的物质聚集状态。

气态在物质相态中占有重要地位。描述气体所处状态的最基本宏观可测量是温度 T、压力 p、体积 V 及数量（物质的量 n、质量 m）和组成（如物质的量分数 x_B）等性质，而在进行相关计算时，常常需要用到气体的 pVT 关系数据。对于组成一定的气体，其基本的宏观可测量之间的关系满足方程 $f(p,V,T,n)=0$，称为气体的状态方程。本章重点讨论理想气体（pg）和真实气体（rg）状态方程的建立及应用。

§1.1 理想气体状态方程

核心内容

1. 低压气体的经验定律

波义尔定律：在物质的量 n 和温度 T 恒定的条件下，气体的体积与压力成反比。
$$pV=C_1$$

盖-吕萨克定律：在物质的量 n 和压力 p 恒定的条件下，气体的体积与其热力学温度成正比。
$$V/T=C_2$$

阿伏伽德罗定律：在相同的温度 T、压力 p 下，相同体积的任何气体所含有的分子数相同。
$$V/n=V_m=C_3$$

2. 理想气体状态方程

严格遵守低压气体经验定律的气体，称为理想气体。其状态方程：
$$pV=nRT$$

理想气体的微观模型：分子间相互作用力为零，分子本身不占有体积。

工业生产中所处理的物质常常为气体，在对气体 pVT 关系研究的基础上，得到了低压下气体的一些经验定律，并由此推导出理想气体状态方程，抽象出理想气体的微观模型。理想气体状态方程是对气体 pVT 关系最简单也是最重要的一种近似处理方法。

1.1.1 低压气体的经验定律

1662 年，波义尔（R. Boyle）提出：在物质的量 n 和温度 T 恒定的条件下，气体的体积与压力成反比，即气体的体积与压力之积为常数，称为 Boyle 定律，用公式表示为

$$pV = C_1 \tag{1.1.1}$$

1802 年，盖-吕萨克（J. Gay-Lussac）提出：在物质的量 n 和压力 p 恒定的条件下，气体的体积与其热力学温度成正比，即气体的体积与其热力学温度之比为常数，称为 Gay-Lussac 定律，用公式表示为

$$V/T = C_2 \tag{1.1.2}$$

1811 年，阿伏伽德罗（A. Avogadro）提出：在相同的温度 T、压力 p 下，相同体积的任何气体所含有的分子数相同，即任何气体的体积与其物质的量之比为常数，称为 Avogadro 定律，用公式表示为

$$V/n = V_m = C_3 \tag{1.1.3}$$

即在相同的温度、压力下，任何气体的摩尔体积都相同。

三个实验定律都仅适用于低压条件下的真实气体，真实气体的压力越低，三实验定律与实际数据就越吻合。

1.1.2 理想气体状态方程

通过低压下真实气体的经验定律可推导出理想气体状态方程。

纯气体的体积与压力、温度及物质的量之间的关系写成函数形式，可表示为

$$V = f(p, T, n)$$

全微分

$$dV = \left(\frac{\partial V}{\partial p}\right)_{T,n} dp + \left(\frac{\partial V}{\partial T}\right)_{p,n} dT + \left(\frac{\partial V}{\partial n}\right)_{T,p} dn$$

气体物质的量一定时

$$dV = \left(\frac{\partial V}{\partial p}\right)_{T,n} dp + \left(\frac{\partial V}{\partial T}\right)_{p,n} dT \tag{1.1.4}$$

根据 Boyle 定律，即式（1.1.1），得 $V = \dfrac{C_1}{p}$，则有

$$\left(\frac{\partial V}{\partial p}\right)_{T,n} = -\frac{C_1}{p^2} = -\frac{V}{p} \tag{1.1.5}$$

根据 Gay-Lussac 定律，即式（1.1.2），得：$V = C_2 T$，有

$$\left(\frac{\partial V}{\partial T}\right)_{p,n} = C_2 = \frac{V}{T} \tag{1.1.6}$$

式（1.1.5）和式（1.1.6）代入式（1.1.4），得

$$dV = -\frac{V}{p} dp + \frac{V}{T} dT \quad \text{或}$$

$$\frac{dV}{V} = -\frac{dp}{p} + \frac{dT}{T} \tag{1.1.7}$$

式（1.1.7）进行不定积分，得

$$\ln V + \ln p = \ln T + C$$

若取气体的物质的量为 1mol，则体积写作 V_m，常数写作 $\ln R$，得到

$$pV_m = RT \tag{1.1.8a}$$

两边同时乘以物质的量 n，得到

$$pV = nRT \tag{1.1.8b}$$

式（1.1.8a）、式（1.1.8b）称为理想气体状态方程。其中，R 称为气体的普适常数。实验测定结果表明，不同类型的真实气体仅在 $p \to 0$ 时才严格符合 $pV_m = RT$ 的定量关系，R 才有

定值。由真实气体 pV_m-p 曲线外推至 $p \to 0$，求出 R 值为

$$R = 8.314 \text{J} \cdot \text{mol}^{-1} \cdot \text{K}^{-1} = 0.08206 \text{atm}❶ \cdot \text{dm}^3 \cdot \text{mol}^{-1} \cdot \text{K}^{-1}$$

理想气体状态方程的其他形式

$$pV = \frac{m}{M}RT \tag{1.1.8c}$$

$$\rho = \frac{pM}{RT} \tag{1.1.8d}$$

式中，m 为气体的质量；M 为气体的摩尔质量；ρ 为气体的密度。

1.1.3 理想气体的定义及微观模型

以三实验定律为基础推导得出的理想气体状态方程，给出了 $p \to 0$ 条件下真实气体所处状态的 pVT 定量关系，在任何温度、压力下均符合 $pV = nRT$ 关系的气体称为理想气体。

依据理想气体的定义，理想气体需要在任何温度、压力下均符合理想气体状态方程，注意这里强调的是任何温度、压力。由理想气体状态方程可知，温度一定条件下，当压力 $p \to \infty$ 时，此时气体体积 $V \to 0$，表明理想气体可无限压缩，这要求分子应不占有空间；同样，温度一定条件下，$p \propto \frac{n}{V}$，表明理想气体的压力大小仅取决于单位体积内的分子数，而和分子之间的距离无关，这要求分子之间应无相互作用力。因此我们可以抽象出理想气体的微观模型：分子间相互作用力为零，分子本身不占有体积，即可将分子视为质点。

需要说明的是，理想气体是依据真实气体在低压下的行为抽象出来的理想模型，自然界中不存在理想气体。我们知道，任何分子均有大小，且无论物质以何种状态存在，其分子之间都存在着相互作用力，这种作用力称为范德华（van der Waals）力。分子之间的相互作用力既可能为分子之间的相互吸引力，也可能为相互排斥力，这取决于分子之间的距离。但是当真实气体的压力 $p \to 0$ 时，分子之间的距离无穷大，分子之间的相互作用趋于零，此时分子本身所占体积与气体分子自由活动的空间体积相比可忽略不计，因而分子可近似看做是没有体积的质点。

通常高温、低压下的真实气体可视为理想气体，宏观上其 pVT 关系近似满足理想气体状态方程。理想气体状态方程乃是对真实气体 pVT 关系的一种最简单的近似处理方法，至于真实气体压力在多大范围内可以使用理想气体状态方程进行 pVT 计算，取决于真实气体的种类和性质以及对计算结果所要求的精度。一般易液化的气体，如水蒸气、氨气、二氧化碳等适用的压力范围要窄些；而难液化的气体，如氦气、氢气、氮气、氧气等所适用的压力范围相对较宽。

【例 1.1.1】 在体积 V 相同的两个球形容器中充以气体，两容器中间以细管相通。当把两容器同时浸入 100℃ 的沸水中时，球内压力为 0.05MPa；然后将其中一个浸入 0℃ 的冰水中，另一个仍浸在沸水中，问此时球内压力应为多大？

解：考虑到两次实验时整个容器内气体总物质的量并没有改变，即 $n_1 = n_2$
由理想气体状态方程，则 $\dfrac{p_1 \times 2V}{RT_1} = \dfrac{p_2 V}{RT_1} + \dfrac{p_2 V}{RT_2}$，代入数据得

$$\frac{0.05 \times 2V}{8.314 \times (273.15 + 100)} = \frac{p_2 V}{8.314 \times (273.15 + 0)} + \frac{p_2 V}{8.314 \times (273.15 + 100)}$$

求解得　$p_2 = 0.043 \text{MPa}$

【例 1.1.2】 用管道输送天然气，当输送压力为 200kPa、温度为 25℃ 时，管道内天然

---

❶　1atm=101325Pa，下同。

气的密度为多大？假设天然气可看作是纯的甲烷气。

解： 甲烷的摩尔质量 $M_{甲烷}=16.04\times10^{-3}\mathrm{kg\cdot mol^{-1}}$，由理想气体状态方程得

$$\rho=\frac{m}{V}=\frac{pM}{RT}=\frac{200\times10^3\times16.04\times10^{-3}}{8.314\times(25+273.15)}\mathrm{kg\cdot m^{-3}}=1.294\mathrm{kg\cdot m^{-3}}$$

即该管道内天然气的密度为 $1.294\mathrm{kg\cdot m^{-3}}$。

【例 1.1.3】 恒温 300K，钢瓶中气体的压力 1.80MPa，从中放出部分气体，压力变为 1.60MPa。已知放出的气体在体积为 $20\mathrm{dm}^3$ 的抽空容器中压力为 0.10MPa，试求钢瓶的体积？设钢瓶中的气体可视为理想气体。

解： 设钢瓶的体积 V，开始时钢瓶中压力为 p_1，气体物质的量为 n_1，放出部分气体后压力为 p_2，剩余气体物质的量为 n_2，放出气体的物质的量为 n_3，体积 V_3，压力 p_3，则 $n_3=n_1-n_2$

由理想气体状态方程

$$\frac{p_1V}{RT}-\frac{p_2V}{RT}=\frac{p_3V_3}{RT}$$

$$V=\frac{p_3V_3}{p_1-p_2}=\left(\frac{0.10\times10^6\times20\times10^{-3}}{(1.80-1.60)\times10^6}\right)\mathrm{m}^3=10\times10^{-3}\mathrm{m}^3=10\mathrm{dm}^3$$

即钢瓶的体积为 $10\mathrm{dm}^3$。

§1.2 道尔顿分压定律和阿马格分体积定律

核心内容

1. 分压力定义和道尔顿分压定律

组分 B 的分压力 p_B 等于其在混合气体中物质的量分数 x_B 与总压力 p 的乘积。混合气体的总压力等于各组分单独处于混合气体的温度、体积条件下所产生的分压力的总和，称为道尔顿分压定律。

2. 分体积定义和阿马格分体积定律

低压混合气中某组分 B 单独存在于混合气体的温度、压力条件下所具有的体积 V_B 称为组分 B 的分体积。混合气体的总体积等于各组分单独处于混合气体的温度、压力条件下所产生的分体积的总和，称为阿马格分体积定律。

道尔顿（Dalton）和阿马格（Amagat）对于混合气体的 pVT 关系进行了系统的研究，引入分压力和分体积概念，对实验数据进行归纳总结，得出了低压条件下混合气体总压力与分压力及混合气体总体积与分体积关系的经验定律。

1.2.1 混合气体的组成及平均摩尔质量

设有 k 种气体混合，若用物质的量分数（也称摩尔分数）表示混合气体的组成，则组分 B 的物质的量分数 x_B 可表示为：

$$x_B=\frac{n_B}{\sum_{j=1}^{k}n_j} \tag{1.2.1}$$

混合气的平均摩尔质量与各纯气体的摩尔质量以及其组成有关，若组分 B 的摩尔质量为 M_B，定义混合气体的平均摩尔质量为：

$$\overline{M}_{\text{mix}} = \sum_{B=1}^{k} x_B M_B \tag{1.2.2}$$

1.2.2 分压力定义和道尔顿分压定律

(1) 分压力定义

在总压力为 p_{mix} 的混合气体中，定义组分 B 的分压力 p_B 等于其在混合气体中物质的量分数 x_B 与总压力 p_{mix} 的乘积，表示为：

$$p_B \stackrel{\text{def}}{=\!=\!=} x_B p_{\text{mix}} \tag{1.2.3a}$$

注意式(1.2.3a)可适用于真实混合气体和理想混合气体。对于理想混合气体，组分 B 的分压力还可表示为：

$$p_B = p_{\text{mix}} x_B = \sum_{j=1}^{k} n_j \frac{RT_{\text{mix}}}{V_{\text{mix}}} \times \frac{n_B}{\sum_{j=1}^{k} n_j} = \frac{n_B RT_{\text{mix}}}{V_{\text{mix}}} \tag{1.2.3b}$$

即理想混合气体中组分 B 的分压力 p_B 等于 B 组分单独存在于混合气体的温度、体积条件下所产生的压力。

(2) 道尔顿（Dalton）分压定律

1801 年，道尔顿总结出低压混合气体的总压力与各组分分压力定量关系，即：混合气体的总压力等于各组分单独处于混合气体的温度、体积条件下所产生的分压力的总和，称为道尔顿分压定律，用公式表示为：

$$p_{\text{mix}} = p_1 + p_2 + \cdots + p_k = \sum_{B=1}^{k} p_B \tag{1.2.4}$$

道尔顿分压定律理论上只适用于理想混合气体，但对于低压下的真实混合气体也可以近似使用。在真实气体压力较高时，混合气体中各组分之间的相互作用与纯气体中的不同，压力越高，这种差别越大，因此，混合气体中组分的分压不等于它单独存在时的压力，所以道尔顿定律不再适用。

1.2.3 分体积定义和阿马格（Amagat）分体积定律

(1) 分体积定义

低压混合气体中某组分 B 单独存在于混合气体的温度、压力条件下所具有的体积 V_B 称为组分 B 的分体积，用公式表示为

$$V_B = \frac{n_B RT_{\text{mix}}}{p_{\text{mix}}} \tag{1.2.5}$$

(2) 阿马格分体积定律

阿马格总结出低压混合气体的总体积与各组分分体积定量关系的经验定律，即：混合气体的总体积等于各组分单独存在于混合气体的温度、压力条件下所产生的分体积的总和，称为阿马格分体积定律，用公式表示为

$$V_{\text{mix}} = \sum_{B=1}^{k} V_B \tag{1.2.6}$$

由道尔顿分压定律和阿马格分体积定律可得到以下推论

$$\frac{V_B}{V_{\text{mix}}} = x_B = \frac{p_B}{p_{\text{mix}}} \tag{1.2.7a}$$

$$\frac{V_A}{V_B} = \frac{p_A}{p_B} = \frac{n_A}{n_B} = \frac{x_A}{x_B} \tag{1.2.7b}$$

【例 1.2.1】 恒温 300K 下，将一定量 A 气体充入体积为 $100dm^3$ 的抽空容器中，压力为 0.05MPa，试求 A 气体的物质的量；若再向容器中充入 1.5mol 的 B 气体，求混合气体的总压力 p_{mix}，此时 A 气体的分压力是多少？（设 A、B 气体均可视为理想气体）

解： 由理想气体状态方程，A 气体的物质的量

$$n_A = \frac{pV}{RT} = \frac{0.05 \times 10^6 \times 100 \times 10^{-3}}{8.314 \times 300} \text{mol} = 2.0 \text{mol}$$

混合气体的总压力

$$p_{mix} = \frac{(n_A + n_B)RT}{V} = \frac{(2.0 + 1.5) \times 300 \times 8.314}{100 \times 10^{-3}} \text{Pa}$$

$$= 0.087 \times 10^6 \text{Pa} = 0.087 \text{MPa}$$

充入 B 气体后，由于混合气体的温度和体积不变，因此 A 气体的分压力不变，仍为 0.05MPa。

【例 1.2.2】 今有 300K、104365Pa 的湿烃类混合气体（含水蒸气的烃类混合气体），其中水蒸气的分压为 25.5mmHg（1mmHg=133.322Pa）。今欲得到 1000mol 脱除水蒸气后的干烃类混合气体，试求从湿烃类混合气体中除去的水的物质的量以及所需湿烃类混合气体的初始体积为多少？

解： 对湿烃类混合气体 $\dfrac{p_{H_2O}}{p_{干烃}} = \dfrac{p_{H_2O}}{p_{mix} - p_{H_2O}} = \dfrac{n_{H_2O}}{n_{干烃}}$

则脱除的水的物质的量 $\quad n_{H_2O} = \dfrac{p_{H_2O}}{p_{mix} - p_{H_2O}} n_{干烃} = \dfrac{25.5 \times 1000}{\dfrac{104365 \times 760}{101325} - 25.5} \text{mol} = 33.7 \text{mol}$

所需湿烃类混合气体的初始体积为

$$V_{mix} = \frac{(n_{H_2O} + n_{干烃})RT_{mix}}{p_{mix}} = \frac{(33.7 + 1000) \times 8.314 \times 300}{104365} \text{m}^3 = 24.7 \text{m}^3$$

§1.3 真实气体状态方程

> **核心内容**
>
> 1. 真实气体的非理想行为
>
> 真实气体分子间存在作用力、分子本身有体积，两者共同作用，导致真实气体偏离理想气体。分子间作用力使真实气体较理想气体易压缩，而分子体积的存在导致真实气体较理想气体难压缩。
>
> 2. 范德华方程
>
> 范德华以硬球为分子模型，对理想气体状态方程进行修正。①体积修正：将真实气体体积扣除气体分子本身占有的体积而得到气体自由运动的体积，即理想气体体积。②压力修正：真实气体压力加上分子间引力所产生的内压力即为理想气体的压力。范德华方程为
>
> $$\left(p + \frac{n^2 a}{V^2}\right)(V - nb) = nRT$$
>
> $a、b$ 为真实气体的特性常数，与物性有关，称为范德华常数。

理想气体是一种抽象模型，反映了各种真实气体在压力趋于零时的共性。随着压力的增

大，真实气体与理想气体的偏差增大，需要用相应的真实气体状态方程来描述气体的 pVT 关系。范德华（Van der Waals）提出真实气体的简单模型，通过对理想气体状态方程进行修正，得到在中压范围描述真实气体 pVT 关系的范德华方程。

1.3.1 真实气体的非理想行为

理想气体状态方程是各种真实气体在压力趋于零时的共性表现，真实气体在不同条件下由于其性质的差异而不同程度地偏离理想气体的 pVT 关系。图 1.3.1(a) 是 273.15K 下不同真实气体的 pV_m-p 关系曲线。

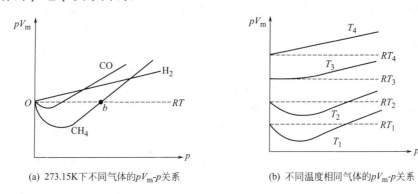

(a) 273.15K 下不同气体的 pV_m-p 关系　　(b) 不同温度相同气体的 pV_m-p 关系

图 1.3.1　气体的 pV_m-p 关系

图 1.3.1(a) 表明，通常情况下真实气体不符合理想气体状态方程，即 $(pV_m)_{rg} \neq RT$，且相同温度下不同真实气体对理想气体的偏差程度不同。以 CH_4 气体的 pV_m-p 关系为例：当压力趋于零时，$(pV_m)_{rg} = (pV_m)_{pg}$，如图中的 O 点。压力较小时，分子间距离较大，分子间以引力为主，表现为 $(pV_m)_{rg} < (pV_m)_{pg}$；随着压力增大，分子间距离减小，由于分子大小占据空间从而导致系统由引力因素逐渐过渡到以体积因素为主，图中的 b 点处，引力因素与体积因素正好相互抵消，此时也满足 $(pV_m)_{rg} = (pV_m)_{pg}$，$b$ 点以后，$(pV_m)_{rg} > (pV_m)_{pg}$。对于氢气，在 273.15K 下，由图可知，$(pV_m)_{rg} > (pV_m)_{pg}$。

图 1.3.1(b) 是一种真实气体在不同温度下的 pV_m-p 关系曲线。可以看出，真实气体的恒温 pV_m-p 曲线中，当温度足够低时会出现 pV_m 值先随 p 的增加而降低，然后随 p 的增加而上升，即图中 T_1、T_2 线，当温度足够高时，pV_m 值总随 p 的增加而增加，即图中 T_4 线。

理想气体分子本身无体积，分子间无作用力。恒温时 $pV_m = RT$，所以 pV_m-p 线为一直线。真实气体由于分子有体积且分子间有相互作用力，此两因素在不同条件下的影响程度不同时，其 pV_m-p 曲线就会出现极小值。真实气体分子间存在的吸引力使分子更靠近，因此在一定压力下比理想气体的体积要小，使得 $pV_m < RT$。随着压力的增加，真实气体中分子体积所占气体总体积的比例越来越大，不可压缩性越来越显著，使气体的体积比理想气体的体积要大，结果 $pV_m > RT$。

当温度足够低时，因同样压力下，气体体积较小，分子间距较近，分子间相互吸引力的影响较显著，而当压力较低时分子的不可压缩性起的作用较小。所以真实气体都会出现 pV_m 值先随压力 p 的增加而降低，当压力增至较高时，不可压缩性所起的作用显著增加，pV_m 值随压力增高而增大，最终使 $pV_m > RT$。如图 1.3.1(b) 中 T_1、T_2 线所示。

当温度足够高时，由于分子动能增加，同样压力下体积较大，分子间距也较大，分子间的引力大大减弱。而不可压缩性相对说来起主要作用，所以 pV_m 值总是大于 RT。如图

1.3.1(b) 中曲线 T_4 所示。

任何真实气体只要温度降到足够低时,随着压力由小变大时都会出现由引力因素为主逐渐过渡到体积因素为主的情况。图中 T_3 称为波义尔(Boyle)温度,用 T_B 表示。在 T_B 温度下,在压力足够低的一段范围内,气体的行为满足理想气体状态方程,数学上可表示为:

$$\left[\frac{\partial(pV_m)}{\partial p}\right]_{T_B, p\to 0}=0 \tag{1.3.1}$$

1.3.2 范德华方程

依据对理想气体的定义,从微观上理解,理想气体分子可视为质点,分子无体积,且分子间无相互作用力。但由于真实气体通常并不处于极低压力下,因此理想气体的 pVT 关系对真实气体不适用,通常会产生偏差。为此,范德华提出真实气体的刚球模型:即分子有体积,分子间有作用力。为简化起见,不考虑分子内部结构的差异。

对 1mol 理想气体,有 $pV_m=RT$,其中 V_m 表示理想气体分子自由活动的空间,真实气体由于分子本身占有体积,故引入体积修正项 b,则 V_m-b 表示真实气体分子可自由活动的空间;真实气体分子间有作用力,通常表现为分子间引力,引入压力修正项,则 $p_{理}=p+\frac{a}{V_m^2}$。因此,对于真实气体,考虑其自身体积和分子间作用力的影响,得到修正后 1mol 真实气体的 pVT 关系,即范德华方程:

$$\left(p+\frac{a}{V_m^2}\right)(V_m-b)=RT \tag{1.3.2a}$$

对于物质的量为 n 的真实气体,范德华方程可表示为:

$$\left(p+\frac{n^2a}{V^2}\right)(V-nb)=nRT \tag{1.3.2b}$$

a、b 为真实气体的特性常数,与物性有关,称为范德华常数。一些真实气体的 a、b 值如表 1.3.1 所示。a 值较大的气体,其分子间引力较大,气体较易液化。

表 1.3.1 常见气体的范德华常数

气体	$a\times 10^3$/m$^6\cdot$Pa$\cdot$mol^{-2}	$b\times 10^6$/m$^3\cdot$mol^{-1}	气体	$a\times 10^3$/m$^6\cdot$Pa$\cdot$mol^{-2}	$b\times 10^6$/m$^3\cdot$mol^{-1}
Ar	136.3	32.19	H_2	24.76	26.61
O_2	137.8	31.83	N_2	140.8	39.13
CO_2	364.0	42.67	NH_3	422.5	37.07
H_2O	553.6	30.49	CH_4	228.3	42.78
CO	150.5	39.85	C_2H_4	453.0	57.14
SO_2	680.3	56.36	C_2H_6	556.2	63.80

当压力 $p\to 0$ 时,由范德华方程可得到理想气体状态方程。利用 $\left[\frac{\partial(pV_m)}{\partial p}\right]_{T_B, p\to 0}=0$,可以求出波义尔温度:$T_B=\frac{a}{bR}$。

范德华方程是一个半理论半经验的真实气体状态方程,其最大的贡献是提出了建立真实气体状态方程的思路;不足之处在于其模型太简单,对结构复杂的真实气体误差比较大,仅适用于真实气体在中压范围 pVT 的计算。

1.3.3 真实气体的其他状态方程

(1) 维里(Virial)方程

维里方程是 20 世纪初提出的经验方程式，公式形式为

$$pV_m = RT\left(1 + \frac{B}{V_m} + \frac{C}{V_m^2} + \frac{D}{V_m^3} + \cdots\right) \quad (1.3.3)$$

式中，B，C，D，$\cdots$ 分别为第二、第三、第四……维里系数，它们是温度的函数，并与气体本性有关，其值通常由实验数据拟合得到。当 $p \to 0$ 时，$V_m \to \infty$，维里方程可转化为理想气体状态方程。

第二维里系数反映了两分子间的相互作用对气体 pVT 关系的影响；第三维里系数反映了三分子间的相互作用对气体 pVT 关系的影响。因此，通过宏观上真实气体 pVT 性质测定拟合得出的维里系数，可建立与微观上分子间作用势能之间的联系。

维里方程适用中压范围内真实气体的 pVT 计算，对于中压以下的真实气体，计算时通常将第三维里系数以后的高次项省略。对于较高压力下的真实气体，维里方程不适用。

（2）R-K（Redlich-Kwong）方程

$$\left[p + \frac{a}{T^{1/2}V_m(V_m+b)}\right](V_m - b) = RT \quad (1.3.4)$$

式中，a，b 为常数，但不同于范德华方程中的常数。R-K 方程适用于烃类等非极性气体，对极性气体误差较大。

（3）B-W-R（Benedict-Webb-Rubin）方程

$$p = \frac{RT}{V_m} + \left(B_0 RT - A_0 - \frac{C_0}{T}\right)\frac{1}{V_m^2} + (bRT - \alpha)\frac{1}{V_m^3} + a\alpha\frac{1}{V_m^6} + \frac{c}{T^2 V_m^3}\left(1 + \frac{\gamma}{V_m^2}\right)e^{-\gamma/V_m^3}$$

$$(1.3.5)$$

式中，A_0、B_0、C_0、α、γ、a、b、c 均为常数，B-W-R 方程为 8 参数方程，适用于碳氢化合物及其混合物 pVT 的计算，且对气相、液相均适用。

（4）贝塞罗（Berthelot）方程

Berthelot 方程在范德华方程的基础上，考虑了温度对分子间吸引力的影响，其 pVT 方程为：

$$\left(p + \frac{a}{TV_m^2}\right)(V_m - b) = RT \quad (1.3.6)$$

【例 1.3.1】 在 300K 下，将 10.0mol 乙烷气体充入 $4.86 \times 10^{-3} \text{m}^3$ 的容器中，测得容器内压力为 3.445MPa，试分别用理想气体状态方程和范德华方程计算容器内气体的压力。

解：（1）由理想气体状态方程

$$p = \frac{nRT}{V} = \left(\frac{10.0 \times 8.314 \times 300}{4.86 \times 10^{-3}}\right)\text{Pa} = 5.13\text{MPa}$$

（2）用范德华方程计算

查表 1.3.1，乙烷气体的范德华参数 $a = 0.5562 \text{Pa} \cdot \text{m}^6 \cdot \text{mol}^{-2}$，$b = 6.380 \times 10^{-5} \text{m}^3 \cdot \text{mol}^{-1}$

由范德华方程 $\left(p + \frac{n^2 a}{V^2}\right)(V - nb) = nRT$ 得

$$\begin{aligned} p &= \frac{nRT}{V - nb} - \frac{n^2 a}{V^2} \\ &= \left[\frac{10.0 \times 8.314 \times 300}{4.86 \times 10^{-3} - 10.0 \times 6.380 \times 10^{-5}} - \frac{10.0^2 \times 0.5562}{(4.86 \times 10^{-3})^2}\right]\text{Pa} \\ &= 3.55\text{MPa} \end{aligned}$$

计算结果表明,在中压范围内,真实气体按范德华方程计算结果比按理想气体状态方程计算的结果更为准确。

§1.4 真实气体的液化与临界状态

> **核心内容**
>
> 1. CO_2 气体液化过程的 p-V_m 等温曲线
>
> 气液平衡时蒸气的压力称为该液体在该温度下的饱和蒸气压。气液平衡时的液体称为饱和液体,蒸气称为饱和蒸气。温度升高,饱和液体与饱和蒸气的性质差别变小。纯组分的饱和蒸气压只是温度的函数。
>
> 2. 临界状态及真实气体液化的条件
>
> 每种气体都存在一个特定温度,高于该温度时,无论加多大压力都不能使蒸气液化,此时系统所处的状态称为临界状态,相应的温度、压力、体积分别称为该气体的临界温度 T_c、临界压力 p_c 和临界体积 $V_{m,c}$,三者统称为临界参数。气体液化的条件:$T \leqslant T_c$、$p \geqslant p_T^*$。

真实气体在降温或加压过程中体积会逐渐减小,随着分子间距离的减小,分子间的引力会逐渐增大,实验过程中可以观察到气体的液化现象。本节以 CO_2 气体为例,讨论真实气体恒温压缩过程的特点,理解与真实气体液化过程密切相关的性质——液体饱和蒸气压与临界状态的概念以及真实气体液化的条件。

1.4.1 CO_2 气体液化过程的 p-V_m 等温曲线

实验中,将一定量 CO_2 气体加入到抽空密闭的容器中,在恒定 273K 下,逐渐增大容器内气体的压力,记录气体体积随压力变化的相应数据,直至气体全部液化;升高温度,重复上述操作。以气体摩尔体积 V_m 为横坐标、压力 p 为纵坐标,做不同温度下 CO_2 气体压缩过程的 p-V_m 关系等温曲线,如图 1.4.1 所示。

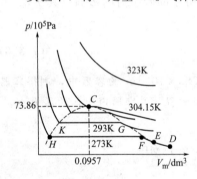

图 1.4.1 CO_2 气体的 p-V_m 关系示意图

以 273K 为例对等温线进行分析。从 D 点到 E 点,CO_2 气体恒温压缩,气体的摩尔体积 V_m 减小,加压至 F 点,气体的 V_m 持续下降,F 点时 CO_2 气体开始液化;不断压缩,CO_2 气体不断液化,从 F 点至 H 点过程中,容器中 CO_2 始终保持气、液两相平衡。在压缩过程中,CO_2 气体的量逐渐减少,而液体的量逐渐增加。H 点以后,容器中 CO_2 完全为液相;继续加压,CO_2 液体的摩尔体积 V_m 几乎不变,显示出液体难以压缩的特性。

从 F 到 H,容器中 CO_2 始终保持气、液两相平衡,F 点气体称为饱和气体,此处 V_m 值称为饱和气体的摩尔体积 $V_m(g)$,H 点液体称为饱和液体,此处 V_m 值称为饱和液体的摩尔体积 $V_m(l)$。一定温度、压力下,气、液两相平衡时,气相的平衡压力称为液体在该温度下的饱和蒸气压,用 p_T^* 表示。图 1.4.1 显示,273K 等温线可分为三段:D(气体)→F(饱和气体)，F(饱和气体)→H(饱和液体)，H(饱和液体)→液体。

293K 等温线与 273K 等温线形状类似，但 GK 水平段变短。显然，随着温度的升高，饱和液体的摩尔体积 $V_m(l)$ 不断增大，而饱和气体的摩尔体积 $V_m(g)$ 逐渐减小。同时可以看出，随温度的不断升高，饱和蒸气压增大。纯物质的饱和蒸气压是其物性和温度的函数，相同温度下，不同物质的饱和蒸气压不同。

当温度升至 304.15K 时，水平段消失，饱和液体的摩尔体积 $V_m(l)$ 与饱和气体的摩尔体积 $V_m(g)$ 相等，此时气液不分。

1.4.2　临界状态及真实气体液化的条件

实验表明，温度低于 304.15K 时，CO_2 气体可以液化，当温度高于 304.15K 时，CO_2 气体不能液化，304.15K 称为 CO_2 气体的临界温度。在 304.15K 时，CO_2 气体的 p-V_m 关系曲线上出现拐点 C，C 点称为临界点，此时系统所处的状态称为临界状态，相应的温度、压力、体积分别称为 CO_2 气体的临界温度 T_c、临界压力 p_c 和临界体积 $V_{m,c}$，统称为临界参数。临界参数是物质的一种特性参数，一些气体的临界参数值如表 1.4.1 所示。

表 1.4.1　常见气体的临界参数值

物　　质	临界温度 t_c/℃	临界压力 p_c/MPa	临界密度 ρ/kg·m^{-3}
Ar	−122.4	4.87	533
O_2	−118.57	5.043	436
H_2	−239.9	1.297	31.0
N_2	−147.0	3.39	313
Cl_2	144	7.7	573
CO_2	30.96	7.375	468
H_2O	373.91	22.05	320
CO	−140.23	3.499	301
SO_2	157.5	7.844	525
NH_3	132.33	11.313	236
CH_4	−82.62	4.596	163

处于临界状态下的物质，其比容是液体的最大比容，临界压力是液体的最大饱和蒸气压。在临界状态下，气液两相的一切差别都消失了，比容相同，密度相同，表面张力等于零，汽化热也等于零等。

依据对 CO_2 气体压缩过程等温线的分析可知，使气体液化必须满足温度不高于临界温度，即 $T \leqslant T_c$，同时压力应大于或至少等于操作温度下的饱和蒸气压，即 $p \geqslant p_T^*$。临界温度 T_c 是气体液化允许的最高温度，临界压力 p_c 是临界温度 T_c 下气体液化的最低压力。临界参数与气体的物性有关，临界温度越高，则气体越易液化。

将图 1.4.1 中开始出现液相的点如 F、G、C 和气相消失的点如 H、K、C 依次连接起来，则 CO_2 的 p-V_m 关系图可以分为三个区域：CGF 以右区域为气相区，$ACKH$ 以左区域为液相区，$HKCGF$ 以下区域为气液两相区。

在 CO_2 p-V_m 关系图上，由于 C 点是 T_c 等温线上的水平拐点，数学上等温线 C 点处的一阶、二阶偏导数均为零，即：

$$\left(\frac{\partial p}{\partial V_m}\right)_{T=T_c} = 0 \tag{1.4.1a}$$

$$\left(\frac{\partial^2 p}{\partial V_m^2}\right)_{T=T_c} = 0 \tag{1.4.1b}$$

利用临界点处范德华方程与此两式联立,可求出范德华方程中的物性参数 a、b 与临界参数的关系。

由范德华方程 $\left(p+\dfrac{a}{V_m^2}\right)(V_m-b)=RT$,得 $p_c=\dfrac{RT_c}{V_{m,c}-b}-\dfrac{a}{V_{m,c}^2}$。

求一阶偏导 $\left(\dfrac{\partial p}{\partial V_m}\right)_{T=T_c}=\dfrac{-RT_c}{(V_{m,c}-b)^2}+\dfrac{2a}{V_{m,c}^3}=0$

求二阶偏导 $\left(\dfrac{\partial^2 p}{\partial V_m^2}\right)_{T=T_c}=\dfrac{2RT_c}{(V_{m,c}-b)^3}-\dfrac{6a}{V_{m,c}^4}=0$

解之

$$V_{m,c}=3b,\quad T_c=\dfrac{8a}{27Rb}=\dfrac{8T_B}{27},\quad p_c=\dfrac{a}{27b^2} \tag{1.4.2}$$

或

$$a=\dfrac{27R^2T_c^2}{64p_c},\quad b=\dfrac{RT_c}{8p_c} \tag{1.4.3}$$

1.4.3 超临界流体及应用

高于临界温度和临界压力但又接近临界点的流体称为超临界流体(Super Critical Fluid,简写为 SCF)。流体处于超临界状态时,气、液两相的性质非常接近,以至于无法分辨,SCF 不同于一般的气体,也有别于一般液体。表 1.4.2 为 SCF 与气体、液体的物理性质对比数据。

表 1.4.2 超临界流体与气体、液体的物理性质对比

物 性	气体 (常温、常压)	SCF		液体 (常温、常压)
		T_c,p_c	约 $T_c,4p_c$	
密度/g·cm^{-3}	$(0.6\sim2)\times10^{-3}$	$0.2\sim0.5$	$0.4\sim0.9$	$0.6\sim1.6$
黏度/mPa·s	$0.01\sim0.03$	$0.01\sim0.03$	$0.03\sim0.09$	$0.2\sim3.0$
自扩散系数/cm^2·s^{-1}	$0.1\sim0.4$	0.7×10^{-3}	0.2×10^{-3}	$(0.2\sim2)\times10^{-5}$

注:摘自于朱自强编著.超临界流体技术——原理和应用.北京:化学工业出版社,2000:20。

由表 1.4.2 可知,SCF 的密度类似液体的密度,因而溶剂化能力很强,其黏度接近于气体的黏度,因而具有很强的传递性能和运动速度,其扩散系数比气体小,但比液体高出一至两个数量级。因此,采用 SCF 萃取具有比液体溶剂萃取更大的优越性。与液体溶剂萃取相比,利用 SCF 作萃取剂时,萃取过程的阻力将会大大降低,快速完成传质,达到平衡,从而促进高效分离过程的实现。

CO_2 是最为常用的超临界流体萃取剂,一方面由于其临界温度和临界压力都较低,另一方面 CO_2 阻燃、无毒、化学稳定性好,通常不会与被萃取物产生副反应,并且廉价易得,在应用过程中易于分离回收,且对设备无腐蚀性,可降低设备维护维修费用,延长设备的使用寿命。

目前超临界流体萃取(Supercritical Fluid Extraction,简写为 SFE)技术的应用十分广泛。如医药工业中草药的提取,化学工业中金属离子的萃取、烃类的分离以及高分子化合物的分离,食品工业中植物油脂的萃取、植物色素的提取,化妆品行业天然香料的萃取等。

§1.5 普遍化压缩因子图

> **核心内容**
>
> 1. 对比参数及对应状态原理
>
> 对比参数：对比温度 $T_r = \dfrac{T}{T_c}$；对比压力 $p_r = \dfrac{p}{p_c}$；对比体积 $V_r = \dfrac{V_m}{V_{m,c}}$。
>
> 对应状态原理：若有两个对比参数对应相等，则第三个对比参数具有相同的数值。
>
> 2. 压缩因子 Z 及其物理意义
>
> 压缩因子：$Z = (pV_m)_{rg}/RT$，Z 在宏观上反映真实气体相对于理想气体压缩的难易程度。若 $Z>1$，表现为真实气体比理想气体难以压缩；若 $Z<1$，表现为真实气体较理想气体易压缩。
>
> 3. Z 值的求法——普遍化压缩因子图
>
> $$Z \approx f(T_r, p_r)$$
>
> 等对比温度 T_r 下，$Z = f(p_r)$ 曲线称为双参数普遍化压缩因子图。根据压缩因子图求出压缩因子后，用 $pV_m = ZRT$ 进行 p、V 或 T 的计算。

各种真实气体状态方程中常含有与气体特性有关的参数，能否建立对一般真实气体均适用的普遍化状态方程，是一个有意义的问题。对应状态原理提供了从一种气体的 pVT 性质推算另一种气体 pVT 性质的可能，通过修正理想气体状态方程，得到计算真实气体 pVT 关系的普遍化状态方程，而修正量可用普遍化压缩因子图求得。

1.5.1 对比参数及对应状态原理

不同气体临界参数不同，但是物质处于临界状态时都是气液不分，因此临界点又反映了物质共性的特质。以临界点为基准，用真实气体所处状态的温度、压力和体积与各相应临界参数的比值定义一组对比参数。

$$p_r = \frac{p}{p_c}, \quad T_r = \frac{T}{T_c}, \quad V_r = \frac{V_m}{V_{m,c}} \tag{1.5.1}$$

p_r、T_r、V_r 分别称为对比压力、对比温度和对比体积，统称为对比参数。将对比参数引入范德华方程，得到对应状态方程：

$$\left(p_r + \frac{3}{V_r^2}\right)(3V_r - 1) = 8T_r \tag{1.5.2}$$

有两个对比参数对应相等的真实气体称为处于对应状态，由式(1.5.2)可知，任何真实气体均有：

$$f(p_r, T_r, V_r) = 0 \tag{1.5.3}$$

即不同的真实气体，若有两个对比参数对应相等，则第三个对比参数具有相同的数值，称为对应状态原理。实验发现，当不同的真实气体处于对应状态时，其压缩性、膨胀性、黏滞性等物性相似或相近。

1.5.2 压缩因子 Z 及其物理意义

对于每摩尔理想气体 $\quad pV_m = RT$

真实气体一般表现为 $(pV_m)_{rg} \neq RT$

为了利用理想气体状态方程的简单关系，令

$$(pV_m)_{rg} = ZRT \qquad (1.5.4)$$

其中，Z 为修正量，称为压缩因子，其数值大小表示真实气体对理想气体的偏离程度。

在相同的温度、压力下 $Z = \dfrac{(pV_m)_{rg}}{RT} = \dfrac{(pV_m)_{rg}}{(pV_m)_{pg}} = \dfrac{(V_m)_{rg}}{(V_m)_{pg}}$

若 $Z=1$，则 $(V_m)_{rg} = (V_m)_{pg}$，表明真实气体不必校正，其 pVT 关系符合理想气体状态方程；

若 $Z>1$，则 $(V_m)_{rg} > (V_m)_{pg}$，表明在相同温度、压力下，真实气体的摩尔体积大于理想气体的摩尔体积，宏观上表现为真实气体比理想气体难以压缩；

若 $Z<1$，则 $(V_m)_{rg} < (V_m)_{pg}$，表明在相同温度、压力下，真实气体的摩尔体积小于理想气体的摩尔体积，宏观上表现为真实气体比理想气体易于压缩。因此，修正量 Z 数值的大小在宏观上反映了真实气体相对于理想气体压缩的难易程度。

1.5.3 Z 值的求法——普遍化压缩因子图

由式(1.5.1)和式(1.5.4)可知

$$Z = \frac{(pV_m)_{rg}}{RT} = \frac{p_r p_c \times V_r V_{m,c}}{RT_r T_c} = \frac{p_c V_{m,c}}{RT_c} \times \frac{p_r V_r}{T_r} = Z_c \frac{p_r V_r}{T_r} \qquad (1.5.5)$$

其中 $Z_c = \dfrac{p_c V_c}{RT_c}$，不同真实气体的 Z_c 值近似为常数。依据对应状态原理，则

$$Z \approx f(T_r, p_r) \qquad (1.5.6)$$

荷根（O. A. Hongen）与华德生（K. M. Watson）在 20 世纪 40 年代，用若干种无机、有机气体的实验值取平均，描绘出如图 1.5.1 所示的等对比温度 T_r 下 $Z = f(p_r)$ 曲线，称为双参数普遍化压缩因子图。

压缩因子图对 H_2、He、Ne 气体有偏差，可作如下校正：

$$T_r = \frac{T}{T_c + 8K}, \qquad p_r = \frac{p}{p_c + 8.106 \times 10^5 \text{Pa}}$$

对于混合气体，采用假临界点法求临界参数：

$$T_{c,\text{mix}} = \sum_{B=1}^{k} x_B T_{c,B}, \qquad p_{c,\text{mix}} = \sum_{B=1}^{k} x_B p_{c,B} \qquad (1.5.7)$$

【例 1.5.1】 已知某气体的临界温度 385.0K，临界压力 4123.9kPa，用压缩因子图求温度为 366.5K、压力为 2067kPa 下该实际气体的摩尔体积 V_m 值。

解：计算对比参数

$$T_r = \frac{T}{T_c} = \frac{366.5}{385.0} = 0.952, \quad p_r = \frac{p}{p_c} = \frac{2067}{4123.9} = 0.501$$

查压缩因子图，得 $Z = 0.72$

则 $V_m = \dfrac{ZRT}{p} = \left(\dfrac{0.72 \times 8.314 \times 366.5}{2067 \times 10^3}\right) \text{m}^3 \cdot \text{mol}^{-1} = 1.06 \times 10^{-3} \text{m}^3 \cdot \text{mol}^{-1}$

【例 1.5.2】 已知甲烷气体在压力为 14.186MPa 下的浓度 c 为 $6.02 \text{mol} \cdot \text{dm}^{-3}$，试用普遍化压缩因子图求其温度。

解：由表 1.4.1，甲烷 $T_c = 190.53$K，$p_c = 4.596$MPa

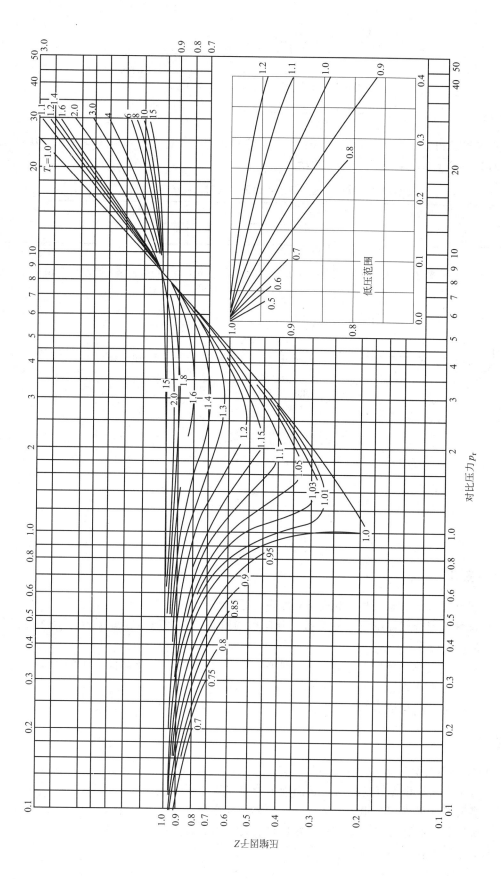

图 1.5.1 压缩因子图

$$Z = \frac{pV_m}{RT_c} \times \frac{1}{T_r} = \frac{p}{cRT_c} \times \frac{1}{T_r}$$

$$= \frac{14.186 \times 10^6}{6.02 \times 10^3 \times 8.314 \times 190.53} \text{K} \times \frac{1}{T_r} = \frac{1.488 \text{K}}{T_r}$$

$$p_r = \frac{p}{p_c} = \frac{14.186}{4.596} = 3.087$$

在压缩因子图上，过 $p_r = 3.087$ 作平行于纵轴的直线，与各等对比温度线相交，读出交点相应的压缩因子 Z 值，如表 1.5.1 所示。

表 1.5.1 等对比压力下压缩因子 Z 与对比温度 T_r 数据

Z	0.64	0.72	0.86	0.94	0.97
T_r	1.3	1.4	1.6	1.8	2.0

作 $Z = \frac{1.488}{T_r}$ 及 $p_r = 3.087$ 时 $Z = f(T_r)$ 关系图 1.5.2，两线交点处 $Z = 0.89$，$T_r = 1.67$，则

$$T = T_r T_c = 1.67 \times 190.53 \text{K} = 318.2 \text{K}$$

或

$$T = \frac{pV_m}{ZR} = \frac{p}{ZRc} = \frac{14.186 \times 10^6 \text{Pa}}{0.89 \times 8.314 \text{J} \cdot \text{mol}^{-1} \cdot \text{K}^{-1} \times 6.02 \times 10^3 \text{mol} \cdot \text{m}^{-3}} = 318.5 \text{K}$$

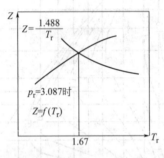

图 1.5.2 $Z = f(T_r)$ 关系

本章基本要求

1. 明确理想气体概念及其微观模型，掌握理想气体 pVT 计算。

2. 明确理想混合气体中组分分压力、分体积的概念，掌握道尔顿分压定律及阿马格分体积定律及相关计算。

3. 了解真实气体对理想气体的偏差，明确压缩因子 Z 的定义及其偏离 1 的含义，会用范德华方程和压缩因子图进行真实气体的 pVT 计算。

4. 掌握饱和蒸气压的概念。明确物质的临界状态及真实气体液化的条件。

自测题

1. 理想气体模型的基本特征是（　　）。
(a) 分子不断地做无规则运动，它们均匀分布在整个容器中
(b) 各种分子间作用力相等，各种分子的体积大小相等
(c) 所有分子都可看作一个质点，并且它们具有相等的能量
(d) 分子间无作用力，分子本身无体积

2. 在两个气球中分别装有理想气体 A 和 B，已知两者的温度和密度都相等，并测得 A 气球中的压力是 B 气球的 2 倍，若 A 的相对分子质量为 32，则 B 的相对分子质量（　　）。
　(a) 16　　　　(b) 32　　　　(c) 64　　　　(d) 54

3. 下列哪种条件下的气体可视为理想气体（　　）。
　(a) 高温、高压气体　　　　　　(b) 高温、低压气体
　(c) 低温、低压气体　　　　　　(d) 低温、高压气体

4. 恒温 300K 下，向一容器中充入氧气，容器中的压力为 1.5atm，若再充入少量的氮气，使容器中的压力达到 2atm，则氧气的分压力以及容器中氧气和氮气物质的量的比值为（　　）。
　(a) $p_{O_2}=1.5\text{atm}$, $n_{O_2} : n_{N_2}=3:1$　　(b) $p_{O_2}>1.5\text{atm}$, $n_{O_2} : n_{N_2}=1:3$
　(c) $p_{O_2}<1.5\text{atm}$, $n_{O_2} : n_{N_2}=4:3$　　(d) 无法确定，$n_{O_2} : n_{N_2}=3:4$

5. 对临界点性质的下列描述中，哪一个是错误的（　　）。
　(a) 液相摩尔体积与气相摩尔体积相等　　(b) 液相与气相的界面消失
　(c) 汽化热为零　　　　　　　　　　　(d) 固、液、气三相共存

6. 已知 CO_2 的临界参数 $t_c=304.15\text{K}$, $p_c=7.375\text{MPa}$。有一钢瓶中储存着 29℃ 的 CO_2，则该 CO_2（　　）状态。
　(a) 一定为液体　　　　　　　　(b) 一定为气体
　(c) 一定为气液共存　　　　　　(d) 数据不足，无法确定

7. 在 298.15K，A、B 两个抽真空的容器中，分别装有 100g 和 200g 的水，当达到气液平衡时，两个容器中的水蒸气压力分别为 p_A 和 p_B，则有（　　）。
　(a) $p_A<p_B$　　　　　　　　　(b) $p_A>p_B$
　(c) $p_A=p_B$　　　　　　　　　(d) 无法确定两者大小

8. 已知 A、B 两种气体临界温度关系是 $T_c(A)>T_c(B)$，如两种气体处于同一温度时，则气体 A 的对比温度 $T_r(A)$ 与气体 B 的对比温度 $T_r(B)$ 的关系为（　　）。
　(a) $T_r(A)>T_r(B)$　　　　　　(b) $T_r(A)=T_r(B)$
　(c) $T_r(A)<T_r(B)$　　　　　　(d) 不确定

9. 理想气体的压缩因子 Z（　　）。
　(a) $Z=1$　　(b) $Z>1$　　(c) $Z<1$　　(d) 随所处状态而定

10. 若气体能通过加压而被液化，则其对比温度应满足（　　）。
　(a) $T_r>1$　　(b) $T_r\geq 1$　　(c) $T_r<1$　　(d) T_r 为任意值

自测题答案

1. (d)；2. (c)；3. (b)；4. (a)；5. (d)；6. (d)；7. (c)；8. (c)；9. (a)；10. (c)

习题

1. 试求甲烷气体在 0℃、101.325kPa 条件下的密度？

答案：0.714kg·m^{-3}

2. 今有 20℃ 的乙烷和丁烷混合气体，充入一抽成真空的 200cm³ 容器中，直到压力达到 101.325kPa，测得容器中混合气体的质量为 0.3897g。试求该混合气体中两种组分的摩尔分数及分压力。

答案：乙烷摩尔分数：0.401；分压力：40.63kPa

3. 室温下一高压釜内有常压的空气。为进行实验时确保安全，采用同样温度的纯氮进行置换，步骤如下：向釜内通氮直到 4 倍于空气的压力，尔后将釜内混合气体排出直至恢复常压，重复三次。求釜内最后排气至恢复常压时其中气体含氧的摩尔分数。设空气中氧、氮摩尔分数之比为 1∶4。

答案：0.313%

4. 氯乙烯、氯化氢及乙烯构成的混合气体中，各组分的摩尔分数分别为 0.89、0.09 及 0.02。于恒定压力 101.325kPa 下，用水吸收其中的氯化氢，所得混合气体中增加了分压力为 2.666kPa 的水蒸气。试求洗涤后的混合气体中氯乙烯及乙烯的分压力。

答案：$p_{C_2H_3Cl}$=96.35kPa，$p_{C_2H_4}$=2.165kPa

5. CO_2 气体在 40℃ 时的摩尔体积为 0.381$dm^3 \cdot mol^{-1}$。试求其压力，并与实验值 5066.3kPa 作比较。(1) 设 CO_2 为理想气体；(2) 设 CO_2 为范德华气体。

答案：理想气体：6833.4kPa；34.9%；范德华气体：5167.56kPa；2.0%

6. 让 20℃、20dm^3 的空气在 101325Pa 下缓慢通过盛有 30℃溴苯液体的饱和器，经测定从饱和器中带出 0.950g 溴苯，试计算 30℃时溴苯的饱和蒸气压。设空气通过溴苯之后即被溴苯蒸气所饱和；又设饱和器前后的压力差可以略去不计。(溴苯的摩尔质量为 157.0g · mol^{-1})

答案：732Pa

7. 试由波义尔温度 T_B 的定义式，证明范德华气体的 T_B 可表示为 $T_B = \dfrac{a}{bR}$，式中 a，b 为范德华常数。

8. 现有 0℃、40530kPa 的氮气，试计算其摩尔体积 V_m，并与实验值 70.3$cm^3 \cdot mol^{-1}$ 作比较。已知 p_c=3398kPa，T_c=126.15K。(1) 设 N_2 为理想气体；(2) 设 N_2 为范德华气体。

答案：理想气体：56.0$cm^3 \cdot mol^{-1}$；20.3%；范德华气体：73.1$cm^3 \cdot mol^{-1}$；4%

9. 0℃时一氯甲烷（CH_3Cl）气体的密度 ρ 随压力的变化如下：

p/kPa	101.325	67.550	50.663	33.775	25.331
ρ/g · dm^{-3}	2.3074	1.5263	1.1401	0.75713	0.56660

试作 ρ/p-p 图，用外推法求氯甲烷的相对分子质量。

答案：50.5×10^{-3} kg · mol^{-1}

10. 把 25℃ 的氧气充入 40dm^3 的钢瓶中，压力达 20270kPa。试用普遍化压缩因子图求出钢瓶内氧气的质量。

答案：11.0kg

11. 300K 时 40dm^3 钢瓶中储存乙烯的压力为 146.9×10^2kPa。欲从中提用 300K、101.325kPa 的乙烯气体 12m^3，试用压缩因子图求钢瓶中剩余乙烯气体的压力。

答案：1986kPa

第 2 章 化学热力学基础

热力学是研究自然界中与热现象有关的各种过程能量转化规律的科学。人们在大量的生产和生活实践中归纳总结出了热力学基本定律,其中热力学第一定律和热力学第二定律是热力学研究主要的理论基础。化学热力学是热力学的分支学科,主要研究 pVT 变化、相变化和化学变化中能量转化的规律以及过程进行的方向和限度问题。依据热力学第一定律可以计算化学变化中的反应热,由热力学第二定律可以判断一定条件下化学反应能否发生,反应产物所能得到的最大产量等。20 世纪初发现的热力学第三定律,提出了规定熵概念,解决了化学反应熵变的计算问题,为化学反应的相关计算奠定了基础。

热力学研究问题的方法具有以下特点:①研究对象是大量粒子(包括分子、原子或离子等)组成的集合体,通过系统的宏观性质研究平衡的普遍规律,所得结论具有统计意义;②研究系统由始态到终态的变化,仅涉及系统的宏观性质,而不考虑系统内部物质粒子的微观结构和个别粒子的行为;③所有的热力学变量均与时间无关,即热力学研究不涉及化学反应的速率及机理。由于热力学方法是基于广泛的实践基础之上,因此所得结论具有高度的普遍性和可靠性。然而也正是这些方法特点决定了热力学处理问题的局限性。如通过热力学计算可以预测反应在一定条件下能否发生以及反应可以进行到什么程度,但无法说明反应发生的原因和经过;由于热力学变量不涉及时间概念,因此也无法知道达到反应限度所需要的具体时间,亦即不能获得在有限时间内反应产物的实际产量等,而这些问题正是物理化学的另一分支学科——化学动力学要解决的问题。

§2.1 基 本 概 念

核心内容

1. 系统和环境

    热力学研究的对象为系统,系统以外,通过物质交换和能量交换与系统有联系的部分为环境。

2. 状态函数

    描述系统状态的宏观性质称为状态函数,如温度、压力、体积、密度等。概括起来,状态函数的特点是:异途同归,值变相等;周而复始,其值不变;且满足单值、连续、可微。

3. 热力学平衡态

    在没有环境影响的条件下,系统内各种宏观性质不随时间而改变的状态称为热力学平衡态。

4. 过程与途径

    系统状态的变化称为过程;而变化(实现过程)的方式称为途径。

5. 热和功

    系统与环境间由于温度差而传递的能量称为热;除热以外,系统与环境间以其他各种形式传递的能量统称为功。

本节主要讨论系统、环境、系统的分类、热力学平衡态、状态函数及其特点、热和功等热力学基本概念。

2.1.1 系统和环境

进行科学研究时必须明确研究的对象，由大量粒子（可以是分子、原子、离子、电子等）组成的宏观集合体是热力学研究的对象，称为系统。系统以外与系统有密切联系的部分称为环境。系统和环境是人为划分的，系统和环境的边界可以是实际的物理界面，也可以是想象的界面。实际界面如容器的器壁，可以是导热的或绝热的、刚性的或活动的，也可以是半透膜等。而若以钢瓶中放出的气体作为系统，就可以设想放出的这部分气体在没放出时和留在钢瓶中的气体间存在一假想的界面。

系统和环境之间可以进行物质和能量的交换。按照系统与环境之间交换物质与能量的不同情况将热力学系统分为三种：①与环境之间只有能量交换而无物质交换的系统称为封闭系统；②与环境之间有物质交换又有能量交换的系统称为敞开系统；③与环境之间既无物质又无能量交换的系统称为孤立系统，又称为隔离系统。例如一个敞口的玻璃杯中盛满热水，以水为系统。由于水蒸气挥发到空气中而和环境进行了物质交换，同时由于水向空气中散热而和环境进行了能量交换，因此杯中水是一个敞开系统；若将杯子密封（比如加上盖子），阻止水蒸气向空气中挥发，此时水仅可以通过玻璃杯向空气中散热，因此水为封闭系统；若将杯子放在一个密封的绝热容器中，此时水蒸气既不能挥发到空气中，也不能向空气中散热，因此水为孤立系统。

注意：进行的物质和能量交换是指在系统和环境之间而不是在系统的内部。孤立系统为理想系统，即系统和环境之间无任何相互作用，显然这样的系统客观上并不存在。这一概念仅是在极限或近似条件下使用，通常在将系统和环境作为一个整体进行研究时，将整体作为系统近似为孤立系统。

热力学系统的宏观物理量称为系统的热力学性质，系统的宏观可测物理量主要有质量 m、体积 V、温度 T、压力 p、密度 ρ、热容 C 等。后面章节将要学习的热力学能 U、焓 H、熵 S、吉布斯函数 G 等也是系统的热力学性质，这些热力学性质是宏观不可测量的，但它们的变化量可以间接得到。若热力学性质的值与系统中物质的量有关，具有加和性，如 m、V 等，称为系统的广度性质（又称为容量性质）；若热力学性质的值与系统中物质的量无关，不具有加和性，如 T、p 等，则称为系统的强度性质。

注意两个广度性质之比为强度性质，如密度 ρ 是质量与体积之比，摩尔体积 V_m 是体积与物质的量之比，摩尔热容 C_m 是热容与物质的量之比等，ρ、V_m 及 C_m 都是强度性质。

2.1.2 状态和状态函数

热力学研究大量粒子整体的宏观性质与规律。系统中所有宏观性质的综合表现称为状态，用来描述系统状态的宏观性质（如 T、p、V 等）称为状态函数。当系统状态一定时，系统所有的状态函数均为一定值，系统状态发生改变时，系统中至少有一个状态函数要发生变化，也可能有几个，甚至全部都发生改变。

经验表明，系统的各种宏观性质并非彼此无关，许多宏观性质之间存在确定的函数关系，因此描述系统的状态并不需要系统所有的宏观性质。如一定量的纯理想气体，若 T、p 一定，则 V、ρ 等物理量就有确定的值。对于均相且组成确定的封闭系统，通常只需要确定两个独立的宏观量，则系统的状态就可以确定，而系统的其他宏观性质就随之确定而不能任意改变了,即该系统的任意宏观性质是另外两个独立的宏观性质的函数。

状态函数是热力学研究方法中引入的一个重要的概念,它具有以下特点。

(1) 状态函数是系统状态的单值函数,系统状态确定,则所有状态函数都具有确定的值,而与系统到达这一状态前的历史无关。例如水在1atm下的冰点是0℃,此时冰水两相共存,而冰点温度与由1atm室温下的水降温至冰点还是由1atm某温度的冰升温至冰点无关。

(2) 状态函数的变化量在数学上可用全微分表示。例如对于一定量的纯理想气体,其体积可以表示为温度和压力的函数,即:$V=f(T,p)$,当系统状态发生微小变化时,引起系统体积的变化可用全微分表示为:

$$dV=\left(\frac{\partial V}{\partial T}\right)_p dT+\left(\frac{\partial V}{\partial p}\right)_T dp$$

(3) 状态函数的变化量仅取决于系统的起始状态和终止状态,而与状态改变的具体途径无关。状态函数的这一性质在热力学计算中广泛应用,称为状态函数法。

例如已知系统在状态1的温度为20℃,在状态2的温度为100℃,则系统温度的变化值为:$\Delta T=T_2-T_1=100℃-20℃=80℃$,温度的变化值与系统如何由20℃变化到100℃的方式无关。事实上可有很多种不同的方式实现这种变化,如系统直接与100℃的热源接触升温至100℃;或者系统先与50℃热源接触升温至50℃,再与100℃热源接触升温至100℃;还可以使系统先与40℃热源接触,然后与80℃热源接触,再与100℃热源接触升温至100℃,如图2.1.1所示。虽然系统采用的升温方式不同,但从状态1到状态2,系统温度的变化值均为80℃。

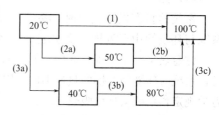

图2.1.1 系统不同的升温方式图示

(4) 循环过程所有状态函数的值均不变。系统从某一状态出发,经历一系列变化后又回到其出发时的状态,这种过程称为循环过程。系统经历循环过程后状态复原,因此状态函数的变化量为零。

2.1.3 热力学平衡态

在没有环境影响的条件下,系统的各种宏观性质不随时间而改变,则称此系统处于热力学平衡态。处于热力学平衡态的系统需要满足以下平衡条件。

(1) 热平衡 系统内部无绝热壁时,各部分的温度相等。

(2) 压力平衡 系统内部无刚性壁时,系统各部分的压力相等。

(3) 相平衡和化学平衡 系统内部无阻力因素存在时,系统中各部分组成均匀且不随时间而改变。

2.1.4 过程与途径

过程是指系统状态变化的经历。系统状态从同一始态到同一终态可以有不同的方式,这种不同的方式称为途径。如图2.1.1是系统三种不同的升温方式,表示系统从始态到终态经历了三条不同的途径。再如10mol理想气体(pg)受热膨胀,系统从25℃、1atm变化至100℃、0.5atm,此时系统从始态到终态经历了pVT同时改变的过程。同样的始态和终态,系统也可以经历其他途径,如压力恒定为1atm下由25℃升温至100℃,然后保持温度恒定

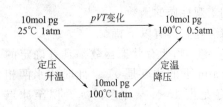

图 2.1.2 系统状态变化途径框图

为 100℃ 时由 1atm 降至 0.5atm。系统状态变化的途径可用图 2.1.2 表示。

热力学中常见的过程主要有以下几种。

(1) 定温过程 系统状态发生变化时，系统温度始终等于环境温度且为定值的过程。

(2) 定压过程 系统状态发生变化时，系统的压力自始至终等于环境的压力，且为定值的过程。

(3) 定容过程 系统状态发生变化时，系统体积始终保持不变的过程。

(4) 绝热过程 系统状态发生变化时，系统和环境之间无热交换的过程。

(5) 循环过程 系统由某一状态出发，经历一系列变化后又回到原来状态的过程。

(6) 反抗恒外压过程 系统反抗恒定外压 p_{sur} 进行的压缩或膨胀过程，如气体的自由膨胀（向真空膨胀）过程：$p_{sur}=0$。

2.1.5 热和功

(1) 热

系统的状态发生改变时，系统与环境进行能量交换有热和功两种不同的方式。热力学将系统与环境间由于温度差而引起的能量交换称为热，用 Q 表示，单位：J 或 kJ。

注意热是由于系统与环境之间的温度差引起的能流，不是系统存储的能量。经由不同的途径，系统与环境间交换的热量不同，因此热是与途径有关的途径函数。微量热用 δQ 表示。热力学规定，系统从环境吸热，取正值，即 $Q>0$；系统向环境放热，取负值，即 $Q<0$。

从微观而言，热本质上是系统与环境二者内部粒子无规则热运动的平均强度不同而交换的能量。粒子无规则运动的强度越大，温度就越高；当两个温度不同的物体相接触时，由于粒子无规则运动的强度不同，则分子之间通过碰撞进行能量交换，这种交换能量的方式就是热。

(2) 功

热力学将除热以外的系统与环境间以其他各种形式传递的能量统称为功，用 W 表示，单位：J 或 kJ。系统经由不同途径与环境以功的方式传递的能量不同，因此功也是途径函数，其数值大小与途径有关，微量功用 δW 表示。热力学规定，系统对环境作功，功为负，即 $W<0$；环境对系统作功，功为正，即 $W>0$。从微观而言，功是系统与环境间因物质分子的有序运动而交换的能量。

热力学将功分为体积功 W 和非体积功 W' 两大类。体积功是指系统反抗外力时由于体积变化而与环境交换的能量，体积功以外的各种功统称为非体积功，如后续章节遇到的电功、表面功等均属于非体积功。在无特别说明情况下，一般说功即指体积功。

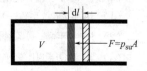

图 2.1.3 体积功示意图

体积功本质上是机械功，力学上定义为：在力 F 作用下，位移 dl，Fdl 即为功。图 2.1.3 为体积功示意图。设想有一定量的气体处于一带活塞的圆筒中，假设活塞无摩擦、无质量。环境压力 p_{sur}，圆筒的横截面积为 A，圆筒中的气体受热后体积膨胀 dV，活塞位移 dl，则 $dV = Adl$，由定义

$$\delta W \stackrel{\text{def}}{=\!=\!=} Fdl = p_{sur}Adl = p_{sur}dV$$

气体膨胀过程中反抗环境压力 p_{sur} 对外界做功，气体膨胀 $dV>0$，依据系统对环境作功，功为负的规定，故

$$\delta W = -p_{sur}dV \tag{2.1.1}$$

当气体被压缩时，$dV<0$，环境对系统作功，按规定功为正，由式(2.1.1)可知 $\delta W>0$，与规定相符合。

当系统反抗外压 p_{sur}，体积由 V_1 变化至 V_2 时，体积功的计算公式：

$$W = \sum \delta W_i = -\int_{V_1}^{V_2} p_{sur}dV \tag{2.1.2}$$

【例 2.1.1】 1mol 理想气体在 273.15K 下，分别经历下列过程由 1000kPa 膨胀至 100kPa，求过程的功。(1) 在 $p_{sur}=0$ 下进行；(2) 在 $p_{sur}=100$kPa 下进行。

解：(1) $W_1 = -\int_{V_1}^{V_2} p_{sur}dV = -p_{sur}\Delta V = 0$

(2) $W_2 = -p_{sur}(V_2 - V_1)$

$= -p_{sur}\left(\dfrac{nRT_2}{p_2} - \dfrac{nRT_1}{p_1}\right) = -nRT\left(1 - \dfrac{1}{10}\right)$

$= -1 \times 8.314 \times 273.15 \times \left(1 - \dfrac{1}{10}\right)\text{J} = -2043.9\text{J}$

理想气体定温恒外压膨胀过程体积功在 p-V 图上可用图中阴影部分矩形的面积表示，如图 2.1.4 所示。

【例 2.1.2】 1mol 液态水于 100℃、100kPa 下变成相同温度压力下的水蒸气，求该过程的功。

解：$W = -\int_{V_1}^{V_2} p_{sur}dV = -p_{sur}(V_g - V_l) \approx -p_g V_g = -nRT$

$= (-1 \times 8.314 \times 373.15)\text{J} = -3102.4\text{J}$

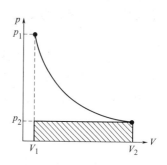

图 2.1.4 理想气体定温外压膨胀过程

§2.2 热力学第一定律

> **核心内容**
>
> 1. 热力学能
>
> 热力学能 U 是广度性质的状态函数，本质是系统内所有微观粒子无序运动的动能、所有粒子间相互作用的势能及粒子内部各种运动形式的能量的总和。
>
> 2. 热力学第一定律
>
> 热力学第一定律本质上是能量守恒与转化原理，即能量不会自行产生或消灭，只能从一种形式转化为另一种形式，且能量的总值不变。封闭系统热力学第一定律的数学表达式：$\Delta U = W + Q$。
>
> 3. 焓
>
> 焓是热力学第一定律引出的进行热量计算的重要的辅助函数，定义为：$H \stackrel{\text{def}}{=\!=} U + pV$。一定量理想气体的热力学能和焓都只是温度的函数。
>
> 4. 定容热和定压热
>
> 封闭系统，在无非体积功（$W'=0$）条件下，定容过程的热在数值上等于系统的热力学能变，数学式为：$Q_V = \Delta U$；定压过程的热在数值上等于系统的焓变，数学式为：$Q_p = \Delta H$。

本节讨论封闭系统与环境进行能量交换与相互转化时的数量关系，即计算系统从一个平衡状态经过某一过程到达另一平衡状态时，系统与环境之间交换能量的方式以及由此所引起的系统能量的变化。

2.2.1 热力学能

焦耳（J. P. Joule）和迈尔（J. R. Mayer）从 1840 年起进行了一系列的实验求热功当量。结果发现，在绝热条件下，使一定量纯水升高一定温度所需要的功是一定的，而与做功的方式无关，即在绝热条件下，封闭系统从始态变到终态的功为一定值，或者说绝热条件下封闭系统的状态发生改变时，所经历过程的功的数值仅取决于系统的始态和终态，与经历的具体过程无关。这正是状态函数的特点，说明系统存在这样一个状态函数，而绝热过程的功对应着这个状态函数的变化。用 U 表示这个状态函数，用公式表示为

$$W_{绝热} = U_2 - U_1 = \Delta U \tag{2.2.1}$$

根据能量守恒，绝热条件下外界对系统做功，系统获得能量，因此可知 U 表示系统的能量。由于实验中系统无整体运动，也不存在整体势能的变化，故外界对系统做功增加的是系统内部的能量，因此状态函数 U 表示系统内部的能量，叫做热力学能，又称为内能，其定义式为

$$U_2 - U_1 \stackrel{\text{def}}{=\!=\!=} W_{绝热} \tag{2.2.2}$$

由定义可知，热力学能 U 是广度性质的状态函数，单位为 J 或 kJ。从微观而言，系统内部的能量包括分子的平动、转动、振动、电子运动、核运动的能量以及分子间相互作用的势能等，即热力学能本质是系统内所有微观粒子的无序运动的动能以及所有粒子间相互作用的势能等能量的总和。热力学能 U 的绝对值是未知的，但并不妨碍我们对这一物理量的使用，因为通常需要知道的是系统状态改变前后热力学能的变化量而并非其绝对值。

2.2.2 热力学第一定律

式（2.2.1）是能量转化与守恒原理在绝热条件下应用的特殊形式。事实上系统能量的变化并不限于绝热做功，也可以不做功而通过热传递的方式改变系统的热力学能，效果是一样的。通常情况下，系统状态改变时功和热两种能量传递的方式同时存在，因此有

$$U_2 - U_1 = \Delta U = W + Q \tag{2.2.3}$$

或

$$\Delta U = W + Q \tag{2.2.4}$$

系统状态发生微小变化时

$$dU = \delta W + \delta Q \tag{2.2.5}$$

dU 为热力学能的微小变化量；δW 和 δQ 分别表示微量功和微量热，注意状态函数微小变化量和途径函数微量变化在表示上的区别。

式（2.2.4）和式（2.2.5）即为封闭系统热力学第一定律的数学表达式，用文字表述为：封闭系统状态改变时，其热力学能的增量等于系统从环境吸收的热与环境对系统做功的和。

自然界中的一切物质都具有能量，能量有多种不同的形式，能量的形式可以转化，但转化过程中能量的总值不变。热力学第一定律本质上是能量守恒与转化原理在热力学系统中的具体应用。热力学第一定律还可以表述为"第一类永动机不能实现"，即不可能造出不消耗外界能量而能够连续对外做功的机器。

2.2.3 焓（H）

焓的定义为：

$$H \xlongequal{\text{def}} U + pV \tag{2.2.6}$$

由定义可知，焓是广度性质的状态函数，单位为 J 或 kJ。当系统发生状态改变时，则

$$\Delta H = \Delta U + \Delta(pV) \tag{2.2.7}$$

式(2.2.7)是由焓定义式(2.2.6)得到的，因此只要满足封闭系统条件，就可以应用。

对于焓函数，其本身无确切的物理含义，且由于不能确定热力学能的绝对值，因此也不能确定焓的绝对值。定义这个新函数的目的完全是为了方便热力学第一定律在实际过程中应用。

2.2.4 理想气体的热力学能和焓

焦耳在 1843 年做了如下实验（图 2.2.1）：将两个体积相等的导热容器放在水浴中，左边容器中充满气体，右边容器抽为真空。打开活塞，气体由左边容器冲入右边容器，膨胀达到平衡时，观察发现水浴温度没有变化，即 $Q=0$；气体进行自由膨胀，系统没有对外做功，$W=0$；根据热力学第一定律，则该过程系统 $\Delta U=0$。从实验结果得出结论：理想气体的自由膨胀过程温度不变，热力学能不变。

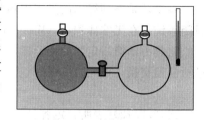

图 2.2.1 气体向真空膨胀

对于单组分均相、封闭系统，热力学能可表示为 T，V 的函数，即 $U=f(T,V)$，则其全微分

$$dU = \left(\frac{\partial U}{\partial T}\right)_V dT + \left(\frac{\partial U}{\partial V}\right)_T dV \tag{2.2.8}$$

实验结果温度不变 $dT=0$，热力学能不变 $dU=0$，所以 $\left(\frac{\partial U}{\partial V}\right)_T dV = 0$，又因气体膨胀过程 $dV \neq 0$，则

$$\left(\frac{\partial U}{\partial V}\right)_T = 0 \tag{2.2.9a}$$

即温度一定，体积 V 改变时理想气体的热力学能 U 不改变。

若将热力学能表示为 T，p 的函数，即 $U=f(T,p)$，则可得到

$$\left(\frac{\partial U}{\partial p}\right)_T = 0 \tag{2.2.9b}$$

即温度一定，压力 p 改变时理想气体的热力学能 U 不改变。因此，一定量理想气体的热力学能仅是温度的函数，而与体积、压力无关，表示为

$$U = f(T) \tag{2.2.10}$$

从微观的角度，气体的热力学能为分子间相互作用的势能、分子运动的动能及分子内部能量之和。理想气体由于分子间无相互作用力，所以热力学能 U 只由分子运动的动能及分子内部能量决定。因此，单纯 pVT 变化过程中，理想气体温度不变时，无论体积及压力如何改变，其热力学能均不改变。

依据焓的定义式 $H=U+pV$ 可知，理想气体等温条件下，由于 $d(pV)=0$，因此容易证明 $\left(\frac{\partial H}{\partial V}\right)_T = 0$，$\left(\frac{\partial H}{\partial p}\right)_T = 0$，或表示为

$$H = f(T) \tag{2.2.11}$$

即,一定量理想气体的焓也仅是温度的函数,而与体积、压力无关。

严格讲,焦耳实验所得结论是由实验结果外推所得。因为焦耳实验中介质水的热容比气体大很多,因此水温的微弱变化未能觉察到。进一步实验证明,真实气体原来的压力越小,焦耳实验的结果才越准确。因此当压力趋于零时,即真实气体可视为理想气体时,式(2.2.10)和式(2.2.11)才完全正确。对于仅发生单纯 pVT 变化的封闭系统,理想气体的热力学能和焓都仅是温度的函数,这一结论在后面§2.9中将进行严格的热力学证明。

2.2.5 定容热和定压热

在一定的限定条件下,可以得到热力学第一定律特殊形式的表达式。我们知道热是途径函数,在始态和终态确定的条件下,系统经历不同途径时与环境间传递的热量不同,但是在一定条件下的过程热具有特定的意义。

(1) 定容热

系统从始态到终态的过程中体积不变,称该过程为定容过程,其特征为:$dV=0$。对于封闭系统,在无非体积功 ($W'=0$) 条件下,定容过程的热称为定容热,用 Q_V 表示。

将热力学第一定律应用于定容、无非体积功的过程(此过程系统与环境间不以功的形式进行能量交换,$W=0$),则

$$\Delta U = Q_V \tag{2.2.12}$$

式(2.2.12)表明,定容且无非体积功过程,封闭系统从环境吸收的热量全部转化为系统的热力学能,或者说,定容热的大小仅决定于系统的始态和终态。

(2) 定压热

系统从始态到终态的过程中压力不变,且等于环境的压力,称该过程为定压过程,其特征为:$dp=0$。对于封闭系统,在无非体积功 ($W'=0$) 条件下,定压过程的热称为定压热,用 Q_p 表示。

将热力学第一定律应用于定压 ($p=p_{\text{sur}}=$ 常数)、无非体积功的过程,则

$$\Delta U = Q + W = Q_p - \int_{V_1}^{V_2} p dV = Q_p - p(V_2 - V_1)$$

$$U_2 - U_1 = Q_p - p(V_2 - V_1) \text{ 或 } Q_p = (U_2 + p_2 V_2) - (U_1 + p_1 V_1)$$

故 $\qquad Q_p = (U_2 + p_2 V_2) - (U_1 + p_1 V_1) = H_2 - H_1$

即 $$Q_p = \Delta H \tag{2.2.13}$$

式(2.2.13)表明,定压且无非体积功过程,封闭系统从环境吸收的热量数值上等于系统的焓变,或者说,定压热的大小仅决定于系统的始态和终态。

由式(2.2.12)和式(2.2.13)可知,在一定条件下可以通过量热法求得 ΔU 和 ΔH;同时也由于途径函数 Q 在一定条件下与状态函数的变化量数值上相等,因此可利用 U 及 H 为状态函数的特点,在系统的始态和终态间设计任一途径求 ΔU 或 ΔH,从而计算出系统与环境之间交换的热,给计算带来极大的方便。特别需要注意式(2.2.12)和式(2.2.13)适用的条件,对于 pVT 变化、相变化或化学变化过程,当满足相应的条件时,二式均适用。

§2.3 热容及单纯变温过程热的计算

> **核心内容**
>
> 1. 热容
>
> 对于组成不变且无非体积功的均相封闭系统,系统升高单位热力学温度时吸收(或降低单位热力学温度时放出)的热量称为热容,定义式为:
>
> $$C \stackrel{\text{def}}{=\!=} \frac{\delta Q}{dT}$$
>
> 2. 定容摩尔热容和定压摩尔热容
>
> 对于定容过程,每摩尔物质的热容称为定容摩尔热容,定义式为:
>
> $$C_{V,m} \stackrel{\text{def}}{=\!=} \frac{\delta Q_{V,m}}{dT} = \left(\frac{\partial U_m}{\partial T}\right)_V$$
>
> 对于定压过程,每摩尔物质的热容称为定压摩尔热容,定义式为:
>
> $$C_{p,m} \stackrel{\text{def}}{=\!=} \frac{\delta Q_{p,m}}{dT} = \left(\frac{\partial H_m}{\partial T}\right)_p$$
>
> 理想气体定压摩尔热容与定容摩尔热容关系:
>
> $$C_{p,m} - C_{V,m} = R$$
>
> 3. 单纯变温过程热的计算公式
>
> 定容变温过程 $\qquad Q_V = \Delta U = \int_{T_1}^{T_2} n C_{V,m} dT$
>
> 定压变温过程 $\qquad Q_p = \Delta H = \int_{T_1}^{T_2} n C_{p,m} dT$

热容是单纯 pVT 变化过程中传热计算的基础数据,是实验可测量。通过热容数据,可以计算物质在单纯变温过程中系统与环境交换的热及系统的热力学能变和焓变。

2.3.1 热容定义

对于组成不变且无非体积功的均相封闭系统,系统升高单位热力学温度吸收的热量(或降低单位热力学温度放出的热量)称为热容,用符号 C 表示,单位为 $J \cdot K^{-1}$,定义式表示为:

$$C \stackrel{\text{def}}{=\!=} \frac{\delta Q}{dT} \tag{2.3.1}$$

若加热时系统从环境吸收热量 Q,温度由 T_1 升至 T_2,定义平均热容:

$$\overline{C} \stackrel{\text{def}}{=\!=} \frac{Q}{T_2 - T_1} \tag{2.3.2}$$

不同的温度及温度范围内,物质的热容及平均热容的数值不同。在一般计算中,若温度的变化范围不大时,可将热容视为定值。

2.3.2 定容摩尔热容和定压摩尔热容

热容与系统中物质的数量、状态以及升温(或降温)的过程有关。

若物质的量为 1mol,称为摩尔热容,用 C_m 表示,单位为 $J \cdot mol^{-1} \cdot K^{-1}$,用公式表

示为：

$$C_{\mathrm{m}} \overset{\text{def}}{=\!=\!=} \frac{C}{n} = \frac{1}{n} \times \frac{\delta Q}{\mathrm{d}T} = \frac{\delta Q_{\mathrm{m}}}{\mathrm{d}T} \tag{2.3.3}$$

由于 $\delta Q_{V,\mathrm{m}} = \mathrm{d}U_{\mathrm{m}}$，则定容摩尔热容 $C_{V,\mathrm{m}}$ 定义式为：

$$C_{V,\mathrm{m}} \overset{\text{def}}{=\!=\!=} \frac{\delta Q_{V,\mathrm{m}}}{\mathrm{d}T} = \left(\frac{\partial U_{\mathrm{m}}}{\partial T}\right)_V \tag{2.3.4}$$

由于 $\delta Q_{p,\mathrm{m}} = \mathrm{d}H_{\mathrm{m}}$，则定压摩尔热容 $C_{p,\mathrm{m}}$ 定义式为：

$$C_{p,\mathrm{m}} \overset{\text{def}}{=\!=\!=} \frac{\delta Q_{p,\mathrm{m}}}{\mathrm{d}T} = \left(\frac{\partial H_{\mathrm{m}}}{\partial T}\right)_p \tag{2.3.5}$$

2.3.3 $C_{p,\mathrm{m}}$ 与 $C_{V,\mathrm{m}}$ 的关系

$$C_{p,\mathrm{m}} - C_{V,\mathrm{m}} = \left(\frac{\partial H_{\mathrm{m}}}{\partial T}\right)_p - \left(\frac{\partial U_{\mathrm{m}}}{\partial T}\right)_V = \left[\frac{\partial (U_{\mathrm{m}} + pV_{\mathrm{m}})}{\partial T}\right]_p - \left(\frac{\partial U_{\mathrm{m}}}{\partial T}\right)_V$$

$$C_{p,\mathrm{m}} - C_{V,\mathrm{m}} = \left(\frac{\partial U_{\mathrm{m}}}{\partial T}\right)_p + p\left(\frac{\partial V_{\mathrm{m}}}{\partial T}\right)_p - \left(\frac{\partial U_{\mathrm{m}}}{\partial T}\right)_V \tag{2.3.6}$$

若物质的量为 1mol，则式(2.2.8)可表示为 $\mathrm{d}U_{\mathrm{m}} = \left(\frac{\partial U_{\mathrm{m}}}{\partial T}\right)_V \mathrm{d}T + \left(\frac{\partial U_{\mathrm{m}}}{\partial V_{\mathrm{m}}}\right)_T \mathrm{d}V_{\mathrm{m}}$，恒压下两边同除以 $\mathrm{d}T$，得 $\left(\frac{\partial U_{\mathrm{m}}}{\partial T}\right)_p = \left(\frac{\partial U_{\mathrm{m}}}{\partial T}\right)_V + \left(\frac{\partial U_{\mathrm{m}}}{\partial V_{\mathrm{m}}}\right)_T \left(\frac{\partial V_{\mathrm{m}}}{\partial T}\right)_p$，将此式代入式(2.3.6)中，整理得到

$$C_{p,\mathrm{m}} - C_{V,\mathrm{m}} = \left(\frac{\partial V_{\mathrm{m}}}{\partial T}\right)_p \left[\left(\frac{\partial U_{\mathrm{m}}}{\partial V_{\mathrm{m}}}\right)_T + p\right] \tag{2.3.7}$$

对液、固系统，可略去 V_{m} 随 T 的变化，因此凝聚系统 $C_{p,\mathrm{m}}$ 和 $C_{V,\mathrm{m}}$ 近似相等；对理想气体 $\left(\frac{\partial U_{\mathrm{m}}}{\partial V_{\mathrm{m}}}\right)_T = 0$，$\left(\frac{\partial V_{\mathrm{m}}}{\partial T}\right)_p = \left[\frac{\partial (RT/p)}{\partial T}\right]_p = \frac{R}{p}$，代入式(2.3.7)，得到理想气体 $C_{p,\mathrm{m}}$ 与 $C_{V,\mathrm{m}}$ 的关系：

$$C_{p,\mathrm{m}} - C_{V,\mathrm{m}} = R \tag{2.3.8}$$

2.3.4 热容与温度的关系

热容与温度的函数关系因物质、物态和温度区间的不同而有不同的形式。依据实验结果，气体的定压摩尔热容与温度的关系有如下经验式：

$$C_{p,\mathrm{m}} = a + bT + cT^2 + \cdots$$

或
$$C_{p,\mathrm{m}} = a' + b'T + c'T^{-2} + \cdots \tag{2.3.9}$$

式中 $a, b, c, \cdots$ 或 $a', b', c', \cdots$ 是经验常数，由物质本身的特性决定，可从附录八中查找。

2.3.5 单纯变温过程热的计算

对于无相变化、无化学变化且非体积功为零的单纯变温过程，可利用物质的 $C_{p,\mathrm{m}}$ 和 $C_{V,\mathrm{m}}$ 基础数据，计算系统与环境间的热交换及相应过程系统的热力学能变和焓变。

定容过程
$$Q_V = \Delta U = \int_{T_1}^{T_2} nC_{V,m}dT \tag{2.3.10}$$

定压过程
$$Q_p = \Delta H = \int_{T_1}^{T_2} nC_{p,m}dT \tag{2.3.11}$$

由于理想气体的热力学能及焓仅是温度的函数，依据定义式(2.3.4)和式(2.3.5)可知，理想气体的定容摩尔热容和定压摩尔热容也仅是温度的函数，表示为：

$$C_{V,m} = \left(\frac{\partial U_m}{\partial T}\right)_V = f(T) \tag{2.3.12}$$

$$C_{p,m} = \left(\frac{\partial H_m}{\partial T}\right)_p = f(T) \tag{2.3.13}$$

所以对于理想气体的非等温过程，可利用式(2.3.14)和式(2.3.15)分别计算其热力学能变和焓变，而不必考虑过程是否定容或定压。

$$\Delta U = \int_{T_1}^{T_2} nC_{V,m}dT \tag{2.3.14}$$

$$\Delta H = \int_{T_1}^{T_2} nC_{p,m}dT \tag{2.3.15}$$

【例 2.3.1】 将 2mol 氢气由 300K、0.1MPa 定压加热到 400K，求过程的 Q、W 及 ΔU 和 ΔH（氢气视为理想气体）。已知氢气的定压摩尔热容为
$$C_{p,m}(H_2) = [27.28 + 3.26 \times 10^{-3}(T/K) + 0.502 \times 10^{-5}(T/K)^{-2}] J \cdot K^{-1} \cdot mol^{-1}$$

解：$W = -p\Delta V = -nR\Delta T = -[2 \times 8.314 \times (400-300)]J = -1662.8J$

定压过程，且无非体积功，则

$$\Delta H = Q_p = \int_{T_1}^{T_2} nC_{p,m}dT$$

$$= \int_{300K}^{400K} \left\{2mol \times \begin{bmatrix} 27.28 + 3.26 \times 10^{-3}(T/K) \\ + 0.502 \times 10^{-5}(T/K)^{-2} \end{bmatrix} J \cdot K^{-1} \cdot mol^{-1}\right\} dT$$

$$= 2 \times \begin{bmatrix} 27.28 \times (400-300) + 3.26 \times 10^{-3}/2 \times (400^2 - 300^2) \\ -0.502 \times 10^{-5} \times (400^{-1} - 300^{-1}) \end{bmatrix} J = 5684.2J$$

$$\Delta U = Q_p + W = (5684.2 - 1662.8)J = 4021.4J$$

【例 2.3.2】 某理想气体 $C_{V,m} = 20 J \cdot K^{-1} \cdot mol^{-1}$，现有 10mol、283K 该气体在保持体积不变时升温至 566K，试计算该过程的 Q、W 及 ΔU 和 ΔH。

解：体积保持不变 $dV=0$，且无非体积功，则 $W=0$

$$Q_V = \Delta U = \int_{T_1}^{T_2} nC_{V,m}dT$$

$$= nC_{V,m}(T_2 - T_1) = [10 \times 20 \times (566-283) \times 10^{-3}]kJ = 56.6kJ$$

$$\Delta H = \int_{T_1}^{T_2} nC_{p,m}dT = \int_{T_1}^{T_2} n(C_{V,m}+R)dT = n(C_{V,m}+R)(T_2-T_1)$$

$$= [10 \times (20+8.314) \times (566-283) \times 10^{-3}]kJ = 80.1kJ$$

或 $\Delta H = \Delta U + \Delta(pV) = \Delta U + (p_2V_2 - p_1V_1) = \Delta U + nR(T_2 - T_1)$

$$= [56.6 + 10 \times 8.314 \times (566-283) \times 10^{-3}]kJ = 80.1kJ$$

§2.4 可逆过程及可逆体积功的计算

核心内容

1. 可逆过程

由无限接近平衡态且在无摩擦力的条件下进行的理想过程称为可逆过程。系统经历可逆过程由始态变化到终态，再循原过程返回始态后，系统和环境都完全复原，均无热和功的损失。如果不能使系统和环境都完全复原，则该过程为不可逆过程。

2. 可逆过程体积功

计算公式：$W = -\int_{V_1}^{V_2} p\mathrm{d}V$

理想气体定温可逆体积功：$W = -nRT\ln\dfrac{V_2}{V_1} = -nRT\ln\dfrac{p_1}{p_2}$

理想气体绝热可逆体积功：$W = \dfrac{nR(T_2 - T_1)}{\gamma - 1}$ 或 $W = \Delta U = nC_{V,\mathrm{m}}(T_2 - T_1)$

3. 卡诺循环

由两个定温可逆过程和两个绝热可逆过程组成一个可逆循环，称为卡诺循环。所有工作于同温热源和同温冷源之间的热机，可逆热机的效率最大，这就是卡诺定理。由卡诺定理可知：$\dfrac{Q_\mathrm{c}}{T_\mathrm{c}} + \dfrac{Q_\mathrm{h}}{T_\mathrm{h}} \leqslant 0$　　"<" 任意机　　"=" 可逆机

2.4.1 可逆过程及其特点

前已述及，功是途径函数，其数值与系统具体经历的过程有关。系统经历的过程不同，则系统与环境以功的形式交换的能量就不同。系统状态改变时经历的过程分为物理变化（包括 pVT 变化和相变化）和化学变化两大类。设想有一种理想的过程，在无限接近平衡态并且在无摩擦力的条件下进行，称这种理想的过程为可逆过程。

图 2.4.1　气体的定温膨胀过程

以气体的定温膨胀和压缩过程为例。如图 2.4.1 所示，设想在汽缸的活塞上放一定质量的细沙粒，此时汽缸中气体的压力等于外压，系统处于平衡状态。一定温度下，将沙子一粒一粒地拿走，则汽缸内气体的压力以 $\mathrm{d}p$ 减小，气体膨胀时体积则以 $\mathrm{d}V$ 增大，气体自始态至终态膨胀过程中的每一步，$p_\mathrm{sys} = p_\mathrm{sur} + \mathrm{d}p$，如果沙粒足够细，则 $p_\mathrm{sys} \approx p_\mathrm{sur}$，即外压可视为始终与系统内气体的压力保持相等，气体是在"似动而非动，似静而又非静"的准静态条件下一步一步实现由始态到终态的变化。同样，当压缩气体时，设想再将同样数量的沙子一粒一粒地放回活塞上，使汽缸内气体重又回到其始态。

定温下气体膨胀过程的 p-V 图如图 2.4.2(a) 所示。沙子一粒一粒地拿走，气体一步一步膨胀，每一次膨胀过程系统对外界做功：$\delta W = -p_\mathrm{sur}\mathrm{d}V = -(p_\mathrm{sys} - \mathrm{d}p)\mathrm{d}V \approx -p_\mathrm{sys}\mathrm{d}V$。气

体从 A 态膨胀至 B 态，系统对外界做的总功：$W = \sum \delta W_i = -\sum p_{sys} dV = -\int_{V_1}^{V_2} p_{sys} dV$，即系统对环境做的功可用曲线 AB 下的面积表示，如图 2.4.2(b) 所示。

若气体为理想气体，由于定温过程 $\Delta U = 0$，即系统的热力学能不变，则曲线 AB 下的面积也表示气体定温膨胀过程系统从环境吸收的热量。同样，压缩气体时，如图 2.4.3(a) 所示系统压力以 dp 增大时，体积以 dV 减小，当气体从态 B 一步一步回到态 A 时，环境对系统做的总功：$W' = \sum \delta W_i' = -\int_{V_2}^{V_1} p_{sys} dV$，即环境对系统做的总功也等于曲线 AB 下的面积，如图 2.4.3(b) 所示。定温压缩过程 $\Delta U = 0$，因此环境对系统做的功即为系统向环境放的热。假设活塞无重量且运动无摩擦，则经过一个循环过程后，系统和环境都恢复到了原状，即系统和环境均无热和功的损失。

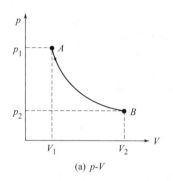 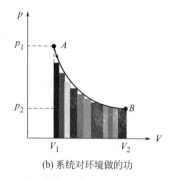

(a) $p\text{-}V$ (b) 系统对环境做的功

图 2.4.2　定温下气体膨胀过程

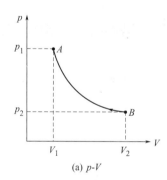 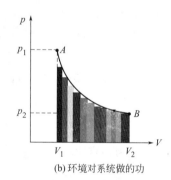

(a) $p\text{-}V$ (b) 环境对系统做的功

图 2.4.3　定温下气体压缩过程

再如液体的蒸发和蒸气的冷凝过程，当蒸气的压力比液体的饱和蒸气压小 dp 时，液体会进行极为缓慢的蒸发，而当蒸气的压力比饱和蒸气压大 dp 时，蒸气则进行相应程度的液化，这样的相变化过程，系统的压力可视为等于液体的饱和蒸气压，即系统是在接近相平衡的条件下进行的蒸发和冷凝过程。对于化学反应过程，比如一定温度下固体 NH_4Cl 与 NH_3 气和 HCl 气体的平衡系统，当系统的压力比该温度下 NH_4Cl 的分解压力小 dp 时，固体缓慢分解，而当系统压力大于该温度下 NH_4Cl 的分解压力 dp 时，NH_3 气与 HCl 气反应生成 NH_4Cl，反应过程中可视为系统始终保持着给定温度下 NH_4Cl 的分解压力，即系统是在接近化学平衡的条件下进行的。

概括而言，可逆过程具有以下特点：

① 状态变化时推动力与阻力相差无限小，系统与环境始终无限接近于平衡态；

② 过程中的任何一个中间态都可以从正、逆两个方向到达；

③ 系统由状态 A 变化到状态 B，再循原过程返回完成一个循环后，系统和环境均恢复原态，变化过程中无任何耗散效应。

在可逆过程中系统由始态变化到终态经历的时间无限长，因此可逆过程是一种理想过程，是对真实过程的科学抽象，实际发生的过程都是不可逆过程，但实际过程可以无限趋近之。可逆过程的重要性在于它给出了实际过程做功的极限值，将实际过程与理想过程进行比较，可以确定提高实际过程效率的可行性。可逆过程与平衡态相关，一些重要的热力学函数只有通过可逆过程才能求得。

通常饱和蒸气压下的汽化、凝结、升华、凝华；凝固点下的凝固、熔化；分解压力下的热分解；电流无限小时电池的充电、放电过程都可以近似视为可逆过程。

2.4.2 可逆过程体积功计算

对于可逆膨胀或压缩过程，系统与环境压力相差无限小，即 $p_{\text{sys}} = p_{\text{sur}} \pm \mathrm{d}p \approx p_{\text{sur}}$，为简化起见，系统压力用 p 表示，则可逆过程体积功

$$W = -\int_{V_1}^{V_2} p_{\text{sur}} \mathrm{d}V = -\int_{V_1}^{V_2} p \mathrm{d}V \tag{2.4.1}$$

(1) 理想气体定温可逆体积功

理想气体定温过程，$p = \dfrac{nRT}{V}$，$p_1 V_1 = p_2 V_2$，则

$$W = -\int_{V_1}^{V_2} \frac{nRT}{V} \mathrm{d}V = -nRT \ln \frac{V_2}{V_1} = -nRT \ln \frac{p_1}{p_2} \tag{2.4.2}$$

(2) 理想气体绝热可逆体积功

① 理想气体绝热可逆过程方程　绝热过程 $\delta Q = 0$，若 $\delta W' = 0$，则热力学第一定律 $\mathrm{d}U = \delta W = -p_{\text{sur}} \mathrm{d}V$。

对于理想气体的 pVT 变化，$\mathrm{d}U = nC_{V,\text{m}} \mathrm{d}T$；可逆过程，$p_{\text{sur}} = p$，又 $p = \dfrac{nRT}{V}$，所以 $nC_{V,\text{m}} \mathrm{d}T = -\dfrac{nRT}{V} \mathrm{d}V$，或 $\dfrac{\mathrm{d}T}{T} + \dfrac{R}{C_{V,\text{m}}} \dfrac{\mathrm{d}V}{V} = 0$。

令 $\dfrac{C_{p,\text{m}}}{C_{V,\text{m}}} = \gamma$，$\gamma$ 称为热容比，又理想气体 $C_{p,\text{m}} - C_{V,\text{m}} = R$，则

$$\frac{\mathrm{d}T}{T} + \frac{C_{p,\text{m}} - C_{V,\text{m}}}{C_{V,\text{m}}} \frac{\mathrm{d}V}{V} = \frac{\mathrm{d}T}{T} + (\gamma - 1) \frac{\mathrm{d}V}{V} = 0$$

积分可得

$$\ln \frac{T_2}{T_1} = (1 - \gamma) \ln \frac{V_2}{V_1}$$

或

$$V_1^{\gamma-1} T_1 = V_2^{\gamma-1} T_2, \quad TV^{\gamma-1} = \text{常数} \tag{2.4.3}$$

将 $T = \dfrac{pV}{nR}$，代入式(2.4.3)，得

$$p_1 V_1^{\gamma} = p_2 V_2^{\gamma}, \quad pV^{\gamma} = \text{常数} \tag{2.4.4}$$

将 $V = \dfrac{nRT}{p}$ 代入式(2.4.4)，得

$$p_1^{1-\gamma} T_1^{\gamma} = p_2^{1-\gamma} T_2^{\gamma}, \quad p^{1-\gamma} T^{\gamma} = \text{常数} \tag{2.4.5}$$

式(2.4.3)~式(2.4.5)称为理想气体的绝热可逆过程方程。

② 理想气体绝热可逆过程的体积功　理想气体绝热可逆过程 $pV^{\gamma} = C$，则 $p = C/V^{\gamma}$。

$$W = -\int_{V_1}^{V_2} p\mathrm{d}V = -\int_{V_1}^{V_2} \frac{C}{V^\gamma}\mathrm{d}V = -\left[\frac{C}{(1-\gamma)V^{\gamma-1}}\right]_{V_1}^{V_2} = -\frac{C}{1-\gamma}\left(\frac{1}{V_2^{\gamma-1}} - \frac{1}{V_1^{\gamma-1}}\right)$$

将 $p_1V_1^\gamma = p_2V_2^\gamma = C$ 代入上式，得

$$W = \frac{p_2V_2 - p_1V_1}{\gamma - 1} = \frac{nR(T_2 - T_1)}{\gamma - 1} \tag{2.4.6}$$

或

$$W = \Delta U = nC_{V,m}(T_2 - T_1) \tag{2.4.7}$$

(3) 理想气体多方可逆过程的体积功

理想气体定温过程 $pV=$ 常数，绝热可逆过程 $pV^\gamma=$ 常数。而实际上进行的过程，不可能完全绝热或保持温度一定，通常是介于两者之间。称既非严格定温又非严格绝热的过程为多方过程。多方过程方程式 $pV^m=$ 常数，$\gamma > m > 1$。$m \to 1$ 时，过程接近定温过程；$m \to \gamma$ 时，过程接近绝热过程。多方可逆过程体积功：

$$W = -\int_{V_1}^{V_2} p\mathrm{d}V = -\int_{V_1}^{V_2} \frac{K}{V^m}\mathrm{d}V = \frac{nR(T_2 - T_1)}{m - 1} \tag{2.4.8}$$

【**例 2.4.1**】 已知 1mol 理想气体始态体积为 $25\mathrm{dm}^3$，终态体积为 $100\mathrm{dm}^3$，始态及终态温度均为 100℃。试计算系统分别经历下列途径时所做的体积功，并比较不同途径功的大小，计算结果说明什么问题？

(1) 在外压恒定为气体的终态压力下膨胀；

(2) 在外压为体积等于 $50\mathrm{dm}^3$ 的平衡压力下膨胀至平衡，再在外压等于 $100\mathrm{dm}^3$ 时的平衡压力下膨胀；

(3) 可逆膨胀。

解：(1) 气体终态压力

$$p_2 = \frac{nRT}{V_2} = \left(\frac{1 \times 8.314 \times 373.15}{100 \times 10^{-3}} \times 10^{-3}\right) \mathrm{kPa} = 31.02\mathrm{kPa}$$

系统在恒定压力 p_2 膨胀时对外做功

$$W_1 = -p_{\mathrm{sur}}(V_2 - V_1) = -p_2(V_2 - V_1)$$
$$= [-31.02 \times 10^3 \times (100 - 25) \times 10^{-3}]\mathrm{J} = -2326\mathrm{J}$$

(2) 气体体积为 $50\mathrm{dm}^3$ 时的平衡压力

$$p_2' = \frac{nRT}{V_2'} = \left(\frac{1 \times 8.314 \times 373.15}{50 \times 10^{-3}} \times 10^{-3}\right) \mathrm{kPa} = 62.05\mathrm{kPa}$$

气体分两次进行恒外压膨胀时对外做功

$$W_2 = -p_{\mathrm{sur},1}(V_2' - V_1) - p_{\mathrm{sur},2}(V_2 - V_2')$$
$$= -[62.05 \times 10^3 \times (50 - 25) \times 10^{-3} + 31.02 \times 10^3 \times (100 - 50) \times 10^{-3}]\mathrm{J}$$
$$= -3102\mathrm{J}$$

(3) 理想气体定温可逆过程

$$W_3 = -\int_{V_1}^{V_2} p\mathrm{d}V = -nRT\ln\frac{V_2}{V_1}$$
$$= -\left(1 \times 8.314 \times 373.15 \times \ln\frac{100}{25}\right)\mathrm{J} = -4301\mathrm{J}$$

计算结果表明，$|W_3| > |W_2| > |W_1|$，说明理想气体等温膨胀对外做功两次膨胀比一次膨胀做功多，可逆膨胀（无数次膨胀）系统对环境做功最多。

例题 2.4.1 的计算结果还可以在 p-V 图上直观地表示出来，如图 2.4.4 所示。图 2.4.4

(a) 中阴影部分面积 S_{11} 表示一次膨胀做的功；图 2.4.4(b) 中 $S_{21}+S_{22}$ 表示两次膨胀做的功；图 2.4.4(c) 中 AB 曲线下的面积 S_{31} 表示定温可逆膨胀过程做的功。

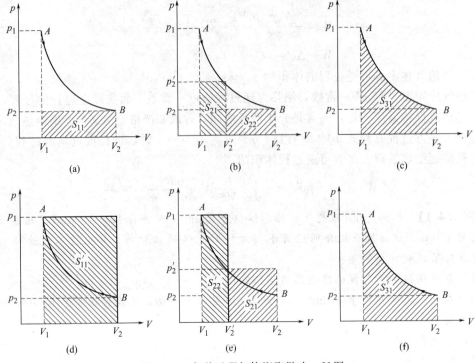

图 2.4.4　各种过程气体膨胀做功 p-V 图

如果对气体进行压缩，使气体从状态 B 再回到状态 A，则环境要对系统做功（图 2.4.4）。图 2.4.4(d) 中阴影部分面积 S'_{11} 表示一次压缩功（$S'_{11}>S_{11}$）；图 2.4.4(e) 中 $S'_{21}+S'_{22}$ 表示两次压缩功（$S'_{21}+S'_{22}>S_{21}+S_{22}$）；图 2.4.4(f) 中曲线下的面积 S'_{31} 表示定温可逆压缩过程环境对系统所做的功（$S'_{31}=S_{31}$）。由此可见，从相同的始态到相同的终态，可逆膨胀过程系统对环境做最大功 S_{31}，再循着原过程返回时，可逆压缩过程环境对系统做最小功 S'_{31}，且 $S_{31}=S'_{31}$，即从始态到终态，再循着原过程返回时，只有可逆过程才能使系统和环境都完全复原，且环境不留下任何变化。

【例 2.4.2】 已知 1mol He 由 5atm、273.2K 分别经历以下过程膨胀到 1atm，分别求各过程的 ΔU、ΔH、W 及 Q？He 可视为理想气体。已知 $C_{V,m}(\text{He})=12.52\text{J}\cdot\text{mol}^{-1}\cdot\text{K}^{-1}$。(1) 绝热可逆膨胀；(2) 在外压为 101.325kPa 下绝热膨胀；(3) 定温可逆膨胀。

解：(1) 绝热过程 $Q_1=0$

$$W_1=\Delta U_1=nC_{V,m}(\text{He})(T_2-T_1)$$

$$\gamma=\frac{C_{p,m}}{C_{V,m}}=(12.52+8.314)/12.52=1.664$$

由 $T_1^\gamma p_1^{1-\gamma}=T_2^\gamma p_2^{1-\gamma}$，则

$$T_2=T_1\left(\frac{p_1}{p_2}\right)^{\frac{1-\gamma}{\gamma}}=273.2\text{K}\times\left(\frac{5}{1}\right)^{\frac{1-1.664}{1.664}}=143.7\text{K}$$

$$W_1=\Delta U_1=[1\times12.52\times(143.7-273.2)]\text{J}=-1621\text{J}$$

$$\Delta H_1=nC_{p,m}(T_2-T_1)=n(C_{V,m}+R)(T_2-T_1)$$
$$=[1\times(12.52+8.314)\times(143.7-273.2)]\text{J}=-2698\text{J}$$

(2) 绝热且外压恒定

$$Q_2 = 0, W_2 = \Delta U_2 = nC_{V,m}(\text{He})(T_2' - T_1)$$

$$nC_{V,m}(T_2' - T_1) = -p_{\text{外}}(V_2 - V_1) = -p_{\text{外}}\left(\frac{nRT_2'}{p_2} - \frac{nRT_1}{p_1}\right) = -nR\left(T_2' - \frac{T_1}{5}\right)$$

$$1 \times 12.52 \times (T_2' - 273.2\text{K}) = -1 \times 8.314 \times \left(T_2' - \frac{273.2\text{K}}{5}\right)$$

得: $$T_2' = 186.0\text{K}$$

$$W_2 = \Delta U_2 = nC_{V,m}(T_2' - T_1) = [1 \times 12.52 \times (186.0 - 273.2)]\text{J} = -1091.7\text{J}$$

$$\Delta H_2 = nC_{p,m}(T_2' - T_1) = [1 \times (12.52 + 8.314) \times (186.0 - 273.2)]\text{J} = -1816.7\text{J}$$

(3) 定温可逆膨胀过程

理想气体定温 $\Delta U_3 = \Delta H_3 = 0$

$$W_3 = -nRT\ln\frac{p_1}{p_2} = \left(-1 \times 8.314 \times 273.2 \times \ln\frac{5}{1}\right)\text{J} = -3655.7\text{J}$$

$$Q_3 = -W_3 = 3655.7\text{J}$$

计算结果表明,从同一始态出发,系统分别经历绝热可逆膨胀、外压一定下绝热膨胀和定温可逆膨胀过程后,系统达不到相同的终态,因为系统定温可逆膨胀对外做功大于绝热膨胀,而绝热膨胀对外做功大于一定外压下绝热膨胀过程功。

2.4.3 卡诺循环

1824 年,年轻的法国工程师卡诺(S. Carnot)发表了有关热的机械效率的论文。他指出热机工作需要两个热源,即高温热源 T_h 和低温热源 T_c。热机工作时从高温热源吸收热量 Q_h,其中一部分能量对外界做功 $-W$,其余部分能量 Q_c 放入低温环境。在研究热机效率时卡诺设计了一种理想热机,这种热机工作时由两个定温可逆过程和两个绝热可逆过程组成一个可逆循环,称为卡诺循环。卡诺循环示意图如图 2.4.5 所示。

热机的效率用工质循环一次对外界所做的功与它从高温热源吸的热之比表示:

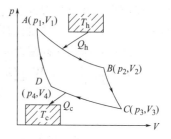

图 2.4.5 卡诺循环示意图

$$\eta = \frac{-W}{Q_h} \quad (2.4.9)$$

卡诺循环从始态 A 出发,分别经历定温 T_h 可逆膨胀($A \to B$),绝热可逆膨胀($B \to C$),定温 T_c 可逆压缩($C \to D$)和绝热可逆压缩($D \to A$),完成一个可逆循环。以理想气体为工作物质,通过计算卡诺循环四个步骤的功和热,就可得到卡诺热机的效率。

(1) 定温可逆膨胀过程($A \to B$)

理想气体定温过程 $\Delta U_1 = 0$,系统从高温热源吸热同时对外界做功,$Q_h = -W_1$。

$$W_1 = -\int_{V_1}^{V_2} p\text{d}V = -nRT_h\ln\frac{V_2}{V_1}$$

(2) 绝热可逆膨胀过程($B \to C$)

$Q_r = 0$,系统消耗热力学能对外界做功:

$$W_2 = \Delta U_2 = nC_{V,m}(T_c - T_h)$$

(3) 定温可逆压缩过程($C \to D$)

理想气体定温过程 $\Delta U_3 = 0$,外界对系统做功,系统向低温热源放热,$Q_c = -W_3$。

$$W_3 = -\int_{V_3}^{V_4} p\mathrm{d}V = -nRT_c \ln\frac{V_4}{V_3}$$

（4）绝热可逆压缩过程（$D \to A$）

$Q_r = 0$，外界对系统做功，系统热力学能增加：

$$W_4 = \Delta U_4 = nC_{V,m}(T_h - T_c)$$

循环过程系统所做净功为：

$$\begin{aligned}W &= W_1 + W_2 + W_3 + W_4 \\ &= -nRT_h\ln\frac{V_2}{V_1} + nC_{V,m}(T_c - T_h) - nRT_c\ln\frac{V_4}{V_3} + nC_{V,m}(T_h - T_c) \\ &= -nRT_h\ln\frac{V_2}{V_1} - nRT_c\ln\frac{V_4}{V_3}\end{aligned}$$

由热力学第一定律，系统循环一次后回复原状，$\Delta U = 0$，则 $\sum W_i = -\sum Q_i$，卡诺循环所做净功与循环过程总的热相等，即 $-W = Q_h + Q_c$。

热机的效率：
$$\eta = \frac{-W}{Q_h} = \frac{nRT_h\ln\frac{V_2}{V_1} + nRT_c\ln\frac{V_4}{V_3}}{nRT_h\ln\frac{V_2}{V_1}}$$

由绝热可逆过程方程 $T_h V_2^{\gamma-1} = T_c V_3^{\gamma-1}$，$T_c V_4^{\gamma-1} = T_h V_1^{\gamma-1}$ 得 $\frac{V_2}{V_1} = \frac{V_3}{V_4}$

则
$$\eta = \frac{-W}{Q_h} = \frac{T_h - T_c}{T_h} = 1 - \frac{T_c}{T_h} \tag{2.4.10}$$

式（2.4.10）表明 $\eta < 1$，即热机效率总是小于 1。卡诺热机的效率（也称热机的转换系数）仅取决于两个热源的温度差，而与工作物质无关；且温差越大，热机的效率越高。理想的卡诺循环在实际的热机设计中虽然无法实现，但为工作在热源 T_h 和 T_c 之间的实际热机指出了热机效率的最高限度。

此外，由于 $\eta = \frac{-W}{Q_h} = \frac{Q_h + Q_c}{Q_h} = \frac{T_h - T_c}{T_h}$，则 $1 + \frac{Q_c}{Q_h} = 1 - \frac{T_c}{T_h}$，移项整理可得

$$\frac{Q_c}{T_c} + \frac{Q_h}{T_h} = 0 \tag{2.4.11}$$

式（2.4.11）表明卡诺循环过程的"热温商"之和为零。

卡诺循环是一个理想循环，循环过程中每一步都可逆，因此系统对外界做的净功最大。卡诺指出，"所有工作于同温热源和同温冷源之间的热机，其效率都不超过可逆热机，即可逆热机的效率最大"，这就是卡诺定理，用公式表示为：

$$\eta_{IR} \leqslant \eta_R \tag{2.4.12}$$

即
$$\eta = \frac{-W}{Q_h} = \frac{Q_h + Q_c}{Q_h} \leqslant \frac{T_h - T_c}{T_h} \quad \begin{array}{l}\text{"<"任意机} \\ \text{"="可逆机}\end{array}$$

移项整理可得：
$$\frac{Q_c}{T_c} + \frac{Q_h}{T_h} \leqslant 0 \quad \begin{array}{l}\text{"<"任意机} \\ \text{"="可逆机}\end{array} \tag{2.4.13}$$

卡诺定理的重要意义在于不仅解决了热机效率的极限值问题，而且由可逆热机与任意热机在公式中引入的不等号对于其他的物理化学过程同样适用，因此解决了判断过程变化的可逆性问题。

【例 2.4.3】用制冷机使 1.00 kg、273.2 K 的水变成冰，制冷机至少需做多少功？制冷机向环境（298.2 K 房间）放热多少？已知冰的融化热 334.7 kJ·kg^{-1}。

解：将卡诺热机倒开，热机就变成制冷机。可逆制冷机的效率即冷冻系数 β 用从低温热

源吸收的热与环境对系统所做的功表示，即：

$$\beta = \frac{Q_c}{W} = \frac{T_c}{T_h - T_c} \quad (2.4.14)$$

可逆过程制冷机做最小功，冷冻系数 β 最大，由题意知 $T_h = 298.2\text{K}$，$T_c = 273.2\text{K}$
制冷机从低温热源吸收的热 $Q_c = (334.7 \times 1)\text{kJ} = 334.7\text{kJ}$
由式(2.4.14)可知制冷机至少需做的功

$$W = \frac{T_h - T_c}{T_c} \times Q_c = \left(\frac{298.2 - 273.2}{273.2} \times 334.7\right) \text{kJ} = 30.63\text{kJ}$$

循环过程，$\Delta U = 0$，$\sum Q_i = -\sum W_i$，则 $-W = Q_h + Q_c$
所以制冷机向房间放热 $Q_h = -W - Q_c = (-30.63 - 334.7)\text{kJ} = -365.33\text{kJ}$

计算结果表明消耗 30.63kJ 的电功，可供给房间 365.33kJ 的热量，因此用热机供热效率更高。

§2.5 节流膨胀过程

> **核心内容**
>
> 1. 节流膨胀过程
>
> 将温度和压力恒定为 p_1、T_1 的气体绝热膨胀为压力、温度恒定为 p_2、T_2 的气体，该膨胀过程称为节流膨胀，其特点是该过程系统的焓变为零。
>
> 2. 焦耳-汤姆逊系数
>
> 定义：$\mu_{\text{J-T}} \stackrel{\text{def}}{=} \left(\frac{\partial T}{\partial p}\right)_H$，它反映了节流膨胀过程系统温度随压力的变化。

2.5.1 焦耳-汤姆逊（Joule-Thomson）实验

如前所述，焦耳在 1843 年的实验由于选水浴作为量热容器，因此实验结果实际上不够准确。1852 年，焦耳和汤姆逊设计了另一个实验，采取直接测量气体绝热膨胀后温度变化的办法来消除由于量热而引入的误差，如图 2.5.1 所示。用一个固定的多孔塞将一绝热圆筒中的气体分为两部分，左边气体压力 p_1，右边气体压力 p_2，且 $p_1 > p_2$。缓缓推动左边活塞，在 p_1 压力下使体积 V_1 的气体通过多孔塞向右边膨胀，气体压力变为 p_2，体积为 V_2。整个实验过程中保持两边压差恒定，称这种绝热膨胀过程为节流膨胀过程。实验中通过改变 p_1 或 p_2，测量绝热圆筒两边气体温度的变化。对各种真实气体进行实验，结果发现，气体经过节流膨胀后的温度均会发生改变，称这个现象为焦耳-汤姆逊效应，又称为节流效应。由于气体开始通过多孔塞时存在湍动干扰，因此需要经过一段时间，当系统达到稳态后进行测定。

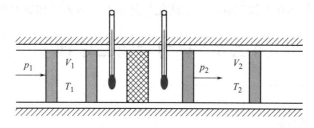

图 2.5.1 焦耳-汤姆逊实验示意图

2.5.2 节流膨胀过程的 Δ*U* 和 Δ*H*

气体膨胀过程在绝热圆筒中进行，$Q=0$，$\Delta U=W$。

在恒定外压 p_1 下压缩气体时环境对系统做功：$W_1=-p_1(0-V_1)=p_1V_1$；在恒定外压 p_2 下气体膨胀时系统对环境做功：$W_2=-p_2(V_2-0)=-p_2V_2$，节流膨胀过程总功（系统所得净功）为：

$$W=W_1+W_2=p_1V_1-p_2V_2 \tag{2.5.1}$$

则 $\Delta U=U_2-U_1=W=p_1V_1-p_2V_2$，$U_2+p_2V_2=U_1+p_1V_1$。

所以

$$H_2=H_1 \text{ 或 } \Delta H=0 \tag{2.5.2}$$

说明真实气体经节流膨胀过程后始、终态的焓值相等或焓变为零。

理想气体由于分子间无相互作用力，因而其热力学能和焓都仅是温度的函数，与压力、体积无关。式(2.5.2)表明，真实气体经节流膨胀（绝热膨胀）后，其焓值不变，但温度会发生改变，说明真实气体的焓不仅与温度有关，而且与压力和体积有关。同样能说明热力学能也是如此。

2.5.3 焦耳-汤姆逊系数

经节流过程后，气体温度随压力的变化率定义为节流膨胀系数，又称为焦耳-汤姆逊系数，表示为

$$\mu_{\text{J-T}} \xlongequal{\text{def}} \left(\frac{\partial T}{\partial p}\right)_H \tag{2.5.3}$$

若 $\mu_{\text{J-T}}>0$，称为正效应，真实气体经节流膨胀后温度降低（节流膨胀过程 $dp<0$）；若 $\mu_{\text{J-T}}<0$，称为负效应，真实气体温度升高；$\mu_{\text{J-T}}=0$，则真实气体温度不变。$\mu_{\text{J-T}}$ 值的符号和大小与真实气体的性质及其所处的状态有关。

实验中给定始态 T_1、p_1，改变膨胀后的压力 p_2，测定温度 T_2；在相同的 T_1、p_1 下，膨胀后压力改为 p_3，测定温度为 T_3，……；由于始态 T_1、p_1 相同，则有 $H_1=H_2=H_3=\cdots$。将一组数据在 T-p 图上表示出来，得到一等焓线。改变始态温度为 T_1'、压力为 p_1'，重复上述操作，可得到另一条等焓线。在每一条等焓线上均有一最高点，此处 $\mu_{\text{J-T}}=0$，称为转变点。把各等焓线上的转变点连起来用虚线表示，称为转换曲线，如图 2.5.2 所示。虚线内 $\mu_{\text{J-T}}>0$，为制冷区，虚线外 $\mu_{\text{J-T}}<0$，为制热区。不同气体有不同的转换曲线，使气体经节流膨胀降温或液化，必须在该气体的制冷区内进行。转换曲线与温度轴的交点称为最高转换温度，真实气体因本性不同，最高转换温度也不同。例如氮气的转化曲线温度高，能液化的范围大，而氢气和氦气则很难液化。

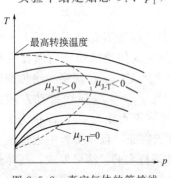

图 2.5.2 真实气体的等焓线与转化曲线示意图

§2.6 热力学第二定律

> **核心内容**
> 1. 自发过程及其特征

> 不需要外界做功就可以自动进行的过程为"自发过程",不可逆性是该过程的共同特征。
> 2. 热力学第二定律
> 热力学第二定律有多种表述方法,经典表述包括开尔文说法和克劳修斯说法。

2.6.1 自发过程的共同特征

由热力学第一定律可以知道系统状态发生变化时的能量效应,任何违背热力学第一定律的过程肯定不会发生。然而自然界中大量的事实表明,一个过程自动发生后,尽管不违反热力学第一定律,但其逆过程不会自动发生,除非允许引起其他变化作为代价才能进行。

如热传递过程,热量总是由高温物体自动传递到低温物体,直到温度相等为止,其逆过程即热量从低温物体传到高温物体却不会自动发生。如气体总是由高压容器自动流向低压容器,直到两容器中压力相等,而无外界做功时,低压容器中的气体不会自动流向高压容器中。再比如电流总是由高电位自动流向低电位直至电位相等,但无外界做功时其逆过程一定不会自动发生;金属如锌片插入稀硫酸溶液中自动发生氧化反应,但其逆过程不会自动发生等,称这些不需要外界做功就可以自动进行的过程为"自发过程"。

事实证明,一切自发过程都是单向进行并且具有一定的限度,自发过程发生之后,系统本身不能自动恢复原状,即自发过程的逆过程进行时都需要消耗外界做功才能使系统恢复原状。这里的关键问题是:使系统恢复原状所消耗的外界功与其自动进行时对外界所做功(或者所具有的对外界做功的能力)数值上是否相等?即自发过程是否为热力学可逆过程?大量的实验和研究表明,自然界中的自发过程都是热力学不可逆过程,正是这种不可逆性,因此自发过程都不能够简单地逆转而恢复原状,从而表现出了过程的方向性。

2.6.2 热力学第二定律的经典表述

自发过程单向进行且有限度,具有对外界做功的能力,而反自发过程需要消耗外界功才能进行。经验表明,热功转化过程也具有方向性,功可以全部转化为热,而在不引起其他变化时热不能全部转化为功。自发过程都是热力学上的不可逆过程,但这些不可逆过程之间是相互关联的,可以从一个过程的不可逆性推断另一个过程的不可逆性,这一普遍原理就是热力学第二定律。热力学第二定律来源于人们对生活和生产实际的经验总结,因此有各种不同的表述方式,下面是两种比较经典的表述方式。

开尔文(L. Kelvin)说法(1851):"不可能从单一热源吸热使之完全变为功而不留下其他变化"。奥斯瓦尔德(F. W. Oswald)将开尔文的说法表述为:"第二类永动机不可能实现",即不可能造出从单一热源吸热使之完全变为功而不留下其他变化的机器,这称之为热力学第二定律的否定说法。

克劳修斯(R. J. E. Clausius)说法(1850):"热不可能自动地由低温物体传向高温物体而不留下其他变化"。

开尔文说法和克劳修斯说法在本质上是一致的,都指出了某种过程的逆过程不能够自动发生。需要注意克劳修斯说法中,没有简单地说"热不能从低温物体传到高温物体",而是强调了不留下任何其他变化的条件。事实上,冰箱等制冷设备就是将热从低温环境传到高温环境的例子,但该过程并不是自动发生的,代价是环境要对系统做功,虽不违反能量守恒原理,但在环境中留下了功变成热的影响。开尔文说法中,没有简单地说"热不能全部变为功",同样是强调了不留下任何其他变化的条件。理想气体的等温膨胀过程,就是一个从单一热源吸热并全部转变为功的例子,但代价是理想气体的体积膨胀和压力降低,环境必须通过做功压缩理想气体回到始态,环境中留下了功变成热的影响。因此不能简单地把开尔文说法理解为"功可以全部变成热,热不可以全部变为功"。

§2.7 熵 函 数

核心内容

1. 熵函数及其物理意义

可逆过程的热温商定义为熵变,表示为 $dS = \left(\dfrac{\delta Q}{T}\right)_r$。从微观角度,熵是系统混乱度的一种度量,系统的热力学概率越大,其熵值越大。

2. 热力学第二定律的数学式——克劳修斯不等式

$$dS \geqslant \dfrac{\delta Q}{T} \quad \begin{matrix} ">" \text{不可逆} \\ "=" \text{可逆} \end{matrix}$$

即可逆过程的热温商等于系统的熵变,而不可逆过程的热温商小于系统的熵变,因此克劳修斯不等式可以作为过程可逆性的判据。

3. 熵增加原理与熵判据

绝热可逆过程,系统的熵值不变;绝热不可逆过程,系统的熵值增大,绝热过程系统的熵值永不减少,称为熵增加原理。可用隔离系统的熵变判断过程的方向和限度,称为熵判据,即:

$$dS_{隔离} = dS + dS_{sur} \geqslant 0 \quad \begin{matrix} ">" \text{不可逆或自发} \\ "=" \text{可逆或平衡} \end{matrix}$$

2.7.1 熵函数及熵变定义

用热力学第二定律的两种表述来判断自发过程的方向和限度是极为不便的。希望能找到一种像热力学第一定律中热力学能 U 那样的状态函数,通过定量计算来判断过程的方向和限度,这就是熵函数。下面讨论熵函数的引出过程,给出熵变的定义。

(1) 可逆过程热温商

图 2.7.1 是任意一个可逆循环,RS、TU 是两条绝热可逆线,过 P、Q 的中点 O 做等温可逆线 VW,分别与绝热可逆线 RS 和 TU 交于 A 及 B 两点,使小三角形 PAO 与 QBO 面积相等。这样折线 $PAOB$ 下的面积与曲线 PQ 下的面积完全相同,即系统经历折线 $PAOB$ 与

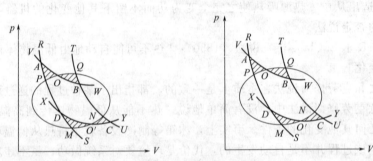

图 2.7.1 任意可逆循环示意图

经历曲线 PQ 的效果完全等价。同理做等温可逆线 XY，得到一个卡诺循环 $ABCD$。

图 2.7.2 是将任意可逆循环分割成无数个小卡诺循环。如果每一个卡诺循环都足够小，且前一个循环的可逆绝热膨胀线成为下一个循环的可逆绝热压缩线。在每一条绝热线上，过程都沿正、反方向各进行一次，功恰好彼此抵消。因此，极限情况下，众多小卡诺循环的总效应与图中封闭曲线相当，即可用无数多个小卡诺循环代替任意可逆循环。

对于每一个小卡诺循环

$$\frac{\delta Q_1}{T_1}+\frac{\delta Q_2}{T_2}=0, \quad \frac{\delta Q_1'}{T_1'}+\frac{\delta Q_2'}{T_2'}=0, \quad \cdots$$

各小卡诺循环的总和为：$\frac{\delta Q_1}{T_1}+\frac{\delta Q_2}{T_2}+\frac{\delta Q_1'}{T_1'}+\frac{\delta Q_2'}{T_2'}+\cdots=\sum\frac{\delta Q_B}{T_B}=0$

若分割足够细，则：

$$\sum\frac{\delta Q_B}{T_B}=\oint\left(\frac{\delta Q}{T}\right)_r=0 \tag{2.7.1}$$

即任意可逆循环热温商的积分值为零。如果将任意可逆循环看做是由任意两个可逆过程 $A\xrightarrow{可逆过程}B$ 和 $B\xrightarrow{可逆过程}A$ 组成，如图 2.7.3 所示。

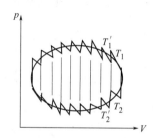

图 2.7.2　任意可逆循环分成许多卡诺循环

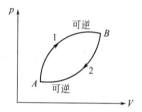

图 2.7.3　任意可逆循环

由式(2.7.1) 可知

$$\oint\left(\frac{\delta Q}{T}\right)_r=\int_A^B\left(\frac{\delta Q}{T}\right)_{r1}+\int_B^A\left(\frac{\delta Q}{T}\right)_{r2}=\int_A^B\left(\frac{\delta Q}{T}\right)_{r1}-\int_A^B\left(\frac{\delta Q}{T}\right)_{r2}=0$$

所以

$$\int_A^B\left(\frac{\delta Q}{T}\right)_{r1}=\int_A^B\left(\frac{\delta Q}{T}\right)_{r2} \tag{2.7.2}$$

即可逆过程热温商的积分值与系统始态、终态间的可逆途径无关，而仅由始、终状态决定。

(2) 熵变的定义

式(2.7.2) 表明，系统存在这样一个状态函数，其值的变化与系统始、终态间可逆热温商的积分值相等，克劳修斯将这个状态性质称为"熵"，用符号 S 表示。当系统由状态 A 变到 B 时，若用 S_A、S_B 分别表示始态、终态的熵值，则熵变为

$$S_B-S_A=\Delta S=\int_A^B\left(\frac{\delta Q}{T}\right)_r \tag{2.7.3}$$

如果系统发生一无限小的变化，熵变可用微分形式表示

$$dS=\left(\frac{\delta Q}{T}\right)_r \tag{2.7.4}$$

熵是状态函数，因此具有状态函数的一切性质。由于热量 Q 与物质的量有关，所以熵是系统具有广度性质的状态函数，单位为 $J\cdot K^{-1}$。如果系统从态 A 到态 B 分别经历可逆和不可逆两条不同途径，如图 2.7.4 所示。

由熵的定义可知，对于途径 1：$\Delta S_1 = \int_A^B \left(\frac{\delta Q}{T}\right)_{r1}$，而对途径 2：$\Delta S_2 \neq \int_A^B \left(\frac{\delta Q}{T}\right)_2$。由于熵为状态函数，则 $\Delta S_1 = \Delta S_2$。因此对于可逆过程，可以用过程热温商积分值直接求熵变，而对于不可逆过程，则需要在不改变系统始、终态条件下，设计可逆过程求熵变。

2.7.2 热力学第二定律的数学式——克劳修斯不等式

由卡诺定理可知，可逆循环热温商的积分值为零，不可逆循环热温商的积分值小于零。如图 2.7.5 所示，由过程 $A \xrightarrow{\text{不可逆过程}} B$ 和过程 $B \xrightarrow{\text{可逆过程}} A$ 组成一个任意不可逆循环。

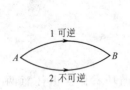

图 2.7.4 相同始终态，不同途径

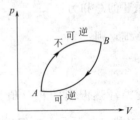

图 2.7.5 任意不可逆循环

则
$$\oint \frac{\delta Q}{T} = \int_A^B \left(\frac{\delta Q}{T}\right)_{ir} + \int_B^A \left(\frac{\delta Q}{T}\right)_r < 0$$

$$\int_A^B \left(\frac{\delta Q}{T}\right)_{ir} - \int_A^B \left(\frac{\delta Q}{T}\right)_r < 0, \text{ 或} \int_A^B \left(\frac{\delta Q}{T}\right)_{ir} < \int_A^B \left(\frac{\delta Q}{T}\right)_r$$

而
$$\Delta S = S_B - S_A = \int_A^B \left(\frac{\delta Q}{T}\right)_r$$

则
$$\Delta S \geqslant \int_A^B \left(\frac{\delta Q}{T}\right) \quad \begin{array}{l} \text{">" 不可逆} \\ \text{"=" 可逆} \end{array} \tag{2.7.5}$$

对于系统状态的微小变化，则

$$dS \geqslant \frac{\delta Q}{T} \quad \begin{array}{l} \text{">" 不可逆} \\ \text{"=" 可逆} \end{array} \tag{2.7.6}$$

式(2.7.5) 和式(2.7.6) 称为克劳修斯不等式，又称为热力学第二定律的数学表达式。

2.7.3 熵增加原理与熵判据

对于绝热过程，$\delta Q = 0$，由克劳修斯不等式，则

$$dS \geqslant 0 \quad \begin{array}{l} \text{">" 绝热不可逆} \\ \text{"=" 绝热可逆} \end{array} \tag{2.7.7}$$

式(2.7.7) 表明，绝热过程系统的熵永不减少。在绝热可逆条件下，系统的熵值不变；在绝热不可逆条件下，系统的熵值增大。因此绝热条件下，系统中一切可能发生的过程都使系统的熵增大，直至平衡态，此时系统的熵达到最大值，称为熵增加原理。

利用熵增加原理仅能判断过程为绝热可逆或不可逆，而不能判断过程的自发方向。比如绝热不可逆压缩过程，系统的熵变大于零，但由于需要外界做功，因此不是自发过程。对于隔离系统，由于系统与环境既无能量交换又无物质交换，隔离系统中发生的过程一定是自发过程，因此可以用隔离系统的熵变来判断过程的方向。

隔离系统 $\delta Q = 0$，$\delta W = 0$，或 $dU = 0$，$dV = 0$，$\delta W' = 0$。

则
$$dS_{隔离} = dS_{U,V,W'=0} \geq 0 \quad \begin{matrix} \text{">" 不可逆或自发} \\ \text{"=" 可逆或平衡} \end{matrix} \quad (2.7.8)$$

式(2.7.8)表明,隔离系统中可能发生的过程,总是向着熵增大的方向进行(指出了过程进行的方向),直至系统的熵达到最大值(过程进行的限度),故称为熵判据。熵判据表明隔离系统内发生的一切过程均使熵增大,隔离系统内绝对不会发生熵减小的过程。

若将系统与环境作为一个整体来考虑,那么这个大的系统就构成了一个隔离系统,因此隔离系统的熵变 $dS_{隔离}$ 就等于系统的熵变 dS 与环境的熵变 dS_{sur} 之和,即

$$dS_{隔离} = dS + dS_{sur} \geq 0 \quad \begin{matrix} \text{">" 不可逆或自发} \\ \text{"=" 可逆或平衡} \end{matrix} \quad (2.7.9)$$

如果着眼于过程进行的条件,则依据 $dS_{隔离}$ 数据可将过程区分为可逆与不可逆;如果着眼于过程进行的方向,则将过程区分为自发与平衡。或者说,在隔离系统内发生的不可逆过程,即是自发过程,而隔离系统内发生的可逆过程,因为过程进行无限缓慢,时刻处于接近平衡的状态,故认为系统处于平衡。

2.7.4 熵的物理意义

研究发现,宏观系统的熵值与系统内微观粒子的混乱度相关,熵可以作为系统混乱程度的一种量度,玻兹曼(L. Boltzmann)用公式表示为:

$$S = k \ln \Omega \quad (2.7.10)$$

式中,k 为玻兹曼常数;Ω 为系统的混乱度,即微观状态数,称为系统的热力学概率。热力学研究对象是大量粒子构成的系统,因此系统的微观状态数 Ω 通常是一很大的数值。式(2.7.10)表明,系统混乱程度越高(微观状态数越多),则其熵值越大。熵值较小的状态对应于比较有序的状态,熵值较大的状态对应于较为混乱的状态,而平衡态是混乱度最大的状态。

隔离系统中发生的过程使系统熵值增大,直至系统的熵值达到最大值,这时系统到达平衡态。隔离系统中发生的过程一定是自发过程,因此一切自发过程都是从混乱程度较小的状态变到混乱程度较大的状态,这就是熵增加原理的微观解释,也就是熵的物理意义。

§2.8 亥姆霍兹函数与吉布斯函数

核心内容

1. 亥姆霍兹函数(A)定义及其判据

亥姆霍兹函数定义式:$A \stackrel{\text{def}}{=\!=\!=} U - TS$;对封闭系统、定温、定容、无非体积功的过程,可用亥姆霍兹函数变判断过程的方向性,用公式表示为:

$$\Delta A_{T,V,W'=0} \leq 0 \quad \begin{matrix} \text{"<" 不可逆或自发} \\ \text{"=" 可逆或平衡} \end{matrix}$$

2. 吉布斯函数(G)定义及其判据

吉布斯函数定义式:$G \stackrel{\text{def}}{=\!=\!=} H - TS$;对封闭系统、定温、定压、无非体积功的过程,可用吉布斯函数变判断过程的方向性,用公式表示为:

$$\Delta G_{T,p,W'=0} \leq 0 \quad \begin{matrix} \text{"<" 不可逆或自发} \\ \text{"=" 可逆或平衡} \end{matrix}$$

用熵判据来判断过程的方向和限度,仅适用于隔离系统。对于一般的封闭系统,计算系统熵变的同时,还需要计算环境的熵变。针对常见的定温定容或定温定压过程,引入两个新的状态函数:亥姆霍兹(Helmholz)函数和吉布斯(Gibbs)函数,这样就可以利用系统状态函数的变化值来判断过程的方向与限度。

2.8.1 亥姆霍兹(Helmholtz)函数

将热力学第一定律 $dU = \delta Q + \delta W = \delta Q - p_{sur}dV + \delta W'$ 代入克劳修斯不等式(2.7.6),得到

$$dS \geqslant \frac{\delta Q}{T} = \frac{dU + p_{sur}dV - \delta W'}{T} \quad \begin{array}{l}\text{">" 不可逆}\\ \text{"=" 可逆}\end{array}$$

即

$$dU - TdS + p_{sur}dV \leqslant \delta W' \quad \begin{array}{l}\text{"<" 不可逆}\\ \text{"=" 可逆}\end{array} \qquad (2.8.1)$$

式(2.8.1)称为热力学第一定律和热力学第二定律的联合表示式。

对于定温定容过程,$TdS = d(TS)$,$p_{sur}dV = 0$,代入式(2.8.1),得到

$$dU - d(TS) \leqslant \delta W' \text{ 或 } d(U - TS)_{T,V} \leqslant \delta W' \quad \begin{array}{l}\text{"<" 不可逆}\\ \text{"=" 可逆}\end{array} \qquad (2.8.2)$$

U、T、S 均为系统的状态函数,则 $U - TS$ 也是一状态函数。因此定义此新函数为亥姆霍兹(Helmholtz)函数,用符号 A 表示。

$$A \stackrel{\text{def}}{=\!=} U - TS \qquad (2.8.3)$$

将式(2.8.3)代入式(2.8.2),得到

$$dA_{T,V} \leqslant \delta W' \quad \begin{array}{l}\text{"<" 不可逆}\\ \text{"=" 可逆}\end{array} \qquad (2.8.4)$$

对于有限的变化,上式可表示为

$$\Delta A_{T,V} \leqslant W' \quad \begin{array}{l}\text{"<" 不可逆}\\ \text{"=" 可逆}\end{array} \qquad (2.8.5)$$

关于亥姆霍兹函数的几点说明如下。

① 由定义式 $A = U - TS$,可知亥姆霍兹函数 A 为系统具有广度性质的状态函数,具有能量量纲。系统的状态一定,A 的值一定;任意条件下系统发生状态改变时,相应有 A 函数的变化:

$$\Delta A = \Delta U - \Delta(TS) \qquad (2.8.6)$$

② ΔA_T 及 $\Delta A_{T,V}$ 的物理意义 对于定温过程,由式(2.8.1)容易证明:

$$\Delta A_T \leqslant W \quad \begin{array}{l}\text{"<" 不可逆}\\ \text{"=" 可逆}\end{array} \qquad (2.8.7)$$

或

$$-\Delta A_T \geqslant -W \quad \begin{array}{l}\text{">" 不可逆}\\ \text{"=" 可逆}\end{array} \qquad (2.8.8)$$

式(2.8.8)表明,定温可逆过程系统亥姆霍兹函数的降低值等于系统对外界所做的最大功,而定温不可逆过程则大于系统对外界所做的功。因此定温条件下亥姆霍兹函数的降低值表示系统具有做功能力的大小。

由式(2.8.5)可得

$$-\Delta A_{T,V} \geqslant -W' \quad \begin{array}{l}\text{">" 不可逆}\\ \text{"=" 可逆}\end{array} \qquad (2.8.9)$$

式(2.8.9)表明,定温定容可逆过程亥姆霍兹函数的降低值等于系统对外界所做的最大非体

积功,而定温定容不可逆过程则大于系统对外界所做的非体积功。因此定温定容条件下亥姆霍兹函数的降低值表示系统具有做非体积功能力的大小。

③ 亥姆霍兹函数判据 对于定温定容、无非体积功($W'=0$)的封闭系统,由式(2.8.5)可得

$$\Delta A_{T,V,W'=0} \leqslant 0 \quad \begin{matrix} \text{"<" 不可逆或自发} \\ \text{"=" 可逆或平衡} \end{matrix} \quad (2.8.10)$$

式(2.8.10)表明,定温定容且无非体积功条件下,若$\Delta A<0$,则系统发生的过程为不可逆过程,若$\Delta A=0$,则系统发生的过程为可逆过程,即系统的自发过程是向着亥姆霍兹函数减小的方向进行的,直至A达到最小值,系统达到平衡。因此满足上述条件下系统的ΔA可以作为判断过程方向的依据,称式(2.8.10)为亥姆霍兹函数判据。

2.8.2 吉布斯(Gibbs)函数

对于定温定压过程,$TdS = d(TS)$,$p_{\text{sur}}dV = pdV = d(pV)$,代入式(2.8.1),得到$dU + d(pV) - d(TS) \leqslant \delta W'$ 或

$$d(H-TS)_{T,p} \leqslant \delta W' \quad \begin{matrix} \text{"<" 不可逆} \\ \text{"=" 可逆} \end{matrix} \quad (2.8.11)$$

H,T,S均为系统的状态函数,则$H-TS$也是一状态函数。因此定义此新函数为吉布斯(Gibbs)函数,用符号G表示。

$$G \stackrel{\text{def}}{=\!=} H - TS \quad (2.8.12)$$

将定义式代入式(2.8.11),得

$$dG_{T,p} \leqslant \delta W' \quad \begin{matrix} \text{"<" 不可逆} \\ \text{"=" 可逆} \end{matrix} \quad (2.8.13)$$

对于有限的变化,上式可表示为

$$\Delta G_{T,p} \leqslant W' \quad \begin{matrix} \text{"<" 不可逆} \\ \text{"=" 可逆} \end{matrix} \quad (2.8.14)$$

关于吉布斯函数的几点说明如下。

① 由定义式$G=H-TS$,可知吉布斯函数G为系统具有广度性质的状态函数,具有能量量纲。状态一定,G值一定;任意条件下系统发生状态改变时,相应有G函数的变化:

$$\Delta G = \Delta H - \Delta(TS) \quad (2.8.15)$$

② $\Delta G_{T,p}$的物理意义 由式(2.8.14)可得

$$-\Delta G_{T,p} \geqslant -W' \quad \begin{matrix} \text{">" 不可逆} \\ \text{"=" 可逆} \end{matrix} \quad (2.8.16)$$

式(2.8.15)表明,定温定压可逆过程系统吉布斯函数的降低值等于系统对外界所做的最大非体积功,而定温定压不可逆过程则大于系统对外界所做的非体积功。

③ 吉布斯函数判据 对于定温定压、无非体积功的封闭系统,由式(2.8.14)可得

$$\Delta G_{T,p,W'=0} \leqslant 0 \quad \begin{matrix} \text{"<" 不可逆} \\ \text{"=" 可逆} \end{matrix} \quad (2.8.17)$$

式(2.8.17)表明,定温定压且无非体积功条件下,若$\Delta G<0$,则系统发生的过程为不可逆过程,若$\Delta G=0$,则系统发生的过程为可逆过程,即系统的自发过程是向着吉布斯函数减小的方向进行的,直至G达到最小值,系统达到平衡。因此满足上述条件下系统的ΔG

可以作为判断过程方向的依据,称式(2.8.17)为吉布斯函数判据。例如反应 $H_2(g)+0.5O_2(g)\rightleftharpoons H_2O(l)$,在定温定压且不做非体积功时,系统的 $\Delta G<0$,表明 H_2 和 O_2 可以反应生成水,其逆反应 $\Delta G>0$,表明其逆反应不会自动发生。但如果外界做功,如加入电功,则可电解水生成 H_2 和 O_2,此时可用式(2.8.14)作为判据。

用熵判据判断过程的方向和限度时必须是隔离系统,需要同时计算系统和环境的熵变。用亥姆霍兹函数和吉布斯函数作判据时,只需要计算出系统相应的热力学函数变即可。但注意 ΔA 和 ΔG 需要满足相应的条件才能作为判向的依据,条件不满足时它们仅表示系统状态函数的变化量。

§2.9 热力学函数间的重要关系式

> 核心内容
> 1. 热力学基本关系式
> $dU=TdS-pdV$;$dH=TdS+Vdp$;$dA=-SdT-pdV$;$dG=-SdT+Vdp$
> 2. 麦克斯韦关系式
> $\left(\dfrac{\partial T}{\partial V}\right)_S=-\left(\dfrac{\partial p}{\partial S}\right)_V$;$\left(\dfrac{\partial T}{\partial p}\right)_S=\left(\dfrac{\partial V}{\partial S}\right)_p$;$\left(\dfrac{\partial S}{\partial V}\right)_T=\left(\dfrac{\partial p}{\partial T}\right)_V$;$-\left(\dfrac{\partial S}{\partial p}\right)_T=\left(\dfrac{\partial V}{\partial T}\right)_p$

2.9.1 热力学函数间的关系式

热力学第一定律和第二定律引入 U 和 S 两个热力学函数,为方便应用,结合 p、V、T 宏观可测函数,又定义了三个辅助函数 H、A、G,即 $H=U+pV$,$A=U-TS$ 和 $G=H-TS=U+pV-TS=A+pV$。各函数间的关系可用图 2.9.1 表示,以方便记忆。

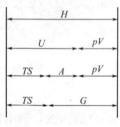

图 2.9.1 热力学函数间的关系

2.9.2 热力学的基本公式

对于不做非体积功的可逆过程,$\delta W_r=-pdV$,$\delta Q_r=TdS$。

应用于热力学第一定律,$dU=\delta Q+\delta W=TdS-pdV$,即

$$dU=TdS-pdV \tag{2.9.1}$$

对式 $H=U+pV$ 微分,将式(2.9.1)代入,得到

$$dH=dU+pdV+Vdp=TdS-pdV+pdV+Vdp=TdS+Vdp$$

即

$$dH=TdS+Vdp \tag{2.9.2}$$

同理,由 $A=U-TS$ 得

$$dA=-SdT-pdV \tag{2.9.3}$$

由 $G=H-TS$ 得

$$dG=-SdT+Vdp \tag{2.9.4}$$

式(2.9.1)~式(2.9.4)统称为热力学的基本公式。公式的应用条件为组成不变、不做非体积功的封闭系统,亦即热力学的基本公式仅适用于不做非体积功的单组分单相或组成不变的多组分单相封闭系统。由于 U、H、A、G 均为状态函数,其变化量与途径无关,故由可逆途径求得的积分式,亦可以用于同一始态与终态的不可逆途径。

由热力学的基本公式还可以衍生得到以下关系式：

$$T=\left(\frac{\partial U}{\partial S}\right)_V=\left(\frac{\partial H}{\partial S}\right)_p \qquad (2.9.5\text{a})$$

$$p=-\left(\frac{\partial U}{\partial V}\right)_S=-\left(\frac{\partial A}{\partial V}\right)_T \qquad (2.9.5\text{b})$$

$$V=\left(\frac{\partial H}{\partial p}\right)_S=\left(\frac{\partial G}{\partial p}\right)_T \qquad (2.9.5\text{c})$$

$$S=-\left(\frac{\partial A}{\partial T}\right)_V=-\left(\frac{\partial G}{\partial T}\right)_p \qquad (2.9.5\text{d})$$

2.9.3　麦克斯韦（J. C. Maxwell）关系式

利用数学上连续函数微分、偏导的性质可得到另一组热力学函数的关系式——麦克斯韦关系式。

设系统状态性质 Z 为 x，y 的连续函数，表示为 $Z=f(x,y)$，对 Z 全微分

$$dZ=\left(\frac{\partial Z}{\partial x}\right)_y dx+\left(\frac{\partial Z}{\partial y}\right)_x dy=Mdx+Ndy$$

式中，$M=(\partial Z/\partial x)_y$，$N=(\partial Z/\partial y)_x$，若 M、N 仍是 x、y 的连续函数，则

$$\left(\frac{\partial M}{\partial y}\right)_x=\frac{\partial^2 Z}{\partial x\,\partial y},\quad \left(\frac{\partial N}{\partial x}\right)_y=\frac{\partial^2 Z}{\partial y\,\partial x}$$

由于函数 Z 是系统状态性质，数学上具有二阶偏导与偏导次序无关，因此

$$\left(\frac{\partial M}{\partial y}\right)_x=\left(\frac{\partial N}{\partial x}\right)_y$$

将这一结果应用于式(2.9.1)~式(2.9.4)，可得

$$\left(\frac{\partial T}{\partial V}\right)_S=-\left(\frac{\partial p}{\partial S}\right)_V \qquad (2.9.6\text{a})$$

$$\left(\frac{\partial T}{\partial p}\right)_S=\left(\frac{\partial V}{\partial S}\right)_p \qquad (2.9.6\text{b})$$

$$\left(\frac{\partial S}{\partial V}\right)_T=\left(\frac{\partial p}{\partial T}\right)_V \qquad (2.9.6\text{c})$$

$$\left(\frac{\partial S}{\partial p}\right)_T=-\left(\frac{\partial V}{\partial T}\right)_p \qquad (2.9.6\text{d})$$

式(2.9.6a)~式(2.9.6d)统称为麦克斯韦关系式。可以看出比较难以测定的熵函数随压力或体积的变化关系即 $(\partial S/\partial p)_T$、$(\partial S/\partial V)_T$ 可由易于测定的 $(\partial V/\partial T)_p$ 或 $(\partial p/\partial T)_V$ 来得到，此外还可以利用麦克斯韦关系式来推导其他一些热力学关系式。

【例 2.9.1】 试证明 $\left(\frac{\partial U}{\partial V}\right)_T=T\left(\frac{\partial p}{\partial T}\right)_V-p$，并由此证明理想气体的热力学能仅是温度的函数，而范德华气体 $\left(\frac{\partial U}{\partial V}\right)_T=\frac{a}{V_m^2}$。

证明： 热力学基本公式 $dU=TdS-pdV$，恒温下两边同除以 dV，得

$$\left(\frac{\partial U}{\partial V}\right)_T=T\left(\frac{\partial S}{\partial V}\right)_T-p$$

据 Maxwell 关系式 $\left(\frac{\partial S}{\partial V}\right)_T = \left(\frac{\partial p}{\partial T}\right)_V$，代入上式，得到

$$\left(\frac{\partial U}{\partial V}\right)_T = T\left(\frac{\partial p}{\partial T}\right)_V - p \tag{2.9.7}$$

理想气体 $pV = nRT$，则 $\left(\frac{\partial p}{\partial T}\right)_V = \frac{nR}{V}$，代入式(2.9.7)，得

$$\left(\frac{\partial U}{\partial V}\right)_T = T\frac{nR}{V} - p = 0$$

因此一定量理想气体的热力学能仅是温度的函数。

范德华气体 $\left(p + \frac{a}{V_m^2}\right)(V_m - b) = RT$，$\left(\frac{\partial p}{\partial T}\right)_V = \frac{R}{V_m - b}$，代入式(2.9.7)，得

$$\left(\frac{\partial U}{\partial V}\right)_T = T\frac{R}{V_m - b} - p = \frac{a}{V_m^2}$$

因此一定量真实气体的热力学能不仅与温度有关，而且与体积有关。一定温度条件下，热力学能随体积增大而增大。

【例 2.9.2】 试证明 $\left(\frac{\partial U}{\partial V}\right)_p = C_V\left(\frac{\partial T}{\partial V}\right)_p + T\left(\frac{\partial p}{\partial T}\right)_V - p$。

证明：将热力学能 U 表示为温度、体积的函数，即 $U = U(T, V)$，全微分，得

$$dU = \left(\frac{\partial U}{\partial T}\right)_V dT + \left(\frac{\partial U}{\partial V}\right)_T dV$$

在定压下两边同除以 dV，得

$$\left(\frac{\partial U}{\partial V}\right)_p = \left(\frac{\partial U}{\partial T}\right)_V \left(\frac{\partial T}{\partial V}\right)_p + \left(\frac{\partial U}{\partial V}\right)_T = C_V\left(\frac{\partial T}{\partial V}\right)_p + \left(\frac{\partial U}{\partial V}\right)_T$$

将式(2.9.7) $\left(\frac{\partial U}{\partial V}\right)_T = T\left(\frac{\partial p}{\partial T}\right)_V - p$ 代入上式，得

$$\left(\frac{\partial U}{\partial V}\right)_p = C_V\left(\frac{\partial T}{\partial V}\right)_p + T\left(\frac{\partial p}{\partial T}\right)_V - p \tag{2.9.8}$$

式(2.9.8)的意义在于将难以直接测定的 $\left(\frac{\partial U}{\partial V}\right)_p$ 关系转换为容易测定的 $\left(\frac{\partial T}{\partial V}\right)_p$ 和 $\left(\frac{\partial p}{\partial T}\right)_V$ 关系，从而可求得一定压力下热力学能随体积的变化率。

【例 2.9.3】 试证明 $\left[\frac{\partial(G/T)}{\partial T}\right]_p = -\frac{H}{T^2}$。

证明：由热力学基本公式 $dG = -SdT + Vdp$

定压下 $\left(\frac{\partial G}{\partial T}\right)_p = -S$，将式 $-S = (G-H)/T$ 代入，得

$$\left(\frac{\partial G}{\partial T}\right)_p = \frac{G-H}{T}$$

两边同除以 T，即 $\frac{1}{T}\left(\frac{\partial G}{\partial T}\right)_p = \frac{G-H}{T^2}$ 或 $\frac{1}{T}\left(\frac{\partial G}{\partial T}\right)_p - \frac{G}{T^2} = -\frac{H}{T^2}$

即

$$\left(\frac{\partial(G/T)}{\partial T}\right)_p = -\frac{H}{T^2} \tag{2.9.9}$$

同理可证：

$$\left(\frac{\partial(A/T)}{\partial T}\right)_V = -\frac{U}{T^2} \tag{2.9.10}$$

式(2.9.9)、式(2.9.10)统称为 Gibbs-Helmholtz 方程，该方程在化学平衡中有重要应用。

§2.10 物理过程热力学函数变的计算

> **核心内容**
> 物理过程包括 pVT 变化过程和相变化过程两大类。简单物理过程热力学函数变的计算一般可利用定义式进行相关计算，而对于较为复杂的物理过程，可利用热力学状态函数的特点，设计简单过程进行计算。

2.10.1 单纯 pVT 变化过程热力学函数变的计算

系统单纯的 pVT 变化过程包括单纯定温过程、定压过程、定容过程及 pVT 都变的过程，对于简单过程的热力学函数变一般可通过其定义式进行计算，而对于 pVT 同时变化过程，依据热力学状态函数变仅与始终状态有关而与过程无关的特点，可在始终状态间设计两个或多个简单过程进行相应的计算。

例如计算系统熵变的基本公式为 $\Delta S = S_2 - S_1 = \int_1^2 \left(\frac{\delta Q}{T}\right)_r$，如果过程是可逆的，可直接用熵变定义式计算系统的 ΔS。如果过程是不可逆的，可设计从始态1到终态2的可逆过程，求得所设计的可逆过程的熵变即为所求不可逆过程的熵变。

计算环境的熵变时，对于由大量处于平衡状态的不发生相变化和化学变化的物质构成的环境，在与系统交换了一定量的热以后，环境的状态发生了极其微小的变化，单位质量环境的熵变很小，环境的温度基本不变。因此，当系统与环境进行有限量的热交换时，可认为环境内部是可逆的，环境熵变的计算公式为：

$$\Delta S_{环境} = \frac{Q_{环境}}{T_{环境}} = -\frac{Q_{系统}}{T_{环境}} \tag{2.10.1}$$

【例 2.10.1】 1mol 理想气体在 1.0dm^3、298K 下分别经历下列过程膨胀至 10.0dm^3，求 W、Q、ΔU、ΔH、ΔS、ΔA 及 ΔG。

(1) 定温可逆膨胀；(2) 自由膨胀。

解：(1) 理想气体定温可逆膨胀
理想气体的热力学能、焓仅为温度的函数，则 $\Delta U = \Delta H = 0$
$$\Delta U = Q_r + W_r = 0$$

则 $Q_r = -W_r = \int_1^2 p dV = nRT \ln \frac{V_2}{V_1} = \left(1 \times 8.314 \times 298 \times \ln \frac{10}{1}\right) \text{J} = 5704.8 \text{J}$

$$\Delta S = \int_1^2 \frac{\delta Q_r}{T} = \int_1^2 \frac{-\delta W_r}{T} = \frac{1}{T}\int_1^2 p dV = nR \ln \frac{V_2}{V_1}$$
$$= \left(1 \times 8.314 \times \ln \frac{10}{1}\right) \text{J} \cdot \text{K}^{-1} = 19.1 \text{J} \cdot \text{K}^{-1}$$

$$\Delta A = \Delta U - \Delta(TS) = -T\Delta S = -nRT\ln\frac{V_2}{V_1} = -\left(1 \times 8.314 \times 298 \times \ln\frac{10}{1}\right)\text{J} = -5704.8\text{J}$$

$$\Delta G = \Delta H - \Delta(TS) = -T\Delta S = -nRT\ln\frac{V_2}{V_1} = -\left(1 \times 8.314 \times 298 \times \ln\frac{10}{1}\right)\text{J} = -5704.8\text{J}$$

(2) 本题中系统分别经历理想气体定温可逆过程和理想气体自由膨胀过程后，系统的始态和终态相同，依据状态函数特点，则 ΔU、ΔH、ΔS 及 ΔG 同(1)。W、Q 是途径函数，与过程有关，自由膨胀过程 $p_{外}=0$。

$$-W=\int_1^2 p_{外}\mathrm{d}V=0, 则\ Q=-W=0$$

注意自由膨胀过程为等温不可逆过程，故 ΔS 不能直接用过程热温商求解。除采用例题中熵为状态函数的特点求解外，还可以采用在始终状态之间设计定温可逆过程求解 ΔS。对于理想气体的定温膨胀或压缩过程（无论可逆与否），系统的熵变均可采用下式计算：

$$\Delta_T S = nR\ln\frac{V_2}{V_1} = nR\ln\frac{p_1}{p_2} \qquad (2.10.2)$$

【例 2.10.2】 汽缸中 3mol、400K 的氢气，在 101.325kPa 下向 300K 的大气中散热，直到平衡。求此过程 ΔU、ΔH、ΔS、ΔS_{iso}，由计算结果说明散热过程的自发方向。氢气视为理想气体，已知氢气的 $C_{p,m}(H_2)=29.1\ \mathrm{J\cdot mol^{-1}\cdot K^{-1}}$。

解： 本题系统为理想气体的定压变温过程，热力学能、焓仅与温度有关，而与压力、体积无关，则

$$\Delta U = \int_{T_1}^{T_2} nC_{V,m}\mathrm{d}T = nC_{V,m}(T_2-T_1) = [3\times(29.1-8.314)\times(300-400)]\mathrm{J} = -6.24\mathrm{kJ}$$

$$\Delta H = \int_{T_1}^{T_2} nC_{p,m}\mathrm{d}T = nC_{p,m}(T_2-T_1) = [3\times 29.1\times(300-400)]\mathrm{J} = -8.73\mathrm{kJ}$$

定压变温过程，系统的熵变

$$\Delta_p S = \int_1^2 \left(\frac{\delta Q_r}{T}\right)_p = \int_{T_1}^{T_2}\frac{\mathrm{d}H}{T} = \int_{T_1}^{T_2}\frac{nC_{p,m}\mathrm{d}T}{T} = nC_{p,m}\ln\frac{T_2}{T_1} \qquad (2.10.3)$$

$$= \left(3\times 29.1\times\ln\frac{300}{400}\right)\mathrm{J\cdot K^{-1}} = -25.1\ \mathrm{J\cdot K^{-1}}$$

系统散热为定压过程，且 $W'=0$，$Q_p=\Delta H=nC_{p,m}(T_2-T_1)$

则环境熵变 $\Delta S_{环境}=-\dfrac{Q_p}{T_{环境}}=\left[-\dfrac{3\times 29.1\times(300-400)}{300}\right]\mathrm{J\cdot K^{-1}} = 29.1\ \mathrm{J\cdot K^{-1}}$

$\Delta S_{iso}=\Delta_p S+\Delta S_{环境}=(-25.1+29.1)\mathrm{J\cdot K^{-1}}=4.0\ \mathrm{J\cdot K^{-1}}>0$ 自发过程

【例 2.10.3】 1mol $H_2(g)$ 从 100K、4.1dm³ 加热到 600K、49.2dm³。若此过程是将气体置于 750K 炉中，让其反抗 100kPa 恒定外压以不可逆方式进行，计算该过程 W、Q、ΔU、ΔH、ΔS 及总熵变 ΔS_{iso}。

已知 $H_2(g)$ 的定容摩尔热容 $C_{V,m}=20.76\ \mathrm{J\cdot K^{-1}\cdot mol^{-1}}$。

解： 系统在一定外压下进行升温膨胀，则

$$W=-p_{sur}\Delta V=-[100\times 10^3\times(49.2-4.1)\times 10^{-3}]\mathrm{J}=-4.51\mathrm{kJ}$$

理想气体变温过程

$$\Delta U=\int_{T_1}^{T_2}nC_{V,m}\mathrm{d}T=nC_{V,m}(T_2-T_1)=[1\times 20.76\times(600-100)]\mathrm{J}=10.38\mathrm{kJ}$$

$$\Delta H=\int_{T_1}^{T_2}nC_{p,m}\mathrm{d}T=n(C_{V,m}+R)(T_2-T_1)=[1\times(20.76+8.314)\times(600-100)]\mathrm{J}$$
$$=14.54\mathrm{kJ}$$

则 $Q=\Delta U-W=14.89\mathrm{kJ}$

设计如下可逆过程求系统熵变 ΔS：

$$H_2(g,100K,4.1\mathrm{dm}^3) \xrightarrow{\Delta S} H_2(g,600K,49.2\mathrm{dm}^3)$$

等温膨胀 ↘ ↗ 等容变温
$H_2(g,100K,49.2\mathrm{dm}^3)$

理想气体定温膨胀过程

$$\Delta_T S = nR\ln\frac{V_2}{V_1} = (1\times 8.314\times \ln\frac{49.2}{4.1})\text{J}\cdot\text{K}^{-1} = 20.66\text{J}\cdot\text{K}^{-1}$$

定容变温过程

$$\Delta_V S = \int_{T_1}^{T_2}\frac{\delta Q_V}{\text{d}T} = \int_{T_1}^{T_2}\frac{\text{d}U}{\text{d}T} = \int_{T_1}^{T_2} nC_{V,m}\text{d}T/T = nC_{V,m}\ln\frac{T_2}{T_1} \quad (2.10.4)$$

$$= (1\times 20.76\times \ln\frac{600}{100})\text{J}\cdot\text{K}^{-1} = 37.20\text{J}\cdot\text{K}^{-1}$$

则 $\quad \Delta S = \Delta_T S + \Delta_V S = (20.66+37.20)\text{J}\cdot\text{K}^{-1} = 57.86\text{J}\cdot\text{K}^{-1}$

环境熵变 $\quad \Delta S_{\text{sur}} = -\dfrac{Q}{T_{\text{sur}}} = \left(-\dfrac{14.89\times 10^3}{750}\right)\text{J}\cdot\text{K}^{-1} = -19.85\text{J}\cdot\text{K}^{-1}$

故 $\quad \Delta S_{\text{iso}} = \Delta S + \Delta S_{\text{sur}} = (57.86-19.85)\text{J}\cdot\text{K}^{-1} = 38.01\text{J}\cdot\text{K}^{-1}$

对于理想气体 pVT 同时改变的过程，如绝热不可逆过程，这种情况无法一步计算系统的熵变，可利用熵函数状态函数的特点，在不改变始终状态条件下设计两个可逆过程求解。如设计定温过程和定容过程，则 $\Delta S = nR\ln\dfrac{V_2}{V_1} + \int_{T_1}^{T_2}\dfrac{nC_{V,m}\text{d}T}{T}$，如设计定温过程和定压过程，则 $\Delta S = nR\ln\dfrac{p_1}{p_2} + \int_{T_1}^{T_2}\dfrac{nC_{p,m}\text{d}T}{T}$，也可以设计定压过程和定容过程，则 $\Delta S = nC_{p,m}\ln\dfrac{V_2}{V_1} + nC_{V,m}\ln\dfrac{p_2}{p_1}$。但对于绝热可逆过程，由定义 $\text{d}S = \dfrac{\delta Q_r}{T} = 0$，因此绝热可逆过程为恒熵过程。

【例 2.10.4】 1mol 水由 300K 升温到 350K，求 ΔU、ΔH 及 ΔS。已知水的定压摩尔热容 $C_{p,m} = 75.31\text{J}\cdot\text{mol}^{-1}\cdot\text{K}^{-1}$。

解： 对于纯液体或纯固体，$C_{V,m}\approx C_{p,m}$，则

$$\Delta U \approx \Delta H = \int_{T_1}^{T_2} nC_{p,m}\text{d}T = [1\times 73.51\times (350-300)]\text{J} = 3.67\text{kJ}$$

纯物质定压变温过程，有

$$\Delta S = nC_{p,m}\ln\frac{T_2}{T_1} = \left(1\times 75.31\times \ln\frac{350}{300}\right)\text{J}\cdot\text{K}^{-1} = 11.61\text{J}\cdot\text{K}^{-1}$$

2.10.2 混合过程热力学函数变的计算

【例 2.10.5】 将温度分别为 283K 和 313K 的 1mol 水与 2mol 水定压下绝热混合，试求混合过程的熵变。已知水的定压摩尔热容 $C_{p,m} = 75.31\text{J}\cdot\text{mol}^{-1}\cdot\text{K}^{-1}$。

解： 本题需要首先求出混合后水的温度，再依据熵为广度性质具有加和性质的特点进行求解。

$$\begin{matrix} 1\text{mol} & 283\text{K} & \text{H}_2\text{O(l)} \\ 2\text{mol} & 313\text{K} & \text{H}_2\text{O(l)} \end{matrix} \xrightarrow{\text{定压下绝热混合}} \begin{matrix} 3\text{mol} & \text{H}_2\text{O(l)} \\ & T_2 \end{matrix}$$

因为 定压绝热混合，则 $Q_p = \Delta H = 0$

所以 $\quad 1\times C_{p,m}(\text{l})(T_2-283\text{K}) + 2\times C_{p,m}(\text{l})(T_2-313\text{K}) = 0$

解之 $T_2 = 303\text{K}$

$$\Delta S = n_1 C_{p,m}(l) \ln \frac{T_2}{T_1} + n_2 C_{p,m}(l) \ln \frac{T_2}{T_1'}$$

$$= \left(1 \times 75.31 \times \ln \frac{303}{283} + 2 \times 75.31 \times \ln \frac{303}{313}\right) \text{J} \cdot \text{K}^{-1} = 0.25 \text{J} \cdot \text{K}^{-1} > 0 \quad \text{自发过程}$$

【例 2.10.6】 已知如下所示，将 1mol A 与 2mol B 理想气体在定温定压下混合，试求混合过程系统熵变 ΔS 及总熵变 ΔS_{iso}？

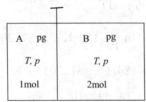

解：理想气体分子之间无作用力，其他气体存在与否不会影响气体的状态，因此计算系统的混合熵变时，可分别计算各组分的熵变，然后求和即为混合过程系统的熵变。

理想气体 A 与 B 混合后，系统组成 $y_A = \dfrac{n_A}{n_A + n_B} = \dfrac{1}{3}$，$y_B = \dfrac{2}{3}$

对于 A 组分

$$\text{A pg} \quad 1\text{mol} \quad T, p \quad \xrightarrow{\Delta S_A} \quad \text{A pg} \quad T, p_A = y_A p$$

$$\Delta S_A = n_A R \ln \frac{p}{p_A} = n_A R \ln \frac{1}{y_A}$$

对于 B 组分

$$\text{B pg} \quad 2\text{mol} \quad T, p \quad \xrightarrow{\Delta S_B} \quad \text{B pg} \quad T, p_B = y_B p$$

$$\Delta S_B = n_B R \ln \frac{p}{p_B} = n_B R \ln \frac{1}{y_B}$$

则系统熵变 $\quad \Delta S = \Delta S_A + \Delta S_B = n_A R \ln \dfrac{1}{y_A} + n_B R \ln \dfrac{1}{y_B}$ （2.10.5）

$$= \left(1 \times 8.314 \times \ln 3 + 2 \times 8.314 \times \ln \frac{3}{2}\right) \text{J} \cdot \text{K}^{-1} = 15.9 \text{J} \cdot \text{K}^{-1} > 0$$

因为理想气体混合过程定温定容，则 $W = 0$，$\Delta U = 0$

所以 $\quad Q = 0, \quad \Delta S_{环境} = -\dfrac{Q}{T_{环境}} = 0$

$$\Delta S_{iso} = \Delta S + \Delta S_{环境} = 15.9 \text{J} \cdot \text{K}^{-1} > 0 \quad \text{自发过程}$$

2.10.3 相变过程热力学函数变的计算

(1) 可逆相变化

相是指系统中物理性质和化学性质完全相同的均匀部分。

相变化是指在一定外界条件下，系统中发生的从一相到另一相的变化过程，如液体蒸发（vap）、固体熔化（fus）、升华（sub）、固体晶型的转变（trs）等。纯物质于恒定温度及该温度的平衡压力下发生的相变称为可逆相变，物质在其沸点、凝固点等条件下的相变化都可视为可逆相变化。

1mol 纯物质发生可逆相变时的焓变称为该物质于相变温度下的相变焓，表示为 $\Delta_{相} H_m(T)$，单位为 $\text{J} \cdot \text{mol}^{-1}$ 或 $\text{kJ} \cdot \text{mol}^{-1}$。

相变焓与温度有关，如蒸发焓随温度升高而下降，愈接近临界温度，变化愈显著；当达到临界温度时，由于气、液差别消失，蒸发焓降为零。对于非缔合的液体，可利用特鲁顿（Trouton）规则估算蒸发焓，经验公式：

$$\frac{\Delta_{vap}H_m}{T_b^*} \approx 88 \text{J} \cdot \text{mol}^{-1} \cdot \text{K}^{-1} \tag{2.10.6}$$

T_b^* 为正常沸点。对于定压、无非体积功的相变过程，有 $n\Delta_{相}H_m(T) = Q_p$，故相变焓也称为相变热，此式也表明相变焓可用量热方法测定。

定压相变化过程热的计算可归结为相变过程焓变的计算。由于焓是状态函数，因此通常可利用焓是状态函数的特点，设计过程进行相应的计算。对于定容相变化过程，由于 $\Delta U = Q_V$，同样可利用热力学能是状态函数的特点进行相应的计算。

可逆相变过程系统熵变的计算

$$\Delta S = \frac{n\Delta_{相}H_m}{T_{相}} \tag{2.10.7}$$

【例 2.10.7】 10mol 液体水在 373.15K、101.325kPa 下汽化为相同温度压力下的水蒸气，试求该过程 W、Q、ΔU、ΔS 及 ΔG。已知该相变条件下水的汽化热为 40.6kJ·mol^{-1}，计算时忽略液体水的体积。

解： $W = -\int_{V_1}^{V_2} p_{sur} dV = -\int_{V_1}^{V_2} p dV \approx pV_g = nRT$

$\qquad = -(10 \times 8.314 \times 373.15)\text{J} = -31.02\text{kJ}$

$\quad Q_p = n\Delta_{vap}H_m(\text{H}_2\text{O}) = (10 \times 40.6)\text{kJ} = 406\text{kJ}$

$\quad \Delta U = Q_p + W = (406 - 31.02)\text{kJ} = 374.98\text{kJ}$

水在 373.15K、101.325kPa 下汽化为可逆相变过程，则

$$\Delta S = \frac{n\Delta_{vap}H_m}{T_{相}} = \left(\frac{10 \times 40.6 \times 10^3}{373.15}\right) \text{J} \cdot \text{K}^{-1} = 1088 \text{J} \cdot \text{K}^{-1}$$

可逆相变过程系统的吉布斯函数变为零，即 $\Delta G_{T,p,W'=0} = 0$

（2）不可逆相变过程

在不可逆条件下进行的相变化过程，如过冷液体的凝固、过饱和蒸气的凝聚等都可视为不可逆相变化过程。不可逆相变过程热力学状态函数变的计算需要在不改变系统始终状态前提下，依据题给条件设计可逆过程进行求解。

【例 2.10.8】 1mol 过冷水在 263K、101325Pa 下凝固为同温同压下的冰，求此相变过程的 ΔH、ΔS 及 ΔG。

已知 273K、101325Pa 为相变化的可逆条件，且 $\Delta_{cond}H_m(273\text{K}) = -6020 \text{J} \cdot \text{mol}^{-1}$，液态水 $C_{p,m}(l) = 75.31 \text{J} \cdot \text{mol}^{-1} \cdot \text{K}^{-1}$；冰的 $C_{p,m}(s) = 37.6 \text{J} \cdot \text{mol}^{-1} \cdot \text{K}^{-1}$。

解： 一定温度、压力下过冷水凝固成冰为不可逆相变化过程，依据题给条件设计如下可逆过程。

```
1mol   H₂O(l)          不可逆相变  ΔS  ΔH      1mol   H₂O(s)
T₁ = 263K         ─────────────────────────→    T₁ = 263K
101325Pa                                         101325Pa

    │ ΔS₁                                            ↑ ΔS₃
    │ ΔH₁                                            │ ΔH₃
    ↓                                                │

1mol   H₂O(l)          可逆相变   ΔS₂  ΔH₂     1mol   H₂O(s)
T₂ = 273K         ─────────────────────────→    T₂ = 273K
101325Pa                                         101325Pa
```

$$Q_p = \Delta H = \Delta H_1 + \Delta H_2 + \Delta H_3$$
$$= nC_{p,m}(l)(T_2 - T_1) + n\Delta_{cond}H_m + nC_{p,m}(s)(T_1 - T_2)$$
$$= [75.31 \times (273-263) + 1 \times (-6020) + 37.6 \times (263-273)] J = -5643 J$$

$$\Delta S = \Delta S_1 + \Delta S_2 + \Delta S_3$$
$$= nC_{p,m}(l)\ln\frac{T_2}{T_1} + \frac{n\Delta_{cond}H_m}{T_{相}} + nC_{p,m}(s)\ln\frac{T_1}{T_2}$$
$$= \left(75.31 \times \ln\frac{273}{263} + \frac{-6020}{273} + 37.6 \times \ln\frac{263}{273}\right) J \cdot K^{-1} = -20.6 J \cdot K^{-1}$$

$$\Delta G = \Delta H - \Delta(TS) = \Delta H - T\Delta S = [-5643 - 263 \times (-20.6)] J = -225.2 J$$

$\Delta G < 0$，自发过程

本题若给出环境温度，则亦可通过计算总熵变判断过程的方向性。如假设环境温度是263K，且保持不变，则

$$\Delta S_{环境} = -\frac{Q}{T_{环境}} = -\frac{-5643}{263} J \cdot K^{-1} = 21.5 J \cdot K^{-1}$$

$$\Delta S_{iso} = \Delta S + \Delta S_{环境} = 0.9 J \cdot K^{-1} > 0，自发过程$$

【例 2.10.9】 已知苯的正常沸点为353K，摩尔蒸发焓 $\Delta_{vap}H_m$ 为 30.77kJ·mol^{-1}。今将353K、101.3kPa下1mol液态苯向真空等温蒸发为同温同压的苯蒸气（设为理想气体）。

(1) 计算该过程中苯吸收的热量Q和所做的功W；
(2) 求苯的摩尔汽化熵变 $\Delta_{vap}S_m$ 和摩尔汽化吉布斯函数变 $\Delta_{vap}G_m$；
(3) 求环境的熵变；
(4) 使用哪种判据，可以判别上述过程的方向？并判别之。

解：(1) 液态苯向真空等温蒸发，$p_{sur} = 0$，$W = 0$
在题给始终态间设计可逆过程，如下所示。

$$\begin{array}{c}\text{1mol } C_6H_6(l) \xrightarrow{p_{sur}=0} \text{1mol } C_6H_6(g) \\ \text{353K,101.3kPa} \xrightarrow{p=101.3kPa} \text{353K,101.3kPa}\end{array}$$

$\Delta_{vap}H_m(353K) = 30.77 kJ \cdot mol^{-1}$，则

$$\Delta_{vap}U_m = \Delta_{vap}H_m - \Delta(pV) \approx \Delta_{vap}H_m - pV_g = \Delta_{vap}H_m - nRT$$
$$= (30.77 - 8.314 \times 353 \times 10^{-3}) kJ \cdot mol^{-1} = 27.84 kJ \cdot mol^{-1}$$

$$Q = \Delta_{vap}U_m - W = 27.84 kJ \cdot mol^{-1}$$

(2) 题给过程为不可逆相变，由设计的可逆过程求 $\Delta_{vap}S_m$

$$\Delta_{vap}S_m = \frac{\Delta_{vap}H_m}{T} = \left(\frac{30.77 \times 10^3}{353}\right) J \cdot mol^{-1} \cdot K^{-1} = 87.17 J \cdot mol^{-1} \cdot K^{-1}$$

$$\Delta_{vap}G_m = \Delta_{vap}H_m - T\Delta_{vap}S_m = 0$$

(3) 环境的熵变

$$\Delta S_{环境} = -\frac{Q}{T} = -\left(\frac{27.84 \times 10^3}{353}\right) J \cdot mol^{-1} \cdot K^{-1} = -78.87 J \cdot mol^{-1} \cdot K^{-1}$$

(4) 总熵变 $\Delta S_{iso} = \Delta_{vap}S_m + \Delta S_{环境}$

$$= (87.17 - 78.87) J \cdot mol^{-1} \cdot K^{-1} = 8.3 J \cdot mol^{-1} \cdot K^{-1} > 0，自发过程$$

§2.11 化学反应过程热力学函数变的计算

> **核心内容**
>
> **1. 反应进度**
>
> 反应进度 ξ 定义为：$d\xi \stackrel{\text{def}}{=\!=\!=} \nu_B^{-1} dn_B$，表示化学反应完成的程度，称 $\Delta\xi = 1\text{mol}$ 为反应按计量方程完成一个单位反应，反应进度与化学反应方程式的写法有关。
>
> **2. 定压反应热和定容反应热及其关系**
>
> 定压反应热：$Q_{p,m} = \Delta_r H_m$；定容反应热：$Q_{V,m} = \Delta_r U_m$。二者的关系为：$Q_{p,m} = Q_{V,m} + \sum \nu_B(g)RT$，或表示为：$\Delta_r H_m = \Delta_r U_m + \sum \nu_B(g)RT$。
>
> **3. 标准摩尔生成焓和标准摩尔燃烧焓**
>
> 在温度为 T，参与反应的各物质都处于各自的标准态，由稳定相态的单质生成 1mol β 相物质B时的标准摩尔反应焓变，称为物质 B(β) 在温度 T 下的标准摩尔生成焓，用符号表示为 $\Delta_f H_m^{\ominus}(B, \beta, T)$；在温度为 T 的标准态下，1mol B 物质完全燃烧（即完全氧化）时反应的标准摩尔反应焓变称为该物质在温度 T 时的标准摩尔燃烧焓，用符号表示为 $\Delta_c H_m^{\ominus}(B, \beta, T)$。
>
> 可用参加反应物质的标准摩尔生成焓或标准摩尔燃烧焓计算标准摩尔反应焓变：
> $\Delta_r H_m^{\ominus}(T) = \sum \nu_B \Delta_f H_m^{\ominus}(B, \beta, T) = -\sum \nu_B \Delta_c H_m^{\ominus}(B, \beta, T)$
>
> **4. 反应热与温度的关系**
>
> 反应热与温度有关，可用已知的 T_1 温度的反应热计算 T_2 温度的反应热，计算公式为：
>
> $$\Delta_r H_m^{\ominus}(T_2) = \Delta_r H_m^{\ominus}(T_1) + \int_{T_1}^{T_2} \sum \nu_B C_{p,m}(B) dT$$
>
> **5. 热力学第三定律及标准摩尔反应熵变的计算**
>
> 热力学第三定律：在 0K 时，任何纯物质完美晶体的熵值为零。298.15K 下标准摩尔反应熵变：
>
> $$\Delta_r S_m^{\ominus}(298.15\text{K}) = \sum \nu_B S_m^{\ominus}(B, 298.15\text{K})$$
>
> 对于在某温度下进行的反应，熵变的计算公式为：
>
> $$\Delta_r S_m^{\ominus}(T) = \Delta_r S_m^{\ominus}(298.15\text{K}) + \int_{298.15\text{K}}^{T} \frac{\sum \nu_B C_{p,m}(B)}{T} dT$$
>
> **6. 反应的标准摩尔吉布斯函数变的计算**
>
> 298.15K 下反应的标准摩尔吉布斯函数变的计算：
>
> $$\Delta_r G_m^{\ominus}(B, 298.15\text{K}) = \sum \nu_B \Delta_f G_m^{\ominus}(B, \beta, 298.15\text{K})$$
>
> 任意温度下反应的标准摩尔吉布斯函数变的计算：
>
> $$\Delta_r G_m^{\ominus}(T) = \Delta_r H_m^{\ominus}(T) - T \Delta_r S_m^{\ominus}(T)$$

2.11.1 化学反应过程热的计算

由于反应物旧键的断裂和产物新键的形成，因此化学反应过程总是伴随着能量的变化。

在无其他功条件下,当系统发生反应之后,使产物的温度回到反应开始前的温度时,反应系统放出或吸收的热量,称为化学反应热,简称为反应热。化学反应进行的程度不同,反应放出或吸收的热量就不同,因此引入反应进度的概念。

(1) 反应进度

设某反应 $\nu_D D + \nu_E E \Longrightarrow \nu_F F + \nu_G G$ 或 $0 = \nu_F F + \nu_G G - \nu_D D - \nu_E E$

简写为通式: $$0 = \sum_B \nu_B B$$

ν_B 为化学反应计量系数,量纲为一,对反应物取负值,对产物取正值。

反应进度 ξ 定义: $$d\xi \stackrel{def}{=\!=\!=} \nu_B^{-1} dn_B \tag{2.11.1}$$

或 $$\Delta\xi = \nu_B^{-1} \Delta n_B \tag{2.11.2}$$

称 $\Delta\xi = 1\text{mol}$ 为反应按计量方程完成一个单位反应(或发生了 1mol 反应)。ξ 的单位为 mol,与反应计量方程式的写法有关。如 $N_2(g) + 3H_2(g) \Longrightarrow 2NH_3(g)$,$\Delta\xi = 1\text{mol}$ 表示 1mol N_2 和 3mol H_2 反应,生成 2mol NH_3;若方程式写为 $\frac{1}{2}N_2(g) + \frac{3}{2}H_2(g) \Longrightarrow NH_3(g)$,$\Delta\xi = 1\text{mol}$ 则表示 0.5mol N_2 和 1.5mol H_2 反应,生成 1mol NH_3。需要说明的是对于同一化学反应,ξ 的数值虽与反应的计量方程式写法有关,但与由参与反应的哪一种物质来求算则无关。

(2) 定容反应热和定压反应热及其关系

化学反应在定压下进行和在定容下进行时放出或吸收的热量通常不等。在定容无其他功下完成单位反应时的化学反应热称为定容反应热,用 $Q_{V,m}$ 表示,单位为 J·mol^{-1} 或 kJ·mol^{-1}。依据式(2.2.12)可知:

$$Q_{V,m} = \Delta_r U_m \tag{2.11.3}$$

在定压无其他功下按计量方程完成单位反应时的化学反应热称为定压反应热,用 $Q_{p,m}$ 表示,单位为 J·mol^{-1} 或 kJ·mol^{-1}。依据式(2.2.13)可知:

$$Q_{p,m} = \Delta_r H_m \tag{2.11.4}$$

式(2.11.3)表明定容反应热数值上等于单位反应的热力学能变,式(2.11.4)表明定压反应热数值上等于单位反应的焓变。定容反应热和定压反应热的关系可利用状态函数法求出。如下面的反应框图所示,反应在定温定压下进行,定压反应热为 $\Delta_r H_m$,在定温定容下进行,定容反应热为 $\Delta_r U_m$,定容反应产物再经历定温变压过程回到与定温定压反应相同的终态:

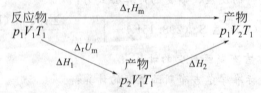

H 是状态函数,则 $\Delta_r H_m = \Delta H_1 + \Delta H_2 = \Delta_r U_m + \Delta(pV)_1 + \Delta H_2$。

对凝聚系统 $\Delta(pV)_1 \approx 0$,$\Delta H_2 \approx 0$。

对于理想气体或多相系统(气体可视为理想气体),$\Delta(pV)_1 = \sum \nu_B(g) RT$,$\Delta H_2 = 0$。

则 $$\Delta_r H_m = \Delta_r U_m + \sum \nu_B(g) RT \tag{2.11.5}$$

或 $$Q_{p,m} = Q_{V,m} + \sum \nu_B(g) RT \tag{2.11.6}$$

注意式 $\sum \nu_B(g) RT$ 因不同反应,其数值可能大于零、小于零或等于零,因此 $\Delta_r H_m$ 与 $\Delta_r U_m$ 的关系也随之而改变。

(3) 热力学标准态及标准摩尔反应焓变

由于热力学函数 U、H 等绝对值未知,因此热力学中人为规定了标准状态,简称为标准态,作为计算和比较相应热力学量的基础。按照我国国标(GB 3102.8—93)规定,标准态的压力为 100kPa,用符号 $p^{\ominus}$ 表示,热力学中表示处于标准态的物理量在其符号的右上角用"$\ominus$"作为标记。

热力学规定任意温度及 100kPa 下的纯理想气体作为气体的标准态;任意温度及 100kPa 下,纯液体或纯固体作为液体或固体的标准态(注意物质在不同温度下所处的标准态不同)。

参加反应各物质均处于温度为 T 的标准态下,完成单位反应时的反应焓变称为该反应的标准摩尔反应焓变,用 $\Delta_r H_m^{\ominus}(T)$ 表示。

对于任意反应 $\quad\quad\quad 0=\nu_F F+\nu_G G-\nu_D D-\nu_E E$

$$\Delta_r H_m^{\ominus}(T)=\nu_F H_m^{\ominus}(F,T)+\nu_G H_m^{\ominus}(G,T)-\nu_D H_m^{\ominus}(D,T)-\nu_E H_m^{\ominus}(E,T)$$

用通式表示为: $\quad\quad\quad \Delta_r H_m^{\ominus}(T)=\sum \nu_B H_m^{\ominus}(B,T) \quad\quad\quad (2.11.7)$

注明反应物和产物所处的状态、反应温度与压力及反应热的方程式称为热化学方程式。例如反应 $H_2(g)+I_2(g)\Longrightarrow 2HI(g)$,$\Delta_r H_m^{\ominus}(298K)=-51.8kJ\cdot mol^{-1}$,反应的标准摩尔反应焓变为负值,表明反应为放热反应。注意数值 $-51.8kJ\cdot mol^{-1}$ 是指在 298K 下,由标准态 $1mol\ H_2(g)$ 和标准态 $1mol\ I_2(g)$ 完全反应生成标准态 $2mol\ HI(g)$ 时放出的热量。实验中在相同温度下将 $1mol\ H_2(g)$ 和 $1mol\ I_2(g)$ 混合后,测其反应的热,发现反应放出的热量小于 51.8kJ。这是由于有一部分 $H_2(g)$ 和 $I_2(g)$ 并没有反应,反应进行到一定程度就停止了。

(4) 标准摩尔反应焓变的计算

化学反应标准摩尔反应焓变的计算与单纯 pVT 变化过程、相变化过程焓变的计算一样,也需要基础热力学数据。已知一定温度下参加反应物质的标准摩尔生成焓或标准摩尔燃烧焓数据,就可以计算相同温度下的标准摩尔反应焓变。

① 由标准摩尔生成焓计算标准摩尔反应焓变 在温度为 T,参与反应的各物质都处于各自的标准态,由稳定相态的单质生成 $1mol\ \beta$ 相物质 B 时的标准摩尔反应焓变,称为物质 $B(\beta)$ 在温度 T 下的标准摩尔生成焓,用符号 $\Delta_f H_m^{\ominus}(B,\beta,T)$ 表示。

如反应 $C_{(石)}+O_2(g)\Longrightarrow CO_2(g)$,$\Delta_r H_m^{\ominus}(298.15K)=-393.5kJ\cdot mol^{-1}$,由定义可知 $CO_2(g)$ 的标准摩尔生成焓 $\Delta_f H_m^{\ominus}(CO_2,g,298.15K)=-393.5kJ\cdot mol^{-1}$。

再如反应 $H_2(g)+0.5O_2(g)\Longrightarrow H_2O(l)$,$\Delta_r H_m^{\ominus}(298.15K)=-285.83kJ\cdot mol^{-1}$,由定义可知 $H_2O(l)$ 的标准摩尔生成焓 $\Delta_f H_m^{\ominus}(H_2O,l,298.15K)=-285.83kJ\cdot mol^{-1}$。

稳定单质是指在自然界最稳定、最常见状态的单质,如 $H_2(g)$,$O_2(g)$,C(石墨),$I_2(s)$,$Br_2(l)$ 等。化合物的标准摩尔生成焓是相对于生成它的单质的相对反应焓变,按规定要求,稳定单质的标准摩尔生成焓为零,如 $\Delta_f H_m^{\ominus}(H_2,g)=0$,$\Delta_f H_m^{\ominus}(I_2,s)=0$ 等。

各物质在 298.15K 下的标准摩尔生成焓可由附录十查得,查表时注意物质的相态。如 298.15K 下,水蒸气的标准摩尔生成焓为 $-241.82kJ\cdot mol^{-1}$,而液体水的标准摩尔生成焓为 $-285.83kJ\cdot mol^{-1}$。

可利用焓 H 为状态函数的特点由物质的标准摩尔生成焓计算反应的标准摩尔反应焓变。298.15K 下,设有任意反应,其反应物、产物均可视为由其相同数量及种类的稳定单质生成,如下所示:

$$aA(\alpha) + bB(\beta) \xrightarrow{\Delta_r H_m^{\ominus}(298.15K)} lL(\gamma) + mM(\delta)$$

$\Delta H_1 \searrow \qquad \swarrow \Delta H_2$

相同数量及种类的稳定单质

则 $\Delta_r H_m^{\ominus}(298.15K) = \Delta H_2 - \Delta H_1$
$= l\Delta_f H_m^{\ominus}(L,\gamma) + m\Delta_f H_m^{\ominus}(M,\delta) - a\Delta_f H_m^{\ominus}(A,\alpha) - b\Delta_f H_m^{\ominus}(B,\beta)$

用通式可表示为： $\Delta_r H_m^{\ominus}(T) = \sum \nu_B \Delta_f H_m^{\ominus}(B,\beta,T)$ (2.11.8)

即一定温度下化学反应的标准摩尔反应焓变等于同温度下,产物的标准摩尔生成焓之和减去反应物的标准摩尔生成焓之和。

例如反应 $C_6H_6(l) + 7.5O_2(g) \rightleftharpoons 6CO_2(g) + 3H_2O(l)$, 25℃时 $C_6H_6(l)$、$CO_2(g)$ 及 $H_2O(l)$ 的标准生成焓分别为 48.66kJ·mol^{-1}, −393.51kJ·mol^{-1} 和 −285.83kJ·mol^{-1}, 则该反应25℃的标准摩尔反应焓变:

$\Delta_r H_m^{\ominus}(298.15K) = 6\Delta_f H_m^{\ominus}(CO_2, 298.15K) + 3\Delta_f H_m^{\ominus}(H_2O, l, 298.15K) -$
$\Delta_f H_m^{\ominus}(C_6H_6, l, 298.15K) - 7.5\Delta_f H_m^{\ominus}(O_2, 298.15K)$
$= [6 \times (-393.51) + 3 \times (-285.83) - 48.66 - 0]$kJ·mol^{-1} = −3267.21kJ·mol^{-1}

② 由标准摩尔燃烧焓计算标准摩尔反应焓变 在温度为 T 的标准态下,1mol B 物质完全燃烧(即完全氧化)时反应的标准摩尔反应焓变称为该物质在温度 T 时的标准摩尔燃烧焓,用符号 $\Delta_c H_m^{\ominus}(B,\beta,T)$ 表示。

完全燃烧是指 C 变为 $CO_2(g)$, H 变为 $H_2O(l)$, S 变为 $SO_2(g)$, N 变为 $N_2(g)$, Cl 变为 HCl(aq),金属元素变为游离态等。按定义要求,完全燃烧产物的标准燃烧焓为零,如 $\Delta_c H_m^{\ominus}(H_2O, l, T) = 0$, $\Delta_c H_m^{\ominus}(CO_2, g, T) = 0$。各物质在298.15K下的标准摩尔燃烧焓数据参见附录九。

例如需要求知乙醇 $C_2H_5OH(l)$ 与乙酸 $CH_3COOH(l)$ 生成乙酸乙酯 $CH_3COOC_2H_5(l)$ 反应的热,可利用 H 是状态函数的特点,设计如下反应:

$$C_2H_5OH(l) + CH_3COOH(l) \xrightarrow{\Delta_r H_m^{\ominus}(298.15K)} CH_3COOC_2H_5(l) + H_2O(l)$$
(A) (B) (C) (D)
$+5O_2 \downarrow \Delta_r H_{m,1} \qquad\qquad +5O_2 \downarrow \Delta_r H_{m,2}$
$\qquad\qquad 4CO_2(g) + 5H_2O(l) \leftarrow$

则 $\Delta_r H_m^{\ominus}(298.15K) = \Delta_r H_{m,1} - \Delta_r H_{m,2}$
$= \Delta_c H_m^{\ominus}(A) + \Delta_c H_m^{\ominus}(B) - \Delta_c H_m^{\ominus}(C) - \Delta_c H_m^{\ominus}(D)$

用通式表示为： $\Delta_r H_m^{\ominus}(T) = -\sum \nu_B \Delta_c H_m^{\ominus}(B,\beta,T)$ (2.11.9)

即一定温度下化学反应的标准摩尔反应焓等于同温度下反应物的标准摩尔燃烧焓之和减去产物的标准摩尔燃烧焓之和。

几个典型反应需要注意,如反应 $C_{石} + O_2(g) \rightleftharpoons CO_2(g)$, 由定义可知,该反应标准反应焓变 $\Delta_r H_m^{\ominus}(298.15K)$ 既等于 $CO_2(g)$ 的标准摩尔生成焓,又等于 $C_{石}$ 的标准摩尔燃烧焓,表示为: $\Delta_r H_m^{\ominus}(298.15K) = \Delta_f H_m^{\ominus}(CO_2, 298.15K) = \Delta_c H_m^{\ominus}(C_{石}, 298.15K)$; 而反应计量方程若写为 $2C_{石} + 2O_2(g) \rightleftharpoons 2CO_2(g)$, 则反应焓变 $\Delta_r H_m^{\ominus}(298.15K)$ 分别为 $CO_2(g)$ 的标准摩尔生成焓及 $C_{石}$ 的标准摩尔燃烧焓的2倍。而反应 $C_{石} + 0.5O_2(g) \rightleftharpoons CO(g)$ 的反应焓变 $\Delta_r H_m^{\ominus}(298.15K)$ 等于 CO(g) 的标准摩尔生成焓,而不等于 $C_{石}$ 的标准摩尔燃烧焓。

再如反应 $H_2(g)+0.5O_2(g) \Longrightarrow H_2O(l)$，由定义可知，该反应标准反应焓变 $\Delta_r H_m^\ominus$ (298.15K) 既等于 $H_2O(l)$ 的标准摩尔生成焓，又等于 $H_2(g)$ 的标准摩尔燃烧焓。若反应生成了 $H_2O(g)$，则反应焓变 $\Delta_r H_m^\ominus$ (298.15K) 等于 $H_2O(g)$ 的标准摩尔生成焓，而不等于 $H_2(g)$ 的标准摩尔燃烧焓。这与相关定义的规定有关，因此应用时要特别注意。

【例 2.11.1】 298.15K, $p^\ominus$ 下，$C_2H_5OH(l)$ 标准摩尔燃烧焓为 $-1366.9 \text{kJ} \cdot \text{mol}^{-1}$，$CO_2(g)$ 和 $H_2O(l)$ 的标准摩尔生成焓分别为 $-393.5 \text{kJ} \cdot \text{mol}^{-1}$ 和 $-285.8 \text{kJ} \cdot \text{mol}^{-1}$。(1) 写出 $C_2H_5OH(l)$ 燃烧反应以及 $CO_2(g)$，$H_2O(l)$ 的生成反应的热化学方程式；(2) 计算 $C_2H_5OH(l)$ 的标准摩尔生成热。

解：(1) $C_2H_5OH(l)+3O_2(g) \Longrightarrow 2CO_2(g)+3H_2O(l)$
$$\Delta_c H_m^\ominus(C_2H_5OH,l,298.15K)=-1366.9 \text{kJ} \cdot \text{mol}^{-1}$$

$C_{石}+O_2(g) \Longrightarrow CO_2(g)$ $\qquad \Delta_f H_m^\ominus(CO_2,298.15K)=-393.5 \text{kJ} \cdot \text{mol}^{-1}$

$H_2(g)+0.5O_2(g) \Longrightarrow H_2O(l)$ $\qquad \Delta_f H_m^\ominus(H_2O,l,298.15K)=-285.8 \text{kJ} \cdot \text{mol}^{-1}$

(2) 由 $C_2H_5OH(l)$ 的燃烧反应式可知
$$\Delta_r H_m^\ominus(298.15K)=\Delta_c H_m^\ominus(C_2H_5OH,l,298.15K)=-1366.9 \text{kJ} \cdot \text{mol}^{-1}$$
$$=2\Delta_f H_m^\ominus(CO_2)+3\Delta_f H_m^\ominus(H_2O,l)-\Delta_f H_m^\ominus(C_2H_5OH,l)$$
$$=2\times(-393.5 \text{kJ} \cdot \text{mol}^{-1})+3\times(-285.8 \text{kJ} \cdot \text{mol}^{-1})-$$
$$\Delta_f H_m^\ominus(C_2H_5OH,l,298.15K)$$

求得 $\Delta_f H_m^\ominus(C_2H_5OH,l,298.15K)=-277.5 \text{kJ} \cdot \text{mol}^{-1}$

(5) 反应焓变与温度的关系——基尔霍夫 (G. R. Kirchhoff) 公式

利用手册上查到的 298K 时物质的标准摩尔生成焓和标准摩尔燃烧焓数据可以方便地求出 298K 时化学反应热。但是在任意温度下进行的反应热怎么求呢？因此需要知道化学反应热与温度的关系。

以合成氨反应为例说明由已知温度下反应热 $\Delta_r H_m^\ominus(T_1)$ 求另一温度下反应热 $\Delta_r H_m^\ominus(T_2)$，设计过程如下：

$$\frac{1}{2}N_2(g)+\frac{3}{2}H_2(g) \xrightarrow{\Delta_r H_m^\ominus(T)} NH_3(g)$$
$$\Delta H_1 \downarrow \qquad\qquad\qquad\qquad \downarrow \Delta H_2$$
$$\frac{1}{2}N_2(g)+\frac{3}{2}H_2(g) \xrightarrow{\Delta_r H_m^\ominus(298K)} NH_3(g)$$

$\Delta H_1 = \int_T^{298K}\left[\frac{1}{2}C_{p,m}(N_2,g)+\frac{3}{2}C_{p,m}(H_2,g)\right]dT$, $\Delta H_2 = \int_{298K}^T C_{p,m}(NH_3,g)dT$

H 为状态函数，则

$$\Delta_r H_m^\ominus(TK)=\Delta H_1+\Delta_r H_m^\ominus(298K)+\Delta H_2$$
$$=\Delta_r H_m^\ominus(298K)+\int_{298K}^T\left[C_{p,m}(NH_3,g)-\frac{1}{2}C_{p,m}(N_2,g)-\frac{3}{2}C_{p,m}(H_2,g)\right]dT$$
$$=\Delta_r H_m^\ominus(298K)+\int_{298K}^T \sum \nu_B C_{p,m}(B)dT$$

用通式表示为：
$$\Delta_r H_m^\ominus(T_2)=\Delta_r H_m^\ominus(T_1)+\int_{T_1}^{T_2}\sum \nu_B C_{p,m}(B)dT \tag{2.11.10}$$

也可表示为：
$$\frac{d\Delta_r H_m^\ominus}{dT}=\sum \nu_B C_{p,m}(B)$$

式 (2.11.10) 称为基尔霍夫公式

或

$$\left[\frac{\partial(\Delta_r H_m(T))}{\partial T}\right]_p = \sum \nu_B C_{p,m}(B) \tag{2.11.11}$$

若不考虑温度对 $C_{p,m}$ 的影响，则 $\sum \nu_B C_{p,m}(B) \approx$ 常数，由式(2.11.10) 可得：

$$\Delta_r H_m^{\ominus}(T_2) = \Delta_r H_m^{\ominus}(T_1) + \sum \nu_B C_{p,m}(B)(T_2 - T_1) \tag{2.11.12}$$

若 $C_{p,m}$ 与 T 的关系为 $C_{p,m} = a + bT + cT^2$，则 $\sum \nu_B C_{p,m}(B) = \Delta a + \Delta b T + \Delta c T^2$，其中 $\Delta a = \sum \nu_B a_B$，$\Delta b = \sum \nu_B b_B$，$\Delta c = \sum \nu_B c_B$，对式(2.11.11) 进行不定积分，得

$$\Delta_r H_m^{\ominus}(T) = \Delta H_m(0) + \Delta a T + \Delta b \times \frac{T^2}{2} + \Delta c \times \frac{T^3}{3} \tag{2.11.13}$$

式中，$\Delta H_m(0)$ 为不定积分常数，可由已知反应的焓变如 $\Delta_r H_m^{\ominus}(298K)$ 代入式(2.11.12)，求出：

$$\Delta H_m(0) = \Delta_r H_m^{\ominus}(298K) - 298\Delta a - 298^2 \times \frac{\Delta b}{2} - 298^3 \times \frac{\Delta c}{3}。$$

需要注意的是，应用基尔霍夫公式求反应热时反应物和产物的温度必须相同。此外，若由温度 T_1 到 T_2 温度区间参加反应物质的相态发生了变化，则需要按物质的相变温度分段进行计算。

【例 2.11.2】 求反应 $\frac{1}{2} N_2(g) + \frac{3}{2} H_2(g) \rightleftharpoons NH_3(g)$ 在 800K 下的焓变 $\Delta_r H_m^{\ominus}(800K) = $？已知 298K 下氨气的标准生成焓为 $-46.11 \text{kJ} \cdot \text{mol}^{-1}$，各物质的 $C_{p,m}(B)$ 数据如下：

	a	$b \times 10^3$	$c \times 10^6$	适用温度范围
N_2 (g)	27.32	6.226	-0.9502	273～3800K
H_2 (g)	26.88	4.347	-0.3265	273～3800K
NH_3 (g)	27.43	33.00	-3.046	273～1000K

解：$\Delta_r H_m^{\ominus}(298K) = \sum \nu_B \Delta_f H_m^{\ominus}(B) = \Delta_f H_m^{\ominus}(NH_3, 298K) = -46.11 \text{kJ} \cdot \text{mol}^{-1}$

$\Delta a = \sum \nu_B a_B = a_{NH_3} - a_{N_2}/2 - 3 a_{H_2}/2$

$\quad = (27.43 - 0.5 \times 27.32 - 1.5 \times 26.88) \text{J} \cdot \text{mol}^{-1} \cdot \text{K}^{-1} = -26.55 \text{J} \cdot \text{mol}^{-1} \cdot \text{K}^{-1}$

同理可求 $\Delta b = 0.02337 \text{J} \cdot \text{mol}^{-1} \cdot \text{K}^{-2}$，$\Delta c = -2.081 \times 10^{-6} \text{J} \cdot \text{mol}^{-1} \cdot \text{K}^{-3}$

则 $\sum \nu_B C_{p,m}(B) = C_{p,m}(NH_3) - \frac{1}{2} C_{p,m}(N_2) - \frac{3}{2} C_{p,m}(H_2) = \Delta a + \Delta b T + \Delta c T^2$

$\quad = [-26.55 + 0.02337 T/K - 2.081 \times 10^{-6} (T/K)^2] \text{J} \cdot \text{mol}^{-1} \cdot \text{K}^{-1}$

$\Delta_r H_m^{\ominus}(800K) = \Delta_r H_m^{\ominus}(298K) + \int_{298K}^{800K} \sum \nu_B C_{p,m}(B) dT$

$\quad = [-46.11 \times 10^3 + \int_{298K}^{800K} (-26.55 + 0.02337 T - 2.081 \times 10^{-6} T^2) dT] \text{J} \cdot \text{mol}^{-1}$

2.11.2 化学反应过程

(1) 热力学第三定律及规定计算

化学反应过程通常是不可逆的，学反应的熵变不能由该不可逆过程热求得。可利用熵是状态函数的特点设计可逆化学反应过程求解，但需要反应在某已知可逆反应过程的相关数据。

20 世纪初，人们通过研究低温下凝聚反应现象发现了热力学第三定律，内容为："在 0K 时，任何纯物质完美晶体的熵

需要说明的是，完美晶体是指纯物质的理想晶体，热力学第三定律不适于非晶体物质或非纯物质组成的系统，如玻璃态物质（非完美晶体）、固溶体（非纯物质）等，即使在0K时其熵值亦不为零。

依据热力学第三定律，可以计算任何纯物质在给定状态下的熵值，即物质在给定状态相对于其在0K下熵值，称为规定熵，用符号 $S(T)$ 表示，则：

$$S(T) = S(0\text{K}) + \int_0^T \frac{C_p}{T} \mathrm{d}T \qquad (2.11.14)$$

若0K到 $T(\text{K})$ 之间有相变化，则积分不连续，计算规定熵时要考虑相变过程的熵变。例如要求某物质在沸点以上某温度 T 时的熵变，要加上物质在其熔点（T_f）和沸点（T_b）时相应的熵值，计算公式为：

$$S(T) = S(0\text{K}) + \int_0^{T_\text{f}} \frac{C_p(\text{s})}{T} \mathrm{d}T + \frac{\Delta_\text{mel} H}{T_\text{f}} + \int_{T_\text{f}}^{T_\text{b}} \frac{C_p(\text{l})}{T} \mathrm{d}T + \frac{\Delta_\text{vap} H}{T_\text{b}} + \int_{T_\text{b}}^T \frac{C_p(\text{g})}{T} \mathrm{d}T \qquad (2.11.15)$$

若物质的量为1mol，任何纯物质B在标准状态下的熵即为标准摩尔熵，用符号 $S_\text{m}^\ominus(\text{B}, T)$ 表示。例如氢气在298.15K标准态下的熵值 $S_\text{m}^\ominus(\text{H}_2, 298.15\text{K})$，表示由1mol H_2，0K下完美晶体到298.15K、$p^\ominus$ 下 1mol H_2（pg）状态的熵变：

$$\Delta S_{\text{H}_2} = S_\text{m}^\ominus(\text{H}_2, 298.15\text{K}) - S(\text{H}_2, 0\text{K}) = S_\text{m}^\ominus(\text{H}_2, 298.15\text{K}) \qquad (2.11.16)$$

附录十给出了一些物质在298.15K标准态下的标准摩尔熵值。若需要求知某温度、压力下规定熵值，例如需求298K、某压力下物质的规定熵，由于 $\left(\frac{\partial S}{\partial p}\right)_T = -\left(\frac{\partial V}{\partial T}\right)_p$，则

$$S_\text{m}(298.15\text{K}, p) = S_\text{m}^\ominus(298.15\text{K}) + \int_{p^\ominus}^p \left[-\left(\frac{\partial V}{\partial T}\right)_p\right] \mathrm{d}p \qquad (2.11.17)$$

(2) 化学反应过程的熵变计算

有了各种物质在给定条件下的规定熵值，就可以方便地计算化学反应的熵变。如任意反应 $d\text{D} + e\text{E} \Longrightarrow f\text{F} + g\text{G}$ 在298.15K下的标准反应熵变为：

$$\Delta_\text{r} S_\text{m}^\ominus(298.15\text{K}) = f S_\text{m}^\ominus(\text{F}) + g S_\text{m}^\ominus(\text{G}) - d S_\text{m}^\ominus(\text{D}) - e S_\text{m}^\ominus(\text{E})$$

用通式表示为：
$$\Delta_\text{r} S_\text{m}^\ominus(298.15\text{K}) = \sum \nu_\text{B} S_\text{m}^\ominus(\text{B}, 298.15\text{K}) \qquad (2.11.18)$$

对于在某温度下进行反应的熵变，则：

$$\Delta_\text{r} S_\text{m}^\ominus(T) = \Delta_\text{r} S_\text{m}^\ominus(298.15\text{K}) + \int_{298.15}^T \frac{\sum \nu_\text{B} C_{p,\text{m}}(\text{B})}{T} \mathrm{d}T \qquad (2.11.19)$$

注意若由298.15K到 $T(\text{K})$ 温度区间内，参加反应的某物质有相变化发生，则应考虑相变时的熵值。

【例2.11.3】 在标准压力下，计算298.15K和398.15K时气相反应 $\text{C}_2\text{H}_2(\text{g}) + 2\text{H}_2(\text{g}) \Longrightarrow \text{C}_2\text{H}_6(\text{g})$ 的熵变分别为多少？设热容与 T 无关。

解： 查附录十，可得到各物质的标准摩尔熵和摩尔定压热容数据如下：

	$S_\text{m}^\ominus(298.15\text{K})$ /J·K^{-1}·mol^{-1}	$C_{p,\text{m}}$/J·K^{-1}·mol^{-1}
H_2 (g)	130.59	28.84
C_2H_2 (g)	200.82	43.93
C_2H_6 (g)	229.49	52.65

298.15K时，

$$\Delta_r S_m^\ominus(298.15\text{K}) = \sum_B \nu_B S_m^\ominus(B, 298.15\text{K})$$
$$= (229.49 - 200.82 - 2 \times 130.59)\text{J}\cdot\text{K}^{-1}\cdot\text{mol}^{-1} = -232.51 \text{J}\cdot\text{K}^{-1}\cdot\text{mol}^{-1}$$

398.15K 时，有

$$\Delta_r S_m^\ominus(398.15\text{K}) = \Delta_r S_m^\ominus(298.15\text{K}) + \int_{298.15\text{K}}^{398.15\text{K}} \frac{\sum \nu_B C_{p,m}(B) \text{d}T}{T}$$
$$= \Delta_r S_m^\ominus(298.15\text{K}) + \sum \nu_B C_{p,m}(B) \int_{298.15\text{K}}^{398.15\text{K}} \frac{\text{d}T}{T}$$
$$= [-232.51 + (52.65 - 43.93 - 2\times 28.84) \times \ln(398.15/298.15)]\text{J}\cdot\text{K}^{-1}\cdot\text{mol}^{-1}$$
$$= -246.67 \text{J}\cdot\text{K}^{-1}\cdot\text{mol}^{-1}$$

2.11.3 反应的标准摩尔吉布斯函数变计算

参加反应的各物质均处于温度为 T 的标准态下，完成单位反应时反应的吉布斯函数变称为该反应的标准摩尔吉布斯函数变，用 $\Delta_r G_m^\ominus(T)$ 表示。化学反应的 $\Delta_r G_m^\ominus(T)$ 数据在化学平衡中有重要的应用，如计算化学反应的热力学平衡常数、估计反应的倾向性等。由于物质吉布斯函数的绝对值无法得知，同时为了较为方便地计算反应的 $\Delta_r G_m^\ominus(T)$ 值，因此引入"标准摩尔生成吉布斯函数"概念。

在温度为 T，参与反应的各物质都处于各自的标准态，由稳定相态的单质生成 1mol β 相物质 B 时反应的标准摩尔吉布斯函数变，称为物质 $B(\beta)$ 在温度 T 下的标准摩尔生成吉布斯函数，用符号 $\Delta_f G_m^\ominus(B, \beta, T)$ 表示。

由定义可知，标准态稳定单质的标准摩尔生成吉布斯函数为零，如 $\Delta_f G_m^\ominus(H_2)=0$，$\Delta_f G_m^\ominus(N_2)=0$ 等。各物质 298.15K 时的标准摩尔生成吉布斯函数可查附录十。

298.15K 下，反应的标准摩尔吉布斯函数变可由各物质的标准摩尔生成吉布斯函数计算：

$$\Delta_r G_m^\ominus(B, 298.15\text{K}) = \sum \nu_B \Delta_f G_m^\ominus(B, 298.15\text{K}) \tag{2.11.20}$$

对于在某温度下进行的反应，标准摩尔吉布斯函数变可由下式计算：

$$\Delta_r G_m^\ominus(T) = \Delta_r H_m^\ominus(T) - T\Delta_r S_m^\ominus(T) \tag{2.11.21}$$

【例 2.11.4】 已知 298.15K 时，$NH_3(g)$、$NO(g)$ 及 $H_2O(g)$ 的标准摩尔生成吉布斯函数 $\Delta_f G_m^\ominus$ 分别为 $-16.5 \text{kJ}\cdot\text{mol}^{-1}$，$86.57 \text{kJ}\cdot\text{mol}^{-1}$ 和 $-228.57 \text{kJ}\cdot\text{mol}^{-1}$。试求反应

$$4NH_3(g) + 5O_2(g) \Longrightarrow 4NO(g) + 6H_2O(g) \text{ 的 } \Delta_r G_m^\ominus(298.15\text{K}) = ?$$

解：由式(2.11.20) 可知

$$\Delta_r G_m^\ominus(298.15\text{K}) = 4\Delta_f G_m^\ominus(NO, g) + 6\Delta_f G_m^\ominus(H_2O, g) - 4\Delta_f G_m^\ominus(NH_3, g)$$
$$= [4\times 86.57 + 6\times(-228.57) - 4\times(-16.5)]\text{kJ}\cdot\text{mol}^{-1} = -959.1 \text{kJ}\cdot\text{mol}^{-1}$$

【例 2.11.5】 依据表 2.11.1 数据计算 500K 下反应 $CO_2(g) + H_2(g) \Longrightarrow CO(g) + H_2O(g)$ 的 $\Delta_r G_m^\ominus(500\text{K})$。

表 2.11.1 反应 $CO_2(g) + H_2(g) \Longrightarrow CO(g) + H_2O(g)$ 的相关数据

物质(B)	$\Delta_f H_m^\ominus(B, 298.15\text{K})$ /kJ·mol^{-1}	$S_m^\ominus(B, 298.15\text{K})$ /J·mol^{-1}·K^{-1}	$C_{p,m}(B, 298.15\text{K})$ /J·mol^{-1}·K^{-1}
$CO_2(g)$	-393.51	213.6	37.13
$CO(g)$	-110.5	197.4	29.15
$H_2(g)$	0	130.6	28.83
$H_2O(g)$	-241.84	188.74	33.56

解：$\Delta_r H_m^\ominus(500\text{K}) = \Delta_r H_m^\ominus(298.15\text{K}) + \int_{298.15\text{K}}^{500\text{K}} \sum \nu_B C_{p,m}(B) dT$

$\Delta_r H_m^\ominus(298.15\text{K}) = \sum \nu_B \Delta_f H_m^\ominus(B)$
$= (-110.5 - 241.84 + 393.51) \text{kJ} \cdot \text{mol}^{-1} = 41.17 \text{kJ} \cdot \text{mol}^{-1}$

$\sum \nu_B C_{p,m}(B) = (29.15 + 33.56 - 37.13 - 28.83) \text{J} \cdot \text{mol}^{-1} \cdot \text{K}^{-1}$
$= -3.25 \text{J} \cdot \text{mol}^{-1} \cdot \text{K}^{-1}$

$\Delta_r H_m^\ominus(500\text{K}) = [41.17 - 3.25 \times (500 - 298.15) \times 10^{-3}] \text{kJ} \cdot \text{mol}^{-1}$
$= 40.51 \text{kJ} \cdot \text{mol}^{-1}$

$\Delta_r S_m^\ominus(298.15\text{K}) = \sum \nu_B S_m^\ominus(B) = (197.4 + 188.74 - 213.6 - 130.6) \text{J} \cdot \text{mol}^{-1} \cdot \text{K}^{-1}$
$= 41.94 \text{J} \cdot \text{mol}^{-1} \cdot \text{K}^{-1}$

$\Delta_r S_m^\ominus(500\text{K}) = \Delta_r S_m^\ominus(298.15\text{K}) + \int_{298.15\text{K}}^{500\text{K}} \sum \nu_B C_{p,m}(B) dT/T$
$= [41.94 + (-3.25) \times \ln(500/298.15)] \text{J} \cdot \text{mol}^{-1} \cdot \text{K}^{-1}$
$= 40.26 \text{J} \cdot \text{mol}^{-1} \cdot \text{K}^{-1}$

$\Delta_r G_m^\ominus(500\text{K}) = \Delta_r H_m^\ominus(500\text{K}) - T \Delta_r S_m^\ominus(500\text{K})$
$= (40.51 - 500 \times 40.26 \times 10^{-3}) \text{kJ} \cdot \text{mol}^{-1} = 20.38 \text{kJ} \cdot \text{mol}^{-1}$

本章基本要求

1. 理解系统和环境、状态和状态函数、热力学平衡态、过程和途径、功和热、可逆过程、热容等热力学基本概念。

2. 掌握热力学函数 U、H、S、A、G 的定义，明确状态函数的特点。

3. 理解反应进度、标准摩尔反应焓、标准摩尔生成焓、标准摩尔燃烧焓、标准摩尔生成吉布斯函数的定义；了解热力学标准态的意义和定义；了解规定熵、标准摩尔熵概念。

4. 理解热力学第一、第二、第三定律的文字表述和数学式；掌握利用 ΔS、ΔA 和 ΔG 判别系统变化方向和限度的条件。

5. 掌握热力学基本方程和热力学函数间重要的关系式。

6. 熟练掌握 pVT 变化、相变化、化学变化过程 W、Q、ΔU、ΔH、ΔS、ΔA 和 ΔG 的计算方法。

7. 总结热力学方法及特点。

自测题

1. 系统的状态发生改变，其热力学能的值（　　）。
(a) 必定改变　　　　　　　　(b) 必定不变
(c) 不一定改变　　　　　　　(d) 热力学能与状态无关

2. 系统经历循环过程后，下面各式正确的是（　　）。
(a) $W = 0$　　(b) $Q + W = 0$　　(c) $Q = 0$　　(d) $U = 0$

3. 下述关于焓的说法中，哪一种不正确？（　　）
(a) 焓是系统能与环境进行交换的能量
(b) 焓是人为定义的一种具有能量量纲的热力学量
(c) 焓是系统的状态函数
(d) 焓变只有在特定条件下，才与过程热数值相等

4. 式 $\Delta H = Q_p$ 适用于下列哪个过程？（　　）
(a) 理想气体从 $10p^{\ominus}$ 反抗恒定的外压 $p^{\ominus}$ 膨胀到平衡
(b) 0℃，101325Pa 下冰融化成水
(c) 电解 $CuSO_4$ 水溶液
(d) 气体从 (298K, $p^{\ominus}$) 可逆变化到 (373K, $0.1p^{\ominus}$)

5. 非理想气体进行绝热自由膨胀时，下述答案中哪一个错误？（　　）
(a) $Q=0$　　(b) $W=0$　　(c) $\Delta U=0$　　(d) $\Delta H=0$

6. 对任一个变化过程，下列式子中哪个不正确？（　　）
(a) $\Delta S_{系统} = -\Delta S_{环境}$　　(b) $\Delta U_{系统} = -\Delta U_{环境}$
(c) $\Delta H_{系统} = -Q_{环境}$（定压且无非体积功）(d) $\Delta G = \Delta A + \Delta(pV)$

7. 一定温度、压力下，某可逆电池中进行一化学反应，吸热 Q，做电功 W，则下面对系统各热力学函数变计算错误的是（　　）。
(a) $\Delta U = Q + W$　　(b) $\Delta S = Q/T$　　(c) $\Delta G = W$　　(d) $\Delta H = Q$

8. 水在 100℃、1atm 下汽化为水蒸气，若水蒸气近似为理想气体，则正确的是（　　）。
(a) $W = -nRT\ln(V_2/V_1)$　　(b) $Q = W$
(c) $\Delta G = 0$　　(d) $\Delta U = 0$

9. 系统经绝热可逆与绝热不可逆过程从同一始态到达相同的体积 V_2，应有（　　）。
(a) 两过程系统的熵变（ΔS）相同且等于零
(b) 两过程系统的总熵变（ΔS_{iso}）相同且等于零
(c) 绝热可逆过程 $\Delta S = 0$
(d) 绝热不可逆过程 $\Delta S_{iso} = 0$

10. 下述关于热容的说法中，哪一种正确？（　　）
(a) 热容 C 不是状态函数
(b) 热容 C 与途径无关
(c) 热容 C 与温度无关
(d) 定容热容 C_V 不是状态函数

11. 在实际气体的节流膨胀过程中，哪一组描述是正确的？（　　）。
(a) $Q>0, \Delta H=0, \Delta p<0$　　(b) $Q=0, \Delta H<0, \Delta p>0$
(c) $Q=0, \Delta H=0, \Delta p<0$　　(d) $Q<0, \Delta H=0, \Delta p<0$

12. 关于热力学第二定律，下列哪种说法是错误的？（　　）。
(a) 热不能自动从低温流向高温
(b) 不可能从单一热源吸热做功而无其他变化
(c) 第二类永动机是造不成的
(d) 热不可能全部转化为功

13. 任一循环过程吸取的热与温度的关系可表示为（　　）。
(a) $\oint \frac{\delta Q}{T} \geq 0$　　(b) $\oint \frac{\delta Q}{T} \leq 0$　　(c) $\oint \frac{\delta Q}{T} = 0$　　(d) 都有可能

14. 关于吉布斯函数，下面的说法中不正确的是（　　）。
(a) $\Delta G \leq W'$ 在做非体积功的各种热力学过程中都成立
(b) 在定温定压且不做非体积功的条件下，对于各种可能的变动，系统在平衡态的吉布斯函数最小
(c) 在定温定压且不做非体积功时，吉布斯函数增加的过程不可能发生

(d) 在定温定压下，系统吉布斯函数的减少值大于非体积功的过程不可能发生

15. 热力学基本公式 $dG=-SdT+Vdp$ 适用下述哪一个过程？（   ）
(a) 298K，$p^{\ominus}$ 下水的蒸发过程   (b) 真实气体向真空膨胀过程
(c) 电解水制取氢气   (d) 碳酸氢铵在真空容器中分解

16. 水在 100℃、$p^{\ominus}$ 下沸腾时，下列各量何者增加？（   ）
(a) 熵   (b) 亥姆霍兹函数   (c) 吉布斯函数   (d) 蒸气压

17. 已知反应 $H_2(g)+Cl_2(g)=2HCl(g)$，当以 5mol H_2 气与 4mol Cl_2 气混合，最后生成 2mol HCl 气，则反应进度为（   ）。
(a) 1mol   (b) 2mol   (c) 4mol   (d) 5mol

18. 与物质的燃烧热有关的下列表述中不正确的是（   ）。
(a) 根据规定，可燃性物质的燃烧热都不为零
(b) 物质的燃烧热都可测定，所以物质的标准摩尔燃烧焓不是相对值
(c) 同一可燃性物质处于不同状态时，其燃烧热不同
(d) 同一可燃性物质处于不同温度下，其燃烧热之值不同

19. 苯在一个刚性的绝热容器中燃烧，$C_6H_6(l)+7.5O_2(g)=6CO_2(g)+3H_2O(g)$，则下面正确的一组是（   ）。
(a) $\Delta U=0$，$\Delta H<0$，$Q=0$ (b) $\Delta U=0$，$\Delta H>0$，$W=0$
(c) $\Delta U=0$，$\Delta H=0$，$Q=0$ (d) $\Delta U\neq 0$，$\Delta H\neq 0$，$Q=0$

20. 热力学规定气体的标准态为（   ）。
(a) 25℃、100kPa 实际状态   (b) 273.15K 下理想气体状态
(c) 100kPa 下纯理想气体状态   (d) 25℃、100kPa 纯理想气体状态

自测题答案

1. (c)；2. (b)；3. (a)；4. (b)；5. (d)；6. (a)；7. (d)；8. (c)；9. (c)；10. (a)；11. (c)；12. (d)；13. (b)；14. (a)；15. (b)；16. (a)；17. (a)；18. (b)；19. (b)；20. (c)

习题

1. 有 1mol 理想气体，温度为 0℃，压力为 101kPa，分别经历下列过程膨胀到终态：
(1) 定容下加热到终态压力为 1.5×101kPa；
(2) 在恒定外压 0.5×101kPa 下膨胀至体积等于原来的 2 倍；
(3) 从始态向真空膨胀到体积等于原来的 2 倍。
求各过程的功。

答案：$W_1=0$；$W_2=-1135$J；$W_3=0$

2. 今有 5mol 某理想气体在定压下温度降低 50℃，放热 7.275kJ。求过程的 W，ΔU 和 ΔH。

答案：$W=2.078$kJ；$\Delta H=-7.275$kJ；$\Delta U=-5.197$kJ

3. 计算 1mol 理想气体在分别经历下列四个过程时所做的体积功。已知始态体积为 25dm³，终态体积为 100dm³，始态及终态温度均为 100℃。(1) 定温可逆膨胀；(2) 向真空膨胀；(3) 在外压恒定为气体终态的压力下膨胀；(4) 先在外压恒定为体积等于 50dm³ 时气体的平衡压力下膨胀，当膨胀到 50dm³（此时温度仍为 100℃）以后，再在外压等于 100dm³ 时气体的平衡压力下膨胀。比较四个过程的功，结果说明什么？

答案：$W_1 = -4301J$；$W_2 = 0$；$W_3 = -2327J$；$W_4 = -3102J$

4. 室温下，$200dm^3$ 的钢瓶内充有 $50 \times 100kPa$ 的 N_2 气，向压力为 $100kPa$ 的大气中放出一部分 N_2 气后，钢瓶中剩余气体的压力为 $40 \times 100kPa$；然后又可逆地放出部分 N_2 气至钢瓶中气体压力为 $30 \times 100kPa$。假设气体可作为理想气体处理，求整个过程中系统所做的功。

答案：$W = -4.30 \times 10^5 J$

5. 在 25℃ 时，将某一氢气球置于体积为 $5dm^3$、内含空气 $6g$ 的密闭容器中，放入气球后容器内的压力为 $121590Pa$。然后非常缓慢地将空气从容器中抽出，当抽出的空气量达 $5g$ 时，容器内的气球炸破。试求：

(1) 在抽气过程中，气球内的氢气做了多少功？

(2) 人们在压力为 $101325Pa$ 的大气中给气球充气时，对气球做了多少功？

设平衡时气球内、外的温度、压力均相等。空气的平均摩尔质量为 $M = 29 \times 10^{-3}$ $kg \cdot mol^{-1}$。

答案：$W_1 = -115.3J$；$W_2 = 94.94J$

6. $10dm^3$ 氧气由 $273K$、$1MPa$ 经过 (1) 绝热可逆膨胀；(2) 对抗恒定外压 $0.1MPa$ 进行绝热不可逆膨胀，使气体最后的压力均为 $0.1MPa$。求两种情况下所做的功。已知氧的 $C_{p,m} = 29.36J \cdot mol^{-1} \cdot K^{-1}$。

答案：$W_1 = -12.07kJ$；$W_2 = -6.45kJ$

7. $5mol$ 双原子理想气体从始态 $300K$、$200kPa$，经定温可逆膨胀至压力为 $50kPa$，再经历绝热可逆压缩至压力为 $200kPa$。求终态温度及整个过程的 W、Q、ΔU 和 ΔH。已知双原子理想气体 $C_{V,m} = 2.5R$。

答案：$T_3 = 445.8K$；$W = -2.14kJ$；$Q = 17.29kJ$；$\Delta U = 15.15kJ$；$\Delta H = 21.21kJ$

8. $4mol$ 双原子理想气体从始态 $750K$、$150kPa$，先定容冷却使压力降至 $50kPa$，再定温可逆压缩至 $100kPa$，求整个过程的 W、Q、ΔU、ΔH 和 ΔS。双原子理想气体 $C_{V,m} = 2.5R$。

答案：$W = 5.76kJ$；$Q = -30.71kJ$；$\Delta U = -24.94kJ$；
$\Delta H = -41.57kJ$；$\Delta S = -77.86J \cdot K^{-1}$

9. $298K$ 下，$1mol$ 理想气体于 $10 \times 100kPa$ 经自由膨胀至压力为 $100kPa$，试求该过程 W、Q、ΔU、ΔH、ΔS、ΔA 和 ΔG？

答案：$W = Q = \Delta U = \Delta H = 0$；$\Delta S = 19.1J \cdot K^{-1}$；$\Delta A = \Delta G = -5705J$

10. $1mol$ 理想气体由始态 $300K$、$10 \times 100kPa$ 定温可逆膨胀至终态 $100kPa$。求过程的 Q、W、ΔU、ΔH、ΔS、ΔG、ΔA。

答案：$W = -Q = -5743J$；$\Delta U = \Delta H = 0$；$\Delta S = 19.14J \cdot K^{-1}$；$\Delta A = \Delta G = -5743J$

11. 证明：(1) $\left(\dfrac{\partial U}{\partial V}\right)_T = T\left(\dfrac{\partial p}{\partial T}\right)_V - p$；

(2) $\left(\dfrac{\partial U}{\partial V}\right)_p = C_V \left(\dfrac{\partial T}{\partial V}\right)_p + T\left(\dfrac{\partial p}{\partial T}\right)_V - p$

12. 已知氮气的状态方程：$pV_m = RT + bp$，式中常数 $b = 3.90 \times 10^{-2} dm^3 \cdot mol^{-1}$。试计算在 $500K$ 下，$1mol$ 氮气从 $101.325kPa$ 定温压缩到 $101.325MPa$ 时的 ΔU、ΔH、ΔS、ΔA 和 ΔG。

答案：$\Delta U = 0$；$\Delta H = 3.948kJ$；$\Delta S = -57.42J \cdot K^{-1}$；$\Delta A = 28.72kJ$；$\Delta G = 32.66kJ$

13. 1mol 液体水在 100℃、101325Pa 下分别经历以下两种途径汽化变成相同温度、压力下的水蒸气。(1) $p_{外}=101325$Pa；(2) $p_{外}=0$

已知水在 100℃下的蒸发焓为 40.64kJ·mol^{-1}。求液体水经历上述不同过程汽化时的 W、Q、ΔU、ΔH、ΔS 及 ΔG？

答案：$W_1=-3.10$kJ；$Q_1=\Delta H_1=40.64$kJ；$\Delta U_1=37.54$kJ；$\Delta S_1=108.9$J·K^{-1}；$\Delta G_1=0$
$W_2=0$；$Q_2=\Delta U_2=37.54$kJ；$\Delta H_2=40.64$kJ；$\Delta S_2=108.9$J·K^{-1}；$\Delta G_2=0$

14. 实验室中某一大恒温槽（例如油浴）的温度为 400K，室温为 300K。因恒温槽绝热不良而有 4000J 的热传给空气，计算说明这一过程是否为可逆？

答案：$\Delta S_{iso}=3.33$J·K$^{-1}>0$，过程不可逆过程

15. 将 400K 和 101.325kPa 的 1mol 某液态物质向真空容器中汽化成 400K、101.325kPa 的气态物质（气体可视为理想气体），已知此条件下该物质的摩尔汽化热为 16.74kJ·mol^{-1}。该物质的常压沸点为 400K。

(1) 计算该过程的 $\Delta_{vap}S_{iso}$、$\Delta_{vap}A$ 和 $\Delta_{vap}G$；

(2) $\Delta_{vap}S_{iso}$、$\Delta_{vap}A$ 和 $\Delta_{vap}G$ 是否均可用来判别这一过程的方向？说明理由，判断结果如何？

答案：$\Delta_{vap}S_{iso}=8.31$J·K^{-1}；$\Delta_{vap}A=-3.33$kJ；$\Delta_{vap}G=0$

16. 1mol 过冷水蒸气在 25℃、101325Pa 下变为相同温度、压力下的液态水，求该相变过程系统的 ΔS 及 ΔG。已知 25℃时水的饱和蒸气压为 3167.4Pa，汽化热 2217J·g^{-1}，25℃时液态水的摩尔体积 $V_m(l)=0.01806$dm^3·mol^{-1}，上述过程能否自动进行？

答案：$\Delta S=-105.1$J·K^{-1}；$\Delta G=-8584$J

17. 已知 $p^{\ominus}$，298K 下，C(s)，H_2(g) 和 C_6H_6(l) 的燃烧热分别为 -393.3kJ·mol^{-1}，-285.8kJ·mol^{-1} 和 -3268kJ·mol^{-1}。求反应 $6C(s)+3H_2(g)\Longrightarrow C_6H_6(l)$ 的 $\Delta_r H_m^{\ominus}(298K)$。

答案：50.8kJ·mol^{-1}

18. 已知下列数据：$\Delta_f H_m^{\ominus}(NH_3,g,298K)=-46.2$kJ·mol^{-1}，$C_{p,m}(H_2)=(29.1+0.002T/K)$J·K^{-1}·mol^{-1}，$C_{p,m}(N_2)=(27.0+0.006T/K)$J·K^{-1}·mol^{-1}，$C_{p,m}(NH_3)=(25.9+0.032T/K)$J·K^{-1}·mol^{-1}。

计算 398K 时 NH_3(g) 的标准摩尔生成焓 $\Delta_f H_m^{\ominus}(NH_3,g,398K)$。

答案：-48.4kJ·mol^{-1}

19. 0.500g 正庚烷放在弹形量热计中，燃烧后温度升高 2.94K。若量热计本身及附件的热容为 8.177kJ·mol^{-1}，计算 298K 时正庚烷的标准摩尔燃烧焓（量热计的平均温度为 298K）。

答案：-4828kJ·mol^{-1}

20. 已知水蒸气的标准摩尔生成焓为 $\Delta_f H_m^{\ominus}(H_2O,g,298K)=-241.83$kJ·mol^{-1}，试求反应 $H_2(g)+0.5O_2(g)\Longrightarrow H_2O(g)$ 在 800K 下的标准摩尔反应焓变 $\Delta_r H_m^{\ominus}(800K)$。$H_2(g)$、$O_2(g)$ 及 $H_2O(g)$ 的定压摩尔热容分别为 28.8J·mol^{-1}·K^{-1}，29.4J·mol^{-1}·K^{-1}，33.6J·mol^{-1}·K^{-1}。

答案：-246.81kJ·mol^{-1}

21. 蒸汽锅炉中连续不断地注入 20℃的水，将其加热并蒸发为 180℃、饱和蒸气压为 1.003MPa 的水蒸气。求每生产 1kg 水蒸气所需要的热量。已知水在 100℃时的摩尔蒸发焓

为 40.6kJ·mol^{-1}，水的平均摩尔定压摩尔热容为 75.32J·K^{-1}·mol^{-1}，水蒸气的定压摩尔热容与温度的函数关系为：

$C_{p,m}(H_2O,g) = [29.16 + 14.49 \times 10^{-3}(T/K) - 2.002 \times 10^{-6}(T/K)^2]$ J·K^{-1}·mol^{-1}。

答案：2746kJ·kg^{-1}

22. 计算 1mol Br$_2$(s) 从熔点 7.32℃变到沸点 61.55℃时 Br$_2$(g) 的熵变。已知 Br$_2$(l) 的比热容为 0.448J·K^{-1}·g^{-1}，熔化热为 67.71J·g^{-1}，汽化热为 182.80J·g^{-1}，Br$_2$ 的摩尔质量为 159.8g·mol^{-1}。

答案：138.5J·K^{-1}

23. 计算温度为 298.15K 和 398.15K 下气相反应 C$_2$H$_2$(g) + 2H$_2$(g) ══ C$_2$H$_6$(g) 的标准摩尔反应熵变分别为多少？设热容与温度无关，相关数据如下：

	$S_m^\ominus$(298.15K)/J·K^{-1}·mol^{-1}	$C_{p,m}$/J·K^{-1}·mol^{-1}
H$_2$(g)	130.59	28.84
C$_2$H$_2$(g)	200.82	43.93
C$_2$H$_6$(g)	229.49	52.65

答案：−232.51J·K^{-1}·mol^{-1}；−246.7J·K^{-1}·mol^{-1}

24. 在 298K、101325Pa 下，金刚石的摩尔燃烧焓为 −395.26kJ·mol^{-1}，摩尔熵为 2.427J·K^{-1}·mol^{-1}。石墨的摩尔燃烧焓为 −393.38kJ·mol^{-1}，摩尔熵为 5.690J·K^{-1}·mol^{-1}。求在 298K、101325Pa 下石墨变为金刚石的 $\Delta_r G_m^\ominus$(298K)。

答案：2.852kJ·mol^{-1}

25. 试计算在 298K 及标准压力下反应的 $\Delta_r G_m^\ominus$(298K)。

$$H_2O(l) + CO(g) \rightleftharpoons CO_2(g) + H_2(g)$$

已知 298K 时的有关数据如下：

	$S_m^\ominus$(298K)/J·K^{-1}·mol^{-1}	$\Delta_f H_m^\ominus$(298K)/kJ·mol^{-1}
H$_2$(g)	130.5	0
CO$_2$(g)	213.8	−393.5
H$_2$O(l)	188.7	−241.8
CO(g)	197.9	−110.5

答案：−2.86×10^{4}J·mol^{-1}

第 3 章 多组分系统热力学与相平衡

两种或两种以上组分组成的系统称为多组分系统。多组分系统分为均相（单相）系统和非均相（多相）系统，各组分均匀混合且彼此呈分子分散状态的称为多组分均相系统。按照热力学处理方法的不同，多组分均相系统又可分为混合物和溶液。在热力学研究中，对混合物中各组分不加以区分，均选用相同的标准态；对溶液则区分为溶剂和溶质，选用不同的标准态进行研究。按照聚集状态的不同，混合物可分为气态混合物、液态混合物和固态混合物；溶液则可分为固态溶液和液态溶液。本书中除非特殊说明，混合物即指液态混合物，溶液即指液态溶液。

自然界中众多的自然现象，如雨、雪、冰、霜的形成等，都可以用相平衡原理加以解释。在化工生产中，原料与产品大多为多组分系统，常常需要进行分离和提纯，最常用的分离方法是结晶、蒸馏、萃取和吸收等，这些过程所依据的原理是建立在热力学理论基础上的相平衡原理。此外，金属和非金属材料的性能与其相组成密切相关，研究岩石的相组成对地质学研究亦具有重要的意义。因此，研究多组分系统的热力学性质和相平衡原理具有重要的理论和实际意义。

本章多组分系统热力学部分主要讨论理想液态混合物、理想稀溶液的性质及其化学势表示式。在非理想溶液中引出活度及活度因子概念。相平衡部分主要讨论研究相平衡问题的三大工具：相律、相图及部分基本公式。

§3.1 组成表示法

核心内容

1. 组分 B 的组成表示法

B 的物质的量分数：$x_B = n_B / \sum_A n_A$；B 的浓度：$c_B = n_B/V$；B 的质量分数：$w_B = m_B / \sum_A m_A$

2. 溶液中溶质 B 的组成标度

溶液中溶质的组成应特别标明"溶质 B"，一般不宜省略，如"溶质 B 的物质的量分数"（x_B）、"溶质 B 的浓度"（c_B）、"溶质 B 的质量分数"（w_B）。溶质 B 的质量摩尔浓度：$b_B = n_B/m_A$。

3. 稀溶液中几种组成标度的换算

$$c_B \approx b_B \rho; \quad x_B \approx M_A b_B \approx c_B M_A / \rho$$

研究多组分系统的性质必须了解其组分组成。为测量或计算的方便，在不同场合常用不同的组成标度方法。本书中常用的混合物（或溶液）的组分组成标度有以下几种。

3.1.1 B 的物质的量分数

$$x_B \stackrel{\text{def}}{=\!=} n_B \Big/ \sum_A n_A \tag{3.1.1}$$

$$\sum x_B = 1 \tag{3.1.2}$$

式中，n_B 为 B 的物质的量；$\sum_A n_A$ 为混合物总的物质的量；x_B 称为 B 的物质的量分数（亦称摩尔分数），量纲为一。

3.1.2 B 的物质的量浓度（简称 B 的浓度）

$$c_B \stackrel{\text{def}}{=\!=} n_B/V \tag{3.1.3}$$

式中，n_B 为混合物的体积 V 中所含 B 的物质的量；c_B 的 SI 单位为 $\text{mol} \cdot \text{m}^{-3}$。

3.1.3 B 的质量分数

$$w_B \stackrel{\text{def}}{=\!=} m_B \Big/ \sum_A m_A \tag{3.1.4}$$

$$\sum w_B = 1 \tag{3.1.5}$$

式中，m_B 为 B 的质量；$\sum_A m_A$ 为混合物质量；w_B 量纲为一。

3.1.4 溶质 B 的组成标度

由于在热力学中对溶液与对混合物的处理方法不同，国家标准中要求对溶液中溶质的组成特别标明"溶质B"，一般不宜省略。如上述组成标度用于溶质时，应称为"溶质 B 的物质的量分数"（x_B）、"溶质 B 的物质的量浓度"（c_B）、"溶质 B 的质量分数"（w_B）。

溶液中溶质 B 的组成还常用溶质 B 的质量摩尔浓度表示：

$$b_B \stackrel{\text{def}}{=\!=} n_B/m_A \tag{3.1.6}$$

式中，n_B 为溶质 B 的物质的量；m_A 为溶剂 A 的质量；b_B 的 SI 单位为 $\text{mol} \cdot \text{kg}^{-3}$。此表示方法的优点是可以用准确的称重法来配制溶液，不受温度影响，电化学中多用。

在稀溶液中，溶质 B 的几种组成标度之间的关系可表示为

$$c_B \approx b_B \rho \tag{3.1.7}$$

$$x_B \approx M_A b_B \approx c_B M_A/\rho \tag{3.1.8}$$

式中，M_A 为溶剂 A 的摩尔质量；ρ 为溶液的体积质量（密度）。

以上组成标度中，c_B 随温度而变化，其他浓度不受温度的影响。

【例 3.1.1】 23g 乙醇与 500g 水形成溶液，其密度为 $992 \text{kg} \cdot \text{m}^{-3}$，计算，（1）溶质乙醇的物质的量分数；（2）溶质乙醇的质量分数；（3）溶质乙醇的物质的量浓度；（4）溶质乙醇的质量摩尔浓度。

解： A 代表水，B 代表乙醇，其摩尔质量分别为

$$M_A = 18.015 \times 10^{-3} \text{kg} \cdot \text{mol}^{-1}; \quad M_B = 46.069 \times 10^{-3} \text{kg} \cdot \text{mol}^{-1}$$

(1) $x_B = \dfrac{n_B}{n_B + n_A} = \dfrac{23/46.069}{23/46.069 + 500/18.015} = 0.01767$

(2) $w_B = \dfrac{m_B}{m_B + m_A} = \dfrac{23}{23+500} = 0.04398$

(3) $c_B = \dfrac{n_B}{(m_A + m_B)/\rho} = \dfrac{23\times10^{-3}/46.069\times10^{-3}}{(23+500)\times10^{-3}/992}\text{mol}\cdot\text{m}^{-3}$

$\qquad = 947.0 \text{mol}\cdot\text{m}^{-3} = 0.9470 \text{mol}\cdot\text{dm}^{-3}$

(4) $b_B = \dfrac{n_B}{m_A} = \dfrac{23\times10^{-3}/46.069\times10^{-3}}{500\times10^{-3}}\text{mol}\cdot\text{kg}^{-1} = 0.9985\text{mol}\cdot\text{kg}^{-1}$

§3.2 偏摩尔量和化学势

核心内容

1. 偏摩尔量的定义

$$X_B \stackrel{\text{def}}{=\!=\!=} \left(\dfrac{\partial X}{\partial n_B}\right)_{T,p,n_C(C\neq B)}$$

偏摩尔量的物理意义是指在定温、定压下,保持除 B 以外的其他组分不变,系统的广度性质 X 随组分 B 的物质的量 n_B 的变化率;或理解为在定温、定压下,在无限大的多组分系统中(保持组成不变),加入 1mol B 组分时所引起的系统某广度性质 X 的变化值。

2. 偏摩尔量的集合公式

$$X = \sum_B n_B X_B$$

可用偏摩尔量的集合公式求系统的热力学性质。

3. 化学势定义

$$\mu_B = \left(\dfrac{\partial H}{\partial n_B}\right)_{S,p,n_C(C\neq B)} = \left(\dfrac{\partial G}{\partial n_B}\right)_{T,p,n_C(C\neq B)} = \left(\dfrac{\partial U}{\partial n_B}\right)_{S,V,n_C(C\neq B)} = \left(\dfrac{\partial A}{\partial n_B}\right)_{T,V,n_C(C\neq B)}$$

4. 化学势判据及应用

化学势判据 $\sum_B \mu_B \text{d}n_B \leq 0$,"<"为自发过程;"="为可逆过程。相变化的自发方向必然是从化学势高的一相转变到化学势低的一相,即朝着化学势减少的方向进行;若两相化学势相等,则两相处于相平衡状态。

5. 理想气体混合物中 B 组分的化学势表示式

$$\mu_B = \mu_B^{\ominus}(T) + RT\ln\dfrac{p_B}{p^{\ominus}}$$

标准态为 100kPa 下纯理想气体 B 组分的状态。

在前面学习的热力学基本理论中,主要讨论的是单组分(或组成不变的)系统,一定量的该系统的热力学性质只是 p、V、T 中任意两个变量的函数。

对于多组分系统,一定量的系统在恒定温度、压力下,系统的性质与系统的组成有关。如在相同的实验条件下,将 300mL 乙醇和 700mL 水放入 1000mL 量筒中所得到的溶液体积与将 500mL 乙醇和 500mL 水放入 1000mL 量筒中所得到的溶液体积不同,且都不等于 1000mL。这表明广度性质体积的大小与乙醇水溶液的浓度有关,并且乙醇水溶液的体积不能由乙醇和水的摩尔体积计算,即

$$V \neq n(\text{H}_2\text{O})V_{\text{m},\text{H}_2\text{O}}^* + n(\text{C}_2\text{H}_5\text{OH})V_{\text{m},\text{C}_2\text{H}_5\text{OH}}^* \tag{3.2.1}$$

式中，V_{m,H_2O}^*、$V_{m,C_2H_5OH}^*$ 分别为水和乙醇的摩尔体积。为使式(3.2.1)成为等式，可将 V_{m,H_2O}^*、$V_{m,C_2H_5OH}^*$ 分别修正成偏离摩尔体积的量，即水的偏摩尔体积和乙醇的偏摩尔体积。因此，对于多组分系统或组成变化的系统，需引入偏摩尔量的概念。

3.2.1 偏摩尔量的定义

对由组分 1、2、…、k 组成的均相多组分系统，系统的任一广度性质 X（如 V、U、S、A 等）与温度、压力、各组分的物质的量均有关，可表示为

$$X = f(T, p, n_1, n_2, \cdots, n_k) \tag{3.2.2}$$

将式(3.2.2)作全微分，得到

$$dX = \left(\frac{\partial X}{\partial T}\right)_{p,n_1,n_2,\cdots,n_k} dT + \left(\frac{\partial X}{\partial p}\right)_{T,n_1,n_2,\cdots,n_k} dp + \left(\frac{\partial X}{\partial n_1}\right)_{T,p,n_2,\cdots,n_k} dn_1 +$$
$$\left(\frac{\partial X}{\partial n_2}\right)_{T,p,n_1,n_3,\cdots,n_k} dn_2 + \cdots + \left(\frac{\partial X}{\partial n_k}\right)_{T,p,n_1,n_2,\cdots,n_{k-1}} dn_k \tag{3.2.3}$$

在定温、定压条件下，则式(3.2.3)可写为

$$dX = \left(\frac{\partial X}{\partial n_1}\right)_{T,p,n_2,\cdots,n_k} dn_1 + \left(\frac{\partial X}{\partial n_2}\right)_{T,p,n_1,n_3,\cdots,n_k} dn_2 + \cdots + \left(\frac{\partial X}{\partial n_k}\right)_{T,p,n_1,n_2,\cdots,n_{k-1}} dn_k$$
$$= \sum_{B=1} \left(\frac{\partial X}{\partial n_B}\right)_{T,p,n_C(C \neq B)} dn_B \tag{3.2.4}$$

偏摩尔量的定义
$$X_B \stackrel{\text{def}}{=\!=\!=} \left(\frac{\partial X}{\partial n_B}\right)_{T,p,n_C(C \neq B)} \tag{3.2.5}$$

X 代表任意广度性质，X_B 为组分 B 的某广度性质 X 的偏摩尔量。它的物理意义是指在定温、定压下，保持除 B 以外的其他组分不变，系统的广度性质 X 随组分 B 的物质的量 n_B 的变化率；或理解为在定温、定压下，在无限大的多组分系统中（保持组成不变），加入 1mol B 组分时所引起的系统某广度性质 X 的变化值。

系统中任一广度性质都有偏摩尔量，如

偏摩尔体积 $V_B = \left(\frac{\partial V}{\partial n_B}\right)_{T,p,n_C(C \neq B)}$ 偏摩尔热力学能 $U_B = \left(\frac{\partial U}{\partial n_B}\right)_{T,p,n_C(C \neq B)}$

偏摩尔焓 $H_B = \left(\frac{\partial H}{\partial n_B}\right)_{T,p,n_C(C \neq B)}$ 偏摩尔熵 $S_B = \left(\frac{\partial S}{\partial n_B}\right)_{T,p,n_C(C \neq B)}$

若为单组分系统，偏摩尔量=摩尔量，如 $V_B = V_{m,B}^*$、$U_B = U_{m,B}^*$、$G_B = G_{m,B}^*$ 等。

注意：偏摩尔量是对组分而言的，不存在系统的偏摩尔量。即乙醇水溶液中，有水和乙醇的偏摩尔量，但不存在乙醇水溶液的偏摩尔量。除了下标为 T、p、$n_C(C \neq B)$ 的偏微商是偏摩尔量外，其他偏微商不是偏摩尔量，如 $\left(\frac{\partial H}{\partial n_B}\right)_{T,V,n_C(C \neq B)}$、$\left(\frac{\partial H}{\partial n_B}\right)_{S,V,n_C(C \neq B)}$ 均不是偏摩尔量。偏摩尔量是强度性质，它也是温度、压力及系统组成的函数。摩尔量永远为正值，而偏摩尔量数值可正、可负。如 $MgSO_4$ 的稀溶液（<0.07mol·kg^{-1}）中添加 $MgSO_4$，溶液的体积不是增加而是减小（由于 $MgSO_4$ 有强烈的水合作用），所以，此时 $MgSO_4$ 的偏摩尔体积为负值。

3.2.2 偏摩尔量的集合公式

偏摩尔体积是有用的，若知道它们的数值，就能计算任何特定组成溶液的摩尔体积。其他偏摩尔量也具有同样的作用。所用公式就是偏摩尔量的集合公式，它给出了溶液的任一广

度量与组成溶液的各组分偏摩尔量之间的定量关系。

将式(3.2.5)代入式(3.2.4),得

$$dX = \sum_{B=1} X_B dn_B \tag{3.2.6}$$

在定温、定压及溶液组成不变的条件下,X_B 为常数,对式(3.2.6) 做如下定积分

$$\int_0^X dX = \int_0^{n_B}\sum_{B=1}^{k} X_B dn_B = \int_0^{n_1} X_1 dn_1 + \int_0^{n_2} X_2 dn_2 + \cdots + \int_0^{n_k} X_k dn_k,\text{积分得}$$

$$X = \sum_{B=1} n_B X_B \tag{3.2.7}$$

式(3.2.7) 就是偏摩尔量的集合公式。它的物理意义是在一定温度、压力下,某组成的混合物的任一广度性质等于组成该混合物的各组分在该组成下的偏摩尔量与其物质的量的乘积之和,即多组分系统中热力学性质与组分的偏摩尔性质有简单的加和关系。

如对于组分1和组分2形成的两组分系统,系统的体积与两组分偏摩尔体积之间符合集合公式,有

$$V = n_1 V_1 + n_2 V_2$$

系统中任一广度性质都可表示为

$$U = \sum_{B=1} n_B U_B, \quad H = \sum_{B=1} n_B H_B$$

$$A = \sum_{B=1} n_B A_B, \quad G = \sum_{B=1} n_B G_B$$

【例 3.2.1】 在 288K、101.325kPa 某酒窖中,存有含乙醇 96%(质量分数)的酒 $1×10^4 dm^3$,今欲调制为含乙醇 56% 的酒,试计算:(1) 应加若干体积的水?(2) 能得到多少体积的含乙醇 56% 的酒?

已知:298K,101.325kPa 时水的密度为 $0.9991 kg \cdot dm^{-3}$,水和乙醇的偏摩尔体积见表 3.2.1。

表 3.2.1 水和乙醇的偏摩尔体积

酒中乙醇的质量分数/%	$V_\text{水}/dm^3 \cdot mol^{-1}$	$V_\text{乙}/dm^3 \cdot mol^{-1}$
96	0.01461	0.05801
56	0.01711	0.05658

解:(1) 由集合公式 $V = n_\text{乙} V_\text{乙} + n_\text{水} V_\text{水}$

得

$$0.05801 n_\text{乙} + 0.01461 n_\text{水} = 1×10^4 \tag{1}$$

$$\frac{0.046 n_\text{乙}}{0.046 n_\text{乙} + 0.018 n_\text{水}} = 0.96 \tag{2}$$

式(1) 和式(2) 联立求解得 $n_\text{乙} = 167885 \text{mol}$,$n_\text{水} = 17864 \text{mol}$

设配成 56% 的酒,应加水 m,则

$$\frac{0.046 × 167885}{0.046 × 167885 + 0.018 × 17864 + m} = 0.56$$

得

$$m = 5746 \text{kg}$$

应加水的体积:$\frac{5746}{0.9991} dm^3 = 5751 dm^3$

(2) 56% 的酒总体积 $V = n_\text{乙} V_\text{乙} + n_\text{水} V_\text{水}$

$$= \left[167885 × 0.05658 + \left(17864 + \frac{5746}{0.018}\right) × 0.01711\right] dm^3$$

$$= 15267 dm^3$$

3.2.3 偏摩尔量之间的函数关系

在前面导出的组成不变系统的热力学公式中,只要用同一组分的偏摩尔性质代替相应的广度性质,则这些关系式仍然成立。如

$$G = H - TS$$

等式两边在定温、定压及其他组分物质的量不变的条件下,对 n_B 求偏导,得到

$$\left(\frac{\partial G}{\partial n_B}\right)_{T,p,n_C(C\neq B)} = \left(\frac{\partial H}{\partial n_B}\right)_{T,p,n_C(C\neq B)} - T\left(\frac{\partial S}{\partial n_B}\right)_{T,p,n_C(C\neq B)}$$

根据偏摩尔量定义,此式可写成

$$G_B = H_B - TS_B$$

同理可得到其他热力学关系,如

$$dG_B = -S_B dT + V_B dp, \quad H_B = U_B + pV_B$$

$$\left(\frac{\partial G_B}{\partial p}\right)_{T,n} = V_B, \quad C_{p,B} = \left(\frac{\partial H_B}{\partial T}\right)_{p,n}$$

上述各式均为同一组分 B 的不同偏摩尔量之间的函数关系。

不同组分同一偏摩尔量之间也存在定量关系,可用吉布斯-杜亥姆方程表示。定温、定压下对式(3.2.7)进行微分,得

$$dX = \sum_B n_B dX_B + \sum_B X_B dn_B$$

与式(3.2.6) $dX = \sum_B X_B dn_B$ 比较,得到

$$\sum_B n_B dX_B = 0 \tag{3.2.8}$$

将式(3.2.8)两边同时除以 $n = \sum_B n_B$,得

$$\sum_B x_B dX_B = 0 \tag{3.2.9}$$

式(3.2.8)和式(3.2.9)称为吉布斯-杜亥姆方程。该方程表明,在均相多组分系统中,各组分的偏摩尔量之间不是彼此独立的,而是存在着相互消长、相互制约的关系。如对二组分系统,式(3.2.9)可写为 $x_1 dX_1 + x_2 dX_2 = 0$,或

$$dX_2 = -\frac{x_1}{x_2} dX_1 \tag{3.2.10}$$

由式(3.2.10)可知,1 组分的偏摩尔量增加,则 2 组分的偏摩尔量减小。当 dX_1 确定后,组分 2 的偏摩尔量变化 dX_2 也随之确定。

3.2.4 化学势定义

由于偏摩尔吉布斯函数应用最为广泛,因此,给它一个新的名称——化学势。

化学势的定义式

$$\mu_B \stackrel{\text{def}}{=\!=} G_B = \left(\frac{\partial G}{\partial n_B}\right)_{T,p,n_C(C\neq B)} \tag{3.2.11}$$

对多组分组成可变的均相系统,有 $G = f(T, p, n_1, n_2, \cdots)$,全微分,有

$$dG = \left(\frac{\partial G}{\partial T}\right)_{p,n_1,n_2,\cdots} dT + \left(\frac{\partial G}{\partial p}\right)_{T,n_1,n_2,\cdots} dp + \left(\frac{\partial G}{\partial n_1}\right)_{T,p,n_2,\cdots} dn_1 + \left(\frac{\partial G}{\partial n_2}\right)_{T,p,n_1,n_3,\cdots} dn_2 + \cdots$$

在组成不变的条件下,与 $dG = -SdT + Vdp$ 对比,得

$$\left(\frac{\partial G}{\partial p}\right)_{T,n_1,n_2,\cdots} = V, \quad \left(\frac{\partial G}{\partial T}\right)_{p,n_1,n_2,\cdots} = -S$$

因此
$$dG = -SdT + Vdp + \sum_B \mu_B dn_B \tag{3.2.12}$$

同理可得：
$$dU = TdS - pdV + \sum_B \mu_B dn_B \tag{3.2.13}$$

$$dH = TdS + Vdp + \sum_B \mu_B dn_B \tag{3.2.14}$$

$$dA = -SdT - pdV + \sum_B \mu_B dn_B \tag{3.2.15}$$

式(3.2.12)～式(3.2.15)为多组分组成可变的均相系统的热力学基本方程。它适用于组成变化的封闭系统及敞开系统。由式(3.2.12)～式(3.2.15)可得到化学势的其他定义式。

$$\mu_B = \left(\frac{\partial H}{\partial n_B}\right)_{S,p,n_C(C\neq B)} \tag{3.2.16}$$

$$\mu_B = \left(\frac{\partial U}{\partial n_B}\right)_{S,V,n_C(C\neq B)} \tag{3.2.17}$$

$$\mu_B = \left(\frac{\partial A}{\partial n_B}\right)_{T,V,n_C(C\neq B)} \tag{3.2.18}$$

式(3.2.11)和式(3.2.16)～式(3.2.18)称为化学势的广义定义。化学势为强度变量，是化学反应和相变化的推动力。和偏摩尔量一样，化学势也是对组分而言的，没有系统化学势的概念。如对乙醇水溶液，只能说溶液中乙醇和水的化学势，不能说乙醇溶液有多少化学势。化学势的绝对值无法测定，不同组分间的化学势无法比较大小。

3.2.5 化学势与温度、压力的关系

化学势也是温度、压力和组成的函数，化学势与组成的关系将在后面化学势表示式中讨论。化学势与温度的关系是

$$\left(\frac{\partial \mu_B}{\partial T}\right)_{p,n} = \left[\frac{\partial}{\partial T}\left(\frac{\partial G}{\partial n_B}\right)_{T,p,n_C(C\neq B)}\right]_{p,n} = \left[\frac{\partial}{\partial n_B}\left(\frac{\partial G}{\partial T}\right)_{p,n}\right]_{T,p,n_C(C\neq B)} = -\left(\frac{\partial S}{\partial n_B}\right)_{T,p,n_C(C\neq B)} = -S_B \tag{3.2.19}$$

由式(3.2.19)可知，化学势随温度的变化率等于偏摩尔熵的负值，即系统温度升高，化学势下降。

化学势与压力的关系是

$$\left(\frac{\partial \mu_B}{\partial p}\right)_{T,n} = \left[\frac{\partial}{\partial p}\left(\frac{\partial G}{\partial n_B}\right)_{T,p,n_C(C\neq B)}\right]_{T,n} = \left[\frac{\partial}{\partial n_B}\left(\frac{\partial G}{\partial p}\right)_{T,n}\right]_{T,p,n_C(C\neq B)} = \left(\frac{\partial V}{\partial n_B}\right)_{T,p,n_C(C\neq B)} = V_B \tag{3.2.20}$$

化学势随压力的变化率等于偏摩尔体积。当压力增大时，大部分组分的化学势也增大（因为多数组分的偏摩尔体积为正值）。

3.2.6 理想气体化学势表示式

纯理想气体，偏摩尔量等于摩尔量，由公式 $G_m = G_m^{\ominus} + RT\ln\frac{p}{p^{\ominus}}$ 可以得到：

$$\mu = \mu^{\ominus}(T) + RT\ln\frac{p}{p^{\ominus}} \tag{3.2.21}$$

$\mu^{\ominus}(T)$ 为标准态的化学势；100kPa下的纯理想气体状态为标准态，标准态下的化学势为标准化学势 $\mu^{\ominus}(T)$。

理想混合气中的组分 B 化学势表达式：

$$\mu_B = \mu_B^{\ominus}(T) + RT\ln\frac{p_B}{p^{\ominus}} \tag{3.2.22}$$

100kPa 下的纯理想气体 B 的状态为标准态，该标准态下的化学势为标准化学势 $\mu_B^\ominus(T)$。p_B 为混合气体中组分 B 的分压力。

因为
$$p_B = p y_B$$

所以
$$\mu_B = \mu_B^\ominus(T) + RT\ln\frac{p}{p^\ominus} + RT\ln y_B \tag{3.2.23}$$

3.2.7 化学势判据及应用

对多组分无非体积功的均相系统，若为定温定压过程，由式(3.2.12)得
$$dG = \sum_B \mu_B dn_B$$

由吉布斯判据得
$$dG = \sum_B \mu_B dn_B \leqslant 0 \tag{3.2.24}$$

式(3.2.24)为化学势判据。其中"<"为自发过程（不可逆过程）；"="为可逆（平衡）过程。下面讨论化学势判据在相变过程中的应用。

考虑多组分 α、β 两相系统，在定温、定压下，若组分 B 有 dn_B 由 α 相转移到 β 相中，则有 $-dn_B^\alpha = dn_B^\beta$，代入式(3.2.24)整理得
$$(\mu_B^\beta - \mu_B^\alpha)dn_B^\beta \leqslant 0$$

因为
$$dn_B^\beta > 0$$

所以
$$\mu_B^\beta - \mu_B^\alpha \leqslant 0 \tag{3.2.25}$$

若 $\mu_B^\alpha > \mu_B^\beta$，组分 B 自发地从化学势大的 α 相转移到化学势小的 β 相，这也是我们把 μ_B 叫做化学势的原因。若 $\mu_B^\alpha = \mu_B^\beta$，组分 B 在 α、β 两相中达到相平衡。相变化的自发方向必然是从化学势高的一相转变到化学势低的一相，即朝着化学势减少的方向进行，若两相化学势相等，则两相处于相平衡状态。由此可见，化学势可以作为多相系统中判断物质在相间转移的方向和限度的标志。化学势在化学反应中的应用将在化学平衡一章讨论。

§3.3 拉乌尔定律和亨利定律

> **核心内容**
>
> 1. 拉乌尔定律
>
> 稀溶液中溶剂 A 在气相中的蒸气分压 p_A 等于同一温度下纯溶剂的饱和蒸气压 p_A^* 与溶液中溶剂的物质的量分数 x_A 的乘积。$p_A = p_A^* x_A$。
>
> 2. 亨利定律
>
> 一定温度和平衡状态下，微溶气体在溶液中的平衡组成与该气体的平衡气相分压 p_B 成正比。
> $$p_B = k_{x,B} x_B$$

液态混合物（或溶液）在一定温度下与其蒸气达到气液平衡时的系统总压力称为液态混合物（或溶液）的饱和蒸气压。其中，稀溶液的饱和蒸气压与其组成之间具有两个简单而重要的经验规律。

3.3.1 拉乌尔（Rauolt）定律

1887 年，拉乌尔根据实验总结出一条经验规律：稀溶液中溶剂 A 在气相中的蒸气分压 p_A 等于同一温度下纯溶剂的饱和蒸气压 p_A^* 与溶液中溶剂的物质的量分数 x_A 的乘积，此即拉乌尔定律，其数学表达式为

$$p_A = p_A^* x_A \tag{3.3.1}$$

若溶液由溶剂 A 和溶质 B 组成，则有

$$x_A + x_B = 1$$

$$p_A = p_A^* x_A = p_A^* (1 - x_B) \tag{3.3.2}$$

$$\frac{p_A^* - p_A}{p_A^*} = \frac{\Delta p}{p_A^*} = x_B \tag{3.3.3}$$

式(3.3.2)、式(3.3.3)可认为是拉乌尔定律的其他形式。

拉乌尔定律的适用条件是稀溶液中的溶剂。

3.3.2 亨利（Henry）定律

一定温度、压力下，气体在液体中溶解与解吸达到平衡时形成的饱和溶液的浓度称为气体的溶解度。1803 年，亨利研究气体在水中的溶解度时发现，在一定温度和平衡状态下，微溶气体在溶液中的平衡组成与该气体的平衡气相分压 p_B 成正比。此即亨利定律，其数学表达式为

$$p_B = k_{x,B} x_B \tag{3.3.4}$$

式中，$k_{x,B}$ 称为亨利常数，它与温度、压力及溶剂、溶质的性质有关。

由于溶液的组成可以用不同标度表示，故亨利定律也相应有不同的形式

$$p_B = k_{b,B} b_B \tag{3.3.5}$$

$$p_B = k_{c,B} c_B \tag{3.3.6}$$

式中，$k_{x,B}$、$k_{b,B}$、$k_{c,B}$ 的单位和数值均不相同。在使用中，必须注意所查得的亨利系数与所对应的数学表达式，即要注意对应的浓度标度。极稀溶液中，溶液的密度可近似用纯溶剂的密度代替，按照组成标度间的换算关系，亨利系数可作如下换算

$$k_{x,B} = \frac{k_{b,B}}{M_A} = \frac{\rho_A}{M_A} k_{c,B} \tag{3.3.7}$$

式中，ρ_A 是纯溶剂的密度；M_A 是溶剂的摩尔质量。

亨利定律的使用条件是稀溶液中的挥发性溶质。必须注意，应用亨利定律时，要求溶质在气、液两相中的分子形态必须相同。如 HCl 溶解于水中时会电离，而在气相中则保持分子形态，故 HCl 在水中形成的稀溶液不能应用亨利定律。

3.3.3 拉乌尔定律和亨利定律的微观解释

溶液中各组分分子进入气相的难易程度是由其分子间力决定的。一般来说，由 A（溶剂）、B（溶质）组成的溶液中，A—A、A—B、B—B 分子间的作用力是不同的。

在稀溶液中，溶质分子数目很少，可以认为溶剂分子都被相同的溶剂分子所包围，溶剂分子逸出进入气相克服的是 A—A 分子间力，与纯溶剂时相同。但在稀溶液的界面上有一部分面积被溶质分子占据，导致溶剂分子占界面上的分子分数由纯溶剂时的 1 下降到 x_A，其蒸发速度按比例下降，故其蒸气压也相应地按比例（x_A）下降。

对于稀溶液中的挥发性溶质 B 来说，其分子几乎完全被 A 分子所包围，逸出进入气相的能力取决于 A—B 分子间的作用力，且在稀溶液范围内可认为作用力不变。因此，达到气液平衡时，气相中溶质 B 的平衡分压力虽也与其液相浓度 x_B 成正比，但比例系数为亨利系数 $k_{x,B}$，而不是其纯液态的饱和蒸气压。

【例 3.3.1】 20℃时 HCl（g）溶于苯中达平衡，形成稀溶液。气相中 HCl 的分压为 101.325kPa 时，溶液中 $x_{HCl}=0.0425$，已知 20℃时 $p^*_{苯}=10.0$kPa，若 20℃时气相总压为 101.325kPa，求 100g 苯中溶解多少克 HCl 气体？

解： HCl 溶于苯中形成稀溶液时是保持分子状态，可应用亨利定律。

(1) 求 k_x：
$$p_{HCl}=k_x x_{HCl}$$
$$k_x=\frac{p_{HCl}}{x_{HCl}}=\frac{101.325}{0.0425}\text{kPa}=2384.1\text{kPa}$$

(2)
$$p_{总}=p'_{HCl}+p_{苯}=k_x x'_{HCl}+p^*_{苯}(1-x'_{HCl})$$
$$101.325=2384.1 x'_{HCl}+10.0(1-x'_{HCl})$$

得
$$x'_{HCl}=0.03847$$

$$x'_{HCl}=\frac{n_{HCl}}{n_{HCl}+n_{苯}}=\frac{n_{HCl}}{n_{HCl}+\frac{100}{78}\text{mol}}=0.03847$$

$$n_{HCl}=0.0513\text{mol}$$
$$W_{HCl}=M_{HCl}n_{HCl}=(36.5\times 0.0513)\text{g}=1.87\text{g}$$

§3.4 理想液态混合物

> **核心内容**
>
> 1. 理想液态混合物的定义和微观特征
>
> 在一定温度下，任一组分在全部浓度范围内均遵守拉乌尔定律的液态混合物称为理想液态混合物。理想液态混合物的微观特征：各组分分子间作用力与混合前纯态时各组分分子间作用力相同；各组分分子体积相同（或相近）。
>
> 2. 理想液态混合物中各组分的化学势
>
> 理想液态混合物中 B 组分的化学势表示式：
> $$\mu_B(l)=\mu^*_B(l,T)+RT\ln x_B=\mu^{\ominus}_B(l,T)+RT\ln x_B$$
> $\mu^{\ominus}_B(l,T)$ 是标准态化学势；标准态是指 T、$p^{\ominus}$ 下的纯 B 液体状态。
>
> 3. 理想液态混合物的混合性质
>
> 在定温定压下各组分混合形成理想液态混合物时没有体积变化，也没有热效应，即焓不变；混合过程中具有混合熵和混合吉布斯函数。

理想液态混合物和理想稀溶液是最简单的液态混合物和溶液模型，所遵从的热力学规律比较简单，研究较容易入手，得到的公式经过适当的修正即可用于真实液态混合物或真实溶液。

3.4.1 理想液态混合物的定义和微观特征

(1) 定义

在一定温度下，任一组分在全部浓度范围内均遵守拉乌尔定律的液态混合物称为理想液态混合物。理想液态混合物是一种科学抽象的结果。

(2) 微观特征

实验表明,某些实际存在的液态混合物,如光学异构体混合物(d-樟脑与l-樟脑)、结构异构体混合物(邻二甲苯与对二甲苯)、相邻同系物混合物(苯与甲苯)等,均可近似视为理想液态混合物。此类混合物都是由分子大小相近、结构相似的组分构成的。其各组分分子间作用力与混合前纯态时相近或相同,由此可以抽象出理想液态混合物的微观特征,即:

① 理想液态混合物中各组分分子间作用力与混合前纯态时各组分分子间作用力相同,可表示为 $f_{A\leftrightarrow A}=f_{A\leftrightarrow B}=f_{B\leftrightarrow B}$;

② 理想液态混合物中各组分分子体积相同(或相近)。

3.4.2 理想液态混合物中各组分的化学势

在一定 T、p 下,理想液态混合物与其蒸气达到气、液平衡,依据相平衡条件,混合物中任一组分 B 在各相中化学势相等,即

$$\mu_B(l,T,p,x_B)=\mu_B(g,T,p_B) \tag{3.4.1}$$

亦可简化写成

$$\mu_B(l)=\mu_B(g) \tag{3.4.2}$$

若气相是理想气体混合物,且理想液态混合物中组分符合拉乌尔定律,则

$$\mu_B(l)=\mu_B(g)=\mu_B^{\ominus}(g,T)+RT\ln\frac{p_B}{p^{\ominus}}=\mu_B^{\ominus}(g,T)+RT\ln\frac{p_B^* x_B}{p^{\ominus}}$$

$$=\mu_B^{\ominus}(g,T)+RT\ln\frac{p_B^*}{p^{\ominus}}+RT\ln x_B=\mu_B^*(l,T)+RT\ln x_B \tag{3.4.3}$$

式中,$\mu_B^*(l,T)$ 为纯 B 液体在与理想液态混合物相同 T、p 下的化学势。

目前国标中规定,液相中 B 组分的标准态是 T、$p^{\ominus}$ 下的纯 B 液体状态,其标准态化学势用 $\mu_B^{\ominus}(l,T)$ 表示,与 $\mu_B^*(l,T)$ 之间的差异是由二者所处的压力不同造成的,二者的关系为

$$\mu_B^*(l,T)=\mu_B^{\ominus}(l,T)+\int_{p^{\ominus}}^{p}V_m^*(B,l)dp \tag{3.4.4}$$

因为凝聚态体积受压力影响很小,式(3.4.4)中积分项数值很小,可以忽略不计,则理想液态混合物中 B 组分的化学势表达式为

$$\mu_B(l)=\mu_B^*(l,T)+RT\ln x_B=\mu_B^{\ominus}(l,T)+RT\ln x_B \tag{3.4.5}$$

式(3.4.5)也是理想液态混合物的热力学定义式,式中 $\mu_B^{\ominus}(l,T)$ 是标准态化学势,标准态是 T、$p^{\ominus}$ 下的纯 B 液体状态。

3.4.3 理想液态混合物的混合性质

由于理想液态混合物中各组分与混合前纯态时各组分分子间作用力和分子体积都相同,故在定温定压下各组分混合时没有体积变化,也没有热效应,即焓不变,但是可以证明,该混合过程中具有混合熵和混合吉布斯函数。

混合体积 $\quad\Delta_{mix}V=V_{混后}-V_{混前}=\sum n_B V_B-\sum n_B V_{m,B}^*=0 \tag{3.4.6}$

混合焓 $\quad\Delta_{mix}H=H_{混后}-H_{混前}=\sum n_B H_B-\sum n_B H_{m,B}^*=0 \tag{3.4.7}$

混合热力学能 $\quad\Delta_{mix}U=\Delta_{mix}H-p\Delta_{mix}V=0 \tag{3.4.8}$

混合熵 $\quad\Delta_{mix}S=-R\sum n_B \ln x_B>0 \tag{3.4.9}$

混合吉布斯函数 $\quad\Delta_{mix}G=\Delta_{mix}H-T\Delta_{mix}S=RT\sum n_B \ln x_B<0 \tag{3.4.10}$

若混合物物质的量为 1mol 时,

摩尔混合熵 $\quad\Delta_{mix}S_m=-R\sum x_B\ln x_B$ (3.4.11)

摩尔混合吉布斯函数 $\quad\Delta_{mix}G_m=RT\sum x_B\ln x_B$ (3.4.12)

【例 3.4.1】 苯和甲苯形成理想液态混合物，在 303K 时，纯苯（A）和纯甲苯（B）的饱和蒸气压分别为 15799Pa 和 4893Pa，若将等摩尔的苯和甲苯混合，求在 303K 平衡时，气相中各组分的物质的量分数和质量分数各为若干？

解： 根据拉乌尔定律和道尔顿分压力定律

$$p_A=p_A^*x_A=15799\times0.5=7900\text{Pa}$$
$$p_B=p_B^*x_B=4893\times0.5=2447\text{Pa}$$
$$p_{总}=p_A+p_B=10347\text{Pa}$$

气相中： $\quad y_A=p_A/p_{总}=0.7635$

$$y_B=1-y_A=0.2365$$

$$w_A=n_AM_A/(n_AM_A+n_BM_B)=y_AM_A/(y_AM_A+y_BM_B)$$
$$=(0.7635\times78)/[(0.7635\times78)+(0.2365\times92)]=73.2\%$$
$$w_B=26.8\%$$

【例 3.4.2】 苯和甲苯可形成理想液态混合物，在 298K 时，将 1mol 苯和 1mol 甲苯混合，求过程的 $\Delta_{mix}G$，$\Delta_{mix}G_m$。

解： $\Delta_{mix}G=RT\sum n_B\ln x_B=\left[8.314\times298\times\left(1\times\ln\frac{1}{2}+1\times\ln\frac{1}{2}\right)\right]\text{J}=-3434.6\text{J}$

$\Delta_{mix}G_m=RT\sum x_B\ln x_B=\left[8.314\times298\times\left(\frac{1}{2}\times\ln\frac{1}{2}+\frac{1}{2}\times\ln\frac{1}{2}\right)\right]\text{J}\cdot\text{mol}^{-1}$

$\quad=-1717.3\text{J}\cdot\text{mol}^{-1}$

§3.5 理想稀溶液

核心内容

1. 理想稀溶液的定义

浓度很低时，溶剂服从拉乌尔定律而溶质服从亨利定律的溶液称为理想稀溶液。
$p_A=p_A^*x_A$；$p_B=k_{x,B}x_B$；$p_{总}=p_A^*x_A+k_{x,B}x_B$。

2. 理想稀溶液中溶剂和溶质的化学势

(1) 溶剂 A 的化学势：$\mu_A(l)=\mu_A^*(l,T)+RT\ln x_A=\mu_A^\ominus(l,T)+RT\ln x_A$

$\mu_A^\ominus(l,T)$ 是标准态化学势，标准态是 T、$p^\ominus$ 下的纯 A 液体状态。

(2) 溶质 B 的化学势

① $\mu_B(l,T,p,x_B)=\mu_{B,x}^\ominus(T)+RT\ln x_B$

标准态为溶质 B 与溶液具有相同的 T，压力为 $p^\ominus$，$x_B=1$ 且符合亨利定律的状态（假想态）。

② $\mu_B(l,T,p,b_B)=\mu_{B,b}^\ominus(T)+RT\ln\dfrac{b_B}{b^\ominus}$

标准态是与溶液具有相同的 T、压力为 $p^\ominus$，$b_B=1\text{mol}\cdot\text{kg}^{-1}$ 且符合亨利定律的状态。

③ $\mu_B(l,T,p,c_B) = \mu_{B,c}^{\ominus}(T) + RT\ln\dfrac{c_B}{c^{\ominus}}$

标准态为与溶液具有相同的 T、压力为 $p^{\ominus}$，$c_B = 1\text{mol} \cdot \text{dm}^{-3}$ 且符合亨利定律的状态。

3. 稀溶液的依数性

（1）蒸气压下降（溶质不挥发） $\Delta p = p_A^* - p_A = p_A^* x_B$

（2）凝固点降低 $\Delta T_f = T_f^* - T_f = K_f b_B$

其中，$K_f = \dfrac{R(T_f^*)^2 M_A}{\Delta_{fus} H_{m,A}^*}$，称为溶剂 A 的凝固点降低常数，单位为 $\text{K} \cdot \text{mol}^{-1} \cdot \text{kg}$。

（3）沸点升高（溶质不挥发） $\Delta T_b = T_b - T_b^* = K_b b_B$

其中，$K_b = \dfrac{R(T_b^*)^2 M_A}{\Delta_{vap} H_{m,A}^*}$，称为沸点上升常数。

（4）渗透压 $\Pi = c_B RT$

4. 溶质在不同稀溶液相中的分配定律

$\dfrac{c_B(\alpha)}{c_B(\beta)} = K$，$K$ 为分配系数。

3.5.1 理想稀溶液的定义

浓度很低时，溶剂服从拉乌尔定律而溶质服从亨利定律的溶液称为理想稀溶液。

理想稀溶液是稀溶液的一种极限情况，溶剂分子和溶质分子周围都被溶剂分子所包围，而且分子间作用力均不相同，即 $f_{A \leftrightarrow A} \neq f_{A \leftrightarrow B} \neq f_{B \leftrightarrow B}$，故二者的蒸气压分别遵循不同的规律。如由溶剂 A 和溶质 B 组成的理想稀溶液，其蒸气压为

$$x_A \to 1 \qquad p_A = p_A^* x_A$$
$$x_B \to 0 \qquad p_B = k_{x,B} x_B$$

系统总蒸气压 $\qquad p_{总} = p_A^* x_A + k_{x,B} x_B \qquad (3.5.1)$

必须指出，由于定义中使用了亨利定律，故此概念仅适用于非电解质溶液。

3.5.2 理想稀溶液中溶剂和溶质的化学势

（1）理想稀溶液中溶剂 A 的化学势表示式

由于理想稀溶液中溶剂 A 所遵循的规律与理想液态混合物中组分所遵循的规律相同，故理想稀溶液中溶剂的化学势表示式在形式和各物理量的含义上与理想液态混合物中各组分的完全相同。

$$\mu_A(l) = \mu_A^*(l,T) + RT\ln x_A = \mu_A^{\ominus}(l,T) + RT\ln x_A \qquad (3.5.2)$$

式中，$\mu_A^{\ominus}(l,T)$ 是标准态化学势，标准态是 T、$p^{\ominus}$ 下的纯 A 液体状态。

（2）理想稀溶液中溶质 B 的化学势表示式

在一定 T、p 下，理想稀溶液与其蒸气达到气、液平衡时，依据相平衡条件，溶质 B 在两相中化学势相等。设气相为理想气体混合物，则有

$$\mu_B(l,T,p,x_B) = \mu_B(g,T,p_B) = \mu_B^{\ominus}(g,T) + RT\ln\dfrac{p_B}{p^{\ominus}} \qquad (3.5.3)$$

由于溶质符合亨利定律，若 $p_B=k_{x,B}x_B$，则有

$$\mu_B(l,T,p,x_B)=\mu_B^{\ominus}(g,T)+RT\ln\frac{k_{x,B}x_B}{p^{\ominus}}$$

$$=\mu_B^{\ominus}(g,T)+RT\ln\frac{k_{x,B}}{p^{\ominus}}+RT\ln x_B$$

$$=\mu_{B,x}^*(T,p)+RT\ln x_B \tag{3.5.4}$$

式中，$\mu_{B,x}^*(T,p)$ 是理想稀溶液中溶质 B 与溶液具有相同的 T、p，$x_B=1$ 且符合 Henry 定律的状态的化学势，其值仅与系统的温度、压力及溶剂和溶质性质有关，而与溶液浓度无关。必须指出，上述状态为一假想状态。如图 3.5.1 所示，因为亨利定律仅适用于稀溶液，而当 $x_B=1$ 时亨利定律显然不能成立，故该状态实为一并不存在的假想状态。

在化学热力学中规定，理想稀溶液中溶质 B 的标准态是与溶液具有相同的 T、压力为 $p^{\ominus}$，$x_B=1$ 且符合 Henry 定律的状态（假想态），标准态化学势用 $\mu_{B,x}^{\ominus}(T)$ 表示。因为压力对凝聚态系统影响较小，可认为

$$\mu_{B,x}^{\ominus}(T)=\mu_{B,x}^*(T,p) \tag{3.5.5}$$

所以，理想稀溶液中溶质 B 的化学势表示式为

$$\mu_B(l,T,p,x_B)=\mu_{B,x}^{\ominus}(T)+RT\ln x_B \tag{3.5.6}$$

由此可引出理想稀溶液的热力学定义。溶剂、溶质的化学势分别符合式(3.5.4) 和式(3.5.6) 的溶液称为理想稀溶液。

应强调指出，对一定状态的理想稀溶液，当组成用不同的组成标度表示时，其溶质 B 的化学势数值不变，但因亨利定律的形式随浓度标度的不同而不同，故其标准态和化学势表示式亦不同。

若亨利定律为 $p_B=k_{b,B}b_B$，代入式(3.5.3)，推导可得

$$\mu_B(l,T,p,b_B)=\mu_{B,b}^{\ominus}(T)+RT\ln\frac{b_B}{b^{\ominus}} \tag{3.5.7}$$

$\mu_{B,b}^{\ominus}(T)$ 为溶质 B 的标准态化学势，标准态是与溶液具有相同的 T、压力为 $p^{\ominus}$，$b_B=1\text{mol}\cdot\text{kg}^{-1}$ 且符合亨利定律的状态（假想态），如图 3.5.2 所示。

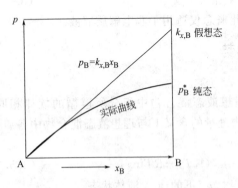

图 3.5.1 溶液中溶质的标准态
（浓度为 x_B）

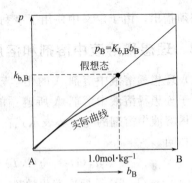

图 3.5.2 溶液中溶质的标准态
（浓度为 b_B）

若亨利定律为 $p_B=k_{c,B}c_B$，代入式(3.5.3)，推导可得

$$\mu_B(l,T,p,c_B)=\mu_{B,c}^{\ominus}(T)+RT\ln\frac{c_B}{c^{\ominus}} \tag{3.5.8}$$

溶质 B 的标准态为与溶液具有相同的 T、压力为 $p^{\ominus}$，$c_B = 1\text{mol} \cdot \text{dm}^{-3}$ 且符合 Henry 定律的状态（假想态），标准态化学势为 $\mu_{B,c}^{\ominus}(T)$。

在化学势表示式推演中，虽然使用了挥发性溶质，但结果也可应用于非挥发性溶质。

3.5.3 稀溶液的依数性

若在溶剂中加入不挥发性溶质，会引起溶液的蒸气压下降、凝固点降低和沸点升高，并出现渗透压。在理想稀溶液中，这些性质只取决于所加溶质粒子的数目，而与溶质的本性无关，故称之为依数性。溶质的粒子可以是分子、离子、大分子或胶粒，这里只讨论粒子是分子的情况。由于依数性是因为加入溶质导致溶剂的化学势降低所造成的，故依数性质可用热力学理论进行解释和导出。

（1）溶剂的蒸气压下降

设溶液中溶质 B 是非挥发性的，溶液的蒸气压就是溶剂 A 的蒸气压 p_A。稀溶液的溶剂符合拉乌尔定律，若气相视为理想气体，则

$$p_A = p_A^* x_A = p_A^* (1 - x_B)$$
$$\Delta p = p_A^* - p_A = p_A^* x_B \tag{3.5.9}$$

可以看出，在一定温度下，系统蒸气压下降值 Δp 只与溶质的数量有关。

【例 3.5.1】 在 293.15K 时，乙醚的蒸气压为 58.95kPa，今在 0.10kg 乙醚中溶入某非挥发性有机物质 0.01kg，乙醚的蒸气压降低到 56.79kPa，试求该有机物的摩尔质量。

解：
$$p_A = p_A^*(1 - x_B)$$

$$x_B = 1 - \frac{p_A}{p_A^*}$$

$$\frac{m_B/M_B}{(m_B/M_B) + (m_A/M_A)} = 1 - \frac{p_A}{p_A^*}$$

$$\frac{0.01\text{kg}/M_B}{(0.01\text{kg}/M_B) + (0.10\text{kg}/0.07411\text{kg} \cdot \text{mol}^{-1})} = 1 - \frac{56.79\text{kPa}}{58.95\text{kPa}}$$

$$M_B = 0.195\text{kg} \cdot \text{mol}^{-1}$$

（2）溶液的凝固点降低

在外压一定的条件下，纯物质凝固点是指液态纯物质逐渐冷却，至开始出现固态时的平衡温度，用 T_f^* 表示；而稀溶液的凝固点是稀溶液逐渐冷却，至开始出现固态纯溶剂时的平衡温度，用 T_f 表示。实验表明，稀溶液的凝固点低于纯物质凝固点，即 $T_f < T_f^*$。热力学可以证明，凝固点降低值

$$\Delta T_f = T_f^* - T_f = K_f b_B \tag{3.5.10}$$

$$K_f = \frac{R(T_f^*)^2 M_A}{\Delta_{\text{fus}} H_{m,A}^*} \tag{3.5.11}$$

K_f 为凝固点降低常数，单位为 $\text{K} \cdot \text{kg} \cdot \text{mol}^{-1}$，数值只与溶剂性质有关，而与溶质性质无关。

（3）沸点升高

沸点是液体或溶液的蒸气压等于外压时的温度。在一定温度下，不挥发溶质 B 溶于溶剂 A 形成稀溶液后可使系统蒸气压下降，按照相平衡原理，在相同外压下系统的沸点必然升高。用热力学方法可以导出沸点升高公式

$$\Delta T_b = T_b - T_b^* = K_b b_B \tag{3.5.12}$$

$$K_b = \frac{R(T_b^*)^2 M_A}{\Delta_{vap} H_{m,A}^*} \tag{3.5.13}$$

K_b 是沸点上升常数，数值只与溶剂性质有关，而与溶质性质无关。

(4) 渗透压

若在 U 形管中用半透膜将理想稀溶液和其纯溶剂隔开，半透膜允许溶剂分子通过而不允许溶质通过。实验发现（图 3.5.3），溶剂将透过半透膜进入溶液，导致溶液的液面不断上升，两边液面达到一定高度差后方可停止变化，达到渗透平衡。若要阻止溶剂渗透入溶液，则需要在溶液液面上施加额外的压力。若在一定温度下，施加额外压力 Π 可使两边液面保持平齐，则该额外压力 Π 称为溶液的渗透压。

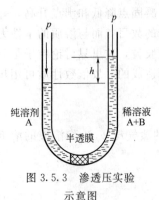

图 3.5.3 渗透压实验示意图

实验和热力学推导均可得到理想稀溶液的渗透压公式

$$\Pi = c_B RT \tag{3.5.14}$$

c_B 是溶质 B 的物质的量浓度；R 为气体常数。

(5) 稀溶液依数性的应用

① 溶质摩尔质量的测定　凝固点下降和渗透压均可用于非挥发性溶质的摩尔质量测定。由式(3.5.10)、式(3.5.14) 可得

$$\Delta T_f = K_f b_B = K_f \frac{m_B}{M_B m_A} \tag{3.5.15}$$

$$\Pi = c_B RT = \frac{m_B}{M_B V_{溶液}} RT \tag{3.5.16}$$

将一定质量 m_B 的溶质 B 加入到选定的溶剂 A 中形成稀溶液，溶剂 A 的质量是 m_A，溶液体积为 $V_{溶液}$（理想稀溶液中可认为等于纯溶剂的体积），在确定了溶液的 K_f 后，测定其依数性，则可计算得到溶质的摩尔质量 M_B。K_f 值可以用已知摩尔质量的其他溶质进行测定。应该指出，两种测量方法灵敏度不同，一般渗透压法灵敏度较高，测量容易进行。

② 反渗透　若在溶液上方加的压力超过渗透压 Π，则溶剂 A 从溶液中向纯溶剂一方渗透，溶剂一方液面上升，溶液液面下降，此过程称为反渗透。利用反渗透原理，采用合适的半透膜，可以进行混合物（或溶液）的分离，因具有一般不需加热、分离精度高等优点，反渗透过程得到了广泛的应用。如利用反渗透膜分离技术可进行海水淡化，以满足对淡水的需求；可进行污水的深度净化，以保护环境。反渗透亦可用于分离提纯，如可用于甘油和食盐等有机物和无机物的分离。重金属盐的回收等也是反渗透应用的实例。反渗透过程不需加热，可代替一般的加热浓缩（产品受热易分解）等工艺，故在医药、食品工业也有重要应用。

渗透和反渗透是膜分离技术的理论基础。膜分离技术被广泛应用于多种工业过程，在科学研究和医学等领域亦有广泛应用。高分子化学的蓬勃发展，能制备出适应各种需要的高渗透性（渗透速度快）、高选择性和强度较高的半透膜，如醋酸纤维素膜就是性能较好的一种，为反渗透技术的广泛应用提供了有利条件。

【例 3.5.2】 20℃时，将 68.4g 蔗糖（$C_{12}H_{22}O_{11}$）溶于 1000g 水中形成稀溶液。求该溶液的凝固点、沸点和渗透压各为多少？已知：该溶液的密度为 1.024g·cm^{-3}；水的凝固点降低常数 $K_f = 1.86$ K·kg·mol^{-1}；水的沸点升高常数 $K_b = 0.52$ K·kg·mol^{-1}。

解： 由分子式可知，蔗糖的摩尔质量 $M = 342$ g·mol^{-1}，68.4g 蔗糖溶于 1000g 水中，其质量摩尔浓度为

$$b = \frac{68.4}{342} \text{mol} \cdot \text{kg}^{-1} = 0.2 \text{mol} \cdot \text{kg}^{-1}$$

水的凝固点降低常数 $K_f = 1.86 \text{K} \cdot \text{kg} \cdot \text{mol}^{-1}$，有

$$\Delta T_f = K_f b = (1.86 \times 0.2)℃ = 0.372℃$$

水的正常凝固点 $\Delta T_f^* = 0℃$，所以该溶液的凝固点

$$T_f = (0 - 0.372)℃ = -0.372℃$$

水的沸点升高常数 $K_b = 0.52 \text{K} \cdot \text{kg} \cdot \text{mol}^{-1}$，有

$$\Delta T_b = K_b b = (0.52 \times 0.2)℃ = 0.104℃$$

水的正常沸点 $\Delta T_b^* = 100℃$，所以该溶液的沸点

$$T_b = (100 + 0.104)℃ = 100.104℃$$

该溶液内含有蔗糖的物质的量 $n_2 = 0.2 \text{mol}$，其体积为

$$V = \frac{m}{\rho} = \left(\frac{1000 + 68.4}{1.024}\right) \text{cm}^3 = 1043 \text{cm}^3 = 1.043 \times 10^{-3} \text{m}^3$$

该溶液的渗透压

$$\Pi = \frac{n_B RT}{V} = \left(\frac{0.2 \times 8.314 \times 293}{1.043 \times 10^{-3}}\right) \text{Pa} = 4.67 \times 10^5 \text{Pa}$$

3.5.4 溶质在不同稀溶液相中的分配——分配定律

实验发现，一定 T、p 下，某物质在两互不相溶液体中溶解达平衡时，若溶液均为稀溶液，该物质在两相中的浓度之比为一个常数。即

$$\frac{c_B(\alpha)}{c_B(\beta)} = K$$

其中，K 为分配系数。

证明如下：设物质 B 在两个互不相溶液体中溶解达平衡。据相平衡条件 $\mu_B(\alpha) = \mu_B(\beta)$，有

$$\mu_B^\ominus(\alpha) + RT\ln[c_B(\alpha)/c^\ominus] = \mu_B^\ominus(\beta) + RT\ln[c_B(\beta)/c^\ominus]$$

$$\frac{c_B(\alpha)}{c_B(\beta)} = \exp\left[\frac{\mu_B^\ominus(\beta) - \mu_B^\ominus(\alpha)}{RT}\right] = K$$

K 与温度、压力及溶剂、溶质的性质有关。若在稀溶液中，则

$$\frac{c_B(\alpha)}{c_B(\beta)} = K$$

分配定律是工业萃取过程的理论基础。萃取是利用物质在两液相中的分配，使用另一种与原溶剂互不相溶的溶剂，将溶质从原溶剂中溶解出来，从而使溶质得到分离的过程，这种过程也称液-液萃取。所选取的溶剂一般应比原溶剂对溶质的溶解度大。萃取过程在工业上有众多应用，如润滑油生产中的溶剂脱沥青、溶剂脱蜡、溶剂精制等。

应用举例： 萃取效率的计算。

设有溶液体积 V_1，含某溶质的质量为 m，用与原溶剂不互溶的溶剂萃取，每次用溶剂的体积 V_2，经过 n 次萃取后，溶液中剩余溶质的质量 $m_n = ?$

解： 设为稀溶液，c_1 为原溶液的浓度；c_2 为萃取到体积为 V_2 的溶剂中的浓度。

第一次，萃取后原溶液 V_1 中剩余溶质的质量 m_1

$$K = \frac{c_1}{c_2} = \frac{m_1/(V_1 M)}{(m - m_1)/(V_2 M)}$$

所以
$$m_1 = m\frac{KV_1}{KV_1+V_2}$$

第二次，萃取后原溶液中剩余溶质的质量为 m_2，则
$$K = \frac{c_1'}{c_2'} = \frac{m_2/(V_1 M)}{(m_1-m_2)/(V_2 M)}$$

得
$$m_2 = m_1\frac{KV_1}{KV_1+V_2} = m\left(\frac{KV_1}{KV_1+V_2}\right)^2$$

可以导出，第 n 次萃取后：
$$m_n = m\left(\frac{KV_1}{KV_1+V_2}\right)^n$$

萃取效率，即萃取出溶质的质量与溶液中原有质量的比值为
$$\frac{m-m_n}{m} = 1-\left(\frac{KV_1}{KV_1+V_2}\right)^n$$

因为
$$\frac{KV_1}{KV_1+V_2} < 1$$

所以 n 增加，$\frac{m-m_n}{m}$ 增大。

结果表明，一定量萃取溶剂，少量多次萃取效率高。

§3.6 逸度与活度

> **核心内容**
>
> 1. 逸度定义及真实气体化学势表示式
>
> 逸度：真实混合气体 $f_B = p_B \varphi_B$。
>
> 真实混合气体中 B 组分的化学势表示式：$\mu_B = \mu_B^{\ominus}(T) + RT\ln\frac{f_B}{p^{\ominus}}$。
>
> 2. 活度和真实液态混合物中组分 B 的化学势
>
> 活度定义：$a_B \overset{\text{def}}{=\!=\!=} x_B \gamma_B$ 且 $\lim\limits_{x_B \to 1}\gamma_B = \lim\limits_{x_B \to 1}(a_B/x_B) = 1$。
>
> 化学势表示式：$\mu_B(l) = \mu_B^{\ominus}(l,T) + RT\ln(\gamma_B x_B)$。
>
> 3. 渗透因子和真实溶液中组分的化学势表示式
>
> 渗透因子：$\varphi \overset{\text{def}}{=\!=\!=} -\dfrac{\ln a_A}{M_A \sum\limits_B b_B} = -\dfrac{\ln(x_A \gamma_A)}{M_A \sum\limits_B b_B}$。
>
> 真实溶液中溶剂 A 的化学势表示式为：$\mu_A(l) = \mu_A^{\ominus}(l,T) - RT\varphi M_A \sum\limits_B b_B$
>
> 真实溶液中溶质 B 的活度：$a_{B,b} \overset{\text{def}}{=\!=\!=} \gamma_{B,b}\dfrac{b_B}{b^{\ominus}}$，且 $\lim\limits_{\sum b_B \to 1}\gamma_{B,b} = \lim\limits_{\sum b_B \to 1}\left(\dfrac{a_{B,b}}{b_B/b^{\ominus}}\right) = 1$。
>
> 真实溶液中溶剂 B 的化学势表示式为：$\mu_B(l,T,p,b_B) = \mu_{B,b}^{\ominus}(T) + RT\ln a_{B,b}$。

前面所述各类理想系统（理想气体、理想液态混合物及理想稀溶液）的化学势表示式均无法用于真实系统（如真实气体、非理想溶液等）。为使各类真实系统的化学势表示式仍能保持与理想系统相似的简单形式，并使用相同的标准态，热力学中提出了逸度和活度的概

念，对理想系统的诸公式进行修正，使之可用于真实系统。

3.6.1 纯真实气体的化学势——逸度概念

(1) 纯真实气体的化学势

理想气体化学势为 $\mu=\mu^{\ominus}(T)+RT\ln(p/p^{\ominus})$，但该式并不能用于真实气体。为使真实气体的化学势也具有与理想气体相同的简单形式，引入了逸度及逸度系数的概念。

定义真实气体的逸度 f 是在温度 T、压力 p 时满足如下方程

$$\mu=\mu^{\ominus}(T)+RT\ln\frac{f}{p^{\ominus}}$$

式中，f 即为该气体的逸度。

气体的逸度与压力的比值称为逸度系数，并用符号 φ 表示。

$$\varphi=f/p$$

逸度系数的量纲为一。由于理想气体的逸度恒等于其分压力，故理想气体的逸度系数恒等于1。真实气体的逸度系数与温度、压力和物性有关。

(2) 真实混合气体中 B 组分的逸度

理想混合气体中某组分 B 的化学势

$$\mu_B(T,p)=\mu_B^{\ominus}(T)+RT\ln\frac{p_B}{p^{\ominus}}$$

对于真实混合气体，$\mu_B(T,p)\neq\mu_B^{\ominus}(T)+RT\ln\dfrac{p_B}{p^{\ominus}}$，为使真实混合气体化学势具有理想气体化学势的简单形式，对上式中的压力进行修正，得到真实混合气体中某组分的化学势。

真实混合气体中 B 组分的化学势

$$\mu_B=\mu_B^{\ominus}(T)+RT\ln\frac{f_B}{p^{\ominus}}$$

式中，f_B 是真实混合气体中 B 组分的逸度，$f_B=p_B\varphi_B$。

f_B 可通过路易斯-兰道尔（Lewis-Randoll）近似规则计算。路易斯-兰道尔（Lewis-Randoll）近似规则：

$$f_B=f_B^* x_B$$

式中，x_B 为真实混合气体中 B 组分的摩尔分数；f_B^* 为同温度时，纯 B 组分在其压力等于混合气体总压时的逸度。

近似规则适用的条件：$V_B=V_m^*(B)$，$V=\sum n_B V_m^*(B)$，即各气体的体积具有加和性的混合气体。

3.6.2 真实液态混合物中组分 B 的化学势和活度

理想液态混合物和理想稀溶液都是真实系统的极限情况，实际上并不存在。实际工作中遇到的均是真实液态混合物和真实溶液。它们的性质均与理想液态混合物和理想稀溶液有偏差。真实液态混合物中由于各组分分子间作用力不同，任一组分均不符合拉乌尔定律。真实溶液的溶剂不符合拉乌尔定律，溶质亦不符合亨利定律。但是，引入活度的概念之后，通过对理想液态混合物和理想稀溶液诸多公式的修正，可以使真实液态混合物和真实溶液的公式保持与理想液态混合物和理想稀溶液相同的简单形式。

真实液态混合物中各组分不必区分溶剂、溶质，如乙醇＋水系统、乙醇＋丙酮系统等，各组分均采用相同的热力学方法进行研究。

因为真实液态混合物中任意组分 B 的化学势不能用式(3.4.5)表示，为了保持化学势表示式的简单形式，路易斯提出了活度的概念，在保持与理想液态混合物相同标准态和标准态化学势的情况下，对式中的浓度项进行校正。

真实液态混合物中任意组分 B 的化学势用式(3.6.1)表示：

$$\mu_B(l) = \mu_B^\ominus(l,T) + RT\ln(\gamma_B x_B) \tag{3.6.1}$$

定义
$$a_B \overset{\text{def}}{=\!=} x_B \gamma_B \tag{3.6.2}$$

且
$$\lim_{x_B \to 1} \gamma_B = \lim_{x_B \to 1}(a_B/x_B) = 1 \tag{3.6.3}$$

式中，a_B 是组分 B 的活度（或有效浓度）；γ_B 称为活度因子，其值反映了真实液态混合物中任意组分 B 偏离理想情况的程度；$\mu_B^\ominus(l,T)$ 为标准态化学势，标准态是 T、$p^\ominus$ 下纯 B 液体状态（与理想液态混合物中各组分相同）。

若平衡气相视为理想气体混合物，真实液态混合物组分 B 的活度和活度因子可通过测定气相中组分 B 的分压力得出。即

$$p_B = p_B^* a_B \tag{3.6.4}$$
$$a_B = p_B/p_B^* \tag{3.6.5}$$
$$\gamma_B = p_B/(p_B^* x_B) \tag{3.6.6}$$

3.6.3 真实溶液中溶剂和溶质的化学势

(1) 溶剂化学势和渗透因子

对真实溶液中溶剂 A，过去是采取与真实液体混合物中 B 组分相同的方法，以溶剂的活度 a_A 代替 x_A，以保持化学势表示式的简单形式，即

$$\mu_A(l) = \mu_A^\ominus(l,T) + RT\ln a_A \tag{3.6.7}$$

定义
$$a_A \overset{\text{def}}{=\!=} x_A \gamma_A \tag{3.6.8}$$

且
$$\lim_{x_A \to 1} \gamma_A = \lim_{x_A \to 1}(a_A/x_A) = 1 \tag{3.6.9}$$

但是，在很稀的溶液中，a_A 接近于 1，用活度因子 γ_A 不能准确表示出溶液的非理想性，故目前国标 GB 3102.8—93 中并未定义溶剂 A 的活度因子，而是引入了渗透因子 φ 的概念。

在含有多种溶质 B、C、…的溶液中，其质量摩尔浓度分别为 b_B、b_C…。

定义渗透因子
$$\varphi \overset{\text{def}}{=\!=} -\frac{\ln a_A}{M_A \sum_B b_B} = -\frac{\ln(x_A \gamma_A)}{M_A \sum_B b_B} \tag{3.6.10}$$

则真实溶液中溶剂 A 的化学势表示式为

$$\mu_A(l) = \mu_A^\ominus(l,T) - RT\varphi M_A \sum_B b_B \tag{3.6.11}$$

如果与液相成平衡的气相是理想气体混合物，其中溶剂 A 的分压力为 p_A，则溶剂 A 的渗透因子 φ 可用蒸气压测定法测得。

因为
$$a_A = p_A/p_A^*$$

所以
$$\varphi = -\frac{\ln(p_A/p_A^*)}{M_A \sum_B b_B} \tag{3.6.12}$$

(2) 真实溶液中溶质的化学势和活度

如果真实溶液中溶质 B 的组成标度用质量摩尔浓度表示，则参考理想稀溶液溶质 B 的化学势表示式，对浓度项进行校正。即

$$\mu_B(l,T,p,b_B)=\mu_{B,b}^{\ominus}(T)+RT\ln a_{B,b} \tag{3.6.13}$$

定义
$$a_{B,b} \stackrel{\text{def}}{=\!=\!=} \gamma_{B,b}\frac{b_B}{b^{\ominus}} \tag{3.6.14}$$

且
$$\lim_{\Sigma b \to 1}\gamma_{B,b}=\lim_{\Sigma b \to 1}\left(a_{B,b}\frac{b^{\ominus}}{b_B}\right)=1 \tag{3.6.15}$$

式中，$a_{B,b}$ 和 $\gamma_{B,b}$ 分别是组成标度用 B 的质量摩尔浓度表示时溶质 B 的活度和活度因子。$\mu_{B,b}^{\ominus}(T)$ 为标准态化学势，标准态是与溶液具有相同的 T、压力为 $p^{\ominus}$，$b_B=1$mol·kg^{-1}且符合亨利定律的状态（假想态）（与理想稀溶液相同）。

当溶质 B 的组成标度用其他浓度表示法表示时，则参考理想稀溶液溶质 B 相应的化学势表示式，进行相应的活度、活度因子定义和标准态选择，此处不再赘述。

(3) 蒸气压法求溶质活度因子　对于挥发性溶质，若平衡气相视为理想气体混合物，真实溶液溶质 B 的活度和活度因子可通过测定气相中组分 B 的分压力得出。即

$$p_B=k_{b,B}a_B \tag{3.6.16}$$
$$a_B=k_{b,B}/p_B \tag{3.6.17}$$
$$\gamma_B=p_B/(k_{b,B}b_B) \tag{3.6.18}$$

可通过实验测得一系列溶质蒸气压与溶质浓度的对应数据，以 (p_B/b_B)-b_B 作图，外推至 $b_B \to 0$。因为对溶质 B，由式(3.6.18) 可知，当 $b_B \to 0$ 时，$\gamma_B \to 1$，则 $(p_B/b_B)_{b_B \to 0}=k_{b,B}$，进一步用式(3.6.18) 计算得到各浓度下的 γ_B。

【例 3.6.1】 在某一温度下，将碘固体溶解于四氯化碳中，当 $x_{I_2}=0.01 \sim 0.04$ 范围内时，此溶液符合稀溶液规律。今测得平衡时气相中碘的蒸气压与液相中碘的摩尔分数之间的两组数据见表 3.6.1。

表 3.6.1　p_{I_2} 和 x_{I_2} 的关系

蒸气压 p_{I_2}/kPa	1.638	16.72
碘的摩尔分数 x_{I_2}	0.03	0.5

求 $x_{I_2}=0.5$ 时，溶液中碘的活度 a_{x,I_2} 及活度系数 γ_{x,I_2}。

解： 因为 $a_{x,I_2}=\gamma_{x,I_2}x_{I_2}=\dfrac{p_{I_2}}{k_{x,I_2}}$

所以
$$\gamma_{x,I_2}=\frac{p_{I_2}}{k_{x,I_2}x_{I_2}}$$

又因为 $x_{I_2}=0.03$ 时，溶液符合稀溶液规律，由亨利定律

$$p_{I_2}=k_{x,I_2}x_{I_2}$$

$$k_{x,I_2}=\frac{p_{I_2}}{x_{I_2}}=\frac{1.638\text{kPa}}{0.03}=54.6\text{kPa}$$

所以
$$a_{x,I_2}=\frac{p_{I_2}}{k_{x,I_2}}=\frac{16.72}{54.6}=0.306$$

$$\gamma_{x,I_2}=\frac{a_{x,I_2}}{x_{I_2}}=\frac{0.306}{0.5}=0.612$$

§3.7 相 律

核心内容

1. 相律
$$f = C - \Phi + 2$$

2. 组分数的计算
$$C = S - R - R'$$

相律是各种相平衡系统遵循的一种普遍规律,是根据热力学原理推导出来的,以统一观点处理各种类型多相平衡的理论方法。它表明一个多相平衡系统的组分数、相数以及自由度之间的关系,可以帮助我们确定系统的平衡性质以及达平衡的必要条件。

3.7.1 基本概念

(1) 相与相数

系统中物理性质和化学性质完全相同的均匀部分称为相。相与相之间具有明显的物理界面,可以用物理的方法将其分开,越过界面时物理或化学性质发生突变。物质从一个相转移到另一相的过程称为相变化。如果在一定温度压力下,系统中各相的组成不随时间而变化,宏观上没有物质在相间的净转移,则认为系统达到相平衡,相平衡系统必然是热力学平衡系统,即各相温度相同、压力相同、每一组分在各相中的化学势相同。

相平衡系统中相的个数称为相数 Φ。在气相系统中,所有气体均可以无限混溶,故无论多少种气体混合,只能成为一相。液体混合时,则需视其互溶程度而定。若两种或两种以上液体可以无限混溶,如水与乙醇,形成一相,而苯与水不能无限混溶,则混合后形成两个液相的平衡系统(苯相和水相),$\Phi = 2$。一般来说,晶体结构相同的固体是一个相,不因其粉碎程度和形状不同而成为另一个相,但同一种物质晶体结构不同时,如石墨和金刚石,则是不同的相。一般来说,固体在不形成固态溶液(如合金)的条件下,几种固体混合就有几相。

(2) 物种数 S 与组分数 C (独立组分数)

物种数是指系统中化学物质的种类数,用 S 表示。物种数随考虑问题的方式不同而不同。组分数 C 是确定平衡系统中所有各项组成所需要的最少物种数,可用下式定义

$$C = S - R - R' \tag{3.7.1}$$

① 关于 R 的说明 R 为系统中独立的化学反应计量式数目,需注意"独立"二字。如某反应系统中同时存在下列三个化学反应:

(a) $H_2 + \frac{1}{2}O_2 \longrightarrow H_2O$

(b) $CO + H_2O \longrightarrow CO_2 + H_2$

(c) $CO + \frac{1}{2}O_2 \longrightarrow CO_2$

分析发现,其中只有两个是独立的(任意两个),因为第三个反应可以由前两个组合而来。如 (c)−(b)=(a),故 $R=2$。

② 关于 R' 的说明 R' 是浓度限制条件数目。浓度限制条件是指封闭系统的某一相中各

物质始终保持的某种浓度关系。如 $NH_4HS(s)$ 分解反应系统

$$NH_4HS(s) \longrightarrow NH_3(g) + H_2S(g)$$

若初始容器是抽空的，两种产物均由 $NH_4HS(s)$ 分解产生，在气相中的浓度比始终保持 1:1，即系统中

$$S=3, \quad R'=1, \quad R=1, \quad C=3-1-1=1$$

须注意，R' 不包括每一相中存在的 $\sum_B x_B = 1$ 关系式。

(3) 自由度数 f

自由度数 f 是确定相平衡系统的状态所需要的独立的强度变量（T、p、组成等）的数目，或在保持相数不变条件下可以在一定范围内独立改变的强度变量数目。

3.7.2 相律

相律是各种相平衡系统遵循的一种普遍规律，利用相律可以计算出相平衡系统中有几个独立变量，当独立变量选定之后，其他变量必为这几个独立变量的函数。相律的数学表达式为

$$f = C - \Phi + 2$$

(1) 几点说明

① 未达到相平衡的系统不能使用相律。

② 各物质不一定在每一相中都存在，但公式仍适用。

③ 对有 n 个外界影响因素（如涉及外力场、电场、磁场等）的复杂系统，$f = C - \Phi + n$。对于温度或/和压力已经恒定不为变量的系统，条件自由度 $f^* = C - \Phi + 1$ 或 $f^{**} = C - \Phi$。

④ f 仅确定系统独立变量的个数，并不具体确定是哪些变量。

(2) 相律的推导

由自由度的定义：

$$f = 相平衡系统总强度变量数 - 变量间独立的关系式数目$$

① 总变量数 设系统中有 S 种物质，Φ 相，S 种物质存在于每一相中。相浓度用摩尔分数表示，$\sum_B x_B = 1$，描述每一相组成需要 $S-1$ 个相浓度变量。相平衡状态受到温度和压力的影响，而且平衡时各相 T、p 都相等。

则：总变量数 $= \Phi(S-1) + 2$，2 代表外界因素温度和压力。

② 独立关系式数

a. 相平衡关系式数目（化学势关系式数目） 每种物质在各相中化学势相等，即 $\mu_B^I = \mu_B^{II} = \cdots = \mu_B^{\Phi}$，有 $\Phi - 1$ 个。S 种物质，共计有关系式 $S(\Phi-1)$ 个。

b. 化学平衡关系式数目 R 每一个达到平衡的反应 $\sum \gamma_B \mu_B = 0$。

c. 浓度限制条件 R' 变量间独立关系式数目 $= S(\Phi-1) + R + R'$

则 $f = \Phi(S-1) + 2 - [S(\Phi-1) + R + R'] = C - \Phi + 2$

3.7.3 相律的应用

【例 3.7.1】 对于单组分系统如水，最多可有几相共存？最大自由度是多少？

解：单组分系统 $C = S = 1$

$$f = C - \Phi + 2 = 1 - \Phi + 2 = 3 - \Phi$$

因为相数最多时
$$f_{min} = 0$$

所以 $\Phi_{max} = 3$,单组分系统最多有三相平衡共存。

因为自由度最大时,$\Phi_{min} = 1$,所以 $f_{max} = 2$,可独立改变的强度变量有2个,即可用平面坐标描述单组分系统相变化规律。

【例 3.7.2】 固体氯化铵在一真空容器中分解达到平衡,求系统的自由度数 $f=?$

$$NH_4Cl(s) \longrightarrow NH_3(g) + HCl(g)$$

解:
$$S = 3, R = 1, R' = 1$$
$$C = 3 - 1 - 1 = 1, \Phi = 2$$

所以
$$f = C - \Phi + 2 = 1 - 2 + 2 = 1$$

即 T、p 及组成三者中只有一个可以独立改变。

【例 3.7.3】 求下面平衡系统的自由度数。

解:(1) $NH_4HS(s)$ 在一真空容器中分解达到平衡。
$$C = 3 - 2 = 1, \Phi = 2$$
$$f = C - \Phi + 2 = 1 - 2 + 2 = 1$$

(2) 任意量的 $NH_4HS(s)$、$H_2S(g)$ 和 $NH_3(g)$ 形成的平衡系统。
$$C = 3 - 1 = 2, \quad \Phi = 2$$
$$f = C - \Phi + 2 = 2 - 2 + 2 = 2$$

(3) I_2 在两互不相溶液体 H_2O 和 CCl_4 中溶解达平衡。
$$C = 3, \quad \Phi = 2$$
$$f = C - \Phi + 2 = 3 - 2 + 2 = 3$$

若 I_2 在 30℃下溶解达平衡,则
$$f^* = C - \Phi + 1 = 3 - 2 + 1 = 2$$

(4) 分析说明,100℃下 $NH_4Cl(s)$ 分解平衡系统通入 HCl 气体后,系统压力是否会改变?

$$NH_4Cl(s) \Longleftrightarrow NH_3(g) + HCl(g)$$
$$C = 3 - 1 - 0 = 2, \quad \Phi = 2$$
$$f^* = C - \Phi + 1 = 2 - 2 + 1 = 1$$

因为 $f^* = 1$,所以系统压力会改变

【例 3.7.4】 Na_2CO_3 与 H_2O 可以生成如下几种水化物:
$$Na_2CO_3 \cdot H_2O(s), Na_2CO_3 \cdot 7H_2O(s), Na_2CO_3 \cdot 10H_2O(s)$$

(1) 试指出在定压 $p^\ominus$ 下,与 Na_2CO_3 水溶液、冰平衡共存的水化物最多有几种?

(2) 指出在 30℃时与 $H_2O(s)$ 平衡共存的 Na_2CO_3 水化物最多可有几种?

解:$C = 2$

(1) $f^* = C - \Phi + 1 = 2 - \Phi + 1 = 3 - \Phi$
$$f_{min} = 0, \quad \Phi_{max} = 3$$

所以系统最多有三相平衡共存,即该系统只能有一种水化物存在。

(2) $f^* = C - \Phi + 1 = 2 - \Phi + 1 = 3 - \Phi$
$$f_{min} = 0, \quad \Phi_{max} = 3$$

系统中已有 $H_2O(s)$ 相存在,故最多有两种水化物存在。

§3.8 单组分系统相图

> **核心内容**
> 1. 水相图的静态分析和动态分析、相律分析。
> 2. 克拉佩龙方程
> $\dfrac{\mathrm{d}p}{\mathrm{d}T}=\dfrac{\Delta H_\mathrm{m}}{T\Delta V_\mathrm{m}}$，适用条件：单组分任意两相平衡。
> 3. 克劳修斯-克拉佩龙方程的各种形式及应用
> $\ln\dfrac{p_2}{p_1}=-\dfrac{\Delta H_\mathrm{m}}{R}\left(\dfrac{1}{T_2}-\dfrac{1}{T_1}\right)$ 和 $\ln p=-\dfrac{\Delta H_\mathrm{m}}{RT}+c$

相图又称相平衡状态图，是描述相平衡系统的状态与温度、压力和组成之间关系的图形，是研究相平衡系统的重要工具。本节将以单组分相图为例，讨论相图的制作与分析方法。

依据相律，单组分系统
$$C=S=1, f=C-\varPhi+2=1-\varPhi+2=3-\varPhi$$

当相数最少时自由度最大，$\varPhi_\mathrm{min}=1$，$f_\mathrm{max}=2$，系统中最多只有2个可独立改变的强度变量，即可用平面坐标描述单组分系统相变化规律。对单组分系统，可用压力和温度作为平面坐标的变量，制作的图形即为相图。

若系统达到两相平衡，$\varPhi=2$，$f=1$，此类系统称为单变量系统，温度和压力两个变量中只有一个是独立的，平衡温度与平衡压力之间存在定量关系，符合克拉佩龙方程或克-克方程。此种关系在压力-温度图中可用线来表示。

当 $f_\mathrm{min}=0$ 时，$\varPhi_\mathrm{max}=3$，即系统最多有三相平衡共存。三相共存点自由度为零，对一定系统具有确定的数值，在图中是一个点，称为三相点。单组分系统可以有几个三相点。

3.8.1 相图制作

以水的相图为例。水在中等压力下可以气（水蒸气）、液（水）、固（冰）三种相态存在，因而可以出现气液平衡、气固平衡、液固平衡三种两相平衡状态。因两相平衡系统自由度为1，压力和温度之间存在定量关系，通过实验测定水在任意两相平衡时的温度和压力，将所得数据在 p-T 图上描绘出来，可得到三条线，即得到水的相图，如图3.8.1(a) 所示。

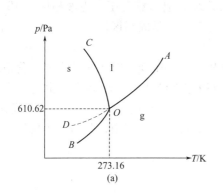
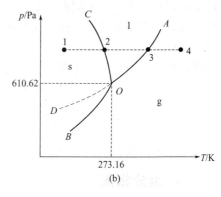

图 3.8.1 水的相图

3.8.2 相图解析

相图中每一个点都代表系统的一个状态,对相图进行相律分析、静态分析和动态分析是本章学习的重点内容。

(1) 静态分析

静态分析的主要任务是正确认识图中点、线、面(区域)所代表的系统状态及其所遵循的相平衡规律,并同时可做相律分析,是相图分析的基础。

图中有三条线,线上的每一个点都代表一个相平衡状态,其自由度为1,即系统的温度和压力只有一个是独立的,二者之间具有定量关系,可用克拉佩龙方程表示。

OA 线:水的气液平衡线,为饱和蒸气压与温度的关系曲线。T 升高,p_T^* 增大,该线止于临界温度。高于临界温度,不能用加压的方法使气体液化。

OB 线:水的固气平衡线,即冰的蒸气压与温度的关系曲线,理论上可延长至 0K 附近。

OC 线:水的固液平衡线,即冰的熔点线。从图中可以看出,该线的斜率为负值,即压力增大,冰的熔点降低。这是因为此条件下冰的摩尔体积大于水的摩尔体积,冰融化时体积减小,由克拉佩龙方程可知,增大压力,平衡温度降低。但是,在极高压力下,冰的晶型会发生变化,出现其他几种晶型的冰,其体积小于同条件下的水,使熔点线斜率变为正值,故不能无限升压使冰的熔点降低。

OD 线:过冷水和水蒸气的介稳平衡线,即过冷水的饱和蒸气压线。因为在相同温度下,过冷水的蒸气压大于冰的蒸气压,所以 OD 线在 OB 线之上。过冷水与其蒸气的平衡不是热力学平衡状态,但又可在一定时间内存在,故称为介稳状态,并以虚线表示。此时,一旦有凝聚中心出现,过冷水就立即自发地全部变成冰。

图中三条线的交点,即 O 点,是水的三相点。此时,系统内水蒸气、水、冰三相平衡共存,自由度为零,是无变量系统,其温度和压力(0.01℃,610.62Pa)皆不能改变。必须指出,水的三相点不同于通常所说的冰点(0℃)。水的三相点是纯水蒸气与水、冰平衡共存,而水的冰点则是在 101.325kPa 压力下,被空气饱和了的水与冰呈平衡的温度。由于系统的压力由 610.62Pa 增加到 101.325kPa,可使水的凝固点下降 0.0075℃;由于空气溶于水形成稀溶液,使水的凝固点下降 0.0023℃,二者相加,使水的三相点比其冰点高 0.0098℃。国际上将水的三相点规定为 273.16K(0.01℃)。

由 OA、OB、OC 线将图分成三个区域,每个区域代表一种相态,处于各区域中的系统是单相系统,自由度为 2。AOB 右边的区域代表的温度较高、压力较低,为气相区。AOC 以上的区域温度较高,压力大于同温度下的平衡系统的饱和蒸气压,为液相区 COB 左边的区域温度低,压力大于同温度下平衡系统的饱和蒸气压,是固相区。

(2) 动态分析

动态分析是在相图上分析当条件(如温度和压力)发生变化时系统状态的变化情况。

如果系统温度(或/和压力)发生变化,则可引起系统相数、相态及自由度的变化,其变化途径可从相图上表示出来。如系统发生 1→2→3→4 的变化[如图 3.8.1(b) 所示],其系统的相态从固态先变为固液平衡,再变为液态,后成为气液平衡,最后变为气态。系统的自由度发生相应变化,读者可自行分析。

3.8.3 复杂单组分相图

许多单组分系统中,不同条件下固态可有多种晶型,其相图表现得较为复杂。

图 3.8.2 是单质硫的相图。固态硫有斜方硫和单斜硫两种晶型，故在相图中有三个三相点。B 点为斜方硫、单斜硫、气态硫三相共存，C 点是单斜硫、液态硫、气态硫三相共存，E 点是斜方硫、液态硫、单斜硫三相共存。

分析此类单组分相图时应注意，无论出现几种晶型，由自由度分析可知，系统中最多只能有三相共存，即相图中只可能有三相点，不可能出现四相及以上的共存点。

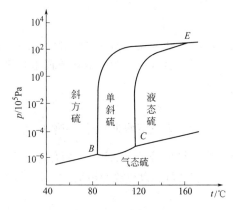

图 3.8.2　硫的相图（纵坐标为对数标度）

3.8.4　克拉佩龙方程

单组分相图中两相平衡时 T-p 关系可直接通过实验测定，也可由以热力学方法推导出的两相平衡时温度和压力的定量关系——克拉佩龙方程，在已知相变热及相变体积变化数据情况下进行计算。

两相平衡时，如果两相系统的温度变化 $\mathrm{d}T$，压力相应变化 $\mathrm{d}p$，两相的化学势变化分别为 $\mathrm{d}\mu(\alpha)$ 和 $\mathrm{d}\mu(\beta)$，并在 $T+\mathrm{d}T$、$p+\mathrm{d}p$ 下达到新的相平衡。

则对老的相平衡，有

$$\mu(\alpha)=\mu(\beta) \tag{1}$$

对新的相平衡，有

$$\mu(\alpha)+\mathrm{d}\mu(\alpha)=\mu(\beta)+\mathrm{d}\mu(\beta) \tag{2}$$

(2)-(1)，得

$$\mathrm{d}\mu(\alpha)=\mathrm{d}\mu(\beta)$$

对单组分系统，

$$\mathrm{d}\mu=\mathrm{d}G$$

由热力学基本关系式

$$\mathrm{d}G=-S\mathrm{d}T+V\mathrm{d}p$$

所以

$$-S_{\mathrm{m}}^{*}(\alpha)\mathrm{d}T+V_{\mathrm{m}}^{*}(\alpha)\mathrm{d}p=-S_{\mathrm{m}}^{*}(\beta)\mathrm{d}T+V_{\mathrm{m}}^{*}(\beta)\mathrm{d}p$$

整理，得

$$\frac{\mathrm{d}p}{\mathrm{d}T}=\frac{\Delta S_{\mathrm{m},\text{相变}}}{\Delta V_{\mathrm{m},\text{相变}}}$$

而可逆相变时

$$\Delta S_{\mathrm{m}}=\frac{\Delta H_{\mathrm{m},\text{相变}}}{T}$$

因此有

$$\frac{\mathrm{d}p}{\mathrm{d}T}=\frac{\Delta H_{\mathrm{m},\text{相变}}}{T\Delta V_{\mathrm{m},\text{相变}}}=\frac{\Delta H_{\mathrm{m}}}{T\Delta V_{\mathrm{m}}} \tag{3.8.1}$$

式(3.8.1)为克拉佩龙（Clapeyron）方程，反映了纯组分任意两相平衡时温度与平衡压力之间的定量关系。

对固液相平衡或晶型转变平衡，如 $\mathrm{B(s)} \rightleftharpoons \mathrm{B(l)}$ 或 $\mathrm{B}(s,\alpha) \rightleftharpoons \mathrm{B}(s,\beta)$，若相变热和体积变化视为常数，对式(3.8.1)积分，则有

$$p_2-p_1=\frac{\Delta H_{\mathrm{m}}}{\Delta V_{\mathrm{m}}}\ln\frac{T_2}{T_1} \tag{3.8.2}$$

对于气液平衡系统与气固平衡系统，如 $\mathrm{B(l)} \rightleftharpoons \mathrm{B(g)}$ 或 $\mathrm{B(s)} \rightleftharpoons \mathrm{B(g)}$，忽略液体或固体的体积，气体看成理想气体，则有

$$\Delta V_{\mathrm{m}} \approx V_{\mathrm{m}}(\mathrm{g})=\frac{RT}{p}$$

将上式代入式(3.8.1)，得

$$\frac{\mathrm{d}p}{\mathrm{d}T}=\frac{\Delta H_{\mathrm{m}}}{T\Delta V_{\mathrm{m}}}=\frac{\Delta H_{\mathrm{m}}}{RT^2}p$$

或
$$\frac{d\ln p}{dT} = \frac{\Delta H_m}{RT^2} \tag{3.8.3}$$

式(3.8.3)称为克劳修斯-克拉佩龙方程的微分式。

若相变热(焓)为常数,不随温度变化,对式(3.8.3)做不定积分,得

$$\ln p = -\frac{\Delta H_m}{RT} + c \tag{3.8.4}$$

式(3.8.4)为克劳修斯-克拉佩龙方程的不定积分式。可以看出,以 $\ln p$ 对 $\frac{1}{T}$ 作图为一直线,由直线的斜率可求得 ΔH_m ($\Delta H_m = -R \times$ 斜率)。

若在 ΔH_m 为常数的情况下,对式(3.8.3)做定积分,得

$$\ln \frac{p_2}{p_1} = -\frac{\Delta H_m}{R}\left(\frac{1}{T_2} - \frac{1}{T_1}\right) \tag{3.8.5}$$

式(3.8.5)为克劳修斯-克拉佩龙方程的定积分式。可见,只要知道 ΔH_m,就可以从已知温度 T_1 时的饱和蒸气压 p_1 计算另一温度 T_2 时的饱和蒸气压 p_2;或者从已知压力下的沸点求得另一压力下的沸点;若已知两个温度下的蒸气压亦可用来计算 ΔH_m。

【例3.8.1】 已知水在77℃时饱和蒸气压为41.891kPa,水在101.325kPa下的正常沸点为100℃,求:

(1) 水的蒸气压与温度关系的方程式 $\lg(p/Pa) = -AT^{-1} + B$ 中的 A 和 B 值。

(2) 在此温度范围内水的摩尔蒸发焓。

(3) 在多大压力下水的沸点为105℃。

解:(1) 在77℃时,$p = 41.891$kPa,有

$$\lg(41.891 \times 10^3 \text{Pa}/\text{Pa}) = -\frac{A}{350.15\text{K}} + B$$

在100℃时,$p = 101.325$kPa,有

$$\lg(101.32 \times 10^3 \text{Pa}/\text{Pa}) = -\frac{A}{373.15\text{K}} + B$$

解两方程得 $A = 2179.133$K, $B = 10.84555$

(2) 因为 $-A = -\dfrac{\Delta_{vap}H_m}{R \times 2.303}$,故

$$\Delta_{vap}H_m = (2179.133 \times 8.314 \times 2.303)\text{J} \cdot \text{mol}^{-1} = 41.724 \text{kJ} \cdot \text{mol}^{-1}$$

(3) 由 $\lg(p/\text{Pa}) = -\dfrac{2179.133}{378.15} + 10.84555$,得

$$p = 121.060 \text{kPa}$$

【例3.8.2】 水和氯仿($CHCl_3$)在101.325kPa下正常沸点分别为100℃和61.5℃,摩尔蒸发焓分别为 $\Delta_{vap}H_m(H_2O) = 40.668$kJ·$mol^{-1}$ 和 $\Delta_{vap}H_m(CHCl_3) = 29.50$kJ·$mol^{-1}$,求两液体具有相同饱和蒸气压时的温度。

解: 克-克方程为 $\ln \dfrac{p_2}{p_1} = -\dfrac{\Delta_{vap}H_m}{R}\left(\dfrac{1}{T_2} - \dfrac{1}{T_1}\right)$

对 H_2O,$T_2 = 373.15$K 时,$p_2 = 101.325$kPa

$T = T_1$ 时,$p = p_1$,故

$$\ln \frac{101.325 \times 10^3 \text{Pa}}{p_{H_2O}} = -\frac{40.668 \times 10^3}{8.314}\left(\frac{1}{373.15} - \frac{1}{T}\right)$$

对 $CHCl_3$,$T = 334.65$K,$p = 101.325$kPa

$$\ln \frac{101.325 \times 10^3 \text{Pa}}{p_{\text{CHCl}_3}} = -\frac{29.50 \times 10^3}{8.314}\left(\frac{1}{334.65} - \frac{1}{T}\right)$$

当 $p_{\text{H}_2\text{O}} = p_{\text{CHCl}_3}$ 时，解上述二方程，得
$$T = 535.6 \text{K}$$

§3.9 二组分系统气液平衡相图

> **核心内容**
> 1. 理想液态混合物系统
> 气相方程：$p = \dfrac{p_A^* p_B^*}{p_A^* + (p_B^* - p_A^*)y_A}$；液相方程：$p = p_B^* + (p_A^* - p_B^*)x_A$。
> 2. 杠杆规则
> 用于求共存两相的数量。
> 3. 二组分系统气液平衡相图的分析

将相律应用于二组分系统，$f = C - \Phi + 2 = 4 - \Phi$，当系统 $f = 0$ 时，$\Phi = 4$，即系统最多有四相平衡共存。若 $\Phi = 1$，则 $f = 3$，系统最多有 3 个独立强度变量，包括温度、压力和组成（气相组成 y，液相组成 x），需用三维空间的坐标图描述此类系统的相变化规律。但是如果将温度、压力二者中固定一个，就可用平面坐标来描述系统的相平衡状态，如定温下的压力-组成图或定压下的温度-组成图等。此时，其自由度可表示为
$$f^* = C - \Phi + 1 = 3 - \Phi$$

按照两液体组分 A 和 B 的相互溶解度的不同，二组分气液平衡系统可分为液态完全互溶系统、液态部分互溶系统和液态完全不互溶系统，液态完全互溶系统又可分为理想液态混合物和真实液态混合物。几种二组分系统的气液平衡相图在研究精馏、水蒸气蒸馏、萃取等分离过程时有重要应用。

3.9.1 二组分理想液态混合物气液平衡相图

（1）压力-组成图（p-x-y 相图）

在一定温度下，A 和 B 形成的二组分理想液态混合物达到气液相平衡时，依据拉乌尔定律

$$\begin{aligned} p &= p_A + p_B = p_A^* x_A + p_B^* x_B = p_A^* x_A + p_B^*(1 - x_A) \\ &= p_B^* + (p_A^* - p_B^*)x_A \end{aligned} \quad (3.9.1)$$

式(3.9.1)给出了压力与液相组成之间的关系，称为二组分理想液态混合物的液相方程。此式表明，理想液态混合物两相平衡时的总压力与液相组成呈线性关系。

由
$$p_A = p y_A = p_A^* x_A, \quad x_A = \frac{p y_A}{p_A^*}$$

$$p_B = p y_B = p_B^* x_B, \quad x_B = \frac{p y_B}{p_B^*}$$

因为
$$x_A + x_B = 1$$

所以
$$\frac{p y_A}{p_A^*} + \frac{p y_B}{p_B^*} = 1$$

可得到系统压力与气相组成之间的关系

$$p = \frac{p_A^* p_B^*}{p_A^* + (p_B^* - p_A^*) y_A} \quad (3.9.2)$$

式(3.9.2)称为二组分理想液态混合物的气相方程。

根据液相方程、气相方程，以压力为纵坐标，组成为横坐标，可得到理想液态混合物的压力-组成图（p-x-y 相图）。若设系统中在一定温度下 $p_A^* > p_B^*$，则 A 称为轻组分，B 称为重组分，其 p-x-y 相图如图 3.9.1 所示。该相图也可通过实验测量气相总压与气、液相组成之间的关系数据得到。

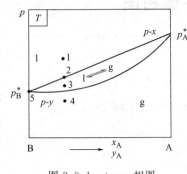

图 3.9.1　p-x-y 相图

① 静态分析

a. 点的分析　图中包含两个特殊的点 p_A^* 和 p_B^* 点，其中，p_A^* 点代表纯 A 组分气液两相平衡状态，p_B^* 点代表纯 B 组分气液两相平衡状态，条件自由度 $f^* = C - \Phi + 1 = 1 - 2 + 1 = 0$，即在一定温度下两纯组分的饱和蒸气压为定值。

b. 线的分析　图中有两条线，即 p-x 线和 p-y 线。p-x 线是总压与液相组成的关系曲线，符合液相方程，称为液相线。p-y 线是总压与气相组成的关系曲线，符合气相方程，称为气相线。线上的点都代表着气液两相平衡状态，故其条件自由度 $f^* = C - \Phi + 1 = 2 - 2 + 1 = 1$，即在 p、x、y 中只有一个是独立的变量。

c. 面的分析　气相线和液相线将图分成三个区域，在 p-x 线以上区域，压力大于该温度下溶液上方的蒸气压，气相无法存在，故为液相区。p-y 线以下区域中，压力小于该温度下溶液上方的蒸气压，液相无法存在，为气相区。p-x 线与 p-y 线之间的区域是气液两相平衡区。在单相区中，$f^* = C - \Phi + 1 = 2 - 1 + 1 = 2$，确定系统状态需要指明两个变量。而两相区中，$f^* = C - \Phi + 1 = 2 - 2 + 1 = 1$，只需指明一个变量即可确定系统状态。

② 动态分析　以系统定温降压过程为例讨论系统的相变情况（见图 3.9.2）。

若一个总组成为 z_A 的系统，在 1 点时处于液相区，随压力降低，到 L_1 点时达到两相平衡，可以认为此时系统出现第一个气泡，故称为泡点，液相线也可称为泡点线。泡点时的气相组成为 G_1 对应的浓度。随压力的下降，系统由 L_1 到 G_3，内部始终是气、液两相平衡共存，但平衡两相的组成和两相的相对数量均随压力改变而改变。M 点称为物系点，G_2、L_2 点分别代表平衡的气、液两相，称为相点。两个平衡相点之间的连线称为结线。压力下降到 G_3 点时，系统几乎全部气化，仅剩一微小液滴，称之为系统的露点，

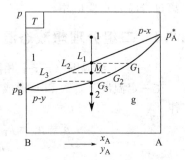

图 3.9.2　p-x-y 相图-动态分析

气相线可称为露点线。此时液相组成为 L_3 代表的浓度。压力低于露点后，如 2 点，进入气相区，系统全为气相。此变化过程中系统自由度的变化读者可自行计算。

(2) 温度-组成图（T-x-y 相图）

一定压力下，测定不同组成液态混合物系统气液平衡时的温度及气液相组成数据，以温度为纵标，组成为横标，可得到 T-x-y 相图（如图 3.9.3）。理想液态混合物的 T-x-y 相图也可以由液相方程和气相方程计算得到。

图 3.9.3 中，上面一条线代表的系统温度高，是温度与气相组成的关系曲线（T-y 线），称为气相线，可称为露点线（系统处于露点时的温度称为露点温度）。下面的线是温度与液相组成的关系曲线（T-x 线），称为液相线，也叫泡点线。高于气相线的区域是气相区，低于液相线的区域是液相区，两线中间的区域是两相区。可以仿照 p-x-y 图的分析方法对 T-x-y 相图进行分析。

（3）相数量的确定方法——杠杆规则（杠杆原理）

当二组分系统在一定温度、压力下达到两相平衡时，两相的数量与系统的总量、总组成、相组成有关，可以由杠杆规则（原理）进行计算。以 T-x-y 相图为例。设系统总组成为 z_B，恒压下加热至温度 T 时达气液平衡，系统点是 M，相组成如图 3.9.4 所示。

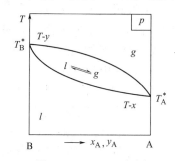

图 3.9.3 T-x-y 相图

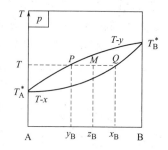

图 3.9.4 用 T-x-y 相图说明杠杆规则

设系统总数量为 $n_{总}$，气相数量为 n_G，液相数量为 n_L，对 B 组分进行物料衡算：

$$n_{总} z_B = n_L x_B + n_G y_B$$

因为
$$n_{总} = n_L + n_G$$

整理可得到
$$\frac{n_L}{n_G} = \frac{z_B - y_B}{x_B - z_B} = \frac{\overrightarrow{PM}}{\overrightarrow{MQ}} \quad (3.9.3)$$

$$n_L(x_B - z_B) = n_G(z_B - y_B) \quad (3.9.4)$$

由于式(3.9.3) 和式(3.9.4) 表示的关系相似于杠杆平衡的原理，如图 3.9.5 所示，故称之为杠杆规则。应该

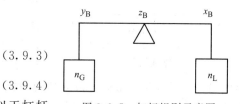

图 3.9.5 杠杆规则示意图

指出，杠杆规则是依据质量守恒原理得出的，应用时不限于相平衡系统。当数量用质量表示时，组成应用质量分数表示。

【例 3.9.1】 已知苯和甲苯形成理想液态混合物。

（1）求 90℃ 和 101.325kPa 下，苯和甲苯系统达液气平衡时两相的组成？

（2）若由 4mol 甲苯和 6mol 苯构成上述条件下的液气平衡系统，求气、液相各多少摩尔？已知 90℃ 时，$p^*_{苯} = 136.12$kPa，$p^*_{甲苯} = 54.22$kPa。

解：（1） $p = p_{甲苯} + p_{苯} = p^*_{甲} + (p^*_{苯} - p^*_{甲}) x_{苯}$

$$101.325 = 54.22 + (136.12 - 54.22) x_{苯}$$

所以
$$x_{苯} = 0.575$$

$$p_{苯} = p^*_{苯} x_{苯} = p y_{苯}$$

$$y_{苯} = \frac{p^*_{苯} x_{苯}}{p} = \frac{136.12 \times 0.575}{101.325}$$

$$= 0.772$$

（2）T、p 不变，气液平衡时两相组成不变

所以
$$x_{苯} = 0.575, \quad y_{苯} = 0.772$$

$$n_L + n_G = 10\text{mol}$$
$$z_{苯} = \frac{6}{4+6} = 0.6$$
$$n_L(z_{苯} - x_{苯}) = n_G(y_{苯} - z_{苯})$$
$$n_L(0.6 - 0.575) = n_G(0.772 - 0.6)$$

解之
$$n_G = 1.27\text{mol}, \quad n_L = 8.73\text{mol}$$

(4) 精馏原理

由二组分理想液态混合物的 T-x-y 相图可以看出，若 A 组分（如苯）沸点比 B 组分（如甲苯）低，将总组成为 z_M 的系统在一定压力 p 下加热升温到 M 点时，系统部分气化，分为平衡的气液两相，其中，轻组分 A 在气相中的含量大于液相（$y_A > x_A$），重组分 B 在液相中含量大于气相（$y_B < x_B$），使得系统中的轻、重组分得到了初步分离。如果将液相 L_1 取出继续升温，则液相中重组分含量进一步增大，逐次进行，液相组成沿液相线变化，在温度趋近 B 的沸点 T_B 时液相趋近纯的重组分 B。同样，若将气相 G_1 取出逐次冷却，不断弃去液相，气相组成将沿气相线变化，在温度趋近 T_A 时气相趋近纯的 A 组分。此过程表明，依据各组分挥发能力的不同，对液态混合物进行多次部分气化和部分冷凝，可分离得到纯组分，这种过程称为"精馏"。在工业生产中，精馏过程是在精馏塔中实现的，图 3.9.6 是一个精馏原理的示意图。塔内有多层塔板（盘），塔顶气相经冷凝器冷凝成液体，一部分作为产品送出，一部分打入塔内作为"回流"。塔底液相一部分作为产品送出，一部分经再沸器加热成气态返回塔内，如此可建立塔内的温度梯度，塔顶

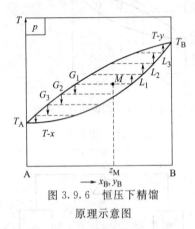

图 3.9.6 恒压下精馏原理示意图

温度最低，塔底温度最高。待分离的物料被加热到一定温度后进入精馏塔，气相上升，与从塔顶流下的液体在塔板上充分接触，温度降低，重组分被部分冷凝，气相中轻组分含量增加。气相经过多层塔板后，多次与温度更低的液相传质传热，温度不断降低，轻组分含量不断升高，最终可在塔顶得到纯的气相轻组分。液相向下流，在塔板上不断与上升的高温气相接触，温度不断升高，轻组分不断挥发，最终，可在塔底得到液相重组分。精馏是化工生产中最常用的分离技术。如炼油厂的常、减压塔，可以把组成十分复杂的石油分馏成不同温度范围内的汽、煤、柴及渣油。精馏塔的塔板数越多，分离效率越高。

3.9.2 二组分真实液态混合物的气液平衡相图

真实液态混合物由于不符合拉乌尔定律而对理想液态混合物产生偏差，其气液平衡相图可分为三种类型。

(1) 正常类型

这类系统不符合液相方程和气相方程（图 3.9.7），但是溶液的蒸气压仍介于两个纯组分的蒸气压之间，即 $p_A^* < p < p_B^*$，所以其沸点也介于两纯组分之间，即 $T_B^* < T < T_A^*$。

(2) 最大正偏差类型

这类系统（如甲醇-氯仿系统，图 3.9.8）在某浓度范围内，系统的蒸气压可大于两纯组分的蒸气压，即 $p > p_B^*$，$p > p_A^*$，其 p-x-y 相图上有最高点；沸点在该范围内同时低于两纯组分的沸点，即 $T < T_B^*$，$T < T_A^*$，T-x-y 图上有最低点。在 T-x-y 图的最低点，或 p-x-y 图的

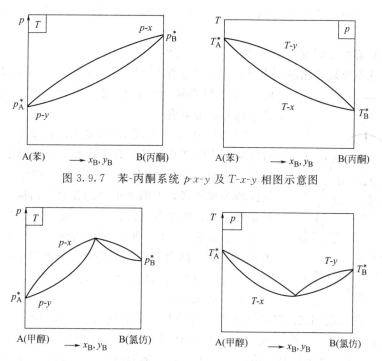

图 3.9.7 苯-丙酮系统 p-x-y 及 T-x-y 相图示意图

图 3.9.8 甲醇-氯仿系统 p-x-y 及 T-x-y 相图示意图

最高点处,气液两相组成相同。称平衡时气相与液相组成相同的系统为恒沸混合物,恒沸混合物对应的温度称为恒沸温度。甲醇和氯仿系统为具有最低恒沸温度的系统。

(3) 最大负偏差类型

这类系统(如氯仿-丙酮系统,图 3.9.9),在某浓度范围内,溶液的蒸气压小于两个纯组分的蒸气压,即 $p<p_B^*$、$p<p_A^*$,其 p-x-y 相图上有最低点;沸点在该范围内高于两纯组分的沸点,即 $T>T_B^*$、$T>T_A^*$,T-x-y 图上有最高点。此类系统称为具有最高恒沸温度的系统。

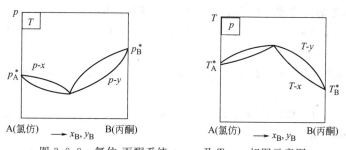

图 3.9.9 氯仿-丙酮系统 p-x-y 及 T-x-y 相图示意图

应该指出,系统处于恒沸点时,气、液相组成相同,为一浓度限制条件,$R'=1$,$f^*=C-\Phi+1=1-2+1=0$。

形成恒沸混合物的系统,通过精馏进行分离时,不能同时得到两种纯物质,如塔顶(低温)得到某纯组分,则塔底(高温)必然得到恒沸物,反之亦然,故须依据所欲得到的纯物质选择原料混合物的组成。其原理读者可依据精馏原理自行分析。

3.9.3 二组分液态部分互溶系统的气液平衡相图

许多性质差别较大的两组分混合时,尽管在一定比例和温度范围内完全互溶,而在其他条件下只能部分互溶，如水-正丁醇系统、水-苯胺系统、水-苯酚系统等，称之为液态部分互溶系统。

(1) 部分互溶系统液-液平衡相图——溶解度图

在保证系统不出现气相的压力下，测定系统溶解度与温度的关系，可作出其溶解度图，以水-正丁醇系统为例，见图 3.9.10。纵坐标是系统温度，横坐标为系统组成。

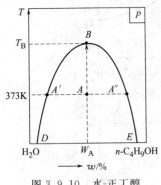

图 3.9.10 水-正丁醇溶解度图

图 3.9.10 中，曲线 DBE 的 DB 段是正丁醇在水中的溶解度随温度的变化曲线，BE 是水在正丁醇中的溶解度随温度的变化曲线。DBE 曲线将平面分成两个区域，曲线以外的区域为单相区，即两个组分的完全混溶区。曲线以内的区域是两相区，即部分互溶区。如一定温度下处于 A 点的二组分系统会分成 A' 和 A'' 两个平衡的液相，A' 是正丁醇在水中的饱和溶液，称为水相；A'' 是水在正丁醇中的饱和溶液，称为醇相，二者称为共轭溶液（或共轭相）。两共轭相的数量可用杠杆规则求得。

温度升高，两共轭相之间的连线变短，即两共轭相组成趋近，表明水和正丁醇互溶度变大。当温度达到 T_B 时，系统达到 B 点，两共轭液相组成完全相同，此点称为临界会溶点（曲线的最高点），T_B 称为临界会溶温度。在临界会溶温度以上，两组分可以任意比例完全互溶。

对于该凝聚系统，可认为溶解度不受压力影响，其自由度 $f^* = C - \Phi + 1$，则各处自由度为：单相区 $f^* = 2 - 1 + 1 = 2$，两相区（包括溶解度曲线）$f^* = 2 - 2 + 1 = 1$，临界会溶点 $f^* = (2-1) - 2 + 1 = 0$。

除上述类型外，部分互溶系统还有"具有最低临界会溶温度"、"同时具有最低、最高临界会溶温度"、"不具有临界会溶温度"等类型，可参阅有关资料。

【例 3.9.2】 已知水-苯酚系统在 30℃ 液-液平衡时，共轭溶液的组成（含苯酚质量分数，%）为：L_1（苯酚溶于水）8.75；L_2（水溶于苯酚）69.9。求：

(1) 在 30℃ 下，100g 苯酚和 200g 水形成的系统达液-液平衡时，两液相的质量各为多少？

(2) 在上述系统中，若再加入 100g 苯酚，重新又达到相平衡，两液相的质量各变为多少？

解：(1) 设 L_1、L_2 相的质量分别为 m_1、m_2

根据质量平衡，有

$$\left(\frac{100}{300} - 0.0875\right) m_1 = \left(0.699 - \frac{100}{300}\right) m_2 \tag{1}$$

$$m_1 + m_2 = 300\text{g} \tag{2}$$

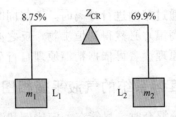

解之，得 $m_1 = 179.4\text{g}$，$m_2 = 120.6\text{g}$

（2）温度、压力不变，再加入100g苯酚，两液相组成不变。

但总组成
$$z'_{\text{酚}} = \frac{200}{400} = 0.5$$

由质量平衡，有
$$(0.5 - 0.0875)m'_1 = (0.699 - 0.5)m'_2 \tag{3}$$
$$m'_1 + m'_2 = 400\text{g} \tag{4}$$

联解式(3)、式(4)，得
$$m'_1 = 130.2\text{g},\ m'_2 = 269.8\text{g}$$

（2）气-液平衡相图（沸点-组成图）

二组分部分互溶系统气-液平衡相图有多种形式，在此仅介绍其中一种。以水-正丁醇系统为例。

在一定压力下将系统升温，当温度超过其最高临界会溶温度后开始出现气相时，其相图如图3.9.11(a)所示。图的上半部为高温下具有最低恒沸点的气-液平衡相图（沸点-组成图），下半部为低温下的液-液平衡相图。相图分析可参照前述相关内容。若系统压力降低，液-液平衡受压力影响较小，溶解度曲线变化不大，但系统沸点降低，气液平衡曲线将下移。当压力降至某值时，系统在低于临界会溶温度时即开始出现气相，气液平衡曲线与液液平衡曲线相交，其相图如图3.9.11(b)所示。

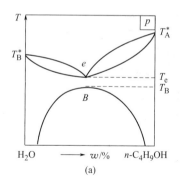
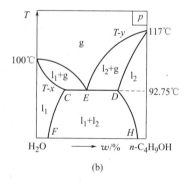

图 3.9.11 两种液相部分互溶系统的气液平衡相图

图3.9.11(b)中，CED线以上部分与最低恒沸点的气-液平衡相图（沸点-组成图）相似，以下部分与液-液平衡相图相同。系统点处于CED线时，系统水相（C点）、醇相（D点）和气相（E点）三相平衡共存，其条件自由度为0（压力一定），即两共轭液相和气相的组成均固定不变。若系统点在C点与E点之间，持续对系统加热，两液相不断挥发，最终醇相消失，系统温度升高，进入水相与气相的气液平衡区。反之，系统点在E点与D点之间时，则进入醇相与气相平衡区。

3.9.4　二组分完全不互溶系统——水蒸气蒸馏

若两个完全不互溶的液相A和B平衡共存于同一系统中，达到气液平衡时，由于二者都是纯液体，挥发能力均与其单独存在时相同，则在气相中的分压力均等其单独存在时的饱和蒸气压，气相总压 $p = p_A^* + p_B^*$，恒大于其中任意组分的饱和蒸气压。故在一定压力下系统的沸点恒低于任意纯组分的沸点。在完全不互溶系统温度-组成图（图3.9.12）中，T_A、T_B分别是纯液体A和B在压力p下的沸点温度，而CED线则代表系统的沸点。

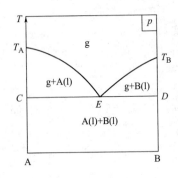

图 3.9.12 完全不互溶系统温度-组成图

三相平衡共存时,$f^* = C - \Phi + 1 = 2 - 3 + 1 = 0$,因此,压力一定,三相平衡时的温度及组成不变。平衡气相的组成可由式(3.9.5)计算:

$$y_B = \frac{p_B^*}{p} = \frac{p_B^*}{p_A^* + p_B^*} \tag{3.9.5}$$

应用此原理,可用水蒸气蒸馏提纯有机物。某些有机液体在其正常沸点下容易分解,可利用其与水完全不互溶的性质,将其与水(或通入水蒸气)一起蒸馏,可在较低温度下将其蒸馏提纯。蒸出一定量有机物所需的水蒸气量可由下式计算。

设 A—H_2O,B—有机物。

因为

$$\frac{p_B^*}{p_A^*} = \frac{n_B}{n_A} = \frac{M_A m_B}{m_A M_B}$$

所以

$$\frac{m_B}{m_A} = \frac{p_B^* M_B}{p_A^* M_A} \tag{3.9.6}$$

式中,$\dfrac{m_B}{m_A}$ 表示通入1kg水蒸气所蒸出的有机物的量,称为水蒸气蒸馏效率。

【例 3.9.3】 水和溴苯可形成完全不互溶的系统,该系统在外压为101.325kPa 时,其沸点为95.4℃,此温度下溴苯的饱和蒸气压为15.700kPa。计算:

(1) 在95.4℃时,对溴苯进行水蒸气蒸馏的馏出物中,溴苯的质量分数 $w(C_6H_5Br)$;

(2) 蒸出10kg溴苯时,需消耗水蒸气的质量为多少?

解: (1) 根据道尔顿分压定律,气相中溴苯和水的物质的量分数分别为

$$y(C_6H_5Br) = p^*(C_6H_5Br)/p = 15.700/101.325 = 0.1549$$

$$y(H_2O) = 1 - y(C_6H_5Br) = 1 - 0.1549 = 0.8451$$

所以,馏出物中溴苯的质量分数为

$$w(C_6H_5Br) = y(C_6H_5Br)M(C_6H_5Br)/[y(H_2O)M(H_2O) + y(C_6H_5Br)M(C_6H_5Br)]$$
$$= (0.1549 \times 156.9)/(0.8451 \times 18 + 0.1549 \times 156.9) = 0.615$$

(2) 欲蒸出10kg溴苯,需消耗水蒸气的质量为

$$m(H_2O) = \frac{m(C_6H_5Br)p^*(H_2O)M(H_2O)}{p^*(C_6H_5Br)M(C_6H_5Br)}$$

$$= \frac{10 \times (101.325 - 15.700) \times 0.018}{15.700 \times 0.1569} \text{kg} = 6.257 \text{kg}$$

§3.10 液-固平衡相图

核心内容

1. 固液相图的制备方法
   ① 热分析方法——步冷曲线法;
   ② 溶解度法。
2. 具有简单低共熔点的相图及生成化合物的相图的分析

此部分仅讨论液相完全互溶系统的相图。液相完全互溶系统液固平衡相图主要有以下类型：

$$\text{二组分固液平衡相图（液相完全互溶）}\begin{cases}\text{固相完全不互溶}\begin{cases}\text{具有简单低共熔点}\\\text{生成化合物}\begin{cases}\text{生成稳定化合物}\\\text{生成不稳定化合物}\end{cases}\end{cases}\\\text{固相部分互溶}\\\text{固相完全互溶}\end{cases}$$

3.10.1 固相完全不互溶系统固液相图——熔点-组成图

（1）形成简单低共熔混合物系统的熔点-组成图

① 热分析法　热分析法是绘制固液相图（熔点-组成图）的常用方法。基本做法是：将系统加热到二组分熔点温度以上，然后使其在稳定的环境条件下缓慢冷却，记录系统温度随时间的变化，绘制温度（纵坐标）-时间（横坐标）曲线，称为步冷曲线。

系统冷却过程中，若不出现相变，步冷曲线为连续变化的曲线。若出现相变化，则由于相变热存在，步冷曲线会出现平台（一段时间内温度不随时间变化）或斜率变化。配制不同组成的二组分系统，测得一系列步冷曲线，根据系统组成和步冷曲线的形状，可以确定出组成和相变温度的关系，进而得到固液系统的熔点-组成图。

Cd-Bi 可形成简单低共熔混合物系统，以 Cd-Bi 系统为例，说明用热分析法制作固液相图的方法，并对此类相图的特点进行分析。

配制含 Cd 分别为 0%(a)，20%(b)，40%(c)，70%(d)，100%(e) 的五个系统，实验制作其步冷曲线，如图 3.10.1 所示。

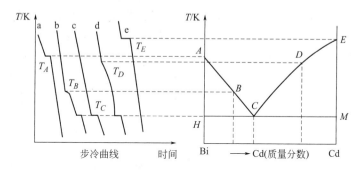

图 3.10.1　Cd-Bi 系统步冷曲线及相图示意图

纯 Bi 的步冷曲线(a) 在 T_A 时出现平台，此即为 Bi 的熔点。对单组分系统，压力一定时，$f^*=1-2+1=0$，故两相共存时温度不变，凝固后温度开始下降。

含 Cd 20% 的系统(b)　冷却时，在 T_B 温度时开始出现纯固态 Bi，与溶液呈两相平衡，$f^*=2-2+1=1$，步冷曲线仍下降而不是出现平台，但温度下降速率减慢，冷至 T_C 时，又开始出现固态 Cd，系统三相平衡，$f^*=2-3+1=0$，温度不再变化，直到系统全部固化，成为两种纯金属的细微晶粒组成的金属固相混合物（两相）后，温度才能继续下降。

由系统 (c) 的步冷曲线可知，三相平衡时，液相含 40% 的 Cd。

同理，可在图中标出 (d) 和 (e) 系统的相变点，其中，D 点代表液相与纯 Cd 平衡，E 点温度 T_E 是纯 Cd 的熔点。

将各相变点连线，即可得到 Cd-Bi 系统的熔点-组成图。

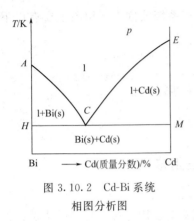

图 3.10.2 Cd-Bi 系统相图分析图

含 40%Cd 的固态系统在 T_C 时两种金属同时熔化，低于两种纯金属的熔点 T_A 和 T_E，称为低共熔点，该混合物称为低共熔混合物。该类相图称为形成简单低共熔混合物系统的相图。

相图（图 3.10.2）中有三条多相平衡曲线：AC 线是 $Bi(s)$ 与液相共存时的液相组成线。CE 线是 $Cd(s)$ 与液相共存时的液相组成线。HCM 线是 $Bi(s)$、$Cd(s)$ 和液相三相平衡线。ACE 以上区域是液相区，ACH 区是固态 $Bi(s)$ 与液相平衡区，ECM 区为固态 $Cd(s)$ 与液相平衡区，HCM 线以下区域是两相区：$Bi(s)$ 和 $Bi(s)$ 组成的两相区。

② 盐水系统相图——溶解度法　许多盐-水系统是具有简单低共熔点的系统，其相图多用溶解度法绘制。以 $(NH_4)_2SO_4$-H_2O 系统为例。在不同温度下，分别测定 $(NH_4)_2SO_4$ 饱和水溶液的浓度及固相组成，以温度作为纵坐标，组成作为横坐标，将所得数据点描于图上，即得盐水系统相图，如图 3.10.3 所示。

图中，AL 线是冰与溶液的平衡线，也可看作是加入盐后水的冰点下降曲线。AN 线是硫酸铵与溶液的平衡线；需要注意，在一定压力下，AN 线不能向上随意延长，因为温度达到 N 点后系统开始沸腾。BAC 线是冰、硫酸铵及溶液三相平衡线。A 点是系统的低共熔点（254.1K）；低共熔混合物组成是 38.4%（$NH_4)_2SO_4$（质量分数）。

③ 低共熔点相图的应用　对于熔点差别较大且具有低共熔点的二组分系统，常可依据固液平衡原理，进行结晶分离以得到纯组分。以硫酸铵提纯为例说明此类相图在盐类精制或分离上的应用。如欲利用 $(NH_4)_2SO_4$-H_2O 系统提纯粗硫酸铵时，首先将粗硫酸铵溶于水中，加热至 S 点（图 3.10.4），此时系统为不饱和溶液。将 S 系统恒压降温至接近 M 点，过滤除去不溶性杂质。滤液继续冷却至 R 点，滤液析出结晶，结晶即为纯硫酸铵。将结晶过滤，剩下的母液浓度可由 y 点读出。将 y 点母液加热至 W 点，并添加粗硫酸铵至 S 点，再进行冷却、过滤、冷却，又可得到结晶硫酸铵，如此反复，即可将粗硫酸铵提纯。

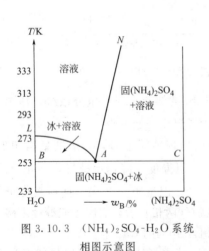

图 3.10.3 $(NH_4)_2SO_4$-H_2O 系统相图示意图

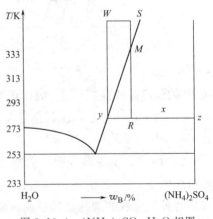

图 3.10.4 $(NH_4)_2SO_4$-H_2O 相图应用示意图

利用水-盐系统可形成低共熔点的性质，可以以相图为指导，配制出具有低熔点的盐水溶液，作为冷冻循环液。如 $w=29.9\%$ 的 $CaCl_2$ 水溶液，其低共熔点为 $-55℃$。

利用相图还可以配制出具有低共熔点的金属合金,如 Pb-Sn 合金,其熔点低于纯金属的熔点。

(2) 形成化合物的系统

① 形成稳定化合物的系统　许多具有低共熔点系统中两组分会发生化学反应生成化合物,如 $C_6H_5OH(A)$-$C_6H_5NH_2(B)$ 系统可形成化合物 $C_6H_5OH \cdot C_6H_5NH_2$ (C),CuCl(A)-$FeCl_3$(B) 系统可形成化合物 $CuCl \cdot FeCl_3$(C) 等,此类系统中形成的化合物可在固相中稳定存在,称为稳定化合物。在固相时 A、B、C 完全不互溶,则其固液相图如图 3.10.5 所示。

图 3.10.5 的左边一半是化合物 C 与 A 构成的低共熔点相图,E_1 是 A 与 C 的低共熔点;右边一半是化合物 C 与 B 构成的相图,E_2 是 B 与 C 的低共熔点。如果系统浓度等于化合物浓度,冷却到化合物熔点时,系统只有纯固态化合物 C 析出,温度保持不变,直至熔化物全部凝固为止,相当于单组分系统。此时,系统 $C=1$,$f^*=1-2+1=0$。

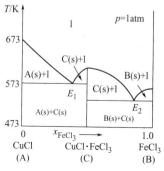

图 3.10.5　形成稳定化合物系统的固液相图

如果二组分系统中可以形成 n 种稳定化合物,其相图可看作由 ($n+1$) 个简单低共熔点相图组成,如水和硫酸的系统,可以形成三种稳定化合物,其相图见图 3.10.6。

② 形成不稳定化合物的系统　若 A、B 组分形成的固态化合物在熔点以下即分解为熔化物(液相)和另一种固体(可以是 A、B,亦可是新物质),该类化合物称为不稳定化合物,其分解反应称为转熔反应。如 $CaF_2(s)$ 和 $CaCl_2(s)$ 可以生成化合物 $CaF_2 \cdot CaCl_2(s)$,其相图如图 3.10.7 所示。加热 $CaF_2 \cdot CaCl_2(s)$(C),在未达到其熔点温度时,$CaF_2 \cdot CaCl_2$(s) 即可分解为纯 $CaF_2(s)$(M 点)和不同于 $CaF_2 \cdot CaCl_2$ 组成的液相熔化物(N 点)。

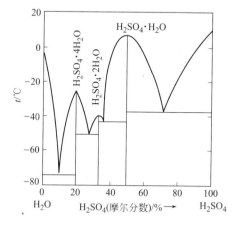

图 3.10.6　形成多种稳定化合物系统的固液相图

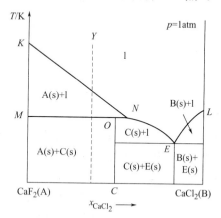

图 3.10.7　CaF_2-$CaCl_2$ 系统相图

若熔化物组成在 M、N 点之间时,如 Y 点,冷却该系统,到达 KN 线时,纯 $CaF_2(s)$ 与液相共存。继续降低温度,$CaF_2(s)$ 不断析出,液相组成沿 KN 线下降;到达 MON 线时,$CaF_2(s)$ 和 $CaF_2 \cdot CaCl_2(s)$ 同时析出,与液相(组成为 N 点)共存,成为三相平衡系统,$R=1$,$C=3-1-0=2$,$f^*=2-3+1=0$。直至液相完全消失,温度方可继续下降,进入 $CaF_2(s)$ 与 $CaF_2 \cdot CaCl_2(s)$ 构成的两相区。

3.10.2 固相部分互溶系统固液相图

(1) 具有低共熔点的熔点-组成相图

某些二组分系统液相完全互溶,固相部分互溶且具有低共熔点,如 Cu-Ag、Sn-Pb、KNO_3-$NaNO_3$ 等系统,其熔点-组成图见图 3.10.8。此类相图与二组分液相部分互溶系统沸点-组成图非常相似。图的上部区域为液相区,t_A 和 t_B 分别是 Cu 和 Ag 的熔点,α 是 Cu 溶于 Ag 中形成的固溶体,β 是 Ag 溶于 Cu 中形成的固溶体。$t_A E$ 线是与固溶体 α 共存的液相组成线,$t_B E$ 线是与固溶体 β 共存的液相组成线。FEG 是 α、β 和组成为 E 的液相的三相平衡线,所处的温度是系统的低共熔点。组成为 E 的系统降温到此温度时两种不同组成的固溶体 α 和 β 同时析出,故 FEG 线又称为共晶线。FC 线是 Cu 在 Ag 中形成固溶体的溶解度曲线,GD 线是 Ag 在 Cu 中形成固溶体的溶解度曲线。M 点系统冷却时的步冷曲线及相态变化如图中所示。

由相图可以分析出欲得到固体部分互溶系统低共熔合金应按什么比例配制。

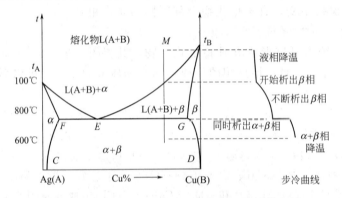

图 3.10.8 具有低共熔点的固相部分互溶系统相图

(2) 具有转变温度的熔点-组成图

如果固相部分互溶系统共熔点高于其中某纯组分的熔点(如 A 组分),其相图和步冷曲线示例如图 3.10.9 所示。图中有三个单相区和三个两相区,各区域及各点的意义可参照图 3.10.8 进行分析。二者不同之处在于,在 LS_1S_2 线以上时,系统中不出现 α 相。当 M 点系统冷却时,冷至 Lt_B 线开始出现固溶体 β,随温度下降,析出的 β 相越来越多,接近 LS_1S_2 线时纯 β 相析出数量最多。到达 LS_1S_2 线后,$\alpha(S_1)$、$\beta(S_2)$ 相与液相三相共存,部分固溶体 $\beta(S_2)$ 与液相 L 转化为固溶体 $\alpha(S_1)$,即 L + $\beta(S_2) \longrightarrow \alpha(S_1)$,此过程称为转晶反应,此温度称为转熔温度。三相平衡时,两固溶体 $\alpha(S_1)$、$\beta(S_2)$ 中 A 组分含量小于液相。

Hg-Cd 系统为具有转熔温度的系统。在镉标准电池中,采用的镉汞齐电极含 Cd 5%~14%,常温下,此系统处于熔化物与固溶体 α 两相平衡区,其相浓度有确定数值。当系统中 Cd 含量发生微小变化时,只能改变两相的相对数量(杠杆原理),而不会改变两相的浓度,因此电极电势可以保持不变的数值。

3.10.3 固相完全互溶系统固液相图

固相完全互溶系统固液相图也可以用热分析法绘制,其形状类似于二组分液相完全互溶系统的气液相图,类型也分为正常类型 [图 3.10.10(a)]、具有最低共熔点 [图 3.10.10(b)] 和最高共熔点 [图 3.10.10(c)] 的类型。相图分析可参照二组分液相完全互溶系统的气液相图进行。

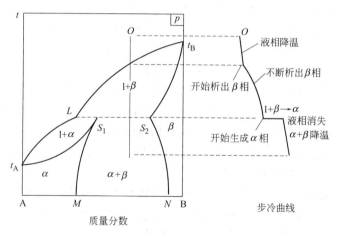

图 3.10.9 具有转变温度的固相部分互溶系统相图

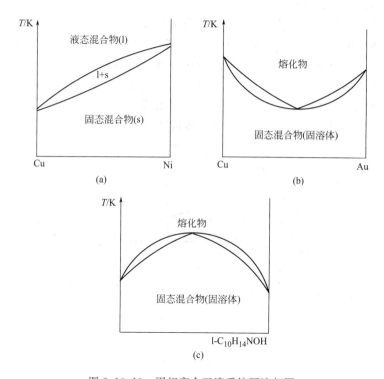

图 3.10.10 固相完全互溶系统固液相图

3.10.4 复杂固液系统相图分析

固液相图在工业生产、科学研究中具有广泛应用,如无机材料及金属材料制备、固液分离、岩矿组分分析等。

许多固液系统中,可出现多种稳定或不稳定的化合物,纯物质也可存在多种晶型,各固相之间互溶情况复杂,使相图呈现十分复杂的形状。解析此类相图时,应注意其中的低共熔点、固体晶型、固态混合物、固态化合物、转晶反应等情况,将其视为多个简单相图的复合图,可以正确地进行静态分析、动态分析及自由度分析。

如图 3.10.11 是铁碳合金相图的一部分。因为碳的质量分数＞6.69% 的铁碳合金脆性极大，没有使用价值。另外，Fe_3C 中的碳的质量分数为 6.69%，是个稳定的金属化合物，称为渗碳体，可以作为一个组元，因此，研究的铁碳合金相图实际上是 Fe-Fe_3C 相图。

铁有三种晶型：α-Fe（体心立方）、γ-Fe（面心立方）和 δ-Fe（体心立方），α-Fe 与 γ-Fe 的转变温度是 910℃（G 点），γ-Fe 与 α-Fe 的转变温度是 1390℃（N 点）。三种晶型均可与碳形成固态混合物，并且大都有特殊的名称。如碳在 γ-Fe 中的固态混合物称为奥氏体，碳在 α-Fe 中的固态混合物称为 α-铁素体，碳在 δ-Fe 形成的固态混合物称为 δ-铁素体。

图中有四个单相区：$QPGQ$ 区是 α-铁素体铁区。$GSEJNG$ 区是奥氏体区。$NHAN$ 区是 δ-铁素体铁区。$ABDP$ 线以上是液相区。

图中有两个低共熔混合物：D 点代表的是奥氏体与渗碳体组成的低共熔混合物，称为莱氏体。EDF 线是奥氏体、Fe_3C 和液相低共熔混合物的三相平衡线。S 点代表的是 α-铁素体与 Fe_3C 形成的类低共熔体，为固相，称为珠光体，具有低共熔性质。PSK 线是 α-铁素体、Fe_3C 和珠光体三相平衡线。

图中有 7 个二相区，区中物质种类与相态均在图中标明。

若含碳量为 3%（图中的 X 点）液相冷却，到达 BD 线时，开始析出奥氏体。此后液相组成沿 BD 线变化，奥氏体的成分沿 JE 线变化。当液相到达 D 点时，成为三相平衡，即奥氏体、液相和渗碳体平衡。其中，奥氏体和 Fe_3C 形成低共熔混合物莱氏体。继续冷却，液相消失，奥氏体组成沿 ES 线变化，系统由奥氏体和莱氏体组成。到达 PSK 线时，奥氏体转变为珠光体，系统由珠光体和 Fe_3C 组成。各区域及各线的自由度读者可自行分析。

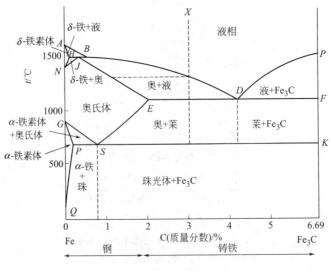

图 3.10.11　铁碳合金相图

根据相图可以给工业上的铁碳合金进行分类。

含碳量小于 0.2% 时称为熟铁。含碳量少于 2% 的铁称为钢。钢加热可以获得均相固态混合物奥氏体。

含碳量大于 2% 称为生铁（铸铁）。生铁加热不能得到奥氏体。如果生铁中碳全部以化合物 Fe_3C 的形式结合，则该生铁称为白口铁。若生铁中的碳全部以石墨的形式存在，则称为灰口铁。

应该指出，相图是按照系统达到平衡时的状态制作的。如果高温下的系统以较快的速度冷却时，系统相态不能达到平衡态，则会出现不平衡的结构。如淬火时，使高碳钢在奥氏体存在的温度下急速冷却，会得到一种不同于珠光体的结构，称为马氏体，是一种不平衡的针状结构，质地硬而脆。使用回火的办法可使马氏体转化为接近平衡态，即 α-铁素体和 Fe_3C 的共晶组织，成为具有力学性能很好的钢材。控制马氏体的回火过程，可以控制钢的力学性能，这一原理是钢热处理过程的理论基础。

本章基本要求

1. 明确溶液的定义及其组成的表示方法。
2. 掌握偏摩尔量和化学势的定义，理解其物理意义；了解理想气体化学势表示式及标准态的规定。
3. 明确拉乌尔定律、亨利定律的内容，熟悉其应用。
4. 掌握理想液态混合物和理想稀溶液的定义及其性质。
5. 了解理想液态混合物、理想稀溶液、真实液态混合物及真实实际溶液中各组分化学势的表达式，了解式中各项的物理含义及标准态的规定。
6. 理解逸度、活度的概念，了解蒸气压法求活度系数的方法。
7. 理解相律，掌握其在相图中的应用。
8. 掌握水相图的分析，会运用克劳修斯-克拉佩龙方程进行相关计算。
9. 理解二组分理想液态混合物和真实液态混合物气液平衡系统的 p-x-y 及 T-x-y 相图中点、线、面的含义，会结合相图分析状态变化时系统相态的变化，会应用相律分析相图，会应用杠杆规则计算各相的量，理解精馏的原理。
10. 理解二组分部分互溶体系的溶解度相图及完全不互溶系统相图中点、线、面的含义，能应用杠杆规则计算各相的量，了解水蒸气蒸馏原理。
11. 了解如何用热分析法和溶解度法制作二组分系统的液固平衡相图，掌握完全不互溶系统、形成稳定化合物和不稳定化合物系统相图中点、线、面的含义，会应用相律分析相图；了解液固平衡相图的应用。

自测题

1. 冰的熔点随压力的增加而（　　）。
   (a) 升高　　　　(b) 降低　　　　(c) 不变　　　　(d) 无法判断
2. 单组分系统两相平衡（　　）。
   (a) $\dfrac{d\ln p}{dT} = \dfrac{\Delta H}{RT^2}$　　(b) $\dfrac{dT}{dp} = \dfrac{T\Delta V}{\Delta H}$　　(c) 自由度是零　　(d) 化学势是零
3. 方程 $\dfrac{d\ln p}{dT} = \dfrac{\Delta H_m}{RT^2}$ 适用于下列变化中的哪一种？（　　）
   (a) 固态碘与碘蒸气的两相平衡系统
   (b) 1 mol 氧气从始态 T_1、p_1 变化到 T_2、p_2
   (c) 乙醇与水溶液的气液两相平衡系统
   (d) 氨基甲酸铵分解为氨气和二氧化碳
4. 关于克劳修斯-克拉佩龙方程下列说法错误的是（　　）。
   (a) 该方程仅适用于单组分液-气平衡
   (b) 该方程既适用于单组分液-气平衡又适用于固-气平衡

(c) 该方程假定气体的体积远大于液体或固体的体积
(d) 该方程假定与固相或液相平衡的气体为理想气体

5. 某单组分系统的 $V_m(l) > V_m(s)$，当压力升高时其熔点将（　　）。
(a) 不变　　　　(b) 降低　　　　(c) 升高　　　　(d) 不确定

6. 1molA 与 n(mol)B 组成的溶液，体积为 $0.65 dm^3$，当 $x_B = 0.8$ 时，A 的偏摩尔体积 $V_A = 0.090 dm^3 \cdot mol^{-1}$，那么 B 的偏摩尔体积 V_B 为（　　）。
(a) $0.010 dm^3 \cdot mol^{-1}$　　　　(b) $0.072 dm^3 \cdot mol^{-1}$
(c) $0.028 dm^3 \cdot mol^{-1}$　　　　(d) $0.140 dm^3 \cdot mol^{-1}$

7. A,B,C 三种物质组成的溶液，物质 C 的偏摩尔量为（　　）。
(a) $(\partial \mu / \partial n_C)_{T, p, n_A, n_B}$　　　　(b) $(\partial G / \partial n_C)_{T, p, n_A, n_B}$
(c) $(\partial A / \partial n_A)_{T, p, n_A, n_B}$　　　　(d) $(\partial H / \partial n_C)_{S, p, n_A, n_B}$

8. 关于偏摩尔量，下面的叙述中不正确的是（　　）。
(a) 偏摩尔量是状态函数，其值与物质的数量无关
(b) 系统的强度性质无偏摩尔量
(c) 纯物质的偏摩尔量等于它的摩尔量
(d) 偏摩尔量的数值只能为正数或零

9. 下列四个偏微商中哪个既是偏摩尔量，又是化学势？（　　）
(a) $\left(\dfrac{\partial U}{\partial n_B}\right)_{S, V, n_C}$　　(b) $\left(\dfrac{\partial H}{\partial n_B}\right)_{S, p, n_C}$　　(c) $\left(\dfrac{\partial A}{\partial n_B}\right)_{T, V, n_C}$　　(d) $\left(\dfrac{\partial G}{\partial n_B}\right)_{T, p, n_C}$

10. 饱和溶液中溶质的化学势 μ 与纯溶质的化学势 μ^* 的关系式为（　　）。
(a) $\mu = \mu^*$　　(b) $\mu > \mu^*$　　(c) $\mu < \mu^*$　　(d) 不能确定

11. 在 α, β 两相中均含有 A 和 B 两种物质，当达到平衡时，下列哪种情况是正确的？（　　）
(a) $\mu_A^\alpha = \mu_B^\alpha$　　(b) $\mu_A^\alpha = \mu_A^\beta$　　(c) $\mu_A^\alpha = \mu_B^\beta$　　(d) $\mu_A^\beta = \mu_B^\beta$

12. 25℃ 时，A 与 B 两种气体的亨利常数关系为 $k_A > k_B$，将 A 与 B 同时溶解在某溶剂中达溶解平衡，若气相中 A 与 B 的平衡分压相同，那么溶液中的 A、B 的浓度为（　　）。
(a) $c_A < c_B$　　(b) $c_A > c_B$　　(c) $c_A = c_B$　　(d) 无法确定

13. A、B 二组分组成理想液态混合物，在一定温度下，若 $p_A^* > p_B^*$，则（　　）。
(a) $y_A > x_A$　　(b) $y_A = x_A$　　(c) $y_A < x_A$　　(d) 无法判断

14. 对于理想液态混合物，下列成立的是（　　）。
(a) $\Delta_{mix} H = 0$，$\Delta_{mix} S = 0$　　(b) $\Delta_{mix} H = 0$，$\Delta_{mix} G = 0$
(c) $\Delta_{mix} V = 0$，$\Delta_{mix} H = 0$　　(d) $\Delta_{mix} V = 0$，$\Delta_{mix} S = 0$

15. 某稀溶液中溶质 B 的化学势（　　）。
(a) 只能有一种表达形式　　　　(b) 只能有一个确定的值
(c) 只能有一种标准态　　　　(d) 只能因 A 的浓度表示方法而改变

16. 纯溶剂中加入非挥发性溶质后，沸点升高。该溶液中溶剂的化学势比未加溶质前（　　）。
(a) 升高　　　　(b) 相等　　　　(c) 降低　　　　(d) 不确定

17. 少量蔗糖放入水中形成稀溶液后将引起溶液（　　）。
(a) 凝固点升高　　(b) 沸点降低　　(c) 蒸气压降低　　(d) 三个都不对

18. 在 0.1kg H_2O 中含 0.0045kg 某纯非电解质的溶液,于 272.685K 时结冰,该溶质的摩尔质量最接近于( )。
   (a) $0.135kg \cdot mol^{-1}$ (b) $0.172kg \cdot mol^{-1}$
   (c) $0.090kg \cdot mol^{-1}$ (d) $0.180kg \cdot mol^{-1}$
   已知水的凝固点降低常数 K_f 为 $1.86K \cdot mol^{-1} \cdot kg$。

19. 在 288K 时 $H_2O(l)$ 的饱和蒸气压为 1702Pa,0.6mol 的不挥发性溶质 B 溶于 $0.540kg$ H_2O 时,蒸气压下降 42Pa,溶液中 H_2O 的活度系数 γ_x 应该为( )。
   (a) 0.9804   (b) 0.9753   (c) 1.005   (d) 0.9948

20. 在定压下,NaCl 晶体、蔗糖晶体与它们的饱和水溶液平衡共存时,组分数 C 和条件自由度 f' ( )。
   (a) $C=3$,$f'=1$ (b) $C=3$,$f'=2$ (c) $C=4$,$f'=2$ (d) $C=4$,$f'=3$

21. Na_2CO_3 可形成三种水合盐:$Na_2CO_3 \cdot H_2O$、$Na_2CO_3 \cdot 7H_2O$ 及 $Na_2CO_3 \cdot 10H_2O$,常压下当将 $Na_2CO_3(s)$ 投入其水溶液中,待达三相平衡时,一相是 Na_2CO_3 水溶液,一相是 $Na_2CO_3(s)$,则另一相是( )。
   (a) 冰   (b) $Na_2CO_3 \cdot 10H_2O(s)$
   (c) $Na_2CO_3 \cdot 7H_2O(s)$ (d) $Na_2CO_3 \cdot H_2O(s)$

22. 水的冰点与水的三相点相比,冰点( )。
   (a) 高   (b) 低   (c) 二者相等   (d) 无法判断

23. 通常情况下,对于二组分系统能平衡共存的最多相为( )。
   (a) 1   (b) 2   (c) 3   (d) 4

24. 已知 373K 时液体 A 的饱和蒸气压为 66.7kPa,液体 B 的饱和蒸气压为 101kPa,设 A 和 B 构成理想液态混合物,则当 A 在溶液中的物质的量分数为 0.5 时,气相中 A 的物质的量分数应为( )。
   (a) 0.199   (b) 0.301   (c) 0.398   (d) 0.602

25. 理想液态混合物的沸点( )。
   (a) 一定介于两纯组分沸点之间   (b) 一定大于任一纯组分的沸点
   (c) 一定小于任一纯组分的沸点   (d) 无法与纯组分的沸点比较大小

26. 已知纯 A 和纯 B 的饱和蒸气压 $p_A^* < p_B^*$,且 A 和 B 所组成的系统具有最高恒沸点。向 A 中不断加入 B,则溶液的蒸气压( )。
   (a) 不断增大   (b) 不断减小   (c) 先增大后减小   (d) 先减小后增大

27. 具有最低恒沸点的真实溶液,一定压力下,其最低恒沸点处的自由度为( )。
   (a) 2   (b) 1   (c) 0   (d) 3

28. 完全互溶的二组分溶液,在 $x_B=0.6$ 处平衡蒸气压有最高值,将 $x_B=0.4$ 的溶液进行精馏,塔顶将得到( )。
   (a) 纯 A   (b) 纯 B
   (c) $x_B=0.6$ 的恒沸混合物   (d) $x_B=0.4$ 的混合物

29. 部分互溶双液系,一定温度下若出现气液两相平衡,则( )。
   (a) 系统的组成一定
   (b) 两相的组成与系统的总组成无关,且两相的量之比为常数
   (c) 两相的组成与系统的总组成有关,且两相质量分数之比为常数
   (d) 两相的组成不定

30. 水蒸气蒸馏通常适用于某有机物与水组成的（　　）。
   (a) 完全互溶双液系　　　　　　(b) 互不相溶双液系
   (c) 部分互溶双液系　　　　　　(d) 所有双液系

31. 在有低共熔点存在的二元系统中，若步冷曲线上出现平台，此时，系统存在的相数（　　）。
   (a) 1　　　　(b) 2　　　　(c) 3　　　　(d) 2 或 3

32. 已知某混合物的最低共熔点的组成为含 B40%。含 B 为 20% 的 A、B 混合物降温至最低共熔点时，此时析出的固体为（　　）。
   (a) 固体 A　　　　　　　　　　(b) 固体 B
   (c) 最低共熔混合物　　　　　　(d) 组成小于 40% 的 A、B

33. 对简单低共熔系统，在最低共熔点，当温度继续下降时，系统存在（　　）。
   (a) 一相　　(b) 二相　　(c) 一相或二相　　(d) 三相

自测题答案

1. (b); 2. (b); 3. (a); 4. (a); 5. (c); 6. (d); 7. (b); 8. (d); 9. (d); 10. (a); 11. (b); 12. (a); 13. (a); 14. (c); 15. (b); 16. (c); 17. (c); 18. (d); 19. (d); 20. (a); 21. (d); 22. (b); 23. (d); 24. (c); 25. (a); 26. (d); 27. (c); 28. (c); 29. (c); 30. (b); 31. (d); 32. (c); 33. (b)

习题

1. 25℃时，将 NaCl 溶于 1kg 水中，形成溶液的体积 V 与 NaCl 物质的量 n 之间关系以下式表示：$V(\text{cm}^3) = 1001.38 + 16.625n + 1.7738n^{3/2} + 0.1194n^2$，试计算 1mol·kg^{-1} NaCl 溶液中 H_2O 及 NaCl 的偏摩尔体积。

答案：18.006cm^3·mol^{-1}；19.525cm^3·mol^{-1}

2. 298K 时有甲醇的物质的量分数为 0.4 的甲醇水溶液 1mol，如果往大量的此种溶液中加 1mol 水，溶液的体积增加 17.35mL；如果往大量的此种溶液中加 1mol 甲醇，溶液的体积增加 39.01mL，试计算将 0.4mol 的甲醇和 0.6mol 的水混合成一溶液时，此溶液的体积为若干？此混合过程中体积的变化为若干？已知 298K 时甲醇的密度为 0.7911g·mL^{-1}，水的密度为 0.9971g·mL^{-1}。

答案：26.01mL；-1.00mL

3. 在 25℃，1kg 水（A）中溶解有醋酸（B），当醋酸的质量摩尔浓度 b_B 介于 0.16mol·kg^{-1} 和 2.5mol·kg^{-1} 之间时，溶液的总体积：
$V/\text{cm}^3 = 1002.935 + 51.832[b_B/(\text{mol·kg}^{-1})] + 0.1394[b_B/(\text{mol·kg}^{-1})]^2$。
求：(1) 把水（A）和醋酸（B）的偏摩尔体积分别表示成 b_B 的函数关系式；
(2) $b_B = 1.5$mol·kg^{-1} 时水和醋酸的偏摩尔体积。

答案：(1) $V_A = \{18.053 - 0.0025[b_B/(\text{mol·kg}^{-1})]^2\}$ cm^3·mol^{-1}；
$V_B = \{51.832 + 0.2788[b_B/(\text{mol·kg}^{-1})]^2\}$ cm^3·mol^{-1}
(2) 18.047cm^3·mol^{-1}；52.250cm^3·mol^{-1}

4. 0℃、101325Pa 时，氧气在水中的溶解度为 4.490×10^{-2}dm^3·kg^{-1}。试求 0℃ 时，氧气在水中溶解的亨利系数 $k_x(O_2)$ 和 $k_b(O_2)$。

答案：$k_x(O_2) = 2.81 \times 10^9$Pa；$k_b(O_2) = 5.10 \times 10^7$Pa·kg·mol^{-1}

5. 15℃时，一定量的蔗糖（蔗糖不挥发）溶于水中形成溶液的蒸气压为 1600Pa，而该温度下纯水的饱和蒸气压为1700Pa。求：该溶液中蔗糖的物质的量分数为多少？（视为稀溶液）。

答案：0.059

6. 20℃，与100kPa的HCl蒸气成平衡的苯中，HCl的物质的量分数为0.042。测得20℃时苯与HCl构成的某系统中气相总压为100kPa，分析知此时每100g苯中有1.82g的HCl，求HCl在苯中20℃时的亨利常数及20℃时苯的饱和蒸气压（$M_{HCl}=36$，$M_{C_6H_6}=78$）。

答案：$k_{HCl}=2381$kPa；$p^*_{苯}=10.14$kPa

7. 20℃下HCl溶于苯中达平衡，气相中HCl的分压为101.325kPa时，溶液中HCl的摩尔分数为0.0425。已知20℃时苯的饱和蒸气压为10.0kPa，若20℃时HCl和苯蒸气总压为101.325kPa，求100g苯中溶解多少克HCl？

答案：1.867g

8. 293K下，HCl气体溶于苯中达气液平衡时，每0.1kg苯含HCl 1.87×10^{-3}kg。气相中苯的摩尔分数为0.095。求293K时HCl在苯中溶解的亨利系数。已知293K时苯的饱和蒸气压为10.011kPa。苯和HCl的摩尔质量分别为0.07811kg·mol^{-1}和0.03646kg·mol^{-1}。

答案：2381.72kPa

9. 293K，苯（1）的蒸气压是13.332kPa，辛烷（2）的蒸气压为2.6664kPa，现将1mol辛烷溶于4mol苯中，形成的溶液是理想液态混合物。计算：总蒸气压和气相组成。

答案：11.199kPa；$y_1=0.9524$，$y_2=0.0426$

10. 在$p=101.3$kPa、85℃时，由甲苯（a）及苯（b）组成的二组分液态混合物沸腾（视为理想液态混合物）。试计算该理想液态混合物在101.3kPa及85℃沸腾的液相组成及气相组成。已知85℃时纯甲苯和纯苯的饱和蒸气压分别为46.00kPa和116.9kPa。

答案：$x_b=0.780$；$x_a=0.220$；$y_a=0.100$；$y_b=0.900$

11. 2mol苯和3mol甲苯在25℃和101.325kPa下混合，设体系为理想液态混合物，求该过程的$\Delta_{mix}U$、$\Delta_{mix}H$、$\Delta_{mix}S$、$\Delta_{mix}A$、$\Delta_{mix}G$。

答案：$\Delta_{mix}U=0$；$\Delta_{mix}H=0$；$\Delta_{mix}S=28.0$J·K^{-1}；$\Delta_{mix}G=-8.350$kJ；$\Delta_{mix}A=-8.350$kJ

12. 413.15K时，纯C_6H_5Cl和纯C_6H_5Br的蒸气压分别为125.238kPa和66.104kPa。假定两液体组成理想液态混合物。若有一混合液，在413.15K、101.325kPa下沸腾，试求该溶液的组成以及在此情况下液面上蒸气的组成。

答案：$x(C_6H_5Cl)=0.596$；$x(C_6H_5Br)=0.404$；$y(C_6H_5Cl)=0.737$；$y(C_6H_5Br)=0.263$

13. 0.645g萘（$C_{10}H_8$）溶于43.25g二氧杂环己烷[$(CH_2)_4O_2$ 的正常沸点为100.8℃]时，沸点升高0.364℃，当0.784g联苯酰[$(C_6H_5CO)_2$]溶于45.75g二氧杂环己烷时沸点升高0.255℃，计算：

（1）沸点升高常数K_b；

（2）二氧杂环己烷的摩尔汽化热；

（3）联苯酰的摩尔质量。

答案：（1）3.124kg·K·mol^{-1}；（2）32.75kJ·mol^{-1}；（3）209.9

14. 葡萄糖（不挥发）溶于水形成稀溶液，其凝固点为-4℃，求此溶液在25℃时的蒸气压。已知25℃纯水的饱和蒸气压为3.167kPa，水的凝固点降低常数$K_f=1.86$K·mol^{-1}·kg。

答案：3.05kPa

15. 在 25.00g 水中溶解 0.771g HAc 时，测得该溶液的凝固点下降了 0.937℃。在 20g 苯中溶解 0.611g HAc 时测得该溶液的凝固点下降 1.254℃。求 HAc 在水和苯中的摩尔质量各为多少？所得结果说明什么问题。已知水和苯的凝固点下降常数分别为 1.86K·kg·mol^{-1} 和 5.12K·kg·mol^{-1}。

答案：在水中，$M=0.0612$kg·mol^{-1}；在苯中，$M=0.1247$kg·mol^{-1}；说明 HAc 在苯中双分子缔合

16. 一葡萄糖 $C_6H_{12}O_6$ 水溶液在 298.15K 时的渗透压为 157.054kPa，求：

(1) 该溶液的正常凝固点？已知水的凝固点降低常数为 1.86K·kg·mol^{-1}，水的密度为 10^3kg·m^{-3}；

(2) 该溶液的蒸气压下降多少？已知 298.15K 时水的饱和蒸气压为 3.169kPa。

答案：(1) 273.032K；(2) 3.62Pa

17. 人的血浆的渗透压在 310K 时为 729.54kPa，葡萄糖等渗液的质量分数应该为多少？已知：葡萄糖的摩尔质量为 0.174kg·mol^{-1}，葡萄糖液密度为 10^3kg·m^{-3}。

答案：4.92%

18. 人的血液（可视为水溶液）在 101.325kPa 下于 -0.56℃ 凝固。已知水的 $K_f=1.86$K·mol^{-1}·kg。求：

(1) 血液在 37℃ 时的渗透压；

(2) 在同温度下，1dm^3 蔗糖（$C_{12}H_{22}O_{11}$）水溶液中需含有多少克蔗糖时才能与血液有相同的渗透压？

答案：(1) 776kPa；(2) 103g

19. 288.15K 时，1mol NaOH 溶在 4.559mol H_2O 中所成溶液的蒸气压为 596.5Pa。在该温度下，纯水的蒸气压为 1705Pa，求：溶液中水的活度等于多少？

答案：0.350

20. 三氯甲烷（A）和丙酮（B）所成的液体混合物，若液相的组成为 $x_B=0.713$，则在 301.35K 时的总蒸气压为 29.39kPa。在蒸气中 $y_B=0.818$。已知在该温度时，纯三氯甲烷的蒸气压为 29.57kPa，试求：(1) 混合液中 A 的活度；(2) A 的活度因子。

答案：(1) 0.181；(2) 0.631

21. 70℃ 时四氯化碳的蒸气压为 82.81kPa，80℃ 时 112.43kPa。试计算四氯化碳的摩尔蒸发焓及正常沸点。设四氯化碳的摩尔蒸发焓不随温度而变化。

答案：30.81kJ·mol^{-1}；76.54℃

22. 固态氨的饱和蒸气压与温度的关系可表示为
$$\ln(p/\text{Pa})=23.03-3754/(T/\text{K})$$
液体氨为
$$\ln(p/\text{Pa})=19.49-3063/(T/\text{K})$$
试求：(1) 三相点的温度、压力；(2) 三相点的蒸发热、升华热、熔化热。

答案：(1) $p=5948$Pa，$T=195.2$K；
(2) $\Delta_{vap}H_m=25.47$kJ·mol^{-1}；$\Delta_{sub}H_m=31.21$kJ·mol^{-1}；$\Delta_{fus}H_m=5.74$kJ·mol^{-1}

23. 卫生部门规定汞蒸气在 1m^3 空气中的最高允许含量为 0.01mg。已知汞在 20℃ 的饱和蒸气压为 0.160Pa，摩尔蒸发焓为 60.7kJ·mol^{-1}。若在 30℃ 时汞蒸气在空气中达到饱和，问此时空气中汞的含量是最高允许含量的多少倍。已知汞蒸气是单原子分子。

24. 萘在其正常熔点 80℃时的熔化焓为 150.6J·g^{-1}。已知固态萘及液态萘的密度分别为 1.145g·cm^{-3} 与 0.981g·cm^{-3}，试计算熔点随压力的变化率。

答案：3.42×10^{-5}K·Pa^{-1}

25. 已知水的摩尔气化焓 $\Delta_{vap}H_m = 40.67$kJ·mol^{-1}，高压锅内允许的最高压力 0.23MPa，计算水在压力锅内所能达到的最高温度是多少？

答案：124.9℃

26. A、B 两液体能形成理想液态混合物。已知在温度 t 时纯 A 的饱和蒸气压 $p_A^* = 40$kPa，纯 B 的饱和蒸气压 $p_B^* = 120$kPa。

（1）在温度 t 下，于汽缸中将组成为 $y(A) = 0.4$ 的 A、B 混合气体恒温缓慢压缩，求凝结出第一滴微细液滴时系统的总压及该液滴的组成（以物质的量分数表示）为多少？

（2）若将 A、B 两液体混合，并使此混合物在 100kPa、温度 t 下开始沸腾，求该液态混合物的组成及沸腾时饱和蒸气的物质的量分数。

答案：(1) $p = 66.7$kPa，$x(A) = 0.667$，$x(B) = 0.333$；
(2) $x(A) = 0.25$，$x(B) = 0.75$；$y(A) = 0.1$，$y(B) = 0.9$

27. 苯的正常沸点是 80℃，甲苯于 100℃时饱和蒸气压为 74.5kPa，苯、甲苯构成理想溶液，今将含苯的物质的量分数为 0.325 的苯、甲苯混合气于 100℃下加压，求压力多大时，气相物质的量和液相物质的量相等？此时液相组成为多少？已知苯的汽化热为 31.08kJ·mol^{-1}。

答案：$p = 98.6$kPa；$x_A = 0.232$，$x_B = 0.768$

28. 酚-水系统在 60℃时分成 A 和 B 两液相，A 相含酚的质量分数为 0.168，B 相含水的质量分数为 0.449。

（1）如果系统含 90g 水和 60g 酚，试求 A、B 两相的质量各为多少？

（2）如果要使含酚的质量分数为 0.800 的溶液 100g 变浑浊，最少应该向系统加入多少水？

（3）欲使（2）中变浑浊的系统恰好刚刚变清，必须向系统中加入多少水？

答案：(1) $m(A) = 59.1$g，$m(B) = 90.9$g；(2) 45.2g；(3) 331.0g

29. 硝基苯和水组成了完全不互溶的二组分系统，在 101.32kPa 时，其沸点为 99.0℃，该温度下水的饱和蒸气压为 97.7kPa。若将此混合物进行水蒸气蒸馏，试计算馏出物中硝基苯的质量分数。

答案：0.202

30. 图 3.1 是根据实验结果而绘制的白磷的相图。试讨论相图中各面、线、点的含义。

答案：AOC 以下为气相区，COB 以上为液相区，BOA 以左为固相区。OC 线是气-液平衡线，又称为蒸发曲线；OB 线是液-固平衡线，又称为熔化曲线；OA 线是气-固平衡线，又称为升华曲线；O 点是三相点，C 点是临界点

31. A、B 的二组分溶液，A、B 的沸点分别为 70℃ 和 100℃，含 A 40% 的溶液在 50℃开始沸腾，当温度升到 65℃时，剩下最后一滴液体，其中含 A 20%，又将含 A 85% 的溶液蒸馏，在 55℃时馏出第一滴气体，其

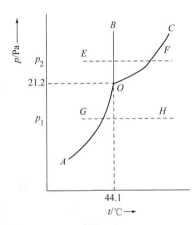

图 3.1

中含 A 65%，试粗略绘出此体系的沸点-组成图，指出图中各相区的相态，将含 A 85% 的溶液完全分馏，最终可得何种产物？

答案：蒸馏釜中得到纯 A，馏出物为恒沸混合物

32. 下列数据为乙醇-乙酸乙酯体系在 $p^{\ominus}$ 压力下蒸馏时所得：

$t/℃$		77.15	75.0	71.8	71.6	72.8	76.4	78.3
$x_{乙醇}$	气相	0.000	0.164	0.398	0.462	0.600	0.880	1.000
	液相	0.000	0.100	0.360	0.462	0.710	0.942	1.000

(1) 依据表中数据绘制 T-x 图；
(2) 在溶液成分 $x_{乙醇}$＝0.75 时，最初馏出物的成分是什么？

答案：(2) $x_{乙醇}$＝0.64

33. 标出图 3.2 中各相区的相态。并说明 MV 线代表几相平衡共存，并解释之。

答案：

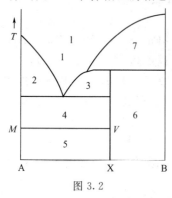

图 3.2

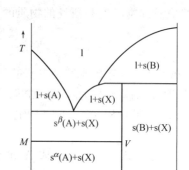

MV 线代表 A 的两固相和固相 X 三相共存

34. 图 3.3 是 SiO_2-Al_2O_3 体系在高温区间的相图，本相图在耐火材料工业上具有重要意义，在高温下，SiO_2 有白硅石和鳞石英两种变体，AB 是这两种变体的转晶线，AB 线之上为白硅石，之下为鳞石英。

(1) 指出各相区由哪些相组成；
(2) 图中三条水平线分别代表哪些相平衡共存？

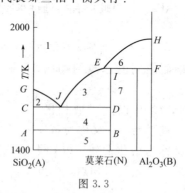

图 3.3

答案：(1) 1—熔化物；2—s(白硅石)+熔化物；3—熔化物+s(莫莱石)；4—s(白硅石)+s(莫莱石)；5—s(磷石英)+s(莫莱石)；6—s(Al_2O_3)+熔化物；7—s(Al_2O_3)+s(莫莱石)。(2) AB 线：固体磷石英与固体莫莱石两相平衡共存；CD 线：固体白硅石与固体莫莱石两相平衡共存；EF 线：固体 Al_2O_3、固体固体莫莱石与熔化物三相平衡

共存

35. 指出图 3.4(a)、(b) 两图中所形成的化合物的经验式,并说明各相区是由哪些相组成的?

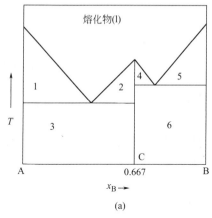 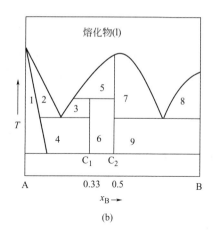

图 3.4

答案:图 3.4(a) 中所形成的化合物 C 为:AB_2;图 3.4(b) 中所形成的化合物 C_1 为:A_2B;C_2 为 AB。图 3.4(a) 中:1—固体 A 和熔化物;2—化合物 C 和熔化物;3—固体 A 和化合物 C;4—化合物 C 和熔化物;5—固体 B 和熔化物;6—化合物 C 和固体 B。图 3.4(b) 中:1—固溶体;2—固溶体与熔化物;3—固溶体与化合物 C_1 和熔化物;4—固溶体与化合物 C_1;5—熔化物与化合物 C_2;6—化合物 C_1 和化合物 C_2;7—熔化物与化合物 C_2;8—固体 B 和熔化物;9—固体 B 和化合物 C_2

36. 标明图 3.5 中 6 个区域的相,并写出所有的三相平衡反应。

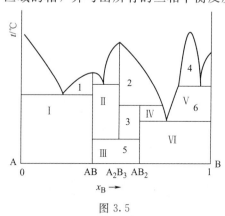

图 3.5

答案:1—化合物 AB 与熔化物固液平衡;2—化合物 A_2B_3 与熔化物的固液平衡;3—化合物 A_2B_3 与化合物 AB_2 两固相平衡;4—两液相平衡共存;5—化合物 AB 与化合物 AB_2 两固相平衡;6—固体 B 与熔化物两相平衡。三相平衡反应:$AB + AB_2 \rightleftharpoons A_2B_3$;$AB + B \rightleftharpoons AB_2$;$A + B \rightleftharpoons AB$

37. A 与 B 二组分体系的凝固点-组成图如图 3.6 所示,请标明各区域的相态及自由度,并画出 M 点的步冷曲线。

答案:1—熔化物,$f^* = 2$;2—两液态,$f^* = 1$;3—熔化物与固体不稳定化合物 C,$f^* = 1$;4—熔化物与固体不稳定化合物 C,$f^* = 1$;5—固体不稳定化合物 C 与固溶体 α,

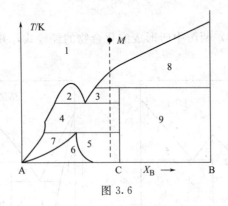

图 3.6

$f^* = 1$；6—固溶体 α 与固溶体 β，$f^* = 1$；7—固溶体 β 与熔化物，$f^* = 1$；8—固体 B 与熔化物，$f^* = 1$；9—固体 B 与固体不稳定化合物 C，$f^* = 1$。

第 4 章 化学平衡

在化工生产中,人们关心两个问题:在一定条件下,反应系统的最大产率以及如何通过改变外界条件来提高最大产率。化学平衡内容可以给出答案。

一个化学反应通常可以同时向正、逆两个方向进行,在一定温度、压力下,当正、逆反应的反应速率相等时,反应系统达到平衡状态。宏观上反应的平衡特征是反应系统中各组分的浓度不再随时间变化,微观上正逆反应仍在以相等的速率进行。因此,化学平衡是一种动态平衡。改变外界条件,化学平衡状态(反应系统的最大产率)会发生变化,在新的条件下重新建立平衡。

本章重点讨论化学平衡组成的计算方法以及某些因素对化学平衡的影响。

§4.1 化学反应的平衡条件

> **核心内容**
>
> 1. 化学反应摩尔反应吉布斯函数变 $\Delta_r G_m$
>
> 定温定压下,化学反应吉布斯函数随反应进度的变化率 $\left(\dfrac{\partial G}{\partial \xi}\right)_{T,p}$ 为 $\Delta_r G_m$。
>
> 2. 化学平衡条件
>
> $$\Delta_r G_m = \sum_B \nu_B \mu_B$$

对封闭反应系统,$0 = \sum_B \nu_B B$。无非体积功时,热力学基本关系式

$$dG = -SdT + Vdp + \sum_B \mu_B dn_B \tag{4.1.1}$$

若定温、定压,则 $\qquad dG = \sum_B \mu_B dn_B$

根据 G 判据,则有 $dG = \sum_B \mu_B dn_B \leqslant 0$ ("<"不可逆,"="可逆或平衡) (4.1.2)

根据反应进度定义,有 $\qquad dn_B = \nu_B d\xi \tag{4.1.3}$

式(4.1.3)代入式(4.1.2),得

$$dG = \sum_B \nu_B \mu_B d\xi \leqslant 0 \tag{4.1.4}$$

式(4.1.4)两边同除以 $d\xi$,得

$$\left(\frac{\partial G}{\partial \xi}\right)_{T,p} = \sum_B \nu_B \mu_B \leqslant 0 \tag{4.1.5}$$

定义:$\Delta_r G_m = \left(\dfrac{\partial G}{\partial \xi}\right)_{T,p}$,$\Delta_r G_m$ 称为化学反应摩尔反应吉布斯函数变,其单位为 $J \cdot mol^{-1}$。它代表定温、定压和一定 ξ (组成一定)的条件下,化学反应吉布斯函数随反应进度的变化率。为保持系统的组成不变,可以设想有限反应系统发生了微小($d\xi$)的反应,或认为在无

限大的反应系统中发生了反应进度为 1mol 的反应。

将 $\Delta_r G_m$ 的定义式代入式(4.1.5)，有

$$\Delta_r G_m = \sum_B \nu_B \mu_B \leqslant 0 \qquad (4.1.6)$$

若 $\sum_B \nu_B \mu_B < 0, \Delta_r G_m < 0$，表示反应正向进行，使系统的吉布斯函数减小；

若 $\sum_B \nu_B \mu_B > 0, \Delta_r G_m > 0$，表示反应逆向进行；

若 $\sum_B \nu_B \mu_B = 0, \Delta_r G_m = 0$，反应达到平衡状态；因此，$\sum_B \nu_B \mu_B = 0$ 即为化学平衡的条件。

例如可用化学势表示 $2SO_2 + O_2 \Longrightarrow 2SO_3$ 反应的平衡条件，以及反应向右和向左进行的条件。平衡条件为：$2\mu_{SO_2} + \mu_{O_2} = 2\mu_{SO_3}$；当 $2\mu_{SO_2} + \mu_{O_2} > 2\mu_{SO_3}$ 时，反应正向进行；当 $2\mu_{SO_2} + \mu_{O_2} < 2\mu_{SO_3}$ 时，反应逆向进行。

从上面的讨论可知，定温、定压下，无非体积功的化学反应过程，总是朝着系统吉布斯函数减小的方向进行，直到反应系统的吉布斯函数达到最小值，此时反应达到平衡，系统的吉布斯函数不再变化，$\Delta_r G_m = 0$。因此，化学平衡的实质是反应物的化学势之和等于产物的化学势之和。

§4.2　理想气体化学反应的等温方程与平衡常数

> **核心内容**
>
> 1. 理想气体化学反应的标准平衡常数
>
> $$K_p^\ominus = \exp(-\Delta_r G_m^\ominus / RT)$$
>
> 2. 化学反应的等温方程
>
> $$\Delta_r G_m = \Delta_r G_m^\ominus + RT \ln J_p \text{ 或 } \Delta_r G_m = -RT \ln K_p^\ominus + RT \ln J_p$$
>
> 3. 理想气体反应平衡常数的表示式
>
> 反映各种平衡常数与组成的关系。如反应 $aA + bB \longrightarrow gG + hH$，有
>
> $$K_p^\ominus = \frac{\left(\dfrac{p_G}{p^\ominus}\right)^g \left(\dfrac{p_H}{p^\ominus}\right)^h}{\left(\dfrac{p_A}{p^\ominus}\right)^a \left(\dfrac{p_B}{p^\ominus}\right)^b} \text{ 等}$$

$\sum_B \nu_B \mu_B \leqslant 0$ 作为化学平衡的条件和判据时，优点是使用范围宽，并不局限于定温、定压、无非体积功过程，对其他如定温、定容、无非体积功的过程同样使用。但实际应用时，化学势 μ 值难以获得，使 $\sum_B \nu_B \mu_B \leqslant 0$ 的应用受到限制。但对化学反应而言，系统组成是易于确定的量，能否根据系统组成来判断该组成条件下，反应的方向和限度？化学反应的平衡如何简单表示？这就是化学反应的等温方程与平衡常数所要解决的问题。

4.2.1　理想气体化学反应的等温方程

对任一理想气体反应

$$aA + bB \longrightarrow gG + hH$$

由式(4.1.6)得

$$\Delta_r G_m = \sum_B \nu_B \mu_B = g\mu_G + h\mu_H - a\mu_A - b\mu_B \quad (4.2.1)$$

若反应系统中任一组分 B 均为理想气体，则其化学势表示式为

$$\mu_B = \mu_B^{\ominus} + RT\ln\frac{p_B}{p^{\ominus}} \quad (4.2.2)$$

将式(4.2.2)代入式(4.2.1)，得

$$\Delta_r G_m = g\left(\mu_G^{\ominus} + RT\ln\frac{p_G}{p^{\ominus}}\right) + h\left(\mu_H^{\ominus} + RT\ln\frac{p_H}{p^{\ominus}}\right) - a\left(\mu_A^{\ominus} + RT\ln\frac{p_A}{p^{\ominus}}\right) - b\left(\mu_B^{\ominus} + RT\ln\frac{p_B}{p^{\ominus}}\right)$$

$$= (g\mu_G^{\ominus} + h\mu_H^{\ominus} - a\mu_A^{\ominus} - b\mu_B^{\ominus}) + RT\ln\frac{\left(\frac{p_G}{p^{\ominus}}\right)^g \left(\frac{p_H}{p^{\ominus}}\right)^h}{\left(\frac{p_A}{p^{\ominus}}\right)^a \left(\frac{p_B}{p^{\ominus}}\right)^b}$$

整理得

$$\Delta_r G_m = \Delta_r G_m^{\ominus} + RT\ln J_p \quad (4.2.3)$$

其中 $\Delta_r G_m^{\ominus} = g\mu_G^{\ominus} + h\mu_H^{\ominus} - a\mu_A^{\ominus} - b\mu_B^{\ominus}$，称为化学反应标准摩尔反应吉布斯函数变；$J_p = \dfrac{\left(\frac{p_G}{p^{\ominus}}\right)^g \left(\frac{p_H}{p^{\ominus}}\right)^h}{\left(\frac{p_A}{p^{\ominus}}\right)^a \left(\frac{p_B}{p^{\ominus}}\right)^b}$，称为压力商。

式(4.2.3)为理想气体化学反应的等温方程。温度一定时，$\Delta_r G_m^{\ominus}$ 为定值，任意状态下的各组分压力可以测量，得到压力商。因此，式(4.2.3)体现了 $\Delta_r G_m$ 与系统组成间的关系。可以根据组成计算 $\Delta_r G_m$，进而判断该组成下反应的方向。

由 $\Delta_r G_m^{\ominus} = g\mu_G^{\ominus} + h\mu_H^{\ominus} - a\mu_A^{\ominus} - b\mu_B^{\ominus}$ 无法得到 $\Delta_r G_m^{\ominus}$ 的值（因为 $\mu_B^{\ominus}$ 未知），$\Delta_r G_m^{\ominus}$ 可由第 2 章定义的标准摩尔生成吉布斯函数求得，即 $\Delta_r G_m^{\ominus} = \sum_B \nu_B \Delta_f G_m^{\ominus}$。

4.2.2 化学反应标准平衡常数

化学反应达到平衡时，则 $\Delta_r G_m = 0$，由式(4.2.3)得 $\Delta_r G_m^{\ominus} + RT\ln(J_p)_{平} = 0$

或

$$\Delta_r G_m^{\ominus} = -RT\ln(J_p)_{平} \quad (4.2.4)$$

式中，$(J_p)_{平}$ 为化学反应平衡状态下的压力商。

$$(J_p)_{平} = \left[\frac{\left(\frac{p_G}{p^{\ominus}}\right)^g \left(\frac{p_H}{p^{\ominus}}\right)^h}{\left(\frac{p_A}{p^{\ominus}}\right)^a \left(\frac{p_B}{p^{\ominus}}\right)^b}\right]_{平} \quad (4.2.5)$$

令 $K_p^{\ominus} = (J_p)_{平}$，并代入式(4.2.4)，得

$$\Delta_r G_m^{\ominus} = -RT\ln K_p^{\ominus} \quad (4.2.6)$$

由于 $\Delta_r G_m^{\ominus}$ 只是温度的函数，对于给定反应，温度一定时，$K_p^{\ominus}$ 为常数，因此，定义 $K_p^{\ominus}$ 为化学反应的标准平衡常数，其定义式为

$$K_p^{\ominus} = \exp(-\Delta_r G_m^{\ominus}/RT) \quad (4.2.7)$$

由 $K_p^{\ominus}$ 定义式可知，只要知道 $\Delta_r G_m^{\ominus}$，就可以求得 $K_p^{\ominus}$。$K_p^{\ominus}$ 为量纲为一的量。式(4.2.7)把热力学和化学平衡联系了起来，可通过热力学数据计算平衡组成以及根据平衡组成的测定

计算热力学函数变。

将式(4.2.6)代入式(4.2.3)，得

$$\Delta_r G_m = -RT\ln K_p^\ominus + RT\ln J_p \qquad (4.2.8a)$$

或

$$\Delta_r G_m = RT\ln \frac{J_p}{K_p^\ominus} \qquad (4.2.8b)$$

式(4.2.8a) 和式(4.2.8b) 也是化学反应等温方程。

根据式(4.2.8a) 或式(4.2.8b) 可以看出

当 $K_p^\ominus < J_p$ 时，$\Delta_r G_m > 0$，反应逆向进行

当 $K_p^\ominus > J_p$ 时，$\Delta_r G_m < 0$，反应正向进行

当 $K_p^\ominus = J_p$ 时，$\Delta_r G_m = 0$，反应处于平衡状态

因此，可以通过比较标准平衡常数与任一反应状态下的压力商的大小，判断反应进行的方向和限度。

关于标准平衡常数，需要说明几点。

(1) 标准平衡常数的大小与化学反应计量方程式的写法有关。

如

$$N_2(g) + 3H_2(g) \longrightarrow 2NH_3(g), \quad K_{p,1}^\ominus = \frac{p_{NH_3}^2}{p_{N_2} p_{H_2}^3}(p^\ominus)^2$$

$$\frac{1}{2}N_2(g) + \frac{3}{2}H_2(g) \longrightarrow NH_3(g), \quad K_{p,2}^\ominus = \frac{p_{NH_3}}{p_{N_2}^{1/2} p_{H_2}^{3/2}} p^\ominus$$

同为合成氨反应，计量方程式写法不同，反应的标准平衡常数不同，$K_{p,1}^\ominus = (K_{p,2}^\ominus)^2$。

(2) 由式(4.2.7) 可知，$\Delta_r G_m^\ominus$ 越负，则 $K_p^\ominus$ 越大，意味着反应产物的平衡分压越大，反应进行得越彻底。因此，$K_p^\ominus$ 的大小表示反应进行的完全程度。

(3) $K_p^\ominus$ 只与温度有关，与总压及气相组成无关。

【例 4.2.1】 反应 $N_2O_4(g) \Longrightarrow 2NO_2(g)$，在 25℃ 下 $NO_2(g)$ 和 $N_2O_4(g)$ 的标准摩尔生成吉布斯函数分别为 $51.258 kJ \cdot mol^{-1}$ 和 $97.787 kJ \cdot mol^{-1}$。气体为理想气体。

(1) 计算 25℃ 下，反应的 $\Delta_r G_m^\ominus$；

(2) 计算 25℃ 下，反应的 $K_p^\ominus$；

(3) 若开始在真空的容器中放入 $1 mol\ N_2O_4(g)$，使其在 25℃ 时的体积为 $24.46 dm^3$，计算平衡时 $N_2O_4(g)$ 的压力；

(4) 若 25℃ 时，容器中 $N_2O_4(g)$ 的分压为 $0.5 MPa$，$NO_2(g)$ 分压为 $0.25 MPa$，试判断反应的方向。

解：(1) $\Delta_r G_m^\ominus = 2\Delta_f G_m^\ominus [NO_2(g)] - \Delta_f G_m^\ominus [N_2O_4(g)]$

$= (2 \times 51.258 - 97.787) kJ \cdot mol^{-1} = 4.729 kJ \cdot mol^{-1}$

(2) $K_p^\ominus = \exp(-\Delta_r G_m^\ominus / RT)$

$= \exp(-4.729 \times 1000/(8.314 \times 298.15)) = 0.148$

(3) 根据理想气体状态方程，得

开始反应时，$p_{N_2O_4,0} = \dfrac{n_{N_2O_4} RT}{V} = \dfrac{1 \times 8.314 \times 298.15}{24.46} kPa = 101.342 kPa$

设 $N_2O_4(g)$ 的转化率为 α

	$N_2O_4(g)$	$\Longleftrightarrow$	$2NO_2(g)$
平衡压力/kPa	$101.342(1-\alpha)$		$2 \times 101.342\alpha$

$$K_p^\ominus = \frac{\left(\dfrac{p_{NO_2}}{p^\ominus}\right)^2}{\dfrac{p_{N_2O_4}}{p^\ominus}} = \frac{\left(\dfrac{2\times 101.342\alpha}{100}\right)^2}{\dfrac{101.342(1-\alpha)}{100}} = 0.148$$

解之得 $\alpha = 0.174$

所以，$p_{N_2O_4} = 101.342(1-\alpha)\text{kPa} = 101.342\times(1-0.174)\text{kPa} = 83.711\text{kPa}$

$p_{NO_2} = (2\times 101.342\alpha)\text{kPa} = (2\times 101.342\times 0.174)\text{kPa} = 35.267\text{kPa}$

(4) $J_p = \dfrac{\left(\dfrac{0.25\times 1000}{100}\right)^2}{\dfrac{0.5\times 1000}{100}} = 1.25$

因为 $J_p = 1.25 > K_p^\ominus = 0.148$，所以反应逆向进行。

4.2.3 理想气体反应系统平衡常数表示方法

对反应 $aA + bB \longrightarrow gG + hH$，有

$$K_p^\ominus = (J_p)_\text{平} = \left[\frac{\left(\dfrac{p_G}{p^\ominus}\right)^g \left(\dfrac{p_H}{p^\ominus}\right)^h}{\left(\dfrac{p_A}{p^\ominus}\right)^a \left(\dfrac{p_B}{p^\ominus}\right)^b}\right]_\text{平}$$

该式称为标准平衡常数表示式。它反映了标准平衡常数与平衡分压之间的关系。对理想气体反应系统，组分的平衡组成有多种表示方法。理论上，每一种平衡组成都可以对应一个平衡常数。因此，平衡常数可有多种表示方法，这些平衡常数通常称为经验平衡常数，它们的引出主要是为了方便计算和理论分析。常见的理想气体反应系统的经验平衡常数有下列几种表示方法。

(1) 用组分分压力表示的平衡常数 K_p

对于理想气体反应 $aA + bB \longrightarrow gG + hH$

已知

$$K_p^\ominus = \frac{\left(\dfrac{p_G}{p^\ominus}\right)^g \left(\dfrac{p_H}{p^\ominus}\right)^h}{\left(\dfrac{p_A}{p^\ominus}\right)^a \left(\dfrac{p_B}{p^\ominus}\right)^b} = \frac{p_G^g p_H^h}{p_A^a p_B^b}(p^\ominus)^{-\sum_B \nu_B} \quad (4.2.9)$$

$$= K_p (p^\ominus)^{-\sum_B \nu_B} \quad (4.2.10)$$

式中，$K_p = \dfrac{p_G^g p_H^h}{p_A^a p_B^b}$，$K_p$ 称为实验平衡常数；$\sum_B \nu_B = g+h-a-b$。K_p 是有量纲的量，只有当 $\sum_B \nu_B = 1$ 时，其量纲才为一。由于 $K_p^\ominus$ 只是温度的函数，由式(4.2.10)可以看出，K_p 也只是温度的函数。

(2) 用摩尔分数表示的平衡常数 K_x

将理想气体混合物的分压定律 $p_B = p x_B$ 代入式(4.2.9)，得

$$K_p^\ominus = \frac{p_G^g p_H^h}{p_A^a p_B^b}(p^\ominus)^{-\sum_B \nu_B} = \frac{(px_G)^g(px_H)^h}{(px_A)^a(px_B)^b}(p^\ominus)^{-\sum_B \nu_B}$$

$$= \frac{(x_G)^g(x_H)^h}{(x_A)^a(x_B)^b} p^{\sum_B \nu_B}(p^\ominus)^{-\sum_B \nu_B} = K_x \left(\frac{p}{p^\ominus}\right)^{\sum_B \nu_B} \quad (4.2.11)$$

式中，$K_x = \dfrac{(x_G)^g (x_H)^h}{(x_A)^a (x_B)^b}$，$K_x$ 的量纲为一。由于 $K_p^\ominus$ 只是温度的函数，由式(4.2.11)可以看出，K_x 与温度、压力有关。

（3）用物质浓度表示的平衡常数 K_c

由 $p_B V = n_B RT$ 得到 $p_B = \dfrac{n_B}{V} RT = c_B RT$，将其代入式(4.2.9)，得

$$K_p^\ominus = \dfrac{p_G^g p_H^h}{p_A^a p_B^b}(p^\ominus)^{-\sum_B \nu_B} = \dfrac{(c_G RT)^g (c_H RT)^h}{(c_A RT)^a (c_B RT)^b}(p^\ominus)^{-\sum_B \nu_B}$$

$$= \dfrac{(c_G)^g (c_H)^h}{(c_A)^a (c_B)^b}(RT)^{\sum_B \nu_B}(p^\ominus)^{-\sum_B \nu_B} = K_c \left(\dfrac{RT}{p^\ominus}\right)^{\sum_B \nu_B} \quad (4.2.12)$$

式中，$K_c = \dfrac{(c_G)^g (c_H)^h}{(c_A)^a (c_B)^b}$，是有量纲的量。由式(4.2.11)可知，$K_c$ 也只是温度的函数。

（4）用物质的量表示的平衡常数 K_n

将 $p_B = y_B p = \dfrac{n_B}{\sum n_B} p$ 代入式(4.2.9)，得

$$K_p^\ominus = \dfrac{p_G^g p_H^h}{p_A^a p_B^b}(p^\ominus)^{-\sum_B \nu_B} = \dfrac{\left(\dfrac{n_G}{\sum_B n_B} p\right)^g \left(\dfrac{n_H}{\sum_B n_B} p\right)^h}{\left(\dfrac{n_A}{\sum_B n_B} p\right)^a \left(\dfrac{n_B}{\sum_B n_B} p\right)^b}(p^\ominus)^{-\sum_B \nu_B}$$

$$= \dfrac{(n_G)^g (n_H)^h}{(n_A)^a (n_B)^b}\left(\dfrac{p}{\sum_B n_B}\right)^{\sum_B \nu_B}(p^\ominus)^{-\sum_B \nu_B} = K_n \left(\dfrac{1}{\sum_B n_B}\dfrac{p}{p^\ominus}\right)^{\sum_B \nu_B} \quad (4.2.13)$$

式中，$K_n = \dfrac{(n_G)^g (n_H)^h}{(n_A)^a (n_B)^b}$，有量纲；$\sum_B n_B$ 是反应系统中所有组分的物质的量之和，既包括所有反应物、所有产物，也包括不参加反应的惰性气体组分。由式(4.2.13)可知，K_n 与温度、压力以及系统中物质的量之和有关。因此，系统中添加惰性气体，可能会影响到 K_n 及化学平衡。

以上是理想气体反应的四种经验平衡常数，它们之间的关系为

$$K_p^\ominus = K_p (p^\ominus)^{-\sum_B \nu_B} = K_x \left(\dfrac{p}{p^\ominus}\right)^{\sum_B \nu_B} = K_c \left(\dfrac{RT}{p^\ominus}\right)^{\sum_B \nu_B} = K_n \left(\dfrac{p}{\sum_B n_B p^\ominus}\right)^{\sum_B \nu_B} \quad (4.2.14)$$

当反应 $\sum_B \nu_B = 0$ 时，$K_p^\ominus = K_p = K_x = K_c = K_n$。

§4.3 复相化学平衡

核心内容

包含纯凝聚相的复相反应的标准平衡常数的表示方法：只与平衡体系中气相物质的组成有关，即在标准平衡常数的表示式中不出现纯凝聚相组分的相关量。

如果参与反应的物质（反应物和产物）在同一相中，称为"均相反应"；若参与反应的物质不在同一相中，则称为"复相反应"。

对复相反应系统
$$aA(g)+bB(l) \Longleftrightarrow gG(g)+hH(s)$$

若凝聚相（液相或固相）均处于纯态，不考虑压力对凝聚相的化学势的影响，即压力为 p 时的纯态的化学势 μ_B 等于它的标准态化学势 $\mu_B^{\ominus}$；气相为理想气体。

由式(4.1.6)得

$$\begin{aligned}\Delta_r G_m &= \sum_B \nu_B \mu_B = g\mu_G + h\mu_H - a\mu_A - b\mu_B \\ &= g\left(\mu_G^{\ominus} + RT\ln\frac{p_G}{p^{\ominus}}\right) + h\mu_H^{\ominus} - a\left(\mu_A^{\ominus} + RT\ln\frac{p_A}{p^{\ominus}}\right) - b\mu_B^{\ominus} \\ &= (g\mu_G^{\ominus} + h\mu_H^{\ominus} - a\mu_A^{\ominus} - b\mu_B^{\ominus}) + RT\ln\frac{(p_G/p^{\ominus})^g}{(p_A/p^{\ominus})^a} \\ &= \Delta_r G_m^{\ominus} + RT\ln J_p \end{aligned} \quad (4.3.1)$$

式中 $\Delta_r G_m^{\ominus} = g\mu_G^{\ominus} + h\mu_H^{\ominus} - a\mu_A^{\ominus} - b\mu_B^{\ominus}$；$J_p = \dfrac{(p_G/p^{\ominus})^g}{(p_A/p^{\ominus})^a}$

若反应达到平衡时，$\Delta_r G_m = 0$，由式(4.3.1)得

$$\Delta_r G_m^{\ominus} = -RT\ln(J_p)_{\text{平}} = -RT\ln K_p^{\ominus}$$

所以
$$K_p^{\ominus} = \frac{(p_G/p^{\ominus})^g}{(p_A/p^{\ominus})^a} \quad (4.3.2)$$

式(4.3.2)表明复相反应的标准平衡常数中只需出现平衡系统中与气相物质[$B_{(g)}$]有关的量。上述结论只限于各凝聚相处于纯态者。若有固溶体或溶液生成，因 μ_B 不仅与 T, p 有关，而且还与所生成的固溶体或溶液的浓度有关，则上述结论不再成立。

如 $CaCO_3(s) \Longleftrightarrow CaO(s) + CO_2(g)$，$K_p^{\ominus} = p_{CO_2}/p^{\ominus}$，$K_p^{\ominus}$ 只与系统中二氧化碳的平衡压力 p_{CO_2} 有关，与 $CaCO_3(s)$ 和 $CaO(s)$ 的数量无关，达平衡时 p_{CO_2} 为定值。平衡时的 p_{CO_2} 称为 $CaCO_3(s)$ 分解反应的分解压。

分解压：固体物质在一定温度下分解达到平衡时气体产物的总压力（分压之和）。温度一定时，分解压为定值。

如 $NH_4HS(s) \Longleftrightarrow NH_3(g) + H_2S(g)$，$K_p^{\ominus} = \dfrac{p_{NH_3}}{p^{\ominus}} \times \dfrac{p_{H_2S}}{p^{\ominus}}$，$K_p^{\ominus}$ 也与 $NH_4HS(s)$ 的量无关。$p_{NH_3} + p_{H_2S}$ 就是 $NH_4HS(s)$ 的分解压。

再如 $Ag_2S(s) + H_2(g) \Longleftrightarrow Ag(s) + H_2S(g)$，$K_p^{\ominus} = \left(\dfrac{p_{H_2S}}{p^{\ominus}}\right) / \left(\dfrac{p_{H_2}}{p^{\ominus}}\right)$，该反应不是分解反应，所以无分解压。

【例 4.3.1】 已知 $CaCO_3(s)$ 在 1073K 下的分解压为 22kPa，通过计算回答：

(1) 在 1073K 下将 $CaCO_3(s)$ 置于 $CO_2(g)$ 体积分数为 0.03% 的空气中能否分解，空气压力为 101.3kPa。

(2) 若置于 101.3kPa 的纯 $CO_2(g)$ 气氛中，能否分解？

解：(1) 1073K 下 $CaCO_3(s)$ 分解反应的标准平衡常数 $K_p^{\ominus}$ 为
$$K_p^{\ominus} = p_{CO_2}/p^{\ominus} = 22/100 = 0.22$$

空气中 $CO_2(g)$ 的分压和压力商分别为

$$p_{CO_2} = py_{CO_2} = (101.3 \times 0.0003)\text{kPa} = 0.0304\text{kPa}$$

$$J_p = \frac{p_{CO_2}}{p^\ominus} = \frac{0.0304}{100} = 3.04 \times 10^{-4}$$

由于 $J_p < K_p^\ominus$，所以 $CaCO_3(s)$ 能分解。

（2）$CO_2(g)$ 的分压 $p_{CO_2} = 101.3\text{kPa}$，故

$$J_p = \frac{p_{CO_2}}{p^\ominus} = \frac{101.3}{100} = 1.01 > K_p^\ominus$$

所以，在此条件下，$CaCO_3(s)$ 不能分解，相反，$CO_2(g)$ 将与 $CaO(s)$ 结合生成 $CaCO_3(s)$。

§4.4 化学反应平衡常数的计算及其应用

> **核心内容**
> 平衡常数及平衡组成的计算方法。

化学平衡常数的计算方法很多，如热力学方法（$\Delta_r G_m^\ominus = -RT\ln K_p^\ominus$）、电化学方法（$-RT\ln K_p^\ominus = -zE^\ominus F$）、化学平衡方法（利用平衡常数表示式）等。平衡常数计算的目的是在已知平衡常数的前提下，通过平衡常数表示式来计算平衡组成。

一个化学反应达到平衡时，系统中任一组分的组成称为该组分的平衡组成，平衡组成是在给定条件下该反应所能达到的最大限度。化学反应的最大限度通常用平衡转化率（也称理论转化率或最大转化率）（简称转化率）或平衡产率（简称产率）来衡量。

转化率：反应达到平衡时，某反应物反应掉的量占该反应物原始量的分数称为该反应物的转化率 α。

$$\alpha_A = \frac{n_{A,0} - n_A}{n_{A,0}} \times 100\%$$

式中，$n_{A,0}$、n_A 分别为反应物 A 的原始的物质的量和达到平衡时的物质的量。

产率 Y_A：达到平衡时，转化为目的产物所消耗的某反应物 A 的物质的量占该反应物原始物质的量的分数。

$$Y_A = \frac{\text{反应达平衡时生成目的产物所消耗的某反应物 A 的数量}}{\text{该反应物 A 的原始数量}} \times 100\%$$

4.4.1 平衡常数的测定方法

测定了平衡系统中各物质的组成或压力，就可以计算平衡常数。测定组成或压力时，视具体情况可以采用物理方法或化学方法。

（1）物理方法

通过系统物理性质的测定求出平衡系统中各物质组成的方法。一般都是取系统中与组成具有正比关系的物理量，如折射率 n、电导率 κ、光吸收强度 A、体积 V、压力 p 等。该方法的优点是一般不扰乱系统的平衡态，是目前常用的方法。如甲基红电离平衡常数的测定就是通过测定吸光度来确定系统中甲基红的浓度；氨基甲酸铵分解反应是通过测定平衡系统的压力来确定系统中各组分的组成。

（2）化学方法

利用化学分析的方法测定平衡系统中各物质的组成。但该方法需要在分析前使平衡"冻结"，通常可以将系统骤冷，在较低的温度下进行化学分析，此时平衡的移动受分析试剂的影响较小，或可不予考虑；若反应需有催化剂才能进行，则可以除去催化剂使反应"停止"；对于在溶液中进行的反应，可以加入大量的溶剂把溶液冲稀，以降低平衡移动的速度。但该方法的缺点是"冻结"平衡的方法往往会扰乱平衡，影响所测平衡组成的准确性。

4.4.2 平衡常数的计算

① 标准摩尔生成吉布斯函数法 利用各物质的标准摩尔生成吉布斯函数求反应的标准吉布斯函数变，再由 $K_p^\ominus = \exp(-\Delta_r G_m^\ominus/RT)$ 求 $K_p^\ominus$（见例4.4.5）。

② 量热法 利用生成热或燃烧热及摩尔熵的数据计算 $\Delta_r G_m^\ominus$，进而计算 $K_p^\ominus$（见例 4.4.4）。

$$\sum\nu_B\Delta_f H_m^\ominus(B,\beta,298K) \quad -\sum\nu_B\Delta_c H_m^\ominus(B,\beta,298K) \quad \sum\nu_B S_m^\ominus(B,298K)$$

$$\Delta_r H_m^\ominus(298K) \to \Delta_r H_m^\ominus(T) \quad \Delta_r S_m^\ominus(T) \leftarrow \Delta_r S_m^\ominus(298K)$$

$$\Delta_r G_m^\ominus = \Delta_r H_m^\ominus(T) - T\Delta_r S_m^\ominus(T)$$

$$K_p^\ominus = \exp(-\Delta_r G_m^\ominus/RT)$$

③ 组合法 在给定温度下，已知某些反应的平衡常数，求与之相关的另一反应的平衡常数（见例4.4.3）。

如已知 (1) $C+O_2 \xrightarrow{K_p^\ominus(1)} CO_2$；(2) $CO+1/2O_2 \xrightarrow{K_p^\ominus(2)} CO_2$

求：(3) $C+1/2O_2 \xrightarrow{K_p^\ominus(3)=?} CO$ 的 $K_p^\ominus(3)=?$

解：式(1)－式(2)＝式(3)，所以 $-RT\ln K_p^\ominus(1) - [-RT\ln K_p^\ominus(2)] = -RT\ln K_p^\ominus(3)$

整理得：$K_p^\ominus(3) = K_p^\ominus(1)/K_p^\ominus(2)$

④ 电化学法 将化学反应设计成一个可逆电池，测量电池的电动势，根据公式 $-RT\ln K_p^\ominus = -zE^\ominus F$ 计算 $K_p^\ominus$。此法将在第5章电化学中讲述。

⑤ 实验测定法 待测反应达到化学平衡状态时，测定各组分的平衡组成，由平衡常数表示式计算平衡常数（见例4.4.1、例4.4.2）。

4.4.3 化学平衡常数的应用——平衡组成的计算

【例 4.4.1】 1000K 下，生成水煤气的反应 $C(s)+H_2O(g) \Longrightarrow CO(g)+H_2(g)$，在 100kPa 时，$H_2O(g)$ 平衡转化率 $\alpha_1=0.844$，

求 (1) $K_p^\ominus$；(2) 111458Pa 下的平衡转化率 α_2？

解：(1) $\qquad C(s)+H_2O(g) \Longrightarrow CO(g)+H_2(g)$

始态时物质的量/mol   1   0   0
平衡时物质的量/mol $1-\alpha_1$ α_1 α_1 $\sum n_B=1+\alpha_1$

平衡分压/Pa $\quad\dfrac{1-\alpha_1}{1+\alpha_1}p \quad \dfrac{\alpha_1}{1+\alpha_1}p \quad \dfrac{\alpha_1}{1+\alpha_1}p$

$$K_p^\ominus = \dfrac{p_{CO}\,p_{H_2}}{p_{H_2O}}(p^\ominus)^{-1} = \dfrac{\dfrac{\alpha_1}{1+\alpha_1}p \times \dfrac{\alpha_1}{1+\alpha_1}p}{\dfrac{1-\alpha_1}{1+\alpha_1}p}(p^\ominus)^{-1} = \dfrac{\alpha_1^2}{1-\alpha_1^2} \times \dfrac{p}{p^\ominus}$$

$$= \dfrac{0.844^2}{1-0.844^2} \times \dfrac{100}{100} = 2.48$$

(2) 温度不变，压力 $p'=111458\,Pa$ 时，$K_p^\ominus$ 不变，即

$$K_p^\ominus = \dfrac{\alpha_2^2}{1-\alpha_2^2} \times \dfrac{p'}{p^\ominus} = 2.48$$

$$\dfrac{\alpha_2^2}{1-\alpha_2^2} \times \dfrac{111458}{100 \times 10^3} = 2.48$$

因此 $\quad\quad\quad\quad\quad\quad\quad\quad \alpha_2 = 0.831$

【例 4.4.2】 将氨基甲酸铵放在一个抽空的容器中，20.8℃分解达到平衡，容器内压力 0.0871atm；另一次实验中除加入氨基甲酸铵以外，还通入氨气，且氨的原始压力 $p_{NH_3} = 0.1228\,atm$，若平衡时尚有过量的固体存在，求各气体的分压力及总压力？

解： $\quad\quad\quad\quad NH_2COONH_4(s) \Longleftrightarrow 2NH_3(g) + CO_2(g)$

$$K_p^\ominus = \left(\dfrac{p_{NH_3}}{p^\ominus}\right)^2 \times \dfrac{p_{CO_2}}{p^\ominus}$$

第一次实验 $\quad\quad\quad\quad p_{NH_3} : p_{CO_2} = 2 : 1$

则 $\quad\quad\quad\quad\quad\quad p_{NH_3} = \dfrac{2}{3}p, \quad p_{CO_2} = \dfrac{1}{3}p$

$$K_p^\ominus = \left(\dfrac{2p/3}{p^\ominus}\right)^2 \left(\dfrac{p/3}{p^\ominus}\right)$$

$$= \left(\dfrac{2 \times 0.0871 \times 101.325/3}{100}\right)^2 \times \left(\dfrac{0.0871 \times 101.325/3}{100}\right) = 1.02 \times 10^{-4}$$

第二次实验
$\quad\quad\quad\quad\quad\quad NH_2COONH_4(s) \Longleftrightarrow 2NH_3(g) + CO_2(g)$

始态压力/atm $\quad\quad\quad\quad\quad\quad\quad\quad\quad 0.1228 \quad\quad 0$

平衡压力/atm $\quad\quad\quad\quad\quad\quad\quad\quad 0.1228+2x \quad x$

因为 温度不变，$K_p^\ominus$ 不变，故

$$K_p^\ominus = \left(\dfrac{p_{NH_3}}{p^\ominus}\right)^2 \times \dfrac{p_{CO_2}}{p^\ominus}$$

$$= \left[\dfrac{(0.1228+2x) \times 101.325}{100}\right]^2 \left[\dfrac{x \times 101.325}{100}\right] = 1.02 \times 10^{-4}$$

解之 $\quad\quad\quad\quad\quad\quad p_{CO_2} = 5.43 \times 10^{-3}\,atm = 550\,Pa$

$\quad\quad\quad\quad\quad\quad\quad\quad p_{NH_3} = 13543\,Pa$

所以总压力 $\quad\quad\quad\quad p' = \sum p_B = 14093\,Pa$

【例 4.4.3】 炼铁炉中发生下列反应：$FeO(s) + CO(g) \Longleftrightarrow Fe(s) + CO_2(g)$。反应在 1120℃下进行，试问还原 1mol $FeO(s)$ 需要多少摩尔 CO？已知 1120℃下，有：

$\quad\quad\quad\quad 2CO_2(g) \Longleftrightarrow 2CO(g) + O_2(g) \quad\quad (1); \quad K_{p,1}^\ominus = 1.4 \times 10^{-12}$

$$2FeO(s) \rightleftharpoons 2Fe(s) + O_2(g) \quad (2); \quad K_{p,2}^{\ominus} = 2.47 \times 10^{-13}$$

解：反应 (2)×1/2 − 反应 (1)×1/2 即得

$$FeO(s) + CO(g) \rightleftharpoons Fe(s) + CO_2(g) \quad K_p^{\ominus}$$

所以
$$K_p^{\ominus} = (K_{p,2}^{\ominus}/K_{p,1}^{\ominus})^{1/2} = 0.420$$

设还原 1mol FeO 要 x(mol) CO，即生成 1mol Fe(s)

$$FeO(s) + CO(g) \rightleftharpoons Fe(s) + CO_2(g)$$

开始时物质的量/mol		x	0	0
平衡时物质的量/mol		$x-1$	1	1

因为 $\Delta\nu = 0$，所以 $K_p^{\ominus} = K_x = 0.420$

$$K_x = 1/(x-1) = 0.42, \text{ 得 } x = 3.38 \text{mol}$$

【例 4.4.4】 $Ag_2CO_3(s)$ 分解计量方程为 $Ag_2CO_3(s) \longrightarrow Ag_2O(s) + CO_2(g)$，设气相为理想气体，298K 时各物质的 $\Delta_f H_m^{\ominus}$、$S_m^{\ominus}$ 如下：

	$\Delta_f H_m^{\ominus}/kJ \cdot mol^{-1}$	$S_m^{\ominus}/J \cdot K^{-1} \cdot mol^{-1}$
Ag_2CO_3 (s)	−506.14	167.36
Ag_2O (s)	−30.57	121.71
CO_2 (g)	−393.15	213.64

(1) 求 298K、100000Pa 下，1mol $Ag_2CO_3(s)$ 完全分解时吸收的热量；
(2) 求 298K 下，$Ag_2CO_3(s)$ 的分解压力。

解：(1) $\Delta_r H_m^{\ominus} = \Delta_f H_m^{\ominus}(Ag_2O) + \Delta_f H_m^{\ominus}(CO_2) - \Delta_f H_m^{\ominus}(Ag_2CO_3)$

$$= (-393.15 - 30.57 + 506.14) \text{kJ} \cdot \text{mol}^{-1}$$

$$= 82.42 \text{kJ} \cdot \text{mol}^{-1}$$

(2) $\Delta_r S_m^{\ominus} = S_m^{\ominus}(Ag_2O) + S_m^{\ominus}(CO_2) - S_m^{\ominus}(Ag_2CO_3)$

$$= (213.64 + 121.71 - 167.36) \text{J} \cdot \text{K}^{-1} \cdot \text{mol}^{-1}$$

$$= 167.99 \text{J} \cdot \text{K}^{-1} \cdot \text{mol}^{-1}$$

$$\Delta_r G_m^{\ominus} = \Delta_r H_m^{\ominus} - T \Delta_r S_m^{\ominus} = -RT \ln K_p^{\ominus}$$

所以
$$K_p^{\ominus} = \exp[-(82420 - 167.99 \times 298)/(8.314 \times 298)]$$

$$= 2.126 \times 10^{-6} = p_{CO_2}/p^{\ominus}$$

$$p_{CO_2} = (2.126 \times 10^{-6} \times 100000) \text{Pa} = 0.2126 \text{Pa}$$

【例 4.4.5】 已知下列氧化物的标准摩尔生成吉布斯函数为

$$\Delta_f G_m^{\ominus}(MnO)(J \cdot mol^{-1}) = -3849 \times 10^2 + 74.48 T/K$$

$$\Delta_f G_m^{\ominus}(CO)(J \cdot mol^{-1}) = -1163 \times 10^2 - 83.89 T/K$$

$$\Delta_f G_m^{\ominus}(CO_2) = -3954 \times 10^2 J \cdot mol^{-1}$$

求：在 0.13333Pa 的真空条件下，用碳粉还原固态 MnO 生成纯 Mn 及 CO 的最低还原温度是多少？

解：还原反应为 $MnO(s) + C(s) \rightleftharpoons Mn(s) + CO(g)$

$$\Delta_r G_m^{\ominus} = \Delta_f G_m^{\ominus}(CO) - \Delta_f G_m^{\ominus}(MnO)$$

$$= [(-1163 \times 10^2 - 83.89 T/K) - (-3849 \times 10^2 + 74.48 T/K)] J \cdot mol^{-1}$$

$$= (2686 \times 10^2 - 158.37 T/K) J \cdot mol^{-1}$$

$$\Delta_r G_m = \Delta_r G_m^\ominus + RT\ln J_p = \Delta_r G_m^\ominus + RT\ln(p_{CO}/p^\ominus)$$
$$= [268600 - 158.37T/K + 8.314T/K\ln(0.13333/100000)] \text{J} \cdot \text{mol}^{-1}$$
$$= (2686 \times 10^2 - 270.84T/K) \text{J} \cdot \text{mol}^{-1}$$

在最低还原温度时,要使还原反应进行,$\Delta_r G_m \leq 0$
由此可得 $T \geq 991.7\text{K}$
当 $T > 991.7\text{K}$ 时,$\Delta_r G_m < 0$,还原反应可以进行,最低还原温度为 991.7K。

4.4.4 同时反应平衡组成的计算

以上考虑的平衡系统中都只限于一个化学反应。而在某些化学反应系统中,可能存在两个或两个以上的独立化学反应。如果某些组分同时参加两个或两个以上的反应就称为同时反应,而不能以线性组合的方法由其他反应导出的反应则称为独立反应。

在一定条件下,一个反应系统中的一种或几种物质同时参加两个以上的独立化学反应而达到的化学平衡称为同时平衡。如石油热裂解反应,有多个反应同时发生并同时达到平衡;再如在甲烷和水汽催化制氢系统中,存在如下同时平衡反应

$$CH_4(g) + H_2O(g) \Longleftrightarrow CO(g) + 3H_2(g) \text{ 和 } CO(g) + H_2O(g) \Longleftrightarrow CO_2(g) + 3H_2(g)$$

在处理同时平衡的问题时,要考虑每个组分的数量在各个反应中的变化,并在各个平衡方程式中同一物质的数量应保持一致,即反应系统中,每个组分不管其参加几个反应,只有一个平衡组成。

当计算平衡转化率时还应注意:每一个独立反应都可列出一个独立的平衡常数表示式。只要原始组成已知,就不难计算同时平衡的组成。

【例 4.4.6】 600K 时,$CH_3Cl(g)$ 与 $H_2O(g)$ 发生反应生成 $CH_3OH(g)$ 后,继而又分解为 $(CH_3)_2O(g)$,同时存在如下两个平衡:

(1) $$CH_3Cl(g) + H_2O(g) \Longleftrightarrow CH_3OH(g) + HCl(g)$$
(2) $$2CH_3OH(g) \Longleftrightarrow (CH_3)_2O(g) + H_2O(g)$$

已知在该温度下,$K_{p,1}^\ominus = 0.00154$,$K_{p,2}^\ominus = 10.6$。今以计量系数比的 $CH_3Cl(g)$ 和 $H_2O(g)$ 开始反应,求 $CH_3Cl(g)$ 的平衡转化率。

解: 设开始时 $CH_3Cl(g)$ 和 $H_2O(g)$ 的物质的量各为 1.0mol,到达平衡时,HCl 的物质的量为 x,生成 $(CH_3)_2O(g)$ 的物质的量为 y,则平衡时各组分的物质的量为

(1) $$CH_3Cl(g) + H_2O(g) \Longleftrightarrow CH_3OH(g) + HCl(g)$$
$$1-x \quad\quad 1-x+y \quad\quad x-2y \quad\quad x$$

(2) $$2CH_3OH(g) \Longleftrightarrow (CH_3)_2O(g) + H_2O(g)$$
$$x-2y \quad\quad\quad\quad y \quad\quad\quad 1-x+y$$

因为两个反应的 $\sum_B \nu_B = 0$,所以 $K_p^\ominus = K_n$

$$K_{p,1}^\ominus = K_{n,1} = \frac{(x-2y)x}{(1-x)(1-x+y)} = 0.00154 \tag{3}$$

$$K_{p,2}^\ominus = K_{n,2} = \frac{y(1-x+y)}{(x-2y)^2} = 10.6 \tag{4}$$

联立求解方程 (3) 和 (4),解得 $x = 0.048$,$y = 0.009$

$CH_3Cl(g)$ 的转化率为 $\frac{x}{1} \times 100\% = 4.8\%$

§4.5　温度及其他因素对理想气体化学平衡的影响

> **核心内容**
> 1. 化学反应等压方程及温度对化学平衡的影响
> $\left(\dfrac{\partial \ln K_p^{\ominus}}{\partial T}\right)_p = \dfrac{\Delta_r H_m^{\ominus}}{RT^2}$；升温使吸热反应向生成产物的方向移动；使放热反应向生成反应物的方向移动。
> 2. 压力的影响
> 增大系统压力，对组分物质的量减少（或体积较少）的反应有利。
> 3. 惰性组分的影响
> 定温、定压下充入惰性气体，对物质的量增加的反应有利，反应正向移动。
> 定温、定容下充入惰性气体，对化学平衡无影响。

化学平衡是在一定条件下达到的，若与平衡有关的任一条件发生变化，原平衡状态就被打破，反应系统会在新的条件下建立新的化学平衡。这种从一个平衡状态转变到另一个平衡状态的过程称为化学平衡的移动。影响化学平衡的因素主要有温度、压力、惰性气体的加入、原料配比、浓度等。化学平衡移动的特征：改变某个影响因素，若能使标准平衡常数或经验平衡常数中的任意一个发生改变，则预示化学平衡发生移动。因此，改变某个因素，是否影响到化学平衡，就要看该因素的变化是否会导致某个平衡常数发生改变。

4.5.1　化学反应等压方程——温度对化学平衡的影响

由 $\Delta_r G_m^{\ominus} = -RT \ln K_p^{\ominus}$ 得

$$\ln K_p^{\ominus} = -\dfrac{\Delta_r G_m^{\ominus}}{RT} \tag{4.5.1}$$

将式(4.5.1)两边对 T 偏微商，得

$$\left(\dfrac{\partial \ln K_p^{\ominus}}{\partial T}\right)_p = -\left[\dfrac{\partial (\Delta_r G_m^{\ominus}/RT)}{\partial T}\right]_p = -\dfrac{1}{R}\left[\dfrac{\partial (\Delta_r G_m^{\ominus}/T)}{\partial T}\right]_p \tag{4.5.2}$$

由热力学基本关系式可得

$$\left(\dfrac{\partial G}{\partial T}\right)_p = -S \text{ 或 } \left(\dfrac{\partial G_m^{\ominus}}{\partial T}\right)_p = -S_m^{\ominus} \tag{4.5.3}$$

微小变化过程，由式(4.5.3)可得

$$\left(\dfrac{\partial \Delta_r G_m^{\ominus}}{\partial T}\right)_p = -\Delta_r S_m^{\ominus} = \dfrac{\Delta_r G_m^{\ominus} - \Delta_r H_m^{\ominus}}{T} \tag{4.5.4}$$

$$\left[\dfrac{\partial (\Delta_r G_m^{\ominus}/T)}{\partial T}\right]_p = \dfrac{1}{T}\left(\dfrac{\partial \Delta_r G_m^{\ominus}}{\partial T}\right)_p - \dfrac{\Delta_r G_m^{\ominus}}{T^2} \tag{4.5.5}$$

将式(4.5.4)代入式(4.5.5)，得

$$\left(\dfrac{\partial (\Delta_r G_m^{\ominus}/T)}{\partial T}\right)_p = \dfrac{\Delta_r G_m^{\ominus} - \Delta_r H_m^{\ominus}}{T^2} - \dfrac{\Delta_r G_m^{\ominus}}{T^2} = -\dfrac{\Delta_r H_m^{\ominus}}{T^2} \tag{4.5.6}$$

结合式(4.5.2)和式(4.5.6)，得

$$\left(\dfrac{\partial \ln K_p^{\ominus}}{\partial T}\right)_p = \dfrac{\Delta_r H_m^{\ominus}}{RT^2} \tag{4.5.7a}$$

或

$$\left(\frac{\mathrm{dln}K_p^{\ominus}}{\mathrm{d}T}\right)_p = \frac{\Delta_r H_m^{\ominus}}{RT^2} \tag{4.5.7b}$$

式(4.5.7)为化学反应等压方程的微分形式。它表明温度对平衡常数的影响与反应的标准摩尔反应焓变（反应热）有关。

① 对吸热反应，$\Delta_r H_m^{\ominus} > 0$，则 $\frac{\mathrm{dln}K_p^{\ominus}}{\mathrm{d}T} > 0$，即温度升高，$K_p^{\ominus}$ 增大，升温使吸热反应向生成产物的方向移动，即反应正向移动。

② 对放热反应，$\Delta_r H_m^{\ominus} < 0$，则 $\frac{\mathrm{dln}K_p^{\ominus}}{\mathrm{d}T} < 0$，即温度升高，$K_p^{\ominus}$ 减小，升温使放热反应向生成反应物的方向移动。

③ 若为无热反应，$\Delta_r H_m^{\ominus} = 0$，则 $\frac{\mathrm{dln}K_p^{\ominus}}{\mathrm{d}T} = 0$，即改变温度，$K_p^{\ominus}$ 不变，温度改变不影响平衡。

4.5.2 化学反应等压方程的积分式及其应用

若在温度变化范围内，$\Delta_r H_m^{\ominus}$ 变化很小，视为常数，则对式(4.5.7b) 做不定积分，得

$$\ln K_p^{\ominus} = -\frac{\Delta_r H_m^{\ominus}}{RT} + I \tag{4.5.8}$$

式中，I 为积分常数，以 $\ln K_p^{\ominus}$ 对 $1/T$ 作图，可得一直线，其斜率为 $-\frac{\Delta_r H_m^{\ominus}}{R}$，由此可求得 $\Delta_r H_m^{\ominus}$。

在 $\Delta_r H_m^{\ominus}$ 视为常数时对式(4.5.7b) 做定积分，得

$$\ln \frac{K_p^{\ominus}(T_2)}{K_p^{\ominus}(T_1)} = -\frac{\Delta_r H_m^{\ominus}}{R}\left(\frac{1}{T_2} - \frac{1}{T_1}\right) \tag{4.5.9}$$

式中，$K_p^{\ominus}(T_2)$ 和 $K_p^{\ominus}(T_1)$ 分别是温度 T_2、T_1 下的标准平衡常数。由式(4.5.9) 可知，若已知一个温度下的 $K_p^{\ominus}$，可求得另一温度下的 $K_p^{\ominus}$；若已知两温度下的 $K_p^{\ominus}$，可求得 $\Delta_r H_m^{\ominus}$。

通常 $\Delta_r H_m^{\ominus}$ 不为常数，与温度有关，若 $\left(\frac{\partial \Delta_r H_m^{\ominus}}{\partial T}\right)_p = \Delta_r C_p = \Delta a + \Delta b T + \Delta c T^2$，则

$$\Delta_r H_m^{\ominus}(T) = \Delta H_0 + \Delta a T + \frac{\Delta b}{2}T^2 + \frac{\Delta c}{3}T^3 \tag{4.5.10}$$

将式(4.5.10) 代入式(4.5.7b)，得

$$\frac{\mathrm{dln}K_p^{\ominus}}{\mathrm{d}T} = \frac{\Delta H_0}{RT^2} + \frac{\Delta a}{RT} + \frac{\Delta b}{2R} + \frac{\Delta c}{3R}T \tag{4.5.11}$$

对(4.5.11) 做不定积分，得

$$\ln K_p^{\ominus} = -\frac{\Delta H_0}{RT} + \frac{\Delta a}{R}\ln T + \frac{\Delta b}{2R}T + \frac{\Delta c}{6R}T^2 + I \tag{4.5.12}$$

ΔH_0 和 I 是积分常数，可通过已知温度（例如 298K）的 $\Delta_r H_m^{\ominus}$ 和 $K_p^{\ominus}$ 计算。

【例 4.5.1】 由下列数据估算 101325Pa 下 $CaCO_3$ 分解制取 CaO 的分解温度，设 $\Delta_r H_m^{\ominus}$ 不随 T 而改变。已知 298K 下各物质数据如下：

物质	$\Delta_f H_m^\ominus$/kJ·mol^{-1}	$\Delta_f G_m^\ominus$/kJ·mol^{-1}
CaCO$_3$(s)	-1206.8	-1128.8
CaO(s)	-635.09	-604.2
CO$_2$(g)	-393.51	-394.36

解：
$$CaCO_3(s) \rightleftharpoons CaO(s) + CO_2(g)$$

$$K_p^\ominus = \frac{p_{CO_2}}{p^\ominus}, \quad 由题意\ p = p_{CO_2} = 101325 Pa$$

所以
$$K_{p,1}^\ominus = \frac{p_{CO_2}}{p^\ominus} = 1.01$$

$$\Delta_r G_m^\ominus = \sum \nu_B \Delta_f G_m^\ominus(B) = [-394.36 - 604.2 - (-1128.8)] kJ \cdot mol^{-1} = 130.2 kJ \cdot mol^{-1}$$

$$\Delta_r G_m^\ominus = -RT\ln K_{p,2}^\ominus = (-8.314 \times 10^{-3} \times 298 \ln K_{p,2}^\ominus) kJ \cdot mol^{-1}$$

解之，得 $K_{p,2}^\ominus = 1.50 \times 10^{-23}$

又 $\Delta_r H_m^\ominus = \sum \nu_B \Delta_f H_m^\ominus(B) = [-393.51 - 635.09 - (-1206.8)] kJ \cdot mol^{-1} = 178.2 kJ \cdot mol^{-1}$

$$\ln \frac{K_p^\ominus(T_2)}{K_p^\ominus(T_1)} = -\frac{\Delta_r H_m^\ominus}{R}\left(\frac{1}{T_2} - \frac{1}{T_1}\right)$$

$$\ln \frac{1.50 \times 10^{-23}}{1.01} = -\frac{178.2 \times 10^3}{8.314}\left(\frac{1}{298} - \frac{1}{T_1/K}\right)$$

$$T = 1106K \approx 833℃$$

【例 4.5.2】 理想气体反应 $C_2H_2(g) + D_2O(g) \rightleftharpoons C_2D_2(g) + H_2O(g)$，在 298K 时 $\Delta_r H_m^\ominus = 2176 J \cdot mol^{-1}$，$K_p^\ominus = 0.80$。假定 C_2H_2 和 C_2D_2 的 $C_{V,m}$ 值相同，D_2O 和 H_2O 的 $C_{V,m}$ 相同，当 2mol C_2H_2 和 1mol D_2O 在 373K，$p^\ominus$ 下混合时可生成多少 C_2D_2？

解：
$$\sum \nu_B C_{p,m} = 0$$

所以 $\Delta_r H_m^\ominus$ 不随 T 改变

$$\ln(K_{p,2}^\ominus/K_{p,1}^\ominus) = (\Delta_r H_m^\ominus/R)(T_2 - T_1)/T_1 T_2$$
$$= (2176/8.314) \times (1/298 - 1/373) = 0.1766$$

$$K_{p,2}^\ominus = 1.193 \times 0.8 = 0.95$$

$$C_2H_2(g) + D_2O(g) \rightleftharpoons C_2D_2(g) + H_2O(g)$$

反应前物质的量/mol	2	1	0	0
平衡时物质的量/mol	$2-\alpha$	$1-\alpha$	α	α

$$K_{p,2}^\ominus = K_n = \alpha^2/[(2-\alpha)(1-\alpha)] = 0.95$$

$$\alpha = 0.66$$

即： $n(C_2D_2) = 0.66$

【例 4.5.3】 在 10^5Pa 下，气态 I_2 在 600℃时有 1% 解离成 I(g)；在 800℃时有 25% 分解成 I(g)，试求此解离反应在 600℃和 800℃之间的 $\Delta_r H_m^\ominus$。

解：
$$I_2(g) \rightleftharpoons 2I(g)$$

平衡时物质的量/mol： $1-\alpha$ ， 2α ， $\sum n_B = (1+\alpha)$

$$K^\ominus = K_x(p/p^\ominus) = K_x = (2\alpha)^2/(1-\alpha^2)$$

$$K_{p,1}^\ominus(600℃) = 4 \times 0.01^2/(1-0.01^2) = 4.0 \times 10^{-4}$$

$$K_{p,2}^\ominus(800℃) = 4 \times 0.25^2/(1-0.25^2) = 0.2667$$

$$\ln(K_{p,2}^\ominus/K_{p,1}^\ominus) = (\Delta_r H_m^\ominus/R) \times (1/T_1 - 1/T_2)$$

即 $\ln(0.2667/4.0\times10^{-4})=(\Delta_r H_m^\ominus/8.314)\times(1/873-1/1073)$

$\Delta_r H_m^\ominus = 253.2 \text{kJ}\cdot\text{mol}^{-1}$

4.5.3 压力对化学平衡的影响

当温度一定时，系统压力的改变不会影响 $K_p^\ominus$ 的数值，但可使平衡发生移动。系统压力对化学平衡的影响可通过 K_x 加以讨论。

对理想气体系统

$$K_p^\ominus = K_x \left(\frac{p}{p^\ominus}\right)^{\Sigma\nu_B}$$

等式两边取对数

$$\ln K_p^\ominus = \ln K_x + \Sigma\nu_B \ln \frac{p}{p^\ominus} \tag{4.5.13}$$

定温下，式(4.5.13)两边求导

$$\left(\frac{\partial \ln K_p^\ominus}{\partial p}\right)_T = 0 = \left(\frac{\partial \ln K_x}{\partial p}\right)_T + \frac{\Sigma\nu_B}{p}$$

$$\left(\frac{\partial \ln K_x}{\partial p}\right)_T = -\frac{\Sigma\nu_B}{p} = -\frac{\Delta V_m}{RT} \tag{4.5.14}$$

式中，$\Sigma\nu_B$ 为反应系统中产物的计量系数之和减去反应物的计量系数之和；ΔV_m 为产物组分的摩尔体积之和减去反应物组分的摩尔体积之和。

从式(4.5.14)可得以下结论。

若 $\Sigma\nu_B > 0$，$\left(\frac{\partial \ln K_x}{\partial p}\right)_T < 0$，则增大系统压力，$K_x$ 减小，即增大压力，对组分物质的量增加（或体积增大）的反应不利，使平衡逆向移动。

若 $\Sigma\nu_B < 0$，$\left(\frac{\partial \ln K_x}{\partial p}\right)_T > 0$，则增大系统压力，$K_x$ 增大，即增大压力，对组分物质的量增加的反应有利，使平衡正向移动。

若 $\Sigma\nu_B = 0$，$\left(\frac{\partial \ln K_x}{\partial p}\right)_T = 0$，则改变系统压力，$K_x$ 不变，对平衡无影响。

对于凝聚相反应系统，由于凝聚相的不可压缩性，压力对凝聚相反应系统的影响可以忽略。

【例 4.5.4】 某温度下，N_2O_4 有 50.2% 分解成 NO_2，问若压力扩大 10 倍，则 N_2O_4 的分解百分数为多少？

解：

$$N_2O_4(g) \rightleftharpoons 2NO_2(g)$$

始态物质的量/mol　　　　1　　　　0
终态物质的量/mol　　　$1-\alpha_1$　　$2\alpha_1$　　$\Sigma n_B = 1+\alpha_1$

$$K_p^\ominus = \frac{(p_{NO_2}/p^\ominus)^2}{p_{N_2O_4}/p^\ominus} = \frac{p_{NO_2}^2}{p_{N_2O_4}}(p^\ominus)^{-1}$$

$$= \frac{\left(\frac{2\alpha_1}{1+\alpha_1}p\right)^2}{\frac{1-\alpha_1}{1+\alpha_1}p}(p^\ominus)^{-1} = \frac{4\alpha_1^2}{1-\alpha_1^2}\times\frac{p}{p^\ominus}$$

温度一定时，$K_p^\ominus$ 为常数

所以 $$\frac{4\alpha_1^2}{1-\alpha_1^2} \times \frac{p}{p^\ominus} = \frac{4\alpha_2^2}{1-\alpha_2^2} \times \frac{10p}{p^\ominus}$$

当 $\alpha_1 = 0.502$ 时，解上述方程得，$\alpha_2 = 0.18$

可以看出，压力增大 10 倍，$N_2O_4(g) \Longleftrightarrow 2NO_2(g)$ 的转化率从 50.2% 降至 18%。

4.5.4 惰性气体对化学平衡的影响

在实际生产中，原料气的不纯或因生产需要，在反应系统内存在不参与反应的气体，即惰性气体。虽然惰性气体不参与反应，但在某些条件下，它的存在会影响到化学平衡。惰性气体对化学平衡的影响可通过经验平衡常数 K_n 加以讨论。

从 $K_p^\ominus = K_n \left(\dfrac{p}{p^\ominus \sum n_B} \right)^{\sum \nu_B}$ 可以得出以下结论。

(1) 在定温、定压下充入惰性气体

$K_p^\ominus$ 为常数，若 $\sum \nu_B > 0$，充入惰性气体时，$\sum n_B$ 增加，则 $\left(\dfrac{p}{p^\ominus \sum n_B} \right)^{\sum \nu_B}$ 减小，因此，K_n 增大，即定温、定压下充入惰性气体，对物质的量增加的反应有利，反应正向移动；相反，定温、定压下充入惰性气体，对物质的量减少的反应不利，反应逆向移动；若 $\sum \nu_B = 0$，定温、定压下充入惰性气体，对化学平衡无影响。

(2) 在定温、定容下充入惰性气体

$$K_p^\ominus = K_n \left(\frac{p}{p^\ominus \sum n_B} \right)^{\sum \nu_B} = K_n \left(\frac{RT}{p^\ominus V} \right)^{\sum \nu_B} \tag{4.5.15}$$

从式(4.5.15)看出：定温、定容下充入惰性气体时，化学平衡不发生移动。

【例 4.5.5】 工业上采用乙苯脱氢的方法制备苯乙烯

$$C_6H_5C_2H_5(g) \Longleftrightarrow C_6H_5CH=CH_2(g) + H_2(g)$$

900K 时，$K_p^\ominus(900K) = 1.49$，分别计算下列情况下乙苯的平衡转化率：

(1) 总压为 100kPa，原料气为纯乙苯气体；
(2) 总压为 100kPa，原料气中水蒸气与乙苯蒸气的物质的量之比为 10:1。

解：(1) $\quad C_6H_5C_2H_5(g) \Longleftrightarrow C_6H_5C_2H_3(g) + H_2(g)$

初始的物质的量/mol　　1　　　　　　　　0　　　　　　0

平衡时物质的量/mol　　$1-\alpha_1$　　　　　α_1　　　　　α_1　　　$\sum n_B = 1 + \alpha_1$

$$K_p^\ominus = K_n \left(\frac{p}{p^\ominus \sum n_B} \right)^{\sum \nu_B} = \frac{\alpha_1^2}{1-\alpha_1} \times \left(\frac{100}{100(1+\alpha_1)} \right)^{(2-1)} = \frac{\alpha_1^2}{1-\alpha_1^2} = 1.49$$

所以　　$\alpha_1 = 0.774 = 77.4\%$

(2) 充入水蒸气后　　$C_6H_5C_2H_5(g) \Longleftrightarrow C_6H_5C_2H_3(g) + H_2(g) \quad H_2O(g)$

初始的物质的量/mol　　　　1　　　　　　　0　　　　　　0　　　　10

平衡时物质的量/mol　　　$1-\alpha_2$　　　　　α_2　　　　　α_2　　　　10

$$K_p^\ominus = K_n \left(\frac{p}{p^\ominus \sum n_B} \right)^{\sum \nu_B} = \frac{\alpha_2^2}{1-\alpha_2} \times \left(\frac{100}{100(11+\alpha_2)} \right)^{(2-1)} = \frac{\alpha_2^2}{(1-\alpha_2)(11+\alpha_2)} = 1.49$$

解之，$\alpha_2 = 0.950 = 95\%$。

对比 α_1 和 α_2，可以看出，充入水蒸气后，乙苯的平衡转化率提高了。即定温、定压下充入水蒸气，对乙苯脱氢制苯乙烯的反应是有利的。实际生产中，从安全角度考虑，也是通过通入水蒸气而不是通过降低压力来提高乙苯的平衡转化率的。

§4.6 其他系统的化学平衡

> **核心内容**
> 1. 真实气体反应的化学平衡
> 化学反应等温方程 $\Delta_r G_m = \Delta_r G_m^{\ominus} + RT\ln J_f$；$K^{\ominus} = K_p^{\ominus} K_{\varphi}$。
> 2. 液态混合物中的化学平衡
> 化学反应等温方程 $\Delta_r G_m = \Delta_r G_m^{\ominus} + RT\ln J_a$；$K_a^{\ominus} = \dfrac{a_G^g a_H^h}{a_A^a a_B^b}$

理想气体反应系统不存在，所有气体反应均为真实气体系统。应该用逸度取代压力讨论真实气体化学平衡。

4.6.1 真实气体反应的化学平衡

对任一真实气体反应

$$aA + bB \longrightarrow gG + hH$$

将真实气体 B 的化学势表示式 $\mu_B = \mu_B^{\ominus} + RT\ln\dfrac{f_B}{p^{\ominus}}$ 代入式(4.2.1)，并整理得

$$\Delta_r G_m = \Delta_r G_m^{\ominus} + RT\ln J_f \tag{4.6.1}$$

式中，$\Delta_r G_m^{\ominus} = g\mu_G^{\ominus} + h\mu_H^{\ominus} - a\mu_A^{\ominus} - b\mu_B^{\ominus}$，$J_f = \dfrac{\left(\dfrac{f_G}{p^{\ominus}}\right)^g \left(\dfrac{f_H}{p^{\ominus}}\right)^h}{\left(\dfrac{f_A}{p^{\ominus}}\right)^a \left(\dfrac{f_B}{p^{\ominus}}\right)^b}$，称为逸度商。式(4.6.1)为真实气体系统化学反应等温方程。

平衡时，$\Delta_r G_m = 0$，$\Delta_r G_m^{\ominus} + RT\ln(J_f)_{平} = 0$，令 $K^{\ominus} = (J_f)_{平}$，则 $K^{\ominus} = \exp(-\Delta_r G_m^{\ominus}/RT)$，$K^{\ominus}$ 为用逸度定义的标准平衡常数，量纲为一的量。

$$K^{\ominus} = \dfrac{\left(\dfrac{f_G}{p^{\ominus}}\right)^g \left(\dfrac{f_H}{p^{\ominus}}\right)^h}{\left(\dfrac{f_A}{p^{\ominus}}\right)^a \left(\dfrac{f_B}{p^{\ominus}}\right)^b} = \dfrac{\left(\dfrac{p_G \varphi_G}{p^{\ominus}}\right)^g \left(\dfrac{p_H \varphi_H}{p^{\ominus}}\right)^h}{\left(\dfrac{p_A \varphi_A}{p^{\ominus}}\right)^a \left(\dfrac{p_B \varphi_B}{p^{\ominus}}\right)^b} = \dfrac{\left(\dfrac{p_G}{p^{\ominus}}\right)^g \left(\dfrac{p_H}{p^{\ominus}}\right)^h}{\left(\dfrac{p_A}{p^{\ominus}}\right)^a \left(\dfrac{p_B}{p^{\ominus}}\right)^b} \times \dfrac{\varphi_G^g \varphi_H^h}{\varphi_A^a \varphi_B^b} = K_p^{\ominus} K_{\varphi} \tag{4.6.2}$$

式中，$K_{\varphi} = \dfrac{\varphi_G^g \varphi_H^h}{\varphi_A^a \varphi_B^b}$。

对真实气体系统，$K^{\ominus}$ 只是温度的函数，而 $K_p^{\ominus}$ 是温度、压力的函数；对理想气体系统，各组分的逸度系数 $\varphi_B = 1$，因此 $K_{\varphi} = 1$，$K^{\ominus} = K_p^{\ominus}$。此时，$K^{\ominus}$ 和 $K_p^{\ominus}$ 都只是温度的函数。注意，对于真实气体反应，$\Delta_r G_m^{\ominus} = -RT\ln K^{\ominus} \neq -RT\ln K_p^{\ominus}$。

真实气体反应的平衡组成的计算方法：

利用热力学方法求 $K^{\ominus}$ ⎫
利用普遍化逸度系数图查 φ 值求 K_{φ} ⎭ $\xrightarrow{K^{\ominus} = K_p^{\ominus} K_{\varphi}} K_p^{\ominus} \longrightarrow$ 平衡组成 p_B

4.6.2 液态混合物中的化学平衡

对液态混合物反应（非电解质溶液）

$$aA + bB \longrightarrow gG + hH$$

液态混合物组分B的化学势为 $\mu_B = \mu_B^\ominus + RT\ln a_B$,代入式(4.2.1),并整理得

$$\Delta_r G_m = \Delta_r G_m^\ominus + RT\ln J_a \tag{4.6.3}$$

式中,$J_a = \dfrac{a_G^g a_H^h}{a_A^a a_B^b}$,称为活度商。

平衡时,$\Delta_r G_m = 0$,$\Delta_r G_m^\ominus + RT\ln(J_a)_{\text{平}} = 0$,令 $K_a^\ominus = (J_a)_{\text{平}}$,则 $K_a^\ominus = \exp(-\Delta_r G_m^\ominus / RT)$,$K_a^\ominus$ 为液态混合物反应的标准平衡常数,量纲为一的量。$K_a^\ominus = \dfrac{a_G^g a_H^h}{a_A^a a_B^b}$。

根据液态混合物组分B的活度定义 $a_B = x_B \gamma_B$,可得

$$K_a^\ominus = \dfrac{(x_G \gamma_G)^g (x_H \gamma_H)^h}{(x_A \gamma_A)^a (x_B \gamma_B)^b} = \dfrac{x_G^g x_H^h}{x_B^b x_A^a} \times \dfrac{\gamma_G^g \gamma_H^h}{\gamma_B^b \gamma_A^a} = K_x K_\gamma \tag{4.6.4}$$

式中,$K_\gamma = \dfrac{\gamma_G^g \gamma_H^h}{\gamma_B^b \gamma_A^a}$,$K_x = \dfrac{x_G^g x_H^h}{x_B^b x_A^a}$。对理想液态混合物,$K_\gamma = 1$,$K_a^\ominus = K_x$。

§4.7 化学反应平衡的应用实例

4.7.1 合成氨反应的化学平衡

工业合成氨:$N_2(g) + 3H_2(g) \Longleftrightarrow 2NH_3(g) + 92.4\text{kJ}$,是体积缩小、放热的可逆反应。从动力学看,高温、高压和加入催化剂都有利于反应速率的提高。从化学平衡的角度看,低温、高压有利于平衡正向移动而提高平衡产率。合成氨反应所用的铁催化剂的活性温度为500℃左右。实际生产中,考虑到产量和催化剂活性的要求,工业上采用500℃左右的适宜温度。无论从动力学还是化学平衡的角度,高压都有利于合成氨反应的进行。但压力越大,所需动力越大,对材料和设备的制造要求也就越高。所以工业上一般采用20~50MPa的高压。由于合成氨反应为物质的量(或体积)减小的反应,系统中含有惰性气体不利于氨的生成。因此,实际生产中,原料气进合成塔前,需要进行预处理,尽量脱除原料气中的杂质,以消除原料气中的杂质对化学平衡的影响和对催化剂的毒害作用。合成氨原料气除 N_2、H_2 外,常含有少量的 CO、CO_2、水汽、CH_4 等(取决于原料气的制备方法)。如在原料气进入合成塔前,常用醋酸二氨合铜溶液来吸收原料气中的 CO。其反应为

$$[Cu(NH_3)_2Ac] + CO + NH_3 \longrightarrow [Cu(NH_3)_3]Ac \cdot CO + Q$$

吸收CO反应的特点:正反应是体积缩小的放热反应。根据化学平衡,吸收CO反应的适宜条件为低温、高压。由于吸收溶液中有游离氨,故可同时将气体中的二氧化碳脱除:

$$NH_3 \cdot H_2O + CO_2 \longrightarrow NH_4HCO_3$$

由于氨的合成反应的平衡转化率不高,因此,需要分离氨和剩余的反应物,未反应的原料气循环使用。若分离不彻底,循环使用的原料气中含有氨,根据化学平衡理论,将会降低后面合成氨反应的转化率。

4.7.2 烃类热解过程中的化学平衡

烃类热裂解是将石油系烃类原料(天然气、炼厂气、轻油、柴油、重油等)经高温作用,使烃类分子发生碳链断裂或脱氢反应,生成分子量较小的烯烃、烷烃和其他分子量不同的烃类和非烃类组分。

对烷烃的脱氢制烯烃反应

$$C_nH_{2n+2} \longrightarrow C_nH_{2n} + H_2 \qquad (4.7.1)$$

除了发生(4.7.1)所示的一次反应（原料烃热解生成目的产物烯烃的反应）外，还存在包含聚合缩合反应在内的二次反应（一次反应产物继续反应，烯烃消失，生成分子量较大的液体乃至焦炭的反应），二次反应的后果是形成结焦。一次裂解反应为物质的量（体积）增加的吸热反应，而烃聚合缩合的二次反应是分子数减少的放热反应。升高温度有利于裂解反应中一次反应的进行，提高烯烃收率。虽然从化学平衡的角度分析，升高温度对二次反应不利，但从动力学上是有利的。因此，工业上采用高温-短停留时间的方法，高温可提高烯烃收率，而短停留时间又可抑制二次反应的进行。

烃裂解的一次反应是分子数增多的过程，对于脱氢可逆反应，降低压力，对提高烯烃的平衡组成有利；而烃聚合缩合的二次反应是分子数减少的过程，降低压力对提高二次反应产物的平衡组成不利，可抑制结焦过程。但由于裂解是在高温下操作的，不宜于用抽真空减压的方法降低烃分压。这是因为高温密封不易，一旦空气漏入负压操作的裂解系统，与烃气体形成爆炸混合物就有爆炸的危险；并且，减压操作对以后分离工序的压缩操作也不利，要增加能量消耗。由于加入惰性气体对物质的量增加的反应有利，所以，工业生产中，采取添加稀释剂以降低烃分压的方法来提高烯烃收率。

理论上稀释剂可用水蒸气、氮气或任一种惰性气体，但目前较为成熟的裂解方法，均采用水蒸气作稀释剂。这是因为通过急冷即可实现水蒸气与裂解气的分离，且水蒸气热容量大，可以起到稳定温度的作用，保护炉管，防止过热。

4.7.3 生活中的化学平衡

（1）洗涤剂的有效利用

我们知道，油性污垢中的油脂成分因不溶于水而很难洗去。油脂的化学组成是高级脂肪酸的甘油酯，如果能水解成高级脂肪酸和甘油，那就很容易洗去。油脂水解的方程式是

$$(RCOO)_3C_3H_5 + 3H_2O \Longleftrightarrow 3RCOOH + C_3H_5(OH)_3$$

这是一个可逆反应，日常生活中以洗衣粉（或纯碱）作洗涤剂，其水溶液呈碱性，能与高级脂肪酸作用，使化学平衡向正反应方向移动。高级脂肪酸转化为钠盐，在水中溶解度增大，因此油污容易被水洗去。同时蛋白质的水解、油脂的水解都是吸热反应，适当提高水温，会使平衡向右移动，洗涤效果更佳。

（2）自来水消毒

近年来，某些自来水厂在用液氯消毒自来水，其消毒原理为：氯气与水发生反应生成盐酸和次氯酸，次氯酸有强氧化性，能杀灭水中细菌。其反应方程式为

$$Cl_2 + H_2O \Longleftrightarrow HCl + HClO$$

但次氯酸不稳定，受热或见光发生下列分解反应，使得消毒时间缩短，从而降低消毒的效果。

$$2HClO \Longleftrightarrow 2HCl + O_2$$

若向氯水中加入液氨，液氨与水中的次氯酸反应，生成的 NH_2Cl 比 $HClO$ 稳定。

$$NH_3 + HClO \Longleftrightarrow H_2O + NH_2Cl$$

系统中的次氯酸同时满足两个平衡，其消毒杀菌后，由于浓度逐渐减小，使平衡向生成次氯酸的方向进行，当次氯酸浓度较高时，平衡向生成 NH_2Cl 的方向移动，相当于暂时"储存"，避免其分解所带来的损失，这样就延长了液氯的消毒时间。

本章基本要求

1. 明确化学反应的平衡条件，掌握用等温方程判断化学反应方向和限度的方法。
2. 掌握平衡常数的定义和特征，明确各种平衡常数与标准平衡常数的关系。
3. 熟练掌握平衡组成的计算方法。
4. 熟练掌握化学平衡组成与过程热力学函数变化值之间的相互换算关系。
5. 理解温度对化学平衡的影响，并能进行定性分析和定量计算。
6. 能够分析压力、惰性气体等因素的变化对化学平衡的影响。
7. 了解同时反应平衡及其他系统的化学平衡的相关知识。

自测题（单选题）

1. 在一定温度、压力下，对于只有体积功的任一化学反应，能用于判断其反应方向的是（ ）。
   (a) $\Delta_r G_m^{\ominus}$ (b) $K_p^{\ominus}$ (c) $\Delta_r G_m$ (d) $\Delta_r H_m$

2. 在定温、定压下，化学反应系统达到平衡时，不成立的式子是（ ）。
   (a) $v(正)=v(逆)$（v 为反应速率）   (b) $\Delta_r G_m = 0$
   (c) $(\partial G/\partial \xi)_{T,p} \neq 0$ (d) $\sum \nu_B \mu_B = 0$

3. 定温、定压下，反应达到平衡时应有（ ）。
   (a) $\Delta_r G_m = 0$ (b) $\Delta_r G_m^{\ominus} = 0$
   (c) $\Delta_r G_m^{\ominus} = -RT\ln K_p^{\ominus}$ (d) $\Delta_r G_m^{\ominus} = \Delta_r G_m$

4. 化学反应 $HgO(s) \rightleftharpoons Hg(l) + 1/2 O_2(g)$ 达到平衡时，三种物质的化学势间存在着下面的关系（ ）。
   (a) $\mu(Hg)[\mu(O_2)]^{1/2} = \mu(HgO)$
   (b) $\mu(Hg)[\mu(O_2)]^{1/2}/\mu(HgO) = 常数$
   (c) $\mu(Hg) + \mu(O_2) = \mu(HgO)$
   (d) $\mu(Hg) + 1/2\mu(O_2) - \mu(HgO) = 0$

5. 对于同一化学反应，若反应方程式中计量系数写法不同，则其标准平衡常数 $K^{\ominus}$ 和标准摩尔吉布斯函数 $\Delta_r G_m^{\ominus}$ 应满足下列哪种说法（ ）？
   (a) $K^{\ominus}$ 相同，$\Delta_r G_m^{\ominus}$ 不同   (b) $K^{\ominus}$ 和 $\Delta_r G_m^{\ominus}$ 都不同
   (c) $K^{\ominus}$ 不同，$\Delta_r G_m^{\ominus}$ 相同   (d) $K^{\ominus}$ 和 $\Delta_r G_m^{\ominus}$ 都相同

6. 对于理想气体反应系统，标准反应吉布斯函数变与平衡常数之间的关系式，下列正确的是（ ）。
   (a) $\Delta_r G_m^{\ominus} = -RT\ln K_p$ (b) $\Delta_r G_m^{\ominus} = -RT\ln K_c$
   (c) $\Delta_r G_m^{\ominus} = -RT\ln K_x$ (d) $\Delta_r G_m^{\ominus} = -RT\ln K_p^{\ominus}$

7. 一定温度下已知可逆反应的平衡常数为 $aA + bB \rightleftharpoons gG + hH$，$K_1^{\ominus}$；$gG + hH \rightleftharpoons aA + bB$，$K_2^{\ominus}$，则有（ ）。
   (a) $K_1^{\ominus} K_2^{\ominus} = 1$ (b) $K_1^{\ominus} = -K_2^{\ominus}$
   (c) $K_1^{\ominus} = K_2^{\ominus}$ (d) $K_1^{\ominus} + K_2^{\ominus} = 1$

8. 某温度时，$NH_4Cl(s)$ 分解压力是 $p^{\ominus}$，则分解反应的平衡常数 $K^{\ominus}$ 为（ ）。
   (a) 1   (b) 1/2   (c) 1/4   (d) 1/8

9. 理想气体反应：$CO(g)+H_2O(g) \rightleftharpoons H_2(g)+CO_2(g)$，平衡常数的关系（　　）。
   (a) $K_p=1$　　　(b) $K_p=K_c$　　　(c) $K_p>K_c$　　　(d) $K_p<K_c$

10. 在一刚性密闭容器内，某温度下，反应 $CaO+CO_2(g) \rightleftharpoons CaCO_3$ 已达平衡，如再投入 CaO 或 $CaCO_3$，那么 CO_2 的浓度分别怎样变化？（　　）
    (a) 减少，增加　　(b) 减少，不变　　(c) 不变，不变　　(d) 不变，增加

11. 反应 $(CH_3)_3CHOH(g) \rightleftharpoons (CH_3)_2CO(g)+H_2(g)$，在 457.4K 时 $K^\ominus=0.3600$，$\Delta C_p=0$，在 500K 时 $K^\ominus=1.43$，则 $\Delta_r H_m^\ominus/J\cdot mol^{-1}$ 为（　　）。
    (a) 6.150×10^4　　(b) 6.150×10^3　　(c) 0.615　　(d) 6.15

12. 在温度 T 时，某化学反应的 $\Delta_r H_m^\ominus<0$，$\Delta_r S_m^\ominus>0$，此时该反应的平衡常数 $K^\ominus$ 应是（　　）。
    (a) $K^\ominus>1$，且随温度升高而增大　　(b) $K^\ominus>1$，且随温度升高而减小
    (c) $K^\ominus<1$，且随温度升高而增大　　(d) $K^\ominus<1$，且随温度升高而减小

13. PCl_5 的分解反应是 $PCl_5(g) \rightleftharpoons PCl_3(g)+Cl_2(g)$，在 473K 达到平衡时，$PCl_5(g)$ 有 48.5% 分解，在 573K 达到平衡时，有 97% 分解，则此反应为（　　）。
    (a) 吸热反应
    (b) 放热反应
    (c) 既不放热也不吸热
    (d) 这两个温度下的平衡常数相等

14. 对于反应 $C(s)+H_2O(g) \rightleftharpoons CO(g)+H_2(g)$，298K 时，$\Delta_r H_m^\ominus=131.31$ kJ·mol^{-1}，下面哪种情况对正向反应有利（　　）。
    (a) 增大总压　　(b) 通入 H_2　　(c) 降低温度　　(d) 提高温度

15. 气相反应 $2NO+O_2 \rightleftharpoons 2NO_2$ 是放热的，当反应达到平衡后，为使平衡向右移动，可采用（　　）。
    (a) 降温和降压　　(b) 升温和加压　　(c) 升温和降压　　(d) 降温和加压

16. 定温定压下，加入惰性气体对下列哪一个反应能增大其平衡转化率？（　　）
    (a) $C_6H_5C_2H_5(g) \rightleftharpoons C_6H_5C_2H_3(g)+H_2(g)$
    (b) $CO(g)+H_2O(g) \rightleftharpoons CO_2(g)+H_2(g)$
    (c) $3/2H_2(g)+1/2N_2(g) \rightleftharpoons NH_3(g)$
    (d) $CH_3COOH(l)+C_2H_5OH(l) \rightleftharpoons H_2O(l)+C_2H_5COOCH_3(l)$

17. 下列叙述中不正确的是（　　）。
    (a) 标准平衡常数仅是温度的函数
    (b) 催化剂不能改变平衡常数的大小
    (c) 平衡常数发生变化，化学平衡必定发生移动，达到新的平衡
    (d) 化学平衡发生新的移动，平衡常数必发生变化

18. 真实气体反应的平衡常数 $K^\ominus$ 的数值与下列因素中的哪一个无关？（　　）
    (a) 标准态　　(b) 温度　　(c) 压力　　(d) 系统的平衡组成

19. 在某温度下，一定量的 $PCl_5(g)$ 在一密闭容器中达到分解反应平衡 $PCl_5(g) \rightleftharpoons PCl_3(g)+Cl_2(g)$，若往容器中充入 N_2 气，使容器中气体压力增加一倍，那么 $PCl_5(g)$ 的离解度将（　　）。
    (a) 增加　　(b) 减小　　(c) 不变　　(d) 无法确定

20. 环己烷与甲基环戊烷有以下异构化作用：$C_6H_{12}(l) \rightleftharpoons C_5H_9CH_3(l)$，其平衡常数 $K^\ominus$ 与温度 T 有如下关系：$\ln K^\ominus=4.184-17120/RT$，那么 298K 时 $\Delta_r S_m^\ominus(J\cdot K^{-1}\cdot mol^{-1})$ 为（　　）。

(a) -34.78　　　　(b) 34.78　　　　(c) 92.17　　　　(d) -92.17

自测题答案

1. (c); 2. (c); 3. (a); 4. (d); 5. (b); 6. (d); 7. (a); 8. (c); 9. (b); 10. (c); 11. (a); 12. (b); 13. (a); 14. (d); 15. (d); 16. (a); 17. (d); 18. (c); 19. (c); 20. (b)

习题

1. 有个烧瓶中充了 $0.3\text{mol H}_2(\text{g})$、$0.4\text{mol I}_2(\text{g})$、$0.2\text{mol HI(g)}$，总压力为 10^5Pa，试求 $25℃$ 平衡时，该混合物的组成。已知 298K 时反应 $H_2(g)+I_2(g)\Longrightarrow 2HI(g)$ 的 $K_p^\ominus$ 为 870。

答案：$y(H_2)=0.74\%$；$y(I_2)=11.86\%$；$y(HI)=87.4\%$

2. 已知 $700℃$ 时反应 $CO(g)+H_2O(g)\Longrightarrow CO_2(g)+H_2(g)$ 的平衡常数为 $K_p=0.71$，试问：

(1) 各物质的分压均为 $1.5p^\ominus$，此反应能否自发正向进行？

(2) 若增加反应物的压力，使 $p_{CO}=10p^\ominus$，$p_{H_2O}=5p^\ominus$，$p_{CO_2}=p_{H_2}=1.5p^\ominus$，该反应能否自发正向进行？

答案：(1) 不能自发进行；(2) 能自发进行

3. 银可能受到 H_2S 气体的腐蚀而发生下列反应

$$H_2S(g)+2Ag(s)\Longrightarrow Ag_2S(s)+H_2(g)$$

298K 下，$Ag_2S(s)$ 和 $H_2S(g)$ 的标准摩尔生成吉布斯函数 $\Delta_f G_m^\ominus$ 分别为 $-40.25\text{kJ}\cdot\text{mol}^{-1}$ 和 $-32.93\text{kJ}\cdot\text{mol}^{-1}$，在 298K、10^5Pa 下，H_2S 和 H_2 的混合气体中 H_2S 的摩尔分数低于多少时才不致使 Ag 发生腐蚀？

答案：$\leqslant 0.050$

4. 在 $750℃$ 时，总压力为 4.27kPa，反应 $1/2SnO_2(s)+H_2(g)\Longrightarrow 1/2Sn(s)+H_2O(g)$ 达平衡时，水蒸气的分压为 3.16kPa。

(1) 试求反应的 $K_{p,1}$。

(2) 若已知反应 $H_2(g)+CO_2(g)\Longrightarrow CO(g)+H_2O(g)$ 在 $750℃$ 时的 $K_{p,2}=0.773$，试求下列反应 $1/2SnO_2(s)+CO(g)\Longrightarrow 1/2Sn(s)+CO_2(g)$ 的 $K_{p,3}$。

答案：(1) 2.85；(2) 3.70

5. 通常在钢瓶里的压缩氢气中含有少量氧气。实验中常将氢气通过高温下的铜粉，以除去少量氧气，其反应为：$2Cu(s)+1/2O_2(g)\Longrightarrow Cu_2O(s)$。若在 $600℃$ 时，使反应达到平衡，试问经处理后，在氢气中剩余氧的分压为多少？

已知 $\Delta_r G_m^\ominus/(\text{J}\cdot\text{mol}^{-1})=-166732+63.01(T/K)$。

答案：$4.37\times 10^{-9}\text{Pa}$

6. 在 298K 时，$p^\ominus$ 下 N_2O_4 有 18.46% 离解，求在 50662Pa 及 298K 时 N_2O_4 的离解度。

答案：0.255

7. 已知 298K 时，热力学数据：

	$C_6H_6(l)$	$NH_3(g)$	$C_6H_2NH_2(l)$	$H_2(g)$
$\Delta_f H_m^\ominus/\text{kJ}\cdot\text{mol}^{-1}$	49.04	-46.19	35.51	0
$S_m^\ominus/\text{J}\cdot\text{K}^{-1}\cdot\text{mol}^{-1}$	173.26	192.5	191.5	130.59

试求反应 $C_6H_6(l)+NH_3(g) \Longrightarrow C_6H_5NH_2(l)+H_2(g)$ 在 298K 时的 $\Delta_r G_m^\ominus$ 及 $K_p^\ominus$。

答案：45674J·mol^{-1}；9.86×10^{-9}

8. 在 55℃、$p^\ominus$ 下，部分解离的 N_2O_4 的平均分子量为 61.2g·mol^{-1}，试计算：
(1) 解离度 α；
(2) 反应 $N_2O_4(g) \Longrightarrow 2NO_2(g)$ 的 K_p；
(3) 若总压降至 10kPa，55℃时的解离度 α 又是多少？

答案：(1) 0.50；(2) 133.33kPa；(3) 0.877

9. 298K 时，将 $NH_4HS(s)$ 放入抽空瓶中，$NH_4HS(s)$ 依下式分解：
$$NH_4HS(s) \Longrightarrow NH_3(g)+H_2S(g)$$
测得压力为 66.66kPa，求 $K_p^\ominus$ 值。若瓶中原来已盛有 $NH_3(g)$，其压力为 40.00kPa，试问此时瓶中总压应为若干？

答案：0.111；77718Pa

10. 在 721℃、$p^\ominus$ 下，使纯 H_2 慢慢地通过过量的 $CoO(s)$，则氧化物部分地被还原为 $Co(s)$。流出的平衡气体中含 H_2 2.5%（体积分数）；在同一温度下，若用一氧化碳还原 $CoO(s)$，平衡后气体中含一氧化碳 1.92%。求等摩尔的一氧化碳和水蒸气的混合物在 721℃下，通过适当催化剂进行反应，其平衡转化率为多少？

答案：53.4%

11. 反应 $NH_4Cl(s) \Longrightarrow NH_3(g)+HCl(g)$ 的标准平衡常数在 250～400K 温度范围内为 $\ln K_p^\ominus = 37.32-21020/(T/K)$，请计算 300K 时反应的 $\Delta_r G_m^\ominus$、$\Delta_r H_m^\ominus$、$\Delta_r S_m^\ominus$。

答案：81677J·mol^{-1}；310.3J·K^{-1}·mol^{-1}；174800J·mol^{-1}

12. 若反应：$C(s)+CO_2(g) \Longrightarrow 2CO(g)$ 在 1000K 时的标准平衡常数为 1.862，反应的平均反应焓变为 168500J·mol^{-1}，问 1200K、$p^\ominus$ 下，该体系气相组成如何？各组分的分压是多少？

答案：x_{CO}=98.2%，x_{CO_2}=1.8%；p_{CO}=98.2kPa，p_{CO_2}=1.8kPa

13. H_2S 的离解反应 $2H_2S(g) \Longrightarrow 2H_2(g)+2S(g)$，在 1065℃时的 $K_{p,1}^\ominus$=0.0118，假定离解热为 $\Delta_r H_m^\ominus$=177000J·mol^{-1}，不随温度变化而变化。求该反应在 1200℃ 时的 $K_{p,2}^\ominus$ 与 $\Delta_r G_m^\ominus$、$\Delta_r S_m^\ominus$。

答案：$K_{p,2}^\ominus$=0.0507；$\Delta_r G_m^\ominus$=36520J·mol^{-1}；$\Delta_r S_m^\ominus$=95.37J·K^{-1}·mol^{-1}

14. 反应 $NH_4HS(s) \Longrightarrow NH_3(g)+H_2S(g)$ 的 $\Delta_r H_m^\ominus$=93720J·mol^{-1}，$\Delta_r C_p$=0，在 298K 时，$NH_4HS(s)$ 分解后的平衡压力为 5.997×10^{4}Pa（气相中只有 NH_3 和 H_2S），M_{NH_4HS}=51g·mol^{-1}，试求：
(1) 此反应在 308K 时，固体 NH_4HS 在抽空容器中分解，达到平衡时，容器中的总压力为多大？
(2) 将 0.60mol H_2S 和 0.70mol NH_3 放入 25.25dm^3 的容器中，在 308K 时将生成 NH_4HS 多少克？

答案：(1) 1.11×10^{5}Pa；(2) 5.17g

15. 在 110℃ 和 0.597$p^\ominus$ 时，与醋酸蒸气密度相当的醋酸表观分子量是简单式量（实验式量）的 1.52 倍，在 155.73℃ 和 0.603$p^\ominus$ 时的相应的数字是 1.19 倍。假定气体中只会有单分子和双分子，求反应：$2HAc(g) \Longrightarrow (HAc)_2(g)$ 的 $\Delta_r H_m^\ominus$。

答案：-61.65kJ·mol^{-1}

16. 设在某一定温度下,有一定量的 $PCl_5(g)$ 在标准压力 $p^{\ominus}$ 下的体积为 $1dm^3$,在此情况下,$PCl_5(g)$ 的解离度设为 50%。通过计算说明在下列几种情况下,$PCl_5(g)$ 的解离度是增大还是减小。

(1) 使气体的总压减低,直到体积增加到 $2dm^3$;

(2) 定压下,通入氮气,使体积增加到 $2dm^3$;

(3) 定容下,通入氮气,使压力增加到 $2p^{\ominus}$;

(4) 通入氯气,使压力增加到 $2p^{\ominus}$,而体积维持为 $1dm^3$。

答案:(1) 0.618;(2) 0.618;(3) 0.50;(4) 0.20

17. 一真空密闭容器中两种铵盐同时发生分解反应:

$$NH_4Cl(s) \rightleftharpoons NH_3(g) + HCl(g) \quad K_{p,1}^{\ominus} = 0.2738$$

$$NH_4I(s) \rightleftharpoons NH_3(g) + HI(g) \quad K_{p,2}^{\ominus} = 8.836 \times 10^{-3}$$

求平衡组成。

答案:$y_{NH_3} = 0.50$;$y_{HCl} = 0.484$;$y_{HI} = 0.016$

18. 反应 $C_2H_4(g) + H_2O(g) \rightleftharpoons C_2H_5OH(g)$ 在 250℃ 的 $K_p^{\ominus} = 5.92 \times 10^{-3}$。在 250℃ 和 3.45MPa 下,若 C_2H_4 与 H_2O 的物质的量之比为 1:5,求 C_2H_4 的平衡转化率。已知 C_2H_4、H_2O 和 C_2H_5OH 的逸度系数分别为 0.98、0.89、0.82,并假设混合物可用路易斯-兰德尔规则。

答案:15.09%

第 5 章 电 化 学

电化学是研究电能和化学能相互转化规律的科学。电能转化为化学能的过程称为电解，电解装置即电解池；而化学能转化为电能的过程为电池放电，相应装置称为原电池。电化学的真正发展始于 18 世纪。1800 年，伏特（Volta）制成第一个原电池（伏特电堆 voltaic pile），使人们可利用获得的稳定、可靠的直流电进行电解现象的研究。1807 年，Davy 用电解方法制备出当时未被人们认识的金属钾和钠。1833 年，法拉第（M.Faraday）提出著名的法拉第电解定律。1839 年，Grove 发明了燃料电池，但并未得到进一步的发展与应用。1859 年，普兰特（Planet）发明了铅酸电池。1870 年，发电机的出现使电化学开始应用于工业生产，从而相继出现电解制备铝、电解水制备氢气和氧气等。1884 年，瑞典化学家阿仑尼乌斯提出电解质电离理论，奠定了电化学理论研究的基础。1888 年，德国科学家能斯特提出了原电池的电动势理论，随后他提出了能斯特方程。1905 年，塔菲尔（Tafel）建立了电极过程中最基本的经验规律——塔菲尔定律，但半个世纪以后，电极过程动力学才得到应有的重视与发展。1923 年，丹麦化学家布朗斯特和英国化学家托马斯·劳里提出了酸碱质子理论。目前，电化学研究的焦点已从方法论转移到一些化学问题上，电化学技术已被非电化学家作为研究化学系统的有用手段而接受，电化学技术正向众多的科学领域扩散渗透，形成电分析化学、有机电化学、催化电化学、熔盐电化学、固体电解质、量子电化学、半导体电化学、腐蚀电化学、生物电化学等分支。电化学已经在电化学合成、金属精炼和防腐、表面修饰、电解加工、电化学分离、电化学分析、电池等方面得到了广泛应用。随着低碳时代的来临，电化学应用前景会更为宽广。

§5.1 电解质溶液的导电机理及法拉第定律

> **核心内容**
>
> 1. 导体的分类
>
> 导体分第一类导体和第二类导体。第一类导体是电子导体，靠外电场作用下自由电子的定向运动而导电；第二类导体是离子导体，靠外电场作用下离子的定向运动而导电。
>
> 2. 电解质溶液的导电机理
>
> ① 在外电场作用下，电解质溶液中阴、阳离子分别向两电极定向运动；② 在电极上进行有电子得失的化学反应，即电极反应。
>
> 3. 法拉第定律
>
> 法拉第第一定律：电解时，发生电极反应的物质的量与电路中通过的电量成正比。
>
> 法拉第第二定律：在串联电解池中通过一定的电荷量后，在各电解池的电极上发生反应的物质的量都相等。

电解质溶液是指溶质溶于溶剂后，溶质能完全解离或部分解离成离子所形成的溶液。电解质溶液广泛存在于自然界和生物体中，如海水、矿泉水及生物体的细胞液均为电解质溶液。电解质溶液的导电性质是电化学研究的基本内容之一。

5.1.1 导体的分类

凡能导电的物质均称为导电体或导体。导体导电取决于导体内是否存在自由的带电粒子，带电粒子种类决定导体种类。

第一类是电子导体，靠外电场作用下自由电子的定向运动而导电，如金属、石墨、某些金属氧化物（如 PbO、Fe_3O_4）和碳化物（如 WC）等。该类导体的特点是当电流通过时，导体本身不发生任何化学变化。温度升高时，这类导体内部粒子加剧的热运动阻碍了自由电子的定向运动，导电能力下降。

第二类是离子导体，它依靠外电场作用下阴、阳离子的定向运动而导电，如电解质溶液或熔融的电解质、固体电解质等。当温度升高时，由于电解质溶液黏度降低、离子运动加快以及水溶液中离子水化程度降低等原因，其导电能力增强。

5.1.2 电解质溶液的导电机理

当电子导体与离子导体接触时，就组成电极。将一个外加电源的正、负极用导线分别与两电极相连，就构成图 5.1.1 所示的电解池。在外电场作用下，电解质溶液中阴、阳离子分别向两电极定向运动。在电极上进行有电子得失的化学反应，称为电极反应。两电极反应之和称为电池反应。电解质溶液的导电过程应同时包含电极反应过程及电解质溶液中阴、阳离子的定向迁移过程。

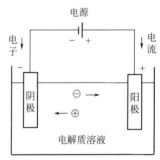

图 5.1.1 电解池导电机理示意图

电化学中规定，无论是电解池还是原电池，发生氧化反应的电极称为阳极，发生还原反应的电极称为阴极。物理学中规定，电势高的电极称为正极，电势低的称为负极。在电解池中，正极即阳极，负极为阴极；而在原电池中，正极为阴极，负极为阳极。

5.1.3 法拉第定律

法拉第定律也称电解定律，是法拉第研究电解时从实验结果归纳出来的，它反映了通过电极的电量与电极反应的物质的量之间的定量关系。

法拉第第一定律：电解时，发生电极反应的物质的量与电路中通过的电量成正比。

法拉第第二定律：在串联电解池中通过一定的电量后，在各电解池的电极上发生反应的物质的量都相等。

人们把 1mol 元电荷的电荷量称为法拉第常数，用 F 表示。

$$F = Le = 6.022 \times 10^{23} mol \times 1.6022 \times 10^{-19} C$$
$$= 96484.5 C \cdot mol^{-1} \approx 96500 C \cdot mol^{-1}$$

式中，L 为 Avogadro 常数；e 为元电荷的电荷量。

若电极反应表示式为

$$氧化态 + ze^- \longrightarrow 还原态$$

或

$$还原态 \longrightarrow 氧化态 + ze^-$$

其中，z 为电极反应的电荷数（电子计量系数）。当电极反应的反应进度为 ξ 时，通过电极的元电荷的物质的量为 ξz，则电路中通过的电量为

$$Q = \xi z F \tag{5.1.1}$$

或

$$Q = \frac{\Delta n_B}{\nu_B} z F = \frac{\Delta m_B}{\nu_B M_B} z F \tag{5.1.2}$$

ν_B 为组分 B 的计量系数；M_B 为组分 B 的摩尔质量。式(5.1.1) 和式(5.1.2) 为法拉第第一定律的数学表示式。

法拉第定律是自然界中最准确的定律之一，对电解池和原电池都适用。依据法拉第定律，通过测定电极反应的物质的量即可计算电路中通过的电量，该测定装置称为电量计或库仑计。

【例 5.1.1】 通电于 $Au(NO_3)_3$ 溶液，电流强度 $I = 0.025A$，当阴极上有 1.2g $Au(s)$ 析出时，计算：(1) 电路中通过的电荷量；(2) 通电时间；(3) 阳极上放出氧气的物质的量。已知金、氧气的摩尔质量分别为 $M(Au) = 197g \cdot mol^{-1}$，$M(O_2) = 32g \cdot mol^{-1}$。

解： 阴极反应 $Au^{3+} + 3e^- \longrightarrow Au$

阳极反应 $\frac{3}{2} H_2O \longrightarrow \frac{3}{4} O_2(g) + 3H^+ + 3e^-$

(1) $Q = \frac{\Delta m_B}{\nu_B M_B} z F = \frac{1.2 \times 3 \times 96500}{1 \times 197} C = 1763 C$

(2) $t = \frac{Q}{I} = \frac{1763}{0.025} s = 7.05 \times 10^4 s$

(3) $\Delta n(O_2) = \frac{Q \times \nu(O_2)}{zF} = \frac{1763 \times 3/4}{3 \times 96500} mol = 0.00457 mol$

§5.2 电导、电导率和摩尔电导率

核心内容

1. 电导与电导率

电导 (G) 是电阻的倒数，单位是 S（西门子）或 Ω^{-1}。

电导率 κ 是电阻率的倒数，为单位长度、单位截面积导体的电导（即单位体积电解质溶液的电导）。单位是 $S \cdot m^{-1}$。电导与电导率的关系为 $G = \kappa A/L$。随电解质浓度增大，其电导率先增大后减小。

2. 摩尔电导率

摩尔电导率 Λ_m 是平行板电极相距 1m 时，含 1mol 电解质溶液的电导。单位：$S \cdot m^2 \cdot mol^{-1}$。$\kappa$ 与 Λ_m 关系是 $\Lambda_m = \kappa/c_B$。

3. 电导的测定

电解质溶液电导的测定实际上是通过用惠斯通（Wheatstone）电桥测定其电阻。未知溶液的电导率是用已知电导率的溶液（如 KCl），在同一电导池中测定电阻后计算得到。电导池常数 $K_{cell} = \frac{L}{A}$。

4. 摩尔电导率与浓度的关系

无论强电解质还是弱电解质，摩尔电导率随浓度增大而逐渐减小。在稀溶液范围内，强电解质的摩尔电导率与浓度的 1/2 次方存在线性关系，$\Lambda_m = \Lambda_m^\infty - A\sqrt{c}$。

> **5. 离子独立运动定律**
>
> 在无限稀释的电解质溶液中,离子彼此独立运动,互不影响。弱电解质的极限摩尔电导率要借助于离子独立定律得到。

5.2.1 电导与电导率

由于电解质电离出的阴、阳离子在电场作用下发生定向移动,运载电量而使电解质溶液导电。衡量电解质溶液中阴、阳离子整体导电能力的物理量为电导,即电阻的倒数,用符号 G 表示。

$$G = \frac{1}{R} \tag{5.2.1}$$

电导的单位是 Ω^{-1} 或 S(西门子)。

由物理学可知,

$$R = \rho \frac{L}{A} \tag{5.2.2}$$

式中,ρ 为电阻率,$\Omega \cdot m$;L 为导体长度,m;A 为导体截面积,m^2。定义电阻率的倒数为电导率,用 κ 表示,即

$$\kappa = \frac{1}{\rho} \tag{5.2.3}$$

κ 的单位为 $\Omega^{-1} \cdot m^{-1}$ 或 $S \cdot m^{-1}$。将电导、电导率定义代入式(5.2.2)有

$$G = \kappa \frac{A}{L} \tag{5.2.4}$$

式(5.2.4)表明:电解质溶液的电导率是相距 1m、极板面积 $1m^2$ 的两极板间电解质溶液的电导,即单位体积溶液的电导。

给定电解质的导电能力取决于电解质电离出的阴、阳离子的运动速率和导电粒子数。在低浓度时,导电离子数起主导作用。随浓度增大,导电粒子数增加,电解质导电能力增强,电导率增加;当电解质浓度超过一定数值时,离子的运动速率起主导作用,随电解质浓度增大,离子间相互作用增强,降低了离子的运动速率,电导率降低。对弱电解质,电解质浓度增大,电离度会减小,因此,电离出的导电离子的数量变化不大,故弱电解质溶液的电导率很小且随浓度变化不大。

5.2.2 摩尔电导率

为了对不同浓度或不同类型的电解质的导电能力进行比较,需引出摩尔电导率,即在相距 1m 的两平行板电极之间,放置含有 1mol 电解质的溶液的电导,用 Λ_m 表示。

摩尔电导率与电导率的关系为

$$\Lambda_m = \frac{\kappa}{c} \tag{5.2.5}$$

式中,c 为电解质溶液的浓度,单位为 $mol \cdot m^{-3}$,κ 单位为 $S \cdot m^{-1}$,则 Λ_m 的单位为 $S \cdot m^2 \cdot mol^{-1}$。

5.2.3 电导的测定

电解质溶液电导的测定实际上是测定其电阻。可利用惠斯通(Wheatstone)电桥,如图

5.2.1 所示。但测定时应使用一定频率的交流电源,因为直流电通过电解质溶液时,会发生连续的电极反应,导致电极附近溶液浓度发生改变,甚至由于电解产物的沉积使电极性质发生变化导致测量误差。

图 5.2.1 中 AB 为均匀的滑线电阻;R_1 为标准电阻;R_x 为电导池 M 中待测溶液的电阻;I 是具有一定频率的交流电源;K 为抵消电导池电容的可变电容器;G 为检零器(耳机或阴极示波器)。接通电源后,移动触点 C,直至 CD 中电流最小,电桥达平衡,此时,

$$\frac{R_1}{R_x}=\frac{R_3}{R_4} \tag{5.2.6}$$

$$G=\frac{1}{R_x}=\frac{R_3}{R_4}\times\frac{1}{R_1}=\frac{\overline{AC}}{\overline{CB}}\times\frac{1}{R_1} \tag{5.2.7}$$

$$\kappa=G\times\frac{L}{A}=\frac{1}{R_x}\times\frac{L}{A}=\frac{1}{R_x}K_{cell} \tag{5.2.8}$$

式中,$K_{cell}=\dfrac{L}{A}$ 称为电导池常数,单位 m^{-1}。

对于给定的电导池,K_{cell} 的值是固定的,但电导池一般由玻璃制成,其几何尺寸不易确定。为求得溶液的电导率,必须先测定电导率已知的 KCl 溶液(电导率数据见表 5.2.1)的电阻,求得所用电导池的电导池常数,用该电导池测定未知溶液的电阻,则可根据已求得的电导池常数求

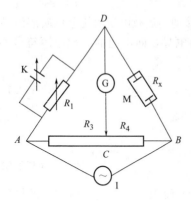

图 5.2.1 测量溶液电导用的惠斯通电桥示意图

出电解质的电导率和摩尔电导率。溶液的电导受温度影响较大,一般室温下温度升高 1℃,电导增加约 2%,因此,精确的电导测定必须在恒温槽中进行。

表 5.2.1   25℃ 时 KCl 水溶液的电导率

$c/\text{mol}\cdot m^{-3}$	10^3	10^2	10	1	10^{-1}
$\kappa/S\cdot m^{-1}$	11.19	1.289	0.1413	0.01469	0.001489

【例 5.2.1】 273.15K 时在(1)、(2)两个电导池中分别盛以不同液体并测其电阻。当在(1)中盛 Hg(l) 时,测得电阻为 0.99895Ω(1Ω 是 273.15K 时,截面积为 $1mm^2$、长为 1062.936mm 的汞柱的电阻);当(1)和(2)中均盛以浓度约为 $3mol\cdot dm^{-3}$ 的 H_2SO_4 溶液时,测得(2)的电阻为(1)的 0.107811 倍;若在(2)中盛以浓度为 $1.0mol\cdot dm^{-3}$ 的 KCl 溶液时,测得电阻为 17565Ω。试求:(a) 电导池(1)的电导池常数。(b) 在 273.15K 时,该 KCl 溶液的电导率和摩尔电导率。

解:(a) 汞的电阻率 $\rho=RA/L$,当 $R=1\Omega$ 时

$$\rho=\left(\frac{1\times1\times10^{-6}}{1.062936}\right)\Omega\cdot m=9.408\times10^{-7}\Omega\cdot m$$

$$K_{cell}=\frac{L}{A}=\frac{\kappa}{G}=\frac{R}{\rho}=\left(\frac{0.99895}{9.408\times10^{-7}}\right)m^{-1}=1.062\times10^6 m^{-1}$$

(b) 由 $K_{cell,1}/K_{cell,2}=R_1/R_2$,得

$$K_{cell,2}=K_{cell,1}R_2/R_1=(1.062\times10^6\times0.107811)m^{-1}=1.145\times10^5 m^{-1}$$

$$\kappa=GK_{cell,2}=\frac{K_{cell,2}}{R}=\left(\frac{1.145\times10^5}{17565}\right)\Omega^{-1}\cdot m^{-1}=6.519\Omega^{-1}\cdot m^{-1}$$

$$\Lambda_m = \frac{\kappa}{c} = \left(\frac{6.519}{1\times 10^3}\right) \text{S} \cdot \text{m}^2 \cdot \text{mol}^{-1} = 6.519\times 10^{-3}\, \text{S} \cdot \text{m}^2 \cdot \text{mol}^{-1}$$

5.2.4 摩尔电导率与浓度的关系

给定电解质溶液中电解质的导电能力取决于离子的运动速率及电解质溶液所含离子的数目，而摩尔电导率的大小只与离子的运动速率有关。增加电解质溶液浓度，离子间相互作用力增加，离子运动速率下降，摩尔电导率降低。图 5.2.2 列出了几种电解质水溶液的摩尔电导率与电解质的浓度的关系。

由图 5.2.2 可知，在溶液很稀时，强电解质的摩尔电导率与电解质的浓度的平方根成正比，即

$$\Lambda_m = \Lambda_m^\infty - A\sqrt{c} \quad (5.2.9)$$

式中，Λ_m^∞、A 均为常数。上式称为柯尔劳施公式。对强电解质，Λ_m^∞ 就是图 5.2.2 的直线部分外推至 $c \to 0$ 所得的截距，即无限稀释时的摩尔电导率，也称极限摩尔电导率。对弱电解质，柯尔劳施公式不成立，且稀溶液范围内，摩尔电导率

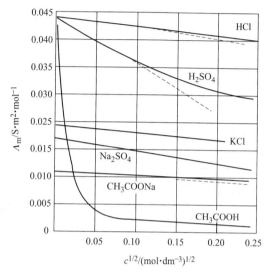

图 5.2.2 某些电解质水溶液的摩尔电导率与电解质的浓度的关系

受浓度影响极大，不能通过实验结果外推的方法求取 Λ_m^∞，但可借助离子独立运动定律由强电解质的 Λ_m^∞ 来计算。

5.2.5 离子独立运动定律

柯尔劳施根据大量实验结果提出离子独立运动定律，即在无限稀释的电解质溶液中，离子彼此独立运动，互不影响。在无限稀的水溶液中，电解质电离出的阴、阳离子的导电能力不受其他离子的影响，因此电解质的 Λ_m^∞ 是两种离子的摩尔电导率之和。无论强电解质还是弱电解质，无限稀溶液视为完全电离，即

$$A_{\nu_+}B_{\nu_-} \longrightarrow \nu_+ A^{z+} + \nu_- B^{z-}$$

$$\Lambda_m^\infty = \nu_+ \Lambda_{m,+}^\infty + \nu_- \Lambda_{m,-}^\infty \quad (5.2.10)$$

式中，$\Lambda_{m,+}^\infty$、$\Lambda_{m,-}^\infty$ 分别为无限稀释时，阳、阴离子的摩尔电导率，也称阳、阴离子的极限摩尔电导率；ν_+、ν_- 分别为 1mol 电解质在溶液中完全电离产生的阳、阴离子的物质的量。离子的极限摩尔电导率不受溶液中其他离子存在的影响，如 HCl、HNO_3 中 H^+ 的 Λ_{m,H^+}^∞ 是相等的，表 5.2.2 列出一些离子的极限摩尔电导率。

根据离子独立运动定律，可以用强电解质的极限摩尔电导率或离子的极限摩尔电导率计算弱电解质的极限摩尔电导率。

【例 5.2.2】 已知 25℃ 时，$\Lambda_m^\infty(\text{NaAc}) = 91.0\times 10^{-4}\, \text{S} \cdot \text{m}^2 \cdot \text{mol}^{-1}$，$\Lambda_m^\infty(\text{HCl}) = 426.2\times 10^{-4}\, \text{S} \cdot \text{m}^2 \cdot \text{mol}^{-1}$，$\Lambda_m^\infty(\text{NaCl}) = 126.5\times 10^{-4}\, \text{S} \cdot \text{m}^2 \cdot \text{mol}^{-1}$，求 25℃ 时 $\Lambda_m^\infty(\text{HAc})$。

解： 根据离子独立运动定律，

表 5.2.2 25℃时某些离子的极限摩尔电导率

阳离子	$\Lambda_{m,+}^{\infty} \times 10^4 / S \cdot m^2 \cdot mol^{-1}$	阴离子	$\Lambda_{m,-}^{\infty} \times 10^4 / S \cdot m^2 \cdot mol^{-1}$
H^+	349.82	OH^-	198.00
Li^+	38.69	Cl^-	76.34
Na^+	50.11	Br^-	78.40
K^+	73.52	I^-	76.80
NH_4^+	73.40	NO_3^-	71.44
Ag^+	61.92	CH_3COO^-	40.90
$\frac{1}{2}Ca^{2+}$	59.50	ClO_4^-	68.00
$\frac{1}{2}Ba^{2+}$	63.64	$\frac{1}{2}SO_4^{2-}$	79.80
$\frac{1}{2}Sr^{2+}$	59.46	$\frac{1}{2}CO_3^{2-}$	69.30
$\frac{1}{2}Mg^{2+}$	53.06		
$\frac{1}{3}La^{3+}$	69.60		

$$\begin{aligned}
\Lambda_m^{\infty}(HAc) &= \Lambda_m^{\infty}(H^+) + \Lambda_m^{\infty}(Ac^-) \\
&= [\Lambda_m^{\infty}(H^+) + \Lambda_m^{\infty}(Cl^-)] + [\Lambda_m^{\infty}(Ac^-) + \Lambda_m^{\infty}(Na^+)] - [\Lambda_m^{\infty}(Cl^-) + \Lambda_m^{\infty}(Na^+)] \\
&= \Lambda_m^{\infty}(HCl) + \Lambda_m^{\infty}(NaAc) - \Lambda_m^{\infty}(NaCl) \\
&= [(91.0 + 426.2 - 126.5) \times 10^{-4}] S \cdot m^2 \cdot mol^{-1} = 390.7 \times 10^{-4} S \cdot m^2 \cdot mol^{-1}
\end{aligned}$$

或 $\Lambda_m^{\infty}(HAc) = \Lambda_m^{\infty}(H^+) + \Lambda_m^{\infty}(Ac^-)$
$$= [(349.82 + 40.90) \times 10^{-4}] S \cdot m^2 \cdot mol^{-1} = 390.72 \times 10^{-4} S \cdot m^2 \cdot mol^{-1}$$

5.2.6 电导测定的应用

电导测定作为一种仪器分析方法，可在多方面得到应用。

(1) 计算弱电解质的解离度

一定温度下，浓度为 c 的弱电解质 $A_{\nu_+}B_{\nu_-}$ 的溶液，存在下列解离平衡

$$A_{\nu_+}B_{\nu_-} \rightleftharpoons \nu_+ A^{z+} + \nu_- B^{z-}$$

电离平衡浓度　　　　$c(1-\alpha)$ 　　　$\nu_+ c\alpha$ 　　　$\nu_- c\alpha$

弱电解质的解离度 α 很小，电解质溶液中离子浓度很低，可看成无限稀的离子溶液，由离子独立运动定律，浓度为 c 的弱电解质溶液的摩尔电导率近似为电离出的离子的摩尔电导率之和。

$$\begin{aligned}
\Lambda_m &\approx \alpha\nu_+ \Lambda_{m,+} + \alpha\nu_- \Lambda_{m,-} \\
&\approx \alpha(\nu_+ \Lambda_{m,+}^{\infty} + \nu_- \Lambda_{m,-}^{\infty}) = \alpha\Lambda_m^{\infty}
\end{aligned}$$

所以，
$$\alpha = \frac{\Lambda_m}{\Lambda_m^{\infty}} \tag{5.2.11}$$

(2) 计算难溶盐的溶解度

难溶盐如 $BaSO_4(s)$、$AgCl(s)$ 等在水中的溶解度很小，其浓度难以用普通滴定方法测定，但可用电导方法求得。

【例 5.2.3】 在 25℃时，测得 AgCl 饱和水溶液的电导率为 $3.41 \times 10^{-4} S \cdot m^{-1}$，而同温度下所用水的电导率为 $1.60 \times 10^{-4} S \cdot m^{-1}$，计算 25℃时 AgCl 的溶解度。

解：AgCl 在水中溶解度极小，水电离出的 H^+、OH^- 对电导的贡献不能忽略，AgCl 饱和溶液的电导率 $\kappa(溶液)$ 为 AgCl 的电导率 $\kappa(AgCl)$ 与水的电导率 $\kappa(H_2O)$ 之和，即 $\kappa(溶液) =$

$\kappa(AgCl) + \kappa(H_2O)$。

故 $\kappa(AgCl) = \kappa(溶液) - \kappa(H_2O) = [(3.41-1.60) \times 10^{-4}] S \cdot m^{-1} = 1.81 \times 10^{-4} S \cdot m^{-1}$

AgCl 饱和水溶液可看成无限稀溶液，其摩尔电导率 Λ_m 近似看成 Λ_m^∞。

则，$\Lambda_m(AgCl) = \Lambda_m^\infty(Ag^+) + \Lambda_m^\infty(Cl^-)$
$$= [(61.92 + 76.34) \times 10^{-4}] S \cdot m^2 \cdot mol^{-1} = 138.26 \times 10^{-4} S \cdot m^2 \cdot mol^{-1}$$

25℃时 AgCl 在水中的溶解度

$$c = \frac{\kappa(AgCl)}{\Lambda_m(AgCl)} = \frac{1.81 \times 10^{-4}}{138.26 \times 10^{-4}} mol \cdot m^{-3} = 1.309 \times 10^{-2} mol \cdot m^{-3}$$

(3) 测定反应速率

有离子参加的有机反应，可用电导法测定其反应速率。如乙酸乙酯皂化反应

$$CH_3COOC_2H_5 + OH^- \longrightarrow C_2H_5OH + CH_3COO^-$$

反应过程中，OH^- 不断被 CH_3COO^- 所取代，由于 OH^- 的电导比 CH_3COO^- 大得多，因此随反应进行，反应系统电导逐渐减小。测定反应进行到不同时刻的溶液的电导率 κ，可计算出不同时刻的反应物浓度，进而求得反应速率。

§5.3 强电解质溶液的活度和活度因子

> **核心内容**
>
> 1. 平均离子活度及平均离子活度因子
>
> 电解质溶液为非理想溶液，和电解质的量相关的关系式中应用活度取代浓度。由于无法得到单独阳、阴离子的溶液，因此，单个离子的活度无法测定。而阳、阴离子的平均活度可实验测定。平均离子活度 $a_\pm$、平均离子活度因子 $\gamma_\pm$、离子质量摩尔浓度 $b_\pm$ 的定义以及相互关系为：
>
> 对于电解质 $M_{\nu_+}^{z_+} A_{\nu_-}^{z_-} \longrightarrow \nu_+ M^{z_+} + \nu_- A^{z_-}$
>
> $a_\pm = (a_+^{\nu_+} a_-^{\nu_-})^{1/\nu}$；$\gamma_\pm = (\gamma_+^{\nu_+} \gamma_-^{\nu_-})^{1/\nu}$；$b_\pm = (b_+^{\nu_+} b_-^{\nu_-})^{1/\nu}$，其中 $\nu = \nu_+ + \nu_-$
>
> 2. 离子强度
>
> 影响平均离子活度因子的主要因素是电解质的总浓度和离子的价数，而价数的影响更显著。两者对平均离子活度因子的综合影响可用离子强度 I 表示。$I = \frac{1}{2}\sum b_i z_i^2$。
>
> 3. 德拜-休克尔极限公式
>
> 对稀溶液，平均离子活度因子与离子强度的定量关系可用德拜-休克尔极限公式表示：
>
> $$\lg \gamma_\pm = -A|z_+ z_-|\sqrt{I}, I < 0.01 mol \cdot kg^{-1}$$

电解质溶液中阴、阳离子之间的静电作用力属长程力，因此即使很稀的电解质溶液仍属非理想溶液，讨论电解质溶液的热力学性质时必须使用活度代替浓度。

5.3.1 平均离子活度及平均离子活度因子

对任意价型的强电解质 $M_{\nu_+} A_{\nu_-} \longrightarrow \nu_+ M^{z_+} + \nu_- A^{z_-}$

电解质的化学势 $\qquad\qquad\qquad \mu = \mu^\ominus + RT\ln a \qquad\qquad\qquad (5.3.1)$

阳离子的化学势 $\qquad\qquad\qquad \mu_+ = \mu_+^\ominus + RT\ln a_+ \qquad\qquad\qquad (5.3.2)$

阴离子的化学势
$$\mu_- = \mu_-^\ominus + RT\ln a_- \tag{5.3.3}$$

其中，a，a_+，a_- 分别为电解质、阳离子、阴离子的活度。强电解质的化学势为电解质电离出的所有阴、阳离子的化学势之和，即

$$\mu = \nu_+ \mu_+ + \nu_- \mu_- = (\nu_+ \mu_+^\ominus + \nu_- \mu_-^\ominus) + RT\ln(a_+^{\nu_+} a_-^{\nu_-})$$

$$\mu = \mu^\ominus + RT\ln(a_+^{\nu_+} a_-^{\nu_-}) \tag{5.3.4}$$

式(5.3.1)与式(5.3.4)对比可得

$$a = a_+^{\nu_+} a_-^{\nu_-} \tag{5.3.5}$$

任何溶液都是电中性的，阴、阳离子总是成对出现，如果改变其中一种离子的浓度，则电荷符号相反的另一种离子的浓度也必然发生变化，因此单个离子的活度不能实验测定。但引入平均活度和平均离子活度因子，就成为实验可测量。

令 $\nu = \nu_+ + \nu_-$，定义阴、阳离子的平均离子活度为

$$a_\pm = (a_+^{\nu_+} a_-^{\nu_-})^{1/\nu} \tag{5.3.6}$$

阴、阳离子的平均离子活度因子为

$$\gamma_\pm = (\gamma_+^{\nu_+} \gamma_-^{\nu_-})^{1/\nu} \tag{5.3.7}$$

式中，γ_+、γ_- 分别为阳离子、阴离子的活度因子。

阴、阳离子的平均离子质量摩尔浓度为

$$b_\pm = (b_+^{\nu_+} b_-^{\nu_-})^{1/\nu} \tag{5.3.8}$$

式中，b_+、b_- 分别为阳离子、阴离子的质量摩尔浓度。

推导得到如下结果

$$a = a_+^{\nu_+} a_-^{\nu_-} = a_\pm^\nu \tag{5.3.9}$$

因为 $a_+ = \dfrac{b_+ \gamma_\pm}{b^\ominus}$，$a_- = \dfrac{b_- \gamma_\pm}{b^\ominus}$，故

$$a_\pm = \dfrac{b_\pm}{b^\ominus} \gamma_\pm \tag{5.3.10}$$

表5.3.1 给出了25℃时水溶液中不同质量摩尔浓度下某些电解质的平均离子活度因子值。

表 5.3.1　25℃时水溶液中电解质的平均离子活度因子

$b/\text{mol} \cdot \text{kg}^{-1}$	0.001	0.005	0.01	0.05	0.10	0.50	1.0	2.0	4.0
HCl	0.965	0.928	0.904	0.830	0.796	0.757	0.809	1.009	1.762
NaCl	0.965	0.929	0.904	0.823	0.778	0.682	0.658	0.671	0.783
KCl	0.965	0.927	0.901	0.815	0.769	0.650	0.605	0.575	0.582
HNO_3	0.965	0.927	0.902	0.823	0.785	0.715	0.720	0.783	0.982
NaOH			0.899	0.818	0.766	0.693	0.679	0.700	0.890
$CaCl_2$	0.887	0.783	0.724	0.574	0.518	0.448	0.500	0.792	2.934
K_2SO_4	0.89	0.78	0.71	0.52	0.43				
H_2SO_4	0.830	0.639	0.544	0.340	0.265	0.154	0.130	0.124	0.171
$CdCl_2$	0.819	0.623	0.524	0.304	0.228	0.100	0.066	0.044	
$BaCl_2$	0.88	0.77	0.2	0.56	0.49	0.39	0.39		
$CuSO_4$	0.74	0.53	0.41	0.21	0.16	0.068	0.047		
$ZnSO_4$	0.734	0.477	0.387	0.202	0.148	0.063	0.043	0.035	

【例 5.3.1】 计算 $b=1.20\text{mol}\cdot\text{kg}^{-1}$ 的 $MgCl_2$ 水溶液在 298K 时的电解质活度及平均离子活度。已知 $\gamma_\pm=0.630$。

解： $b_{Mg^{2+}}=b$，$b_{Cl^-}=2b$，$\nu_+=1$，$\nu_-=2$，$\nu=\nu_++\nu_-=3$

$$b_\pm=(b_+^{\nu_+}b_-^{\nu_-})^{1/\nu}=[b(2b)^2]^{1/3}=1.20\times 4^{1/3}\text{mol}\cdot\text{kg}^{-1}=1.905\text{mol}\cdot\text{kg}^{-1}$$

$$a_\pm=\gamma_\pm b_\pm/b^\ominus=0.630\times 1.905/1=1.20$$

$$a=a_\pm^\nu=1.20^3=1.73$$

5.3.2 离子强度

由表 5.3.1 数据可知，影响平均离子活度因子的主要因素是电解质的总浓度和离子的价数，而价数的影响更显著。为把两影响因素定量反映在一个物理量上，Lewis 和 Randall 提出了离子强度的概念。溶液的离子强度 I 定义为

$$I=\frac{1}{2}\sum_B b_B z_B^2 \tag{5.3.11}$$

式中，b_B 是溶液中 B 离子的真实质量摩尔浓度，如果是弱电解质，则应由其相应的电离度求得；z_B 是离子的价数；离子强度 I 的单位为 $\text{mol}\cdot\text{kg}^{-1}$。

计算时把电解质溶液中所有离子都包含在内。如含有 $0.01\text{mol}\cdot\text{kg}^{-1}$ 的 NaCl 和 $0.02\text{mol}\cdot\text{kg}^{-1}$ 的 $CdCl_2$ 溶液，其离子强度为

$$I=\frac{1}{2}\times[0.01\times 1^2+0.01\times(-1)^2+0.02\times 2^2+0.02\times 2\times(-1)^2]\text{mol}\cdot\text{kg}^{-1}$$

$$=0.07\text{mol}\cdot\text{kg}^{-1}$$

5.3.3 德拜-休克尔极限公式

为了找出离子性质对电解质活度的定量影响关系，德拜-休克尔以强电解质稀溶液中离子间的相互作用所形成的离子氛为出发点，并运用离子强度的概念，从理论上导出强电解质稀溶液的平均离子活度因子与离子强度的关系，即德拜-休克尔极限公式：

$$\lg\gamma_\pm=-A|z_+z_-|\sqrt{I} \tag{5.3.12}$$

其中，A 为常数，在 298K 的水溶液中，A 的数值约为 $0.509(\text{kg}\cdot\text{mol}^{-1})^{1/2}$。德拜-休克尔极限公式的适用范围为 $I<0.01\text{mol}\cdot\text{kg}^{-1}$。

【例 5.3.2】 用德拜-休克尔极限公式计算 298K 时 $0.01\text{mol}\cdot\text{kg}^{-1}$ 的 $NaNO_3$ 和 $0.001\text{mol}\cdot\text{kg}^{-1}$ 的 $Mg(NO_3)_2$ 的混合溶液中 $Mg(NO_3)_2$ 的平均离子活度因子。

解：
$$I=\frac{1}{2}\sum_B b_B z_B^2$$

$$=\frac{1}{2}\times(0.01\times 1^2+0.001\times 2^2+0.012\times(-1)^2)\text{mol}\cdot\text{kg}^{-1}$$

$$=0.013\text{mol}\cdot\text{kg}^{-1}$$

$$\lg\gamma_\pm=-A|z_+z_-|\sqrt{I}$$

$$=-0.509\times|2\times(-1)|\times\sqrt{0.013}=-0.1161$$

$$\gamma_\pm=0.765$$

§5.4 可逆电池的条件

> **核心内容**
>
> 1. 可逆电池的条件
>
> 形成可逆电池的必要条件：①电极上的化学反应可向正、反两个方向进行；②无论充电还是放电，所通过的电流应无限小，即电池在接近平衡状态下工作。
>
> 2. 可逆电池的书写方法
>
> 一个实际的电池装置可用一简单的符号来表示，称为电池图式，其书写规则是：①负极写在左边，正极写在右边；②用单垂实线"｜"表示不同物相的界面，用双垂实线"‖"表示盐桥；③要注明温度和压力以及电极的物态，若是气体，应注明压力和依附的不活泼金属，电解质溶液要注明活度（或浓度）。

电池是原电池和电解池的统称，电池中发生的过程称为电化学过程。前面讨论的平衡态热力学理论，只适用于可逆过程，可逆电化学过程则要求实现过程的装置——电池是可逆的。定温定压下，可逆电池反应过程的 $\Delta G = W'_r$，即为可逆电功，因此可以通过测定可逆电池的电动势，实现可逆电池反应过程的热力学计算。

5.4.1 可逆电池的条件

电解质溶液导电源于溶液中离子在电场作用下的定向运动和电极反应，只有这两个过程可逆时，才有可能形成可逆电池。因此，可逆电池必须满足以下两个条件，缺一不可。

（1）电极上的化学反应可向正、反两个方向进行。即当相反电流通过电极时，电极反应必须随之逆向进行。若两个电极反应可逆，则电池反应必然可逆。

（2）可逆电池工作时，无论充电还是放电，所通过的电流应无限小，即电池在接近平衡状态下工作。电池过程的推动力为电势差，当电路中电势差为无限小时，通过电池的电流趋近于零。可通过对消法，使外界电势差与电池的电动势相差无限小，此时电化学系统所进行的过程为可逆过程。

除此之外，可逆电池还要求电池过程中无其他不可逆过程，如扩散过程等。

下面以铜-锌原电池为例加以分析。

铜-锌原电池也称丹尼尔电池，其电池装置如图 5.4.1 所示。该电池由锌电极（将锌片插入硫酸锌溶液中）作阳极，由铜电极（将铜片插入硫酸铜溶液中）作为阴极。若电池电动势比

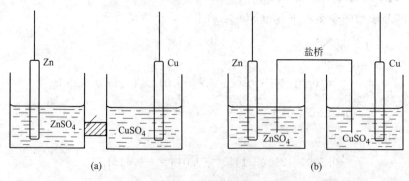

图 5.4.1 铜-锌电池

外加电源电动势大无穷小,即无限小电流下电池放电时,其电极反应为

阳极（负极）：$Zn \longrightarrow Zn^{2+} + 2e^-$

阴极（正极）：$Cu^{2+} + 2e^- \longrightarrow Cu$

电池反应：$Zn + Cu^{2+} \longrightarrow Cu + Zn^{2+}$ （5.4.1）

若外加电源电动势比电池电动势大无穷小,即无限小电流下电池充电时,其电极反应为

阳极（正极）：$Cu \longrightarrow Cu^{2+} + 2e^-$

阴极（负极）：$Zn^{2+} + 2e^- \longrightarrow Zn$

电池反应：$Cu + Zn^{2+} \longrightarrow Zn + Cu^{2+}$ （5.4.2）

由式(5.4.1)和式(5.4.2)所代表的两个化学反应互为逆反应,且在充、放电时电流无限小,所以,丹尼尔电池可以成为可逆电池（若不存在其他不可逆过程,即为可逆电池）。但由于图5.4.1（a）中$ZnSO_4$溶液与$CuSO_4$溶液直接接触（多孔隔板提供扩散阻力）,存在某种离子从一种溶液向另一种溶液的不可逆扩散过程,所以图5.4.1(a)所示的电池为不可逆电池。图5.4.1(b)在$ZnSO_4$和$CuSO_4$溶液间插入盐桥（盐桥的作用后叙）,可近似视为可逆电池,严格说,只有单液电池才能成为真正的可逆电池。

5.4.2 可逆电池的书写方法

一个实际的电池装置可用一简单的符号来表示,称为电池图式,其书写规则如下。

① 负极写在左边,正极写在右边。

② 用单垂实线"｜"表示不同物相的界面,用双垂实线"‖"表示盐桥。

③ 要注明温度和压力以及电极的物态,若是气体,应注明压力和依附的不活泼金属,电解质溶液要注明活度（或浓度）。

如图5.4.1(a)的电池图式为：$Zn(s)|ZnSO_4(aq, a_1)|CuSO_4(aq, a_2)|Cu(s)$,而图5.4.1(b)的电池图式为：$Zn(s)|ZnSO_4(aq, a_1) \| CuSO_4(aq, a_2)|Cu(s)$。实用的铜-锌电池的锌极溶液为稀硫酸,电池图式为$Zn(s)|H_2SO_4(aq, a_1) \| CuSO_4(aq, a_2)|Cu(s)$,虽该电池使用盐桥,仍为不可逆电池,因为电池放电时,负极反应主要为$Zn \longrightarrow Zn^{2+} + 2e^-$,而充电时负极反应主要为$2H^+ + 2e^- \longrightarrow H_2$,电极反应不可逆。

§5.5 可逆电池热力学

核心内容

1. 由可逆电池电动势计算电池反应的摩尔吉布斯函数变

$$\Delta_r G_m = \left(\frac{\partial G}{\partial \xi}\right) = -zEF$$

2. 由可逆电池电动势及其温度系数求反应的$\Delta_r H_m$和$\Delta_r S_m$

$$\Delta_r S_m = zF\left(\frac{\partial E}{\partial T}\right)_p ; \quad \Delta_r H_m = -zEF + zFT\left(\frac{\partial E}{\partial T}\right)_p$$

3. 计算原电池可逆放电时的反应热

$Q_r = T\Delta S = zFT\left(\frac{\partial E}{\partial T}\right)_p$,式中$\left(\frac{\partial E}{\partial T}\right)_p$称为原电池电动势的温度系数；$\left(\frac{\partial E}{\partial T}\right)_p > 0$,可逆电池工作时吸热,否则,为放热反应。

> **4. 电池的能斯特（Nernst）方程**
>
> 电池反应 $0 = \sum \nu_B B$，Nernst 方程 $E = E^{\ominus} - \dfrac{RT}{zF} \ln \prod a_B^{\nu_B}$
>
> **5. 计算电池反应的平衡常数**
>
> $$E^{\ominus} = \dfrac{RT}{zF} \ln K^{\ominus}$$

利用实验容易测定的可逆电池的电动势计算电化学过程热力学函数的变化值是原电池热力学的主要内容，也是通过电化学进行热力学测定的基本方法。

5.5.1 由可逆电池电动势计算电池反应的摩尔吉布斯函数变

定温、定压可逆电池反应，$dG = \delta W_r' = -zEFd\xi$，故

$$\Delta_r G_m = \left(\dfrac{\partial G}{\partial \xi}\right) = -zEF \tag{5.5.1}$$

$\Delta_r G_m$ 为电池反应的摩尔吉布斯函数变。

若 $E > 0$，则 $\Delta_r G_m < 0$，电池反应可自发进行。
若 $E < 0$，则 $\Delta_r G_m > 0$，电池反应不能自发进行，电池反向自发进行。
若 $E = 0$，则 $\Delta_r G_m = 0$，电池反应处于平衡。

5.5.2 由可逆电池电动势及其温度系数求反应的 $\Delta_r H_m$ 和 $\Delta_r S_m$

由于 $\left(\dfrac{\partial \Delta_r G_m}{\partial T}\right)_p = -\Delta_r S_m$，将式(5.5.1)代入该式得

$$\Delta_r S_m = zF \left(\dfrac{\partial E}{\partial T}\right)_p \tag{5.5.2}$$

式中，$\left(\dfrac{\partial E}{\partial T}\right)_p$ 称为原电池电动势的温度系数，单位为 $V \cdot K^{-1}$，可通过实验测定不同温度下的电池的电动势求得。由 $\Delta_r H_m = \Delta_r G_m + T\Delta_r S_m$，代入式(5.5.1) 和式(5.5.2) 得

$$\Delta_r H_m = -zEF + zFT \left(\dfrac{\partial E}{\partial T}\right)_p \tag{5.5.3}$$

5.5.3 计算原电池可逆放电时的反应热

原电池定温、可逆放电时，可逆反应热

$$Q_r = T\Delta S = zFT \left(\dfrac{\partial E}{\partial T}\right)_p \tag{5.5.4}$$

根据式(5.5.4)，根据电池电动势的温度系数 $\left(\dfrac{\partial E}{\partial T}\right)_p$ 的数值的正负，可确定可逆电池工作时是吸热还是放热。若 $\left(\dfrac{\partial E}{\partial T}\right)_p > 0$，则 $Q_r > 0$，即电池工作时将从环境吸热；若 $\left(\dfrac{\partial E}{\partial T}\right)_p < 0$，则 $Q_r < 0$，即电池工作时将向环境放热；若 $\left(\dfrac{\partial E}{\partial T}\right)_p = 0$，则 $Q_r = 0$，即电池工作时与环境无热交换。

5.5.4 能斯特（Nernst）方程

某电池反应：$cC + dD \rightleftharpoons gG + hH$

根据化学平衡一章所讲的化学反应等温式

$$\Delta_r G_m = \Delta_r G_m^{\ominus} + RT \ln \prod_B a_B^{\nu_B}$$

$$= \Delta_r G_m^{\ominus} + RT \ln \frac{a_G^g a_H^h}{a_C^c a_D^d} \tag{5.5.5}$$

将 $\Delta_r G_m = -zEF$ 及 $\Delta_r G_m^{\ominus} = -zE^{\ominus}F$ 代入式(5.5.5)得

$$E = E^{\ominus} - \frac{RT}{zF} \ln \frac{a_G^g a_H^h}{a_C^c a_D^d} = E^{\ominus} - \frac{RT}{zF} \ln \prod_B a_B^{\nu_B} \tag{5.5.6}$$

式(5.5.6)称为能斯特方程,它反映了可逆电池的电动势与参与电化学反应的各物质活度（浓度）间的关系。式中 $E^{\ominus}$ 为上述电池反应对应的原电池的标准电动势,即参加反应的各组分均处于各自标准状态时电池的电动势。在温度一定时,对给定反应,相应电池的 $E^{\ominus}$ 为常数; z 为与电池反应对应的电极反应中电子的计量系数; a_B 为 B 组分的活度,当 B 组分为纯液体或纯固体时, $a_B=1$, 若电池反应中涉及 $H_2O(l)$, 无论其是否为纯液体, $a_{H_2O(l)}=1$, 当 B 组分为理想气体时,则 $a_B = \frac{p_B}{p^{\ominus}}$。

能斯特公式可用于计算任意电池的电动势;反之,若由实验测出电池电动势,就可求出系统中某种组分的活度（浓度）。

5.5.5 计算电池反应的平衡常数

当电池反应达到平衡时, $\Delta_r G_m=0$, $E=0$, 根据能斯特方程

$$E^{\ominus} = \frac{RT}{zF} \ln \left(\frac{a_G^g a_H^h}{a_C^c a_D^d} \right)_{\Psi} = \frac{RT}{zF} \ln K^{\ominus} \tag{5.5.7}$$

式中, $K^{\ominus}$ 为电池反应的标准平衡常数。

需要注意的是,电化学反应过程的热力学函数变化值及 $K^{\ominus}$ 值均与电池反应的写法有关,而电池的电动势是电池本身的性质,与电池反应的写法无关。如电池

$$Pt | H_2(p^{\ominus}) | H_2SO_4(a) | O_2(p^{\ominus}) | Pt$$

该电池的电池反应可用下列 (1) 和 (2) 中的任意一种情况表示。

(1) $H_2(p^{\ominus}) + \frac{1}{2}O_2(p^{\ominus}) = H_2O(l)$

(2) $2H_2(p^{\ominus}) + O_2(p^{\ominus}) = 2H_2O(l)$

由能斯特方程 $E_1 = E_1^{\ominus} - \frac{RT}{2F} \ln \frac{1}{\left(\frac{p_{H_2}}{p^{\ominus}}\right)\left(\frac{p_{O_2}}{p^{\ominus}}\right)^{1/2}}$, $E_2 = E_2^{\ominus} - \frac{RT}{4F} \ln \frac{1}{\left(\frac{p_{H_2}}{p^{\ominus}}\right)^2 \left(\frac{p_{O_2}}{p^{\ominus}}\right)}$

因为同一电池, $E^{\ominus}$ 又与电池反应的各组分浓度无关,所以 $E_1^{\ominus} = E_2^{\ominus}$, $E_1 = E_2$。但 $\Delta_r G_{m,1} = \frac{1}{2} \Delta_r G_{m,2}$, $K_1^{\ominus} = (K_2^{\ominus})^{1/2}$。

【例 5.5.1】 电池 $Ag | AgCl | HCl(aq) | Cl_2(100kPa) | Pt$ 在 25℃、$p^{\ominus}$ 时的 $E=1.136V$, 电动势温度系数为 $-5.95 \times 10^{-4} V \cdot K^{-1}$。

(1) 写出电极反应和电池反应;

(2) 可逆通电 1F 后,该电池反应的 $\Delta_r G_m$、$\Delta_r H_m$、$\Delta_r S_m$ 和 Q_r;

(3) 若此反应为热化学反应,不在电池中进行,则 $\Delta_r G_m$、$\Delta_r H_m$、$\Delta_r S_m$ 和 Q_p 为多少?

解: (1) 负极 $Ag(s) + Cl^- \longrightarrow AgCl(s) + e^-$

正极　$1/2Cl_2(100kPa) + e^- \longrightarrow Cl^-$

电池反应　　　　　　$Ag(s) + 1/2Cl_2(100kPa) \Longrightarrow AgCl(s)$

(2) $\Delta_r G_m = -zEF = (-1 \times 96500 \times 1.136) J \cdot mol^{-1}$

$\qquad = -1.10 \times 10^5 J \cdot mol^{-1}$

$\Delta_r S_m = zF\left(\dfrac{\partial E}{\partial T}\right)_p = [1 \times 96500 \times (-5.95 \times 10^{-4})] J \cdot mol^{-1} \cdot K^{-1}$

$\qquad = -57.4 J \cdot mol^{-1} \cdot K^{-1}$

$\Delta_r H_m = \Delta_r G_m + T\Delta_r S_m = [-1.10 \times 10^5 + (-57.4) \times 298.15] J \cdot mol^{-1}$

$\qquad = -1.27 \times 10^5 J \cdot mol^{-1}$

$Q_r = T\Delta_r S_m = [298.15 \times (-57.4)] J \cdot mol^{-1} = 1.71 \times 10^4 J \cdot mol^{-1}$

(3) 若此反应为热化学反应，不在电池中进行，则热化学反应的 $\Delta_r G_m$、$\Delta_r H_m$、$\Delta_r S_m$ 同 (2)，因为该过程定压、无非体积功，

$$Q_p = \Delta_r H_m = -1.27 \times 10^5 J \cdot mol^{-1}$$

【例 5.5.2】 在 298K 时，测得电池 $Sn | Sn^{2+}(a_1=1) \| Pb^{2+}(a_2=0.5) | Pb$ 的电动势为 0.0011V，求：(1) 电池反应的 $\Delta_r G_m^\ominus$；(2) 反应达平衡时的 a_1/a_2；(3) 逆反应自发进行的条件。

解： (1) 电池反应　$Sn + Pb^{2+}(a_2) \Longrightarrow Sn^{2+}(a_1) + Pb$

$E = E^\ominus - \dfrac{RT}{zF} \ln(a_1/a_2)$

$E^\ominus = E + \dfrac{RT}{zF} \ln(a_1/a_2)$

$\qquad = \left(0.0011 + \dfrac{8.314 \times 298}{2 \times 96500} \ln \dfrac{1}{0.5}\right) V = 0.0100 V$

$\Delta_r G_m^\ominus = -zE^\ominus F = (-2 \times 0.0100 \times 96500) J \cdot mol^{-1}$

$\qquad = -1.93 \times 10^3 J \cdot mol^{-1}$

(2) 反应达平衡时 $\Delta_r G_m = 0$，即 $E = 0$，$E = E^\ominus - \dfrac{RT}{zF} \ln(a_1/a_2) = 0$，

得　　　　　$\dfrac{a_1}{a_2} = \exp\left(\dfrac{zE^\ominus F}{RT}\right) = \exp\left(\dfrac{2 \times 0.0100 \times 96500}{8.314 \times 298}\right) = 2.179$

(3) 当 $\Delta_r G_m > 0$，$E < 0$ 时，逆反应自发进行，即 $E = E^\ominus - \dfrac{RT}{zF} \ln(a_1/a_2) < 0$

得 $a_1/a_2 > \exp\left(\dfrac{zE^\ominus F}{RT}\right) = \exp\left(\dfrac{2 \times 0.0100 \times 96500}{8.314 \times 298}\right) = 2.179$ 时，逆反应能自发进行

§5.6　电极电势和电极种类

> **核心内容**
>
> 1. 电池电动势的形成
>
> 原电池中存在多个不同的相界面，由于界面两边的组分性质、活度不同而形成界面电势差。原电池所有界面上电势差的代数和就是电池电动势。
>
> 2. 电极电势
>
> 把镀铂黑的铂片插入含有氢离子活度为 1 的溶液中，并不断用 100kPa 纯氢气冲打到铂片

上,这样所形成的电极称为标准氢电极,$H^+[a(H^+)=1]|H_2(g,100kPa)|Pt$。规定:任意温度下,标准氢电极的电极电势为零。

对于任意给定标准电极,使其发生还原反应作正极,标准氢电极发生氧化反应作负极构成的电池:标准氢电极 ‖ 给定标准电极,该电池的电动势就是给定标准电极的标准电极电势。

非标准电极电势可通过电极的能斯特公式计算得到:对任一电极,则有

$$E(电极)=E^{\ominus}(电极)-\frac{RT}{zF}\ln[a(还原态)/a(氧化态)]$$

3. 电极的种类

通常有三类可逆电极:①第一类电极包括金属电极和气体电极;②第二类电极指难溶盐电极和难溶氧化物电极;③氧化-还原电极,如醌氢醌电极等。

5.6.1 电池电动势的形成

在原电池中存在多个相界面,每个相界面上由于不同原因而存在电势差,原电池的电动势等于构成电池的各相界面上所产生电势差的代数和(原电池电动势等于各串联界面电势差之和)。

如 Cu-Zn 原电池

$$Cu(s)|Zn(s)|ZnSO_4(aq,a_1)|CuSO_4(aq,a_2)|Cu(s)$$

有 $E=\Delta\varphi(Cu/Zn)+\Delta\varphi(Zn/Zn^{2+})+\Delta\varphi(Zn^{2+}/Cu^{2+})+\Delta\varphi(Cu^{2+}/Cu)$。其中 $\Delta\varphi(Cu/Zn)$ 为金属接触电势,是由于不同金属的电子逸出功不同所致;$\Delta\varphi(Zn/Zn^{2+})$ 和 $\Delta\varphi(Cu^{2+}/Cu)$ 分别为阳、阴极的电极电势差,是由于金属晶格中的金属离子在溶剂分子作用下脱离金属而进入溶液,与金属中的电子发生分离所致;$\Delta\varphi(Zn^{2+}/Cu^{2+})$ 为在两不同的电解质溶液(电解质性质不同或相同电解质但浓度不同)的液-液界面上,因离子通过界面的迁移速率不同而形成的液体接界电势。金属接触电势很小,可以忽略,液体接界电势也可以通过盐桥的作用而降至可忽略程度,因此,电池电动势主要取决于阴、阳极的电极电势差。

5.6.2 电极电势

从上面的分析可知,忽略液体接界电势和金属接触电势时,电池电动势

$$E=\Delta\varphi(Zn/Zn^{2+})+\Delta\varphi(Cu^{2+}/Cu)$$

可通过实验测定可逆电池电动势,但单个电极的电极电势差却无法用实验测定或理论计算,于是人们提出了电极电势(即相对电极电势)的概念。把某一电极作为基准电极,其它电极的电极电势就是相对基准电极的电极电势所得的相对值。按惯例,采用标准氢电极作为基准电极。

(1) 标准氢电极

氢电极的结构是:把镀铂黑的铂片插入含有氢离子的溶液中,并不断用纯氢气冲打到铂片上。氢电极结构示意图如图 5.6.1 所示。在一定温度下,氢气的压力为 100kPa,溶液中氢离子活度 $a(H^+)=1$ 时,此氢电极为标准氢电极。表示为

$$H^+[a(H^+)=1]|H_2(g,100kPa)|Pt$$

规定:任意温度下,标准氢电极的电极电势为零,即

$$E^{\ominus}[H^+|H_2(g)|Pt]=0$$

(2) 电极电势

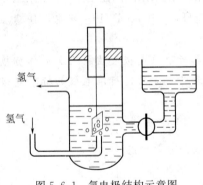

图 5.6.1 氢电极结构示意图

对于任意给定电极，使其发生还原反应作正极，标准氢电极发生氧化反应作负极，组成如下电池

标准氢电极 ‖ 给定电极

则电池电动势 E 为给定电极的电极电势 E（给定电极）与标准氢电极的标准电极电势之差，即

$$E=E(给定电极)-E^{\ominus}(H^+|H_2(g)|Pt)=E(给定电极)$$

这样，原电池的电动势就是给定电极的电极电势，由于给定电极发生还原反应，所以也称还原电极电势。若给定电极处于标准状态，其电极电势为标准还原电极电势，简称标准电极电势。

如电池　$Pt|H_2(g,100kPa)|H^+[a(H^+)=1]\|Cu^{2+}(a_{Cu^{2+}}=1)|Cu$，有

阳极（负极）　　　　$H_2(p^{\ominus})\longrightarrow 2H^+[a(H^+)=1]+2e^-$

阴极（正极）　　　　$Cu^{2+}[a(Cu^{2+})]+2e^-\longrightarrow Cu$

电池反应　　　$H_2(p^{\ominus})+Cu^{2+}[a(Cu^{2+})=1]\longrightarrow 2H^+[a(H^+)=1]+Cu$

电池电动势　　　$E=E^{\ominus}(Cu^{2+}|Cu)-E^{\ominus}[H^+|H_2(g)|Pt]=E^{\ominus}(Cu^{2+}|Cu)$

通过电池电动势的测定，即可求得铜电极的标准电极电势。用同样方法，可得到其他电极的标准电极电势。表 5.6.1 列出了 25℃ 时水溶液中某些电极的标准电极电势。表中电极的电极电势小于零时，表示该电极与标准氢电极构成的原电池自然放电时，该电极实际应发生氧化反应（作负极），而不是还原反应（作正极）。

（3）电极电势与物质活度（浓度）的关系

表 5.6.1 列出了各组分活度为 1 时的标准电极电势，组分浓度改变时，其电极电势相应改变。

如　$Pt|H_2(g,100kPa)|H^+[a(H^+)=1]\|Cu^{2+}[a(Cu^{2+})]|Cu$

电池反应　$H_2(p^{\ominus})+Cu^{2+}[a(Cu^{2+})]\Longrightarrow 2H^+[a(H^+)=1]+Cu$

由电池的能斯特公式

$$E=E^{\ominus}-\frac{RT}{2F}\ln\frac{a_{H^+}^2 a_{Cu}}{a_{Cu^{2+}}(p_{H_2}/p^{\ominus})}=E^{\ominus}-\frac{RT}{2F}\ln\frac{a_{Cu}}{a_{Cu^{2+}}}$$

因为　　　　$E=E(Cu^{2+}|Cu)-E^{\ominus}[H^+|H_2(g)|Pt]=E(Cu^{2+}|Cu)$

$E^{\ominus}=E^{\ominus}(Cu^{2+}|Cu)-E^{\ominus}[H^+|H_2(g)|Pt]=E^{\ominus}(Cu^{2+}|Cu)$

所以　　　　$E(Cu^{2+}|Cu)=E^{\ominus}(Cu^{2+}|Cu)-\frac{RT}{2F}\ln\frac{a_{Cu}}{a_{Cu^{2+}}}$

对任一电极，电极反应表示为

氧化态 $+ze^- \longrightarrow$ 还原态

则有　　　　$E(电极)=E^{\ominus}(电极)-\frac{RT}{zF}\ln[a(还原态)/a(氧化态)]$　　(5.6.1)

式 (5.6.1) 反映了电极电势与组分浓度间的关系，也称为电极的能斯特方程。

如 $MnO_4^-+8H^++5e^-\longrightarrow Mn^{2+}+4H_2O$，或 $Mn^{2+}+4H_2O\longrightarrow MnO_4^-+8H^++5e^-$，即无论电极发生氧化反应还是还原反应，电极的能斯特方程均为

$$E(MnO_4^-|Mn^{2+})=E^{\ominus}(MnO_4^-|Mn^{2+})-\frac{RT}{5F}\ln\frac{a_{Mn^{2+}}a_{H_2O}^4}{a_{MnO_4^-}a_{H^+}^8}$$

表 5.6.1　25℃时水溶液中某些电极的标准电极电势

电极	电极反应	$E^{\ominus}/\text{V}$
第一类电极		
$Li^+\mid Li$	$Li^+ + e^- \longrightarrow Li$	-3.045
$K^+\mid K$	$K^+ + e^- \longrightarrow K$	-2.924
$Ba^{2+}\mid Ba$	$Ba^{2+} + 2e^- \longrightarrow Ba$	-2.90
$Ca^{2+}\mid Ca$	$Ca^{2+} + 2e^- \longrightarrow Ca$	-2.76
$Na^+\mid Na$	$Na^+ + e^- \longrightarrow Na$	-2.7111
$Mg^{2+}\mid Mg$	$Mg^{2+} + 2e^- \longrightarrow Mg$	-2.375
$OH^-\mid H_2(g)\mid Pt$	$2H_2O + 2e^- \longrightarrow H_2(g) + 2OH^-$	-0.8277
$Zn^{2+}\mid Zn$	$Zn^{2+} + 2e^- \longrightarrow Zn$	-0.7630
$Cr^{3+}\mid Cr$	$Cr^{3+} + 3e^- \longrightarrow Cr$	-0.74
$Cd^{2+}\mid Cd$	$Cd^{2+} + 2e^- \longrightarrow Cd$	-0.4028
$Ni^{2+}\mid Ni$	$Ni^{2+} + 2e^- \longrightarrow Ni$	-0.23
$Sn^{2+}\mid Sn$	$Sn^{2+} + 2e^- \longrightarrow Sn$	-0.1366
$Pb^{2+}\mid Pb$	$Pb^{2+} + 2e^- \longrightarrow Pb$	-0.1265
$Fe^{3+}\mid Fe$	$Fe^{3+} + 3e^- \longrightarrow Fe$	-0.036
$H^+\mid H_2(g)\mid Pt$	$H^+ + 2e^- \longrightarrow H_2(g)$	0.0000
$Cu^{2+}\mid Cu$	$Cu^{2+} + 2e^- \longrightarrow Cu$	$+0.3400$
$OH^-\mid H_2(g)\mid Pt$	$O_2(g) + H_2O + 4e^- \longrightarrow 4OH^-$	$+0.401$
$Cu^+\mid Cu$	$Cu^+ + e^- \longrightarrow Cu$	$+0.522$
$I^-\mid I_2(s)\mid Pt$	$I_2(s) + 2e^- \longrightarrow 2I^-$	$+0.535$
$Hg_2^{2+}\mid Hg$	$Hg_2^{2+} + 2e^- \longrightarrow Hg$	$+0.8959$
$Ag^+\mid Ag$	$Ag^+ + e^- \longrightarrow Ag$	$+0.7994$
$Hg^{2+}\mid Hg$	$Hg^{2+} + 2e^- \longrightarrow Hg$	$+0.851$
$Br^-\mid Br_2(l)\mid Pt$	$Br_2(g) + 2e^- \longrightarrow 2Br^-$	$+1.065$
$H^+\mid O_2(g)\mid Pt$	$O_2(g) + 4H^+ + 4e^- \longrightarrow 2H_2O$	$+1.229$
$Cl^-\mid Cl_2(g)\mid Pt$	$Cl_2(g) + 2e^- \longrightarrow 2Cl^-$	$+1.3580$
$Au^+\mid Au$	$Au^+ + e^- \longrightarrow Au$	$+1.68$
$F^-\mid F_2(g)\mid Pt$	$F_2(g) + 2e^- \longrightarrow 2F^-$	$+2.87$
第二类电极		
$SO_4^{2-}\mid PbSO_4(s)\mid Pb$	$PbSO_4(s) + 2e^- \longrightarrow Pb + SO_4^{2-}$	-0.356
$I^-\mid AgI(s)\mid Ag$	$AgI(s) + e^- \longrightarrow Ag + I^-$	-0.1521
$Br^-\mid AgBr(s)\mid Ag$	$AgBr(s) + e^- \longrightarrow Ag + Br^-$	$+0.0711$
$Cl^-\mid AgCl(s)\mid Ag$	$AgCl(s) + e^- \longrightarrow Ag + Cl^-$	$+0.2221$
氧化还原电极		
$Cr^{3+}, Cr^{2+}\mid Pt$	$Cr^{3+} + e^- \longrightarrow Cr^{2+}$	-0.41
$Sn^{4+}, Sn^{2+}\mid Pt$	$Sn^{4+} + 2e^- \longrightarrow Sn^{2+}$	$+0.15$
$Cu^{2+}, Cu^+\mid Pt$	$Cu^{2+} + e^- \longrightarrow Cu^+$	$+0.158$
$H^+,$ 醌,氢醌$\mid Pt$	$C_6H_4O_2 + 2H^+ + 2e^- \longrightarrow C_6H_4(OH)_2$	$+0.6993$
$Fe^{3+}, Fe^{2+}\mid Pt$	$Fe^{3+} + e^- \longrightarrow Fe^{2+}$	$+0.770$
$Se^{4+}, Se^{3+}\mid Pt$	$Se^{4+} + e^- \longrightarrow Se^{3+}$	$+1.61$
$Co^{3+}, Co^{2+}\mid Pt$	$Co^{3+} + e^- \longrightarrow Co^{2+}$	$+1.808$

5.6.3 可逆电极的种类

构成可逆电池需要可逆电极,根据可逆电极的相数、界面数与电极电势响应的离子种类、个数等电极过程的特点和电势建立方式等,常见可逆电极有以下三类。

(1) 第一类电极

这类电极包括金属电极和气体电极。金属电极是由金属插入含有该金属离子的溶液中构成,如

$Zn^{2+}|Zn$,电极反应:$Zn^{2+}+2e^-\longrightarrow Zn$

$Pb^{2+}|Pb$,电极反应:$Pb^{2+}+2e^-\longrightarrow Pb$

气体电极是由吸附气体的惰性金属插入含该气体离子的溶液中构成。如

氢电极(碱性溶液):$OH^-|H_2(g)|Pt$,电极反应:$O_2(g)+2H_2O+4e^-\longrightarrow 4OH^-$

$$E[OH^-|H_2(g)|Pt]=E^\ominus[OH^-|H_2(g)|Pt]-\frac{RT}{4F}\ln\frac{a_{OH^-}^4}{(p_{O_2}/p^\ominus)}$$

氧电极(酸性溶液):$H^+|O_2(g)|Pt$,电极反应:$O_2(g)+4H^++4e^-\longrightarrow 2H_2O$

氯气电极:$Cl^-|Cl_2(g)|Pt$,电极反应:$Cl_2(g)+2e^-\longrightarrow 2Cl^-$

(2) 第二类电极

包括金属-难溶盐电极和金属-难溶氧化物电极。

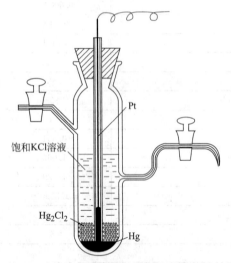

图 5.6.2 饱和甘汞电极示意图

金属-难溶盐电极由金属、金属难溶盐及含有难溶盐阴离子的电解质溶液构成。常见的有银-氯化银电极和甘汞电极。

将少量汞放在仪器底部,用汞、甘汞(Hg_2Cl_2)和 KCl 溶液组成的糊状物覆盖,再加饱和了甘汞的 KCl 溶液组成饱和甘汞电极,表示为 $Cl^-|Hg_2Cl_2|Hg$,如图 5.6.2 所示。

甘汞电极的电极反应

$$Hg_2Cl_2+2e^-\longrightarrow 2Cl^-+2Hg$$

$$E(Cl^-|Hg_2Cl_2|Hg)=E^\ominus(Cl^-|Hg_2Cl_2|Hg)-\frac{RT}{F}\ln a_{Cl^-}$$

甘汞电极易于制备,电势较稳定,电化学测量中常用甘汞电极作为参比电极。

难溶氧化物电极是在金属表面覆盖一层该金属的氧化物,然后浸在酸性或碱性溶液中构成电极。如

$OH^-(a)|Ag_2O(s)|Ag(s)$,电极反应为:$Ag_2O(s)+H_2O+2e^-\longrightarrow 2Ag(s)+2OH^-(a)$

$H^+(a)|Ag_2O(s)|Ag(s)$,电极反应为:$Ag_2O(s)+2H^+(a)+2e^-\longrightarrow 2Ag(s)+H_2O$

(3) 氧化-还原电极

该类电极是把惰性金属插入含有某种离子的不同价态的溶液中构成电极。惰性金属仅起导电作用,电极反应在不同价态的离子之间进行。如

Sn^{4+},$Sn^{2+}|Pt$,电极反应为:$Sn^{4+}+2e^-\longrightarrow Sn^{2+}$

MnO_4^-,Mn^{2+},$H^+|Pt$,电极反应为:$MnO_4^-+8H^++5e^-\longrightarrow Mn^{2+}+4H_2O$

在测定溶液 pH 时,除玻璃电极外,常使用简单易制的对氢离子可逆的醌氢醌电极。醌氢醌是等分子的醌($C_6H_4O_2$,以 Q 表示)和氢醌[$C_6H_4(OH)_2$,以 H_2Q 表示]的复合物,它在水溶液中存在如下分解平衡

$$C_6H_4O_2 \cdot C_6H_4(OH)_2(Q \cdot QH_2) \longrightarrow C_6H_4O_2(Q) + C_6H_4(OH)_2(QH_2) \quad (5.6.2)$$

氢醌是弱有机酸，存在下列电离平衡

$$C_6H_4(OH)_2 \longrightarrow C_6H_4O_2^{2-} + 2H^+$$

将待测 pH 值的溶液以醌氢醌饱和，并以惰性电极（Pt 片或 Au 丝）插入此溶液构成醌氢醌电极。电极表示式为：$H^+, Q \cdot H_2Q | Pt$，其电极反应为

$$C_6H_4O_2 + 2H^+ + 2e^- \longrightarrow C_6H_4(OH)_2$$

其电极电势

$$E(H^+, Q \cdot H_2Q | Pt) = E^{\ominus}(H^+, Q \cdot H_2Q | Pt) - \frac{RT}{2F} \ln \frac{a_{H_2Q}}{a_Q a_{H^+}^2} \quad (5.6.3)$$

由式(5.6.2)知，溶液中醌、氢醌的浓度相等，且浓度很低，认为浓度等于活度，所以 $a_{H_2Q} = a_Q$，因此，式(5.6.3)写成

$$E(H^+, Q \cdot H_2Q | Pt) = E^{\ominus}(H^+, Q \cdot H_2Q | Pt) + \frac{RT}{F} \ln a_{H^+}$$

$$= E^{\ominus}(H^+, Q \cdot H_2Q | Pt) - \frac{2.303RT}{F} pH$$

25℃时，$E^{\ominus}(H^+, Q \cdot H_2Q | Pt) = 0.6993V$。将醌氢醌电极与饱和甘汞电极组成原电池，通过测定电池的电动势，计算待测溶液的 pH。

① 当溶液 pH<7.1 时，醌氢醌电极作阴极（正极）：

$$pH = \frac{F}{2.303RT}[E^{\ominus}(H^+, Q \cdot H_2Q | Pt) - E(Cl^- | Hg_2Cl_2 | Hg) - E(电池)]$$

② 当溶液的 pH>7.1 时，醌氢醌电极作阳极（负极）：

$$pH = \frac{F}{2.303RT}[E^{\ominus}(H^+, Q \cdot H_2Q | Pt) - E(Cl^- | Hg_2Cl_2 | Hg) + E(电池)]$$

醌氢醌电极的制备和使用都极为简便，但不能用于 pH>8.5 的碱性溶液和含强氧化剂的溶液。

【例 5.6.1】 已知 25℃时 $E^{\ominus}(Fe^{3+} | Fe) = -0.036V$，$E^{\ominus}(Fe^{3+} | Fe^{2+}) = 0.770V$。计算 25℃时电极 $Fe^{2+} | Fe$ 的标准电极电势 $E^{\ominus}(Fe^{2+} | Fe)$。

解： (1) $Fe^{3+} + 3e^- \longrightarrow Fe \quad \Delta_r G_{m,1}^{\ominus} = -zE^{\ominus}(Fe^{3+} | Fe)F = -3E^{\ominus}(Fe^{3+} | Fe)F$

(2) $Fe^{3+} + e^- \longrightarrow Fe^{2+} \quad \Delta_r G_{m,2}^{\ominus} = -zE^{\ominus}(Fe^{3+} | Fe^{2+})F = -E^{\ominus}(Fe^{3+} | Fe^{2+} | Pt)F$

(3) $Fe^{2+} + 2e^- \longrightarrow Fe \quad \Delta_r G_{m,3}^{\ominus} = -zE^{\ominus}(Fe^{2+} | Fe)F = -2E^{\ominus}(Fe^{2+} | Fe)F$

因为 (1)−(2)=(3) 即 $\Delta_r G_{m,3}^{\ominus} = \Delta_r G_{m,1}^{\ominus} - \Delta_r G_{m,2}^{\ominus}$

所以 $-2E^{\ominus}(Fe^{2+} | Fe)F = -3E^{\ominus}(Fe^{3+} | Fe)F - [-E^{\ominus}(Fe^{3+} | Fe^{2+})F]$

$$E^{\ominus}(Fe^{2+} | Fe) = [3E^{\ominus}(Fe^{3+} | Fe) - E^{\ominus}(Fe^{3+} | Fe^{2+})]/2$$

$$= [3 \times (-0.0360) - 0.770]/2 V = -0.439V$$

该例说明一个电极的电极电势可以从相关电极的电极电势求得，但电极电势不能像电极反应一样进行直接加减。

【例 5.6.2】 设有反应

$$2Fe^{3+}(0.01 mol \cdot kg^{-1}) + Fe(s) \longrightarrow 3Fe^{2+}(0.1 mol \cdot kg^{-1})$$

它可以安排在两种电池中进行

(1) $Fe | Fe^{2+}(b_{Fe^{2+}} = 0.1 mol \cdot kg^{-1}) \| Fe^{3+}(b_{Fe^{3+}} = 0.01 mol \cdot kg^{-1}) | Fe$

(2) $Fe | Fe^{2+}(b_{Fe^{2+}} = 0.1 mol \cdot kg^{-1}) \| Fe^{3+}(b_{Fe^{3+}} = 0.01 mol \cdot kg^{-1})$,

$Fe^{2+}(b_{Fe^{2+}} = 0.1 mol \cdot kg^{-1}) | Pt$

计算 25℃ 时两电池的电动势（电极的标准电极电势可查表获得及利用例 5.6.1 的数据）。结果说明什么问题？

解：电池（1）的电极反应

$$(-) 3Fe \longrightarrow 3Fe^{2+}(b_{Fe^{2+}}=0.1\,mol \cdot kg^{-1})+6e^-$$

$$(+) 2Fe^{3+}(b_{Fe^{3+}}=0.01\,mol \cdot kg^{-1})+6e^- \longrightarrow 2Fe$$

电池（2）的电极反应

$$(-) Fe \longrightarrow Fe^{2+}(b_{Fe^{2+}}=0.1\,mol \cdot kg^{-1})+2e^-$$

$$(+) 2Fe^{3+}(b_{Fe^{3+}}=0.01\,mol \cdot kg^{-1})+2e^- \longrightarrow 2Fe^{2+}(b_{Fe^{2+}}=0.1\,mol \cdot kg^{-1})$$

两电池的电池反应相同，根据电池反应的能斯特方程，电池电动势

$$E = E^{\ominus} - \frac{RT}{zF} \ln \frac{a_{Fe^{2+}}^3}{a_{Fe^{3+}}^2}$$

电池（1）的电动势 $E_1 = E_1^{\ominus} - \frac{RT}{6F} \ln \frac{a_{Fe^{2+}}^3}{a_{Fe^{3+}}^2}$

$$= [-0.036-(-0.439)] - \frac{8.314 \times 298.15}{6 \times 96500} \times \ln \frac{0.1^3}{0.01^2} V$$

$$= 0.393 V$$

同理得电池（2）的电动势 $E_2 = 1.179 V$。说明同一电池反应，可设计成不同的电池，其电池的电动势可能不同。

§5.7 原电池设计

> **核心内容**
>
> 1. 原电池的设计方法
>
> 把一个热力学过程设计成电池，常遵循以下原则：①确定氧化-还原对；②由氧化-还原对确定可逆电极；③若给定电池反应中有关元素的氧化态在反应前后无变化时，应根据反应物、产物的种类确定一个电极，用电池反应减去该电极反应得到另一个电极反应，确定另一电极；④由设计的原电池写出电池反应，验证所设计电池的正确性。
>
> 2. 液体接界电势的消除
>
> 电解质浓差电池为双液电池，由于离子迁移速率不同，在两电解质溶液的接界处一定产生液体接界电势。降低液体接界电势最简单的方法是使用盐桥。盐桥的选择原则：盐桥电解质溶液的浓度要高，电解质阴、阳离子的运动速率要尽可能相同，并且盐桥电解质与电池电解质溶液不发生反应。常用作盐桥的电解质包括饱和 KCl 溶液、饱和 KNO_3 溶液等。

通过电化学方法（如电池电动势的测定）解决热力学问题（如计算过程状态函数的变化值、化学反应的化学平衡常数等）是一个精确而又易于实现的方法，但这需要把热力学过程设计成原电池。常见的热力学过程如物理扩散过程和化学反应过程均可设计成电池，把化学反应过程设计成的电池称为化学电池，而把物质的扩散过程设计成的电池称为浓差电池。

5.7.1 原电池的设计方法

① 根据电池反应中元素氧化态的变化，确定氧化-还原对（必要时可在方程式两边加同

一物质);

② 由氧化-还原对确定可逆电极,确定电解质溶液,设计成可逆电池(双液电池必须加盐桥);

③ 若给定电池反应中有关元素的氧化态在反应前后无变化时,应根据反应物、产物的种类确定一个电极,用电池反应减去该电极反应得到另一个电极反应,确定另一电极;

④ 由设计的原电池写出电池反应,检查所设计电池反应过程是否与原过程吻合。

5.7.2 化学原电池设计实例

(1) 反应前后元素氧化态发生变化的原电池设计

【例 5.7.1】 将反应 $Cu+Cu^{2+} \longrightarrow 2Cu^+$ 设计成电池。

解:根据电池反应,只涉及一个元素铜,确定氧化-还原对为 $Cu\text{-}Cu^{2+}$、$Cu\text{-}Cu^+$ 或 $Cu^{2+}\text{-}Cu^+$。

若为 $Cu\text{-}Cu^{2+}$、$Cu^{2+}\text{-}Cu^+$,则构成的电池需要铜电极和不同价态铜离子的氧化还原电极,而铜电极一定发生氧化反应,作阳极(负极),氧化还原电极则作阴极(正极),因此电极反应为

$$阳极: \quad Cu \longrightarrow Cu^{2+}+2e^-$$

$$阴极: \quad 2Cu^{2+}+2e^- \longrightarrow 2Cu^+$$

电池为:$Cu|Cu^{2+}(a_1) \parallel Cu^{2+}(a_1),Cu^+(a_2)|Pt$

复核该电池的电池反应与给定的反应一致,设计的电池正确。

若为 $Cu\text{-}Cu^+$、$Cu^{2+}\text{-}Cu^+$,则涉及一价金属铜电极和不同价态铜离子的氧化还原电极,而一价金属铜电极一定发生氧化反应,作负极,因此电极反应为

$$阳极: \quad Cu \longrightarrow Cu^++e^-$$

$$阴极: \quad Cu^{2+}+e^- \longrightarrow Cu^+$$

电池为:$Cu|Cu^+(a_2) \parallel Cu^{2+}(a_1),Cu^+(a_2)|Pt$

复核该电池的电池反应与给定的反应一致,设计的电池正确。

【例 5.7.2】 将 $H_2(g)+\frac{1}{2}O_2(g) \longrightarrow H_2O(l)$ 设计成电池。

解:要设计电池,必须有电解质存在,因此反应应可在碱(OH^-)或酸性(H^+)条件下进行。由于涉及氢气和氧气,可选择氢电极和氧电极。由于氢元素由 0 价到 +1 价,所以氢电极发生氧化反应而为阳极。若在碱性条件下进行,电极反应为

$$阳极: \quad H_2(g)+2OH^- \longrightarrow 2H_2O+2e^-$$

$$阴极: \quad \frac{1}{2}O_2(g)+H_2O+2e^- \longrightarrow 2OH^-$$

电池为:$Pt|H_2(g)|OH^-|O_2(g)|Pt$

若在酸性溶液下进行电池反应,同样可得出对应的电池为:$Pt|H_2(g)|H^+|O_2(g)|Pt$。

(2) 反应前后元素氧化态未发生变化的原电池设计

【例 5.7.3】 将难溶盐溶解反应 $AgCl(s) \longrightarrow Ag^++Cl^-$ 设计成电池

解:所给反应不是氧化-还原反应,必须在方程式的两边加入同样的物质构成氧化-还原对,可以在两边同时加入 Ag(s),在电池反应中有产物 AgCl,设计的电池中应有 Ag-AgCl 电极,由于 AgCl 在电池反应的左边,Ag-AgCl 电极应发生还原反应,作阴极。

$$AgCl(s)+e^- \longrightarrow Ag+Cl^-$$

给定的电池反应减去该电极反应，得阳极的电极反应：

$$Ag \longrightarrow Ag^+ + e^-$$

所设计的电池为
$$Ag|Ag^+ \| Cl^-|AgCl(s)|Ag$$

该电池反应的能斯特公式

$$E = E^\ominus - \frac{RT}{F}\ln\frac{a_{Ag^+} \cdot a_{Cl^-}}{a_{AgCl}} = E^\ominus - \frac{RT}{F}\ln K_{sp}$$

其中，K_{sp} 为 AgCl 的活度积，当电池反应达平衡时，$E=0$，有

$$E^\ominus = \frac{RT}{F}\ln K_{sp}$$

因此，可以通过设计该电池，计算 AgCl 的活度积（或溶度积）。

5.7.3 浓差原电池设计实例

浓差电池是由于阴、阳极反应物浓度不同所引起的浓度扩散过程对应的电池。分电极浓差电池（单液浓差电池）和电解质浓差电池（双液浓差电池）。

(1) 电极浓差电池

由电极材料相同而浓度不同的两个电极构成的电池。如

$$Cd(Hg)(a_1)|CdSO_4(a)|Cd(Hg)(a_2)$$
$$Pt|H_2(p_1)|HCl(a)|H_2(p_2)|Pt$$

【例 5.7.4】 将 $O_2(p_1) \longrightarrow O_2(p_2)$ $(p_1 > p_2)$ 设计成电池。

解： 电池反应中只有 O_2，所以应存在氧电极。阴极反应为

$$O_2(p_1) + 4H^+ + 4e^- \longrightarrow 2H_2O(l)$$

用电池反应减去该电极反应，得阳极的电极反应

$$2H_2O(l) \longrightarrow O_2(p_2) + 4H^+ + 4e^-$$

所设计的电池为
$$Pt|O_2(p_2)|H^+(a)|O_2(p_1)|Pt$$

该电池的阳极、阴极均为氧电极，阴、阳极的标准电极电势相等，所以该电池的标准电动势 $E^\ominus = 0$。

(2) 电解质浓差电池

由两个相同电极浸到电解质相同而活度（浓度）不同的两个溶液中组成的电池。如

$$Ag|AgCl(s)|Cl^-(a_1) \| Cl^-(a_2)|AgCl(s)|Ag$$

【例 5.7.5】 将 $H^+(a_1) \longrightarrow H^+(a_2)$ $(a_1 > a_2)$ 设计成电池。

解： 在电池反应中存在 H^+，对应的电池中应该有氢电极，做阳极的氢电极反应为

$$\frac{1}{2}H_2(p) \longrightarrow H^+(a_2) + e^-$$

电池反应减去该电极反应得阴极的电极反应

$$H^+(a_1) + e^- \longrightarrow \frac{1}{2}H_2(p)$$

设计的电池为：
$$Pt|H_2(p)|H^+(a_2) \| H^+(a_1)|H_2(p)|Pt$$

5.7.4 液体接界电势的消除

对于双液电池，由于离子迁移速率不同，在两电解质溶液的接界处一定产生液体接界电势。离子扩散是不可逆的，所以有液体接界电势存在的电池也是不可逆的，且液体接界电势

的值不稳定,对所有的电化学测定产生不利影响。因此,电化学测量过程中应尽可能降低或消除液体接界电势。

降低液体接界电势最简单的方法是使用盐桥。在 U 形管中,填充阴、阳离子运动速率相近的电解质溶液与3％琼脂混合形成的凝胶即为盐桥。使用时,将 U 形管倒置,其两端分别插入双液电池的两电解质溶液中。对盐桥电解质的要求是电解质溶液的浓度要高,电解质阴、阳离子的运动速率要尽可能相同,并且盐桥电解质与电池电解质溶液不发生反应。常用的电解质溶液为饱和 KCl 溶液,但电池电解质溶液为 $AgNO_3$ 溶液时,不能用 KCl 盐桥,而要改用 KNO_3 溶液作盐桥。

在盐桥和两电解质溶液的接界处,因为 KCl 的浓度远大于两溶液中电解质的浓度,界面上主要是 K^+ 和 Cl^- 同时向溶液扩散,又由于 K^+ 和 Cl^- 的迁移数率很接近,因此两界面的液体接界电势都很小,且符号相反,可以相互抵消,总液体接界电势可降至忽略的程度。如 $0.01 mol \cdot kg^{-1}$ 的 HCl 溶液与 $0.1 mol \cdot kg^{-1}$ 的 HCl 溶液接触时,液体接界电势约为 40mV,若两电解质溶液用盐桥连接,液体接界电势可降至 2mV 左右。

需要明确的是,盐桥只能降低液体接界电势但不能完全消除它。若用两个电池反串联,则可达到完全消除液体接界电势的目的。如 $Na(Hg)(a) | NaCl(a_1) | AgCl(s) | Ag(s)$-$Ag(s) | AgCl(s) | NaCl(a_2) | Na(Hg)(a)$ 的液体接界电势为零。

§5.8 电极极化现象

核心内容

1. 分解电压

电解池作为可逆电池时的可逆电动势,称为理论分解电压;使某电解质溶液能连续不断发生电解时所必须外加的最小电压,称为电解质溶液的分解电压。

2. 电极的极化

当电极上有电流通过时,电极电势偏离可逆电极电势的现象称为电极的极化。实际分解电压由以下几部分组成:$E(分解) = E(可逆) + \Delta E(不可逆) + IR$。

3. 极化现象产生的原因

当有电流通过电极时,电极反应速率不同于离子在电极表面和溶液本体之间的扩散速率,导致电极附近的离子浓度与溶液内部本体中该离子浓度不一致而产生的极化称为浓差极化。当电子传递速率大于电极反应速率时,由于电化学反应本身的这种迟缓性引起的极化称为电化学极化。极化结果是使得阳极的电极电势升高,阴极电极电势降低。

4. 超电势和极化曲线

把某一电流密度下的不可逆电极电势与可逆电极电势的差值的绝对值称为超电势,用 η 表示。

$$\eta = |E(不可逆) - E(可逆)|$$

电解时电流密度越大,超电势越大,外加电压增加,电解时耗能越多;而对原电池,电流密度增大,超电势增加,原电池端电压减小。

前面讨论的电化学过程均为电路中电流为零时的可逆电池过程,其电极电势为可逆电极电势或平衡电极电势。可逆电极电势对解决许多电化学问题及热力学问题十分有用。但实际电化学过程不是在电流为零的情况下进行的，即实际的原电池放电及电解池的电解过程，都是不可逆过程。研究不可逆电极反应及其规律既有理论意义，同时对电化学工业的实际过程也是十分重要的。

5.8.1　分解电压

在原电池上外加直流电源，逐渐增加电压直至使电池中的物质在电极上发生化学反应，即为电解过程。该电解池作为可逆电池时的可逆电动势，称为理论分解电压，即 E(理论分解电压) $= E$(可逆)。实际电解过程即使电流趋于零时使某电解质溶液能连续不断发生电解时所须外加的电压也明显高于理论分解电压。

以电解水为例，根据电解过程中电压与电流的关系来说明分解电压的概念。如图 5.8.1 所示，在 H_2SO_4 水溶液中（加入 H_2SO_4 的目的是增加溶液的导电能力）插入两个铂片，一个铂片与外电源的负极相联，另一铂片通过电流计与外电源的正极相联，V 为伏特计，移动可变电阻的接触点的位置可以改变两极间的电压，G 是电流计，显示电路中相应的电流。

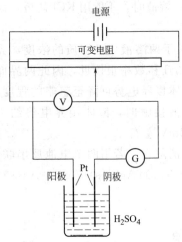

图 5.8.1　分解电压的测定装置

当电解池两极加上一定电压后，H^+ 就要到阴极去放电生成氢分子，并吸附在 Pt 片上，构成氢电极；与此同时 OH^- 也要到阳极上去放电，生成氧分子和水，氧分子吸附在 Pt 片上，形成氧电极，氢电极和氧电极构成下列电池：

$$Pt\,|\,H_2(g)\,|\,H_2SO_4(aq)\,|\,O_2(g)\,|\,Pt$$

从图 5.8.2 可以看出，外加电压为零时，阴、阳极上无 $H_2(g)$ 和 $O_2(g)$ 放出，没有原电池形成。继续增大外加电压，开始发生电极反应，产生少量的氢气和氧气并吸附在电极表面，构成原电池，产生反电动势。反电动势与外加电压抵消，理论上电路中应无电流通过，但由于氢气和氧气从吸附态向溶液中扩散，因此需通入微弱电流发生电解使电极表面的氢气和氧气得到补充。

外加电压越大，产生的吸附态氢气和氧气越多，从吸附态向溶液中的扩散越剧烈，需要通入更大的电流发生电解使扩散的氢气和氧气得到补充。当吸附态的氢气和氧气压力达到大气压力时，生成的氢气和氧气不再发生吸附而从电极逸出，原电池的电动势达到最大。再增大外电压，电流急剧增加，对应图中的 2-3 直线部分。将该直线部分向下延至电流强度为零时得到的电压 E（分解）就是使某电解质溶液能连续不断发生电解时所必须外加的最小电压，称为电解质溶液的分解电压。理论上分解电压应等于可逆电池的电动势 E(可逆)，实际

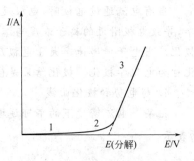

图 5.8.2　测定分解电压时的
电流-电压曲线

上，分解电压大于 E(可逆)，这是由于电极极化所致。如上述电解水对应的电池可逆电动势为 1.229V，即水的理论分解电压。实际上要使水的分解反应持续不断地进行，外加电压必须在 1.7V 左右（见表 5.8.1）。

表 5.8.1　酸和碱水溶液中水分解电压

酸	E/V	碱	E/V	酸	E/V	碱	E/V
H_2SO_4	1.67	NaOH	1.69	H_3PO_4	1.71	KOH	1.67
HNO_3	1.69	$NH_3 \cdot H_2O$	1.74				

5.8.2　电极的极化

我们知道，无论是水还是其他物质的电解，其分解电压总是大于对应电池的可逆电动势。这是因为当电流流经电极时，电极平衡受到破坏，使得电极电势偏离平衡值。这种当电极上有电流通过时，电极电势偏离可逆电极电势的现象称为电极的极化。极化现象的出现以及电池内溶液、导线和接触点等的电阻引起的电压降 IR 都是分解电压大于可逆电动势的原因。

实际分解过程所需电压由下列几部分组成

$$E(\text{分解}) = E(\text{可逆}) + \Delta E(\text{不可逆}) + IR \tag{5.8.1}$$

当电流为零时，电池内溶液、导线和接触点等的电阻引起的电压降 $IR=0$，分解电压与可逆电池电动势的差值 ΔE（不可逆）是由于电极发生不可逆反应（即电极极化效应）所致。电流密度越大，电极电势对可逆电势的偏差越大。

5.8.3　极化现象产生的原因

当电流通过电极时，会发生电子转移、电极反应、离子的定向移动等一系列过程。每个过程都以一定速率进行，各过程速率的不同导致极化现象的出现。通常可以简单地把极化分成两类：浓差极化和电化学极化。

（1）浓差极化

当有电流通过电极时，若在电极-溶液界面处发生化学反应（电极反应）的速率快于离子在溶液中的扩散速率，则在电极表面附近的相关离子的浓度与远离该电极的本体溶液中的浓度不同。由于电极附近的离子浓度与溶液内部本体中该离子浓度不一致而产生的极化称为浓差极化。

以 $Ag^+ | Ag$ 为例进行讨论。

将两银棒插到质量摩尔浓度为 b 的 $AgNO_3$ 溶液中进行电解。阴极附近的 Ag^+ 沉积到电极上 [$Ag^+ + e^- \longrightarrow Ag(s)$]，使得阴极附近 Ag^+ 浓度不断降低。若本体溶液中的 Ag^+ 扩散到阴极附近进行补充的速率慢于电极反应导致的 Ag^+ 的沉积速率，则阴极附近 Ag^+ 浓度 $b_e(Ag^+)$ 低于溶液本体浓度 $b(Ag^+)$。

对阴极反应

$$E(Ag^+ | Ag) = E^{\ominus}(Ag^+ | Ag) - \frac{RT}{F} \ln \frac{1}{b_e(Ag^+)} \tag{5.8.2}$$

若无电流时，$b_e(Ag^+) = b(Ag^+)$，式(5.8.2) 改写成

$$E(\text{可逆}) = E^{\ominus}(Ag^+ | Ag) - \frac{RT}{F} \ln \frac{1}{b(Ag^+)} \tag{5.8.3}$$

若有电流通过，电极电势由 $b_e(Ag^+)$ 决定

$$E(\text{不可逆}) = E^{\ominus}(\text{Ag}^+|\text{Ag}) - \frac{RT}{F}\ln\frac{1}{b_e(\text{Ag}^+)} \tag{5.8.4}$$

因为 $b_e(\text{Ag}^+) < b(\text{Ag}^+)$，所以，$E(\text{不可逆}) < E(\text{可逆})$。

由此可见，阴极上浓差极化的结果是使得阴极的电极电势小于可逆电极电势；同理可以得出浓差极化会使阳极的电极电势大于可逆电极电势。

离子扩散速率与离子的种类以及粒子的浓度密切相关。在相同条件下，不同离子的浓差极化程度不同；同一离子在不同浓度时的浓差极化程度也不同。极谱分析就是基于该原理所建立的一种电化学分析方法。但通常情况下，浓差极化对电化学测量（如电动势测定）及电解应用（增加电能损耗）是不利的，常采用某些措施加以消除。措施的核心是提高离子的扩散速率，采取的方法包括溶液的搅拌及提高温度等。

(2) 电化学极化

若电解过程中的某些因素阻碍了电极反应的进行，并导致电极反应速率慢于电子的传输速率，使传输到阳极的正电荷或传输到阴极的负电荷不能及时被消耗掉，造成正、负电荷分别在阳、阴极发生聚集，从而使阳极电势更正，阴极电势更负。这种由于电化学反应本身迟缓引起的极化称为电化学极化。

仍以 $\text{Ag}^+|\text{Ag}$ 为例。作阴极时，当外电源将电子供给电极后，Ag^+ 来不及被立即还原而及时消耗外界输送来的电子，结果使阴极表面积累了多于平衡状态的电子，导致电极电势比可逆电极电势更负。类似的，作为阳极时，会使阳极表面的电子数目小于平衡状态的电子，导致电极电势比可逆电极电势更正。因此，电化学极化的结果和浓差极化的结果相同，都是使阴极的电极电势小于可逆电极电势，而使阳极的电极电势大于可逆电极电势。

5.8.4 超电势和极化曲线

电极极化程度的大小可以用超电势表示。通常把某一电流密度下的不可逆电极电势与可逆电极电势的差值的绝对值称为超电势，用 η 表示。

$$\eta = |E(\text{不可逆}) - E(\text{可逆})| \tag{5.8.5}$$

由浓差极化引起的超电势称为浓差超电势，由电化学极化引起的超电势称为电化学超电势。若知道电极的超电势，可由可逆电极电势计算实际电解过程的不可逆电极电势。

$$\text{阳极}: E(\text{不可逆}) = E(\text{可逆}) + \eta \tag{5.8.6}$$

$$\text{阴极}: E(\text{不可逆}) = E(\text{可逆}) - \eta \tag{5.8.7}$$

超电势的影响因素很多，如电极材料、电极的表面性质、电流密度、温度、电解质溶液的性质及浓度等。1905 年塔菲尔（Tafel）提出了一个经验公式，表示氢的超电势与电流密度的关系，称为 Tafel 公式。

$$\eta = a + b\lg I \tag{5.8.8}$$

a、b 为经验常数，与电极的性质、溶液等因素有关；I 为电流密度。

从式(5.8.6) 和式(5.8.7) 可知，超电势随电流密度的变化反映了电极电势的变化，通常将电极电势随电流密度的变化曲线称为极化曲线。极化曲线的形状和变化规律反映了电化学过程的动力学特征。图 5.8.3 给出了电解池和原电池中各电极的极化曲线。可以看出，电解时电流密度越大，超电势越大，外加电压增加，电解时耗能越多；而对原电池，电流密度增大，超电势增加，原电池端电压减小。

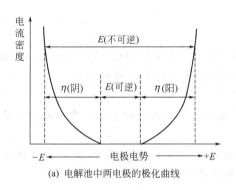
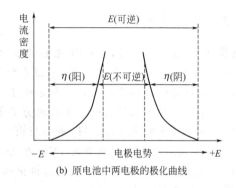

(a) 电解池中两电极的极化曲线   (b) 原电池中两电极的极化曲线

图 5.8.3　电极电势与电流密度的关系

§5.9　电解时的电极反应

> **核心内容**
> 1. 反应顺序规则
> 一般原则：在阳极，析出电势越低的离子越易析出；在阴极，析出电势越高的离子越易析出。
> 2. 计算实例
> 通过计算，判断电极上物质析出或溶解的先后顺序、析出是否完全，各组分析出时的分解电压、析出后的残余浓度等。

5.9.1　反应顺序规则

在电解质的水溶液中，多种阴、阳离子同时存在，原则上阳离子、H^+ 都可在阴极发生还原反应而放电，阴离子和阳极本身都可在阳极发生氧化反应而放电。但各离子的电极电势不同，它们在电极上放电有先有后，这种先后顺序要根据实际电解中电极电势（即极化后的实际电极电势）来判断。在电解中，发生电极反应时的实际电极电势也称为析出电势。一般原则：在阳极，析出电势越低的离子越易析出；在阴极，析出电势越高的离子越易析出。确定了阳极、阴极析出的物质后，将两者的析出电势相减，就可得到实际分解电压：

$$E_{分解} = E_{阳极,析出} - E_{阴极,析出}$$

大部分金属离子的超电势很小，可忽略不计，析出电势等于可逆电极电势。H^+ 析出的超电势较大，其析出电势甚至小于 Zn、Cd、Ni 等金属离子的析出电势。可以利用氢超电势进行电镀、制备金属。

不同的金属离子在水溶液中有着不同的析出电势，电解时必然具有不同的分解电压，可以控制外加电压和溶液 pH 值的大小使金属离子彼此分离而不析出氢气。若第二种离子反应时，前一种离子的活度降至初始浓度的 10^{-7} 以下，认为这两种离子得到很好的分离，则此两种离子间的析出电势差值应满足如下要求：

$$\Delta E = \frac{RT}{zF} \ln 10^{-7} \tag{5.9.1}$$

$z=1$，$\Delta E > 0.41\text{V}$；$z=2$，$\Delta E > 0.21\text{V}$；$z=3$，$\Delta E > 0.14\text{V}$。

5.9.2 计算实例

【例 5.9.1】 25℃ 时，用 Pt 电极电解含 $CuSO_4$（$0.1 mol \cdot kg^{-1}$），$ZnSO_4$（$0.1 mol \cdot kg^{-1}$）和 H_2SO_4（$0.1 mol \cdot kg^{-1}$）的混合溶液（考虑 H_2SO_4 的二级电离）。

(1) 电解时哪种物质先析出，初始电压是多少？
(2) 当第二种金属析出时，电压应为多少？此时溶液中第一种金属的残余浓度是多少？
(3) 当电压加到多大时，H_2 开始析出？

已知 H_2 在 Cu 上的超电势为 1V，在 Zn 上的超电势为 1.3V，在 Pt 上的超电势可忽略不计；氧气在 Pt 上的超电势以及金属析出的超电势可忽略不计。

解： (1) 阴极可能发生的反应

$$Cu^{2+} + 2e^- \longrightarrow Cu$$

$$E_{Cu} = E_{Cu}(可逆) - \eta_{Cu} = E_{Cu}(可逆) = E_{Cu}^{\ominus} - \frac{RT}{2F} \ln \frac{1}{b_{Cu^{2+}}}$$

$$= 0.34 - \frac{8.314 \times 298.15}{2 \times 96500} \ln \frac{1}{0.1} = 0.310 V$$

$$Zn^{2+} + 2e^- \longrightarrow Zn$$

$$E_{Zn} = E_{Zn}(可逆) - \eta_{Zn} = E_{Zn}(可逆) = -0.792 V$$

$$2H^+ + 2e^- \longrightarrow H_2$$

$$E_{H_2} = E_{H_2}(可逆) - \eta_{H_2} = E_{H_2}(可逆) = -0.041 V$$

比较上述阴极反应，电极电势的先析出，所以 Cu 先析出。

阳极可能发生的反应

$$H_2O \longrightarrow 2H^+ + \frac{1}{2}O_2 + 2e^-$$

$$E_{O_2} = E_{O_2}(可逆) - \eta_{O_2} = E_{O_2}(可逆)$$

$$= E_{O_2}^{\ominus} - \frac{RT}{2F} \ln \frac{1}{(b_{H^+}/b^{\ominus})^2} = 1.187 V$$

阳极只有氧析出。

$$E = E_+ - E_- = 1.187 V - 0.310 V = 0.877 V$$

(2) H_2 在 Cu 上的超电势为 1V，Cu^{2+} 完全析出后，阳极电解产生 H^+ $0.2 mol \cdot kg^{-1}$，此时，溶液中 $b_{H^+} = 0.4 mol \cdot kg^{-1}$，氢是在铜上析出。

$$E_{H_2} = E_{H_2}(可逆) - \eta_{H_2}$$

$$= 0 - \frac{8.314 \times 298.15}{2 \times 96500} \ln \frac{1}{0.4^2} - 1 = -1.023 V$$

因此 Zn 将接着析出。

当 Zn 析出时，$E_- = E_{Zn} = -0.792 V$，则

$$E_{Cu} = E_{Zn} = E_{Cu}^{\ominus} + \frac{RT}{2F} \ln b_{Cu^{2+}} = -0.792 V$$

$$b_{Cu^{2+}} = 6.379 \times 10^{-39} mol \cdot kg^{-1}$$

当锌析出时，此时溶液中 H^+ 的质量摩尔浓度为 $0.4 mol \cdot kg^{-1}$，阳极电极电势为

$$E_{O_2} = E_{O_2}^{\ominus} + \frac{RT}{2F} \ln \left(\frac{b_{H^+}}{b^{\ominus}}\right)^2 \left(\frac{p_{O_2}}{p^{\ominus}}\right)^{1/2} = 1.205 V$$

$$E = E_+ - E_- = 1.205 V - (-0.792) V = 1.997 V$$

(3) 氢是在锌上析出，$\eta_{H_2} = 1.3 V$

$$E_{H_2} = E_{H_2(可逆)} - \eta_{H_2} = -1.341V$$

当开始析氢时,$E_{Zn} = E_{H_2} = E_{Zn}^{\ominus} + \dfrac{RT}{2F}\ln\dfrac{b_{Zn^{2+}}}{b^{\ominus}} = -1.341V$

$b_{Zn^{2+}} = 2.79 \times 10^{-20} mol \cdot kg^{-1}$,即析氢时,锌已经全部析出。

阳极 H^+ 的质量摩尔浓度为 $0.6 mol \cdot kg^{-1}$,

$$E_{O_2} = E_{O_2}^{\ominus} + \dfrac{RT}{2F}\ln\left(\dfrac{b_{H^+}}{b^{\ominus}}\right)^2 \left(\dfrac{p_{O_2}}{p^{\ominus}}\right)^{1/2} = 1.216V$$

$$E = E_+ - E_- = 1.216V - (-1.341)V = 2.557V$$

§5.10 金属的电化学腐蚀与防护

> **核心内容**
> 1. 金属腐蚀的分类
> 按腐蚀机理分化学腐蚀和电化学腐蚀。化学腐蚀的特点是金属与非电解质直接发生纯化学反应而破坏,有电荷转移但不产生电流;发生原电池反应的腐蚀叫电化学腐蚀,其特点是阴极、阳极反应相对独立,产生电流。
> 2. 金属的电化学腐蚀原理
> 金属表面不均匀因素使表面电势不同,这些不同的电势点可作为阴极和阳极形成短路的微腐蚀电池而引起金属的腐蚀。

金属与它所处的环境之间发生化学、电化学和物理作用而引起的变质和破坏称为腐蚀。金属材料的腐蚀在大多数情况下是电化学作用所致。研究金属腐蚀意义重大,对腐蚀的研究可减少因腐蚀引起的材料损失(统计显示,每年腐蚀造成的损失,约占国民生产总值的 3%~4%,全世界因腐蚀而消耗的金属约占年总产量的 30%);在安全方面,可避免或减少设备(如压力容器、锅炉、桥梁拉索、飞机及轮船零件、自动化操作机械等)因腐蚀引起的灾难性事故的发生(1995 年 5 月广东海印桥一根 100m 长拉索因腐蚀而断裂);在资源利用及环境方面,可减少腐蚀本身引起的浪费及其引发的事故对环境造成的污染和破坏。

5.10.1 金属腐蚀的分类

腐蚀分类的方法有多种。按腐蚀形态分全面腐蚀(均匀腐蚀)和局部腐蚀两大类:腐蚀出现在整个金属表面上称为全面腐蚀;腐蚀若集中在表面某个局部,称为局部腐蚀。若按腐蚀机理分化学腐蚀和电化学腐蚀。化学腐蚀的特点是金属与非电解质直接发生纯化学反应而破坏,有电荷转移但不产生电流;不纯的金属(或合金)跟电解质溶液接触时,发生原电池反应,比较活泼的金属失去电子而被氧化,这种腐蚀叫电化学腐蚀,包括析氢腐蚀和吸氧腐蚀,其特点是阴极、阳极反应相对独立,同时进行,阴极、阳极区电荷传递,产生电流,满足法拉第定律。一般的纯化学腐蚀不多,最普遍的是电化学腐蚀。

5.10.2 金属的电化学腐蚀原理

我们知道,丹尼尔电池的铜电极上发生铜的沉积,而锌电极发生金属锌的溶解反应,说明金属锌正在受到腐蚀。在讨论腐蚀问题时,丹尼尔电池就成为腐蚀电池。电化学腐蚀就是腐蚀电池作用的结果。将一块工业纯锌浸入稀硫酸溶液中，由于工业纯锌中含有少量的杂质（如铁），杂质铁的电势较纯锌的电势高，此时，锌为阳极，杂质为阴极构成腐蚀电池，锌被溶解腐蚀。此时，构成的腐蚀电池位于微小区域内，称为微腐蚀电池。由于这时阴极和阳极直接接触，相当于一个短路微电池，电子直接由阳极流向阴极，锌表面的无数微电池使锌的溶解过程持续进行。除了锌中的杂质金属之外，其表面的凹凸粗糙不平、晶格缺陷、冶炼和加工过程中造成的内应力等表面不均匀因素均能使表面电势不同，这些不同的电势点可作为阴极和阳极形成短路的微腐蚀电池而引起金属的腐蚀。

5.10.3 钢铁的腐蚀

现在讨论最常遇到的也是最重要的钢铁的腐蚀。

（1）吸氧腐蚀（中性水溶液）

钢铁在中性的氯化钠水溶液中的腐蚀，可以模拟铁在海洋性气候中的腐蚀。在氯化钠溶液中，铁腐蚀的阳极反应是铁氧化成二价的铁离子（图 5.10.1）。

$$Fe \longrightarrow Fe^{2+} + 2e^-$$

阴极反应为

$$H_2O + O_2 + 2e^- \longrightarrow 2OH^-$$

所以在被腐蚀的铁表面，就形成了白色或绿色的 $Fe(OH)_2$ 沉淀。但是溶液为近中性或弱碱性，且溶液中有氧存在时，二价铁会进一步氧化为三价的氧化铁（红棕色的铁锈）。

$$Fe(OH)_2 + \frac{1}{4}O_2 \longrightarrow \frac{1}{2}H_2O + \frac{1}{2}Fe_2O_3 \cdot H_2O$$

溶液中溶解的氧的量的多少，对铁的腐蚀及形成什么腐蚀产物有重要影响。氧量不足时，会形成四氧化三铁。氧消耗殆尽时，阴极反应停止，吸氧腐蚀过程也就终止。

$$6Fe(OH)_2 + O_2 \longrightarrow 2Fe_3O_4 \cdot H_2O + 4H_2O（绿色）$$

$$Fe_3O_4 \cdot H_2O \longrightarrow Fe_3O_4 + H_2O（黑色）$$

所以在许多情况下，生成的铁锈是分层的。在最外层，由于有充足的氧，腐蚀产物是红棕色的三氧化二铁；里层由于缺氧生成四氧化三铁，通常中间是含水的绿色四氧化三铁，内层是黑色的无水四氧化三铁。

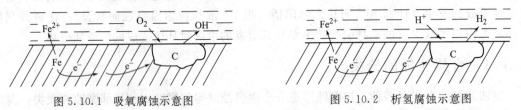

图 5.10.1 吸氧腐蚀示意图　　　　图 5.10.2 析氢腐蚀示意图

（2）析氢腐蚀（酸性水溶液）

如果铁暴露在工业性大气中，腐蚀过程与海洋环境略有不同。潮湿大气中的二氧化碳、二氧化硫等气体溶于液层中，形成酸性电解液，其吸氧腐蚀的阴极反应为

$$4H^+ + O_2 + 4e^- \longrightarrow 2H_2O$$

当酸性较强时，可发生氢离子的还原

$$2H^+ + 2e^- \longrightarrow H_2$$

阴极生成氢气的腐蚀称为析氢腐蚀（图 5.10.2）。

5.10.4 金属腐蚀的防护

除了金、铂等少数金属外，大多数金属在空气和水中都会受到腐蚀。防止金属腐蚀的简单原理就是让金属与空气和水这种腐蚀性环境隔离,具体的实施方法有很多种。

(1) 非金属保护层

将耐腐蚀的非金属物质,如油漆、陶瓷、玻璃、沥青、高分子材料等,涂在要保护的金属表面上,使金属与腐蚀介质隔离。

(2) 金属保护层

将耐腐蚀性较强的金属或合金,覆盖在被保护的金属表面。按防腐蚀的电化学性质,可分为阳极保护层和阴极保护层。阳极保护层金属的标准电极电势比基体金属低,如镀锌铁板,锌为阳极,铁为阴极。阴极保护层金属的标准电极电势比基体金属高,如镀锡铁板,锡为阴极,铁为阳极。

(3) 电化学保护

① 牺牲阳极保护 将标准电极电势较低的金属和需要保护的金属连接起来,构成电池。需要保护的金属因其电极电势较高为阴极而不发生腐蚀,而电极电势较低的金属为阳极而发生腐蚀。如海上的船舶,在船底四周镶嵌锌块。这时船体为阴极,受到保护,锌块为阳极,代替船体受腐蚀。这种牺牲阳极、保护阴极的方法称为牺牲阳极保护。

② 阴极保护 采用外加电源来保护金属。把需要保护的金属接在负极上,成为阴极而免于腐蚀。另外一块铁块接到正极上,成为阳极而腐蚀。化工厂的一些酸性溶液储槽或管道、地下输油管,常用这种方法防腐。

③ 阳极保护 也是利用外加直流电源来保护金属。把需要保护的金属接到正极上,成为阳极。在适当正的电势范围内,由于阳极上氧化作用加剧,在金属表面形成一层完整、致密的氧化层膜,使金属得到保护,这种现象称为金属的电化学钝化。

(4) 加缓蚀剂保护

缓蚀剂是一种化学物质,将其少量加入到腐蚀介质中,可显著降低金属的腐蚀速率。由于缓蚀剂用量少,简便经济,因此成为一种常用的防腐方法。如黑色金属酸洗用若丁(Rodine)来保护金属;在矿物油中加入十二烷基丁二酸来保护传动齿轮;在冷却水中加入羟基亚乙基二膦酸(HEDP)、2-丙烯酰胺基-2-甲基丙磺酸(AMPS)等保护冷却水系统。缓蚀剂主要是在金属表面形成一层保护膜而起到降低金属腐蚀的作用。按成膜特征可将缓蚀剂分成氧化膜型、沉淀膜型和吸附膜型三类。氧化膜型缓蚀剂多为氧化剂,在金属表面形成致密氧化膜而使金属获得保护;沉淀膜型缓蚀剂如聚六偏磷酸钠,在水中有足够钙离子存在时,可形成磷酸钙沉淀覆盖在金属表面而对金属起到保护作用;吸附型缓蚀剂如硫脲、有机磷缓蚀剂等,可吸附在金属表面形成一层吸附膜,可阻挡缓蚀剂与金属的接触,从而起到缓蚀作用。

本章基本要求

1. 明确电解质溶液的导电机理,掌握法拉第(Faraday)定律。
2. 掌握电解质溶液的导电能力的表征方法、电解质溶液的导电规律及应用。
3. 掌握离子平均活度、平均活度因子、离子强度等基本概念及计算,了解德拜-休格尔极限公式。
4. 理解可逆电池的条件,掌握电池的符号表示方法;掌握可逆电池的热力学特征;电极电势及电池电动势的意义、计算和应用;了解电极的种类,了解浓差电池的分类及特点。
5. 了解分解电压的含义,掌握电极的极化定义、产生原因及超电势的含义;了解极化对电极电势的影响;掌握电解过程中析出产物的规律。了解金属腐蚀与防护原理。

自测题（单选题）

1. NaCl 水溶液的质量摩尔浓度为 b，则其平均质量摩尔浓度为（　　）。
   (a) b　　　　(b) $2b$　　　　(c) b^2　　　　(d) $\sqrt{b}$

2. 已知 $MgCl_2$ 的质量摩尔浓度 $b=0.01\,mol\cdot kg^{-1}$，则溶液的离子强度 I 为（　　）。
   (a) $0.01\,mol\cdot kg^{-1}$　　(b) $0.02\,mol\cdot kg^{-1}$　　(c) $0.03\,mol\cdot kg^{-1}$　　(d) $0.04\,mol\cdot kg^{-1}$

3. 某电池电动势的温度系数 $(\partial E/\partial T)_p=0$，则（　　）。
   (a) 电池反应放热　　　　　　　　(b) 电池反应吸热
   (c) 反应不吸热也不放热　　　　　(d) $Q_p=\Delta_r H_m$

4. 电解质溶液的摩尔电导率与浓度的关系（　　）。
   (a) 摩尔电导率随浓度的增大而增加　　(b) 摩尔电导率随浓度的增大而减小
   (c) 摩尔电导率随浓度的增大先增后减　(d) 摩尔电导率随浓度的增大先减后增

5. 在不可逆电极过程中，随着电流密度的增大（　　）。
   (a) 阴极电势降低，阳极电势升高　　(b) 电池的端电压降低
   (c) 电解池耗电能增大　　　　　　　(d) 以上说法都对

6. 相同温度、相同浓度的下列溶液中，导电能力最强的是（　　）。
   (a) HCl 溶液　　(b) KCl 溶液　　(c) NaCl 溶液　　(d) LiCl 溶液

7. 已知某电池的电池反应可写成（　　）。
   (1) $H_2(g)+\dfrac{1}{2}O_2(g)=\!=\!=H_2O(l)$
   (2) $2H_2(g)+O_2(g)=\!=\!=2H_2O(l)$
   相应的电动势和化学反应平衡常数分别用 E_1、E_2 和 K_1、K_2 表示，则（　　）。
   (a) $E_1=E_2$，$K_1=K_2$　　　　　(b) $E_1=E_2$，$K_1\neq K_2$
   (c) $E_1\neq E_2$，$K_1=K_2$　　　　(d) $E_1\neq E_2$，$K_1\neq K_2$

8. 电池在恒温恒压及可逆条件下放电，则系统与环境间传递的热量 $Q_r=$（　　）。
   (a) $\Delta_r H_m$　　(b) $T\Delta_r S_m$　　(c) $\Delta_r H_m - T\Delta_r S_m$　　(d) 0

9. 标准氢电极是指（　　）。
   (a) $Pt|H_2[p(H_2)=100kPa]|OH^-(a=1)$
   (b) $Pt|H_2[p(H_2)=100kPa]|OH^-(a=10^{-7})$
   (c) $Pt|H_2[p(H_2)=100kPa]|H^+(a=1)$
   (d) $Pt|H_2[p(H_2)=100kPa]|H^+(a=10^{-7})$

10. 在电池 $Pt|H_2[p(H_2)=100kPa]|HCl(1\,mol\cdot kg^{-1})\|Cu^{2+}(0.02\,mol\cdot kg^{-1})|Cu$ 的阴极分别加入下列几种溶液后，使电池电动势增大的是（　　）。
    (a) $0.1\,mol\cdot kg^{-1}\,CuSO_4$　　　　(b) $0.1\,mol\cdot kg^{-1}\,Na_2SO_4$
    (c) $0.1\,mol\cdot kg^{-1}\,Na_2S$　　　　(d) $0.1\,mol\cdot kg^{-1}\,NH_3\cdot H_2O$

11. 甘汞电极是（　　）。
    (a) 金属电极　　　　　　　　(b) 金属-金属难溶盐电极
    (c) 金属-金属氧化物电极　　　(d) 氧化-还原电极

12. 可以直接用来求 Ag_2SO_4 的溶度积的电池是（　　）。
    (a) $Pt|H_2(p)|H_2SO_4(a)|Ag_2SO_4(s)|Ag$

(b) Ag|AgNO$_3$(a) ∥ K$_2$SO$_4$(a)|PbSO$_4$(s)|Pb(s)

(c) Ag(s)|Ag$_2$SO$_4$(s)|K$_2$SO$_4$(a) ∥ HCl(a)|AgCl(s)|Ag(s)

(d) Ag|AgNO$_3$(a) ∥ H$_2$SO$_4$(a)|Ag$_2$SO$_4$(s)|Ag(s)

13. 设有电池，其反应为：

(1) $1/2Cu(s)+1/2Cl_2(p^\ominus) = 1/2Cu^{2+}(a=1)+Cl^-(a=1)$; E_1

(2) $Cu(s)+Cl_2(p^\ominus) = Cu^{2+}(a=1)+2Cl^-(a=1)$; E_2

电动势 E_1 与 E_2 的关系是（   ）。

(a) $E_1/E_2=1/2$ (b) $E_1/E_2=2$ (c) $E_1/E_2=1$ (d) $E_1/E_2=1/4$

14. 已知 Cu 的相对原子质量为 64，用 0.5F 电量可从 CuSO$_4$ 溶液中沉淀出 Cu 的质量为（   ）。

(a) 16g   (b) 32g   (c) 64g   (d) 127g

15. 下面条件中哪一个不是摩尔电导率的定义所要求的（   ）。

(a) 两电极必须平行   (b) 两电极相距 1m

(c) 电解质的物质的量为 1mol   (d) 溶液体积为 1m^3

16. 应用外推法测定电解质溶液无限稀释时的摩尔电导率的方法，只适用于（   ）。

(a) 强电解质   (b) 弱电解质

(c) 强、弱电解质   (d) 以水为溶剂的电解质溶液

17. 在不可逆情况下，电解池的阳极电极电势总是随电流密度的增加而（   ）。

(a) 减小   (b) 不变   (c) 增大   (d) 不确定

18. 应用能斯特方程计算出电池的 $E<0$，则表示电池反应（   ）。

(a) 不可能进行

(b) 反应已达平衡

(c) 反应能进行，但方向和电池的书写表示式刚好相反

(d) 反应方向不能确定

自测题答案

1. (a); 2. (c); 3. (c); 4. (b); 5. (d); 6. (a); 7. (b); 8. (b); 9. (c); 10. (a); 11. (b); 12. (d); 13. (c); 14. (a); 15. (d); 16. (a); 17. (c); 18. (c)

习题

1. 25℃时在一电导池中盛以 0.02mol·dm^{-3} 的 KCl 溶液，测得其电阻为 82.4Ω。若在同一电导池中盛以 0.0025mol·dm^{-3} 的 K$_2$SO$_4$ 溶液，测得其电阻为 326.0Ω。已知 25℃时 0.02mol·dm^{-3} 的 KCl 溶液的电导率为 0.2768Ω^{-1}·m^{-1}。试求：

(1) 电导池常数 K_{cell}；

(2) 0.0025mol·dm^{-3} 的 K$_2$SO$_4$ 溶液的电导率和摩尔电导率。

答案：(1) 22.81m^{-1}；(2) 0.0700Ω^{-1}·m^{-1}，2.799×10^{-2}S·m^2·mol^{-1}

2. 某浓度为 0.1mol·dm^{-3} 的电解质溶液在 300K 时测得其电阻为 60Ω，所用电导池电极的大小为 0.85cm×1.4cm，电极间的距离为 1cm。试计算：

(1) 电导池常数 K；

(2) 溶液的电导率；

(3) 溶液的摩尔电导率。

答案：(1) 84.0m^{-1}；(2) 1.4Ω^{-1}·m^{-1}；(3) 1.4×10^{-2}S·m^2·mol^{-1}

3. 某电导池内装有两个面积均为 3.20cm^2 的互相平行的银电极，两极之间的距离为 10.00cm，今在该电导池内装满 0.02mol·dm^{-3} 的 AgNO$_3$ 溶液，施加 30V 的电压，测得电流强度为 0.022A，试计算该溶液的电导 G、电导率 κ、摩尔电导率。

答案：G=7.33×10^{-4}S；κ=0.229S·m^{-1}；Λ_m=0.01145S·m^2·mol^{-1}

4. 某盛有 0.1mol·dm^{-3} KCl 溶液的电导池，测得其电阻为 85Ω，用该电导池盛 0.052mol·dm^{-3} 某电解质溶液时测得电阻为 96Ω。试计算该电解质的摩尔电导率。已知 0.1mol·dm^{-3} KCl 溶液的电导率为 1.29Ω^{-1}·m^{-1}。

答案：0.022S·m^2·mol^{-1}

5. 25℃时，在某电导池中充以 0.01mol·dm^{-3} 的 KCl 水溶液，测得其电阻为 112.3Ω，若改充以同样浓度的溶液 x，测得其电阻为 2184Ω，计算：
(1) 电导池常数；
(2) 溶液 x 的电导率；
(3) 溶液 x 的摩尔电导率（水的电导率可以忽略不计）（已知 25℃时 0.01mol·dm^{-3} KCl 水溶液的电导率=0.14114S·m^{-1}）。

答案：(1) 15.85m^{-1}；(2) 7.257×10^{-3}S·m^{-1}；(3) 7.257×10^{-4}S·m^2·mol^{-1}

6. 298K 时，某一电导池中充以 0.1mol·dm^{-3} 的 KCl 溶液（其 κ=0.14114S·m^{-1}），其电阻为 525Ω，若在电导池内充以 0.10mol·dm^{-3} 的 NH$_3$·H$_2$O 溶液时，电阻为 2030Ω。
(1) 求该 NH$_3$·H$_2$O 溶液的解离度；
(2) 若该电导池充以纯水，电阻应为若干。
已知这时纯水的电导率为 2×10^{-4}S·m^{-1}，Λ_m^∞(OH$^-$)=1.98×10^{-2}S·m^2·mol^{-1}，Λ_m^∞(NH$_4^+$)=73.4×10^{-4}S·m^2·mol^{-1}。

答案：(1) 0.01345；(2) 3.705×10^5 Ω

7. 含有 0.01mol·dm^{-3} KCl 及 0.02mol·dm^{-3} ACl（ACl 为强电解质）的水溶液的电导率是 0.382S·m^{-1}，如果 K$^+$ 及 Cl$^-$ 的摩尔电导率分别为 0.0074S·m^2·mol^{-1} 和 0.0076S·m^2·mol^{-1}，试求 A$^+$ 的摩尔电导率（因浓度很小，假定离子独立运动定律适用）。

答案：0.004S·m^2·mol^{-1}

8. 计算 AgBr 饱和水溶液在 25℃时的电导率。已知其在此温度下的溶度积 K_{sp}=4.81×10^{-13}mol^2·dm^{-6}；AgNO$_3$、KBr、KNO$_3$ 的极限摩尔电导率分别为 133.3×10^{-4}S·m^2·mol^{-1}，151.9×10^{-4}S·m^2·mol^{-1}，144.9×10^{-4}S·m^2·mol^{-1}，所用水的电导率为 4.40×10^{-6}S·m^{-1}。

答案：5.33×10^{-6}S·m^{-1}

9. 291K 时纯水的电导率为 3.8×10^{-6}S·m^{-1}，当 H$_2$O 解离成 H$^+$ 和 OH$^-$ 达平衡时，求该温度下，水的摩尔电导率 Λ_m，解离度 α 和 H$^+$ 的浓度。已知这时水的密度为 998.6kg·m^{-3}。Λ_m^∞(H$^+$)=3.498×10^{-2}S·m^2·mol^{-1}，Λ_m^∞(OH$^-$)=1.980×10^{-2}S·m^2·mol^{-1}。

答案：6.86×10^{-11}S·m^2·mol^{-1}；1.252×10^{-9}；6.94×10^{-8}mol·dm^{-3}

10. 已知 25℃时，AgBr(s) 的溶度积 K_{sp}=6.3×10^{-13}，同温下用来配制 AgBr 饱和溶液的纯水电导率为 5.497×10^{-6}S·m^{-1}，试求该 AgBr 饱和水溶液的电导率。已知 25℃时，Λ_m^∞(Ag$^+$)=61.92×10^{-4}S·m^2·mol^{-1}，Λ_m^∞(Br$^-$)=78.4×10^{-4}S·m^2·mol^{-1}。

答案：1.663×10^{-5}S·m^{-1}

11. 已知25℃，AgCl(s) 的溶度积 $K_{sp}=1.73\times10^{-10}$，$Ag^+$ 和 Cl^- 无限稀释的摩尔电导率分别为 $61.92\times10^{-4}S\cdot m^2\cdot mol^{-1}$ 和 $76.34\times10^{-4}S\cdot m^2\cdot mol^{-1}$。配制此溶液所用水的电导率为 $1.60\times10^{-4}S\cdot m^{-1}$。测定电导时电导池常数为 $25m^{-1}$。试求：

(1) 25℃ AgCl 饱和溶液的电导率；

(2) 所测溶液的电阻为多少。

答案：(1) $3.418\times10^{-4}S\cdot m^{-1}$；(2) $7.314\times10^4\Omega$

12. 在 25℃ 时，$0.05 mol\cdot dm^{-3}$ $CaCl_2$ 水溶液的电导率为 $1.025S\cdot m^{-1}$。试计算 $\Lambda_m(1/2CaCl_2)$ 及电离度 α，已知：$\Lambda_m^\infty(1/2Ca^{2+})=59.5\times10^{-4}S\cdot m^2\cdot mol^{-1}$，$\Lambda_m^\infty(Cl^-)=76.3\times10^{-4}S\cdot m^2\cdot mol^{-1}$。

答案：$102.5\times10^{-4}S\cdot m^2\cdot mol^{-1}$；0.755

13. 分别计算下列两个溶液的平均质量摩尔浓度 $b_\pm$、离子的平均活度 $a_\pm$ 以及电解质的活度 a_B。

电解质	$b/mol\cdot kg^{-1}$	$\gamma_\pm$
$K_3Fe(CN)_6$	0.01	0.571
$CdCl_2$	0.1	0.219

答案：$K_3Fe(CN)_6$：$b_\pm=2.28\times10^{-2}mol\cdot kg^{-1}$；$a_\pm=1.30\times10^{-2}$；$a_B=2.87\times10^{-8}$；

$CdCl_2$：$b_\pm=0.159mol\cdot kg^{-1}$；$a_\pm=3.48\times10^{-2}$；$a_B=4.20\times10^{-8}$

14. 已知下列电池 $Pt|H_2(p^\ominus)|H^+(a=1)\|KCl(a=1)|AgCl(s)|Ag(s)$ 的 $E^\ominus(298K)=0.223V$，$(\partial E/\partial T)_p=-0.65\times10^{-3}V\cdot K^{-1}$。

(1) 写出电池反应；

(2) 计算与电池反应对应的 $\Delta_r G_m^\ominus$、$\Delta_r S_m^\ominus$ 和 $\Delta_r H_m^\ominus$。

答案：(1) $AgCl(s)+\frac{1}{2}H_2(p^\ominus)\longrightarrow H^+(a=1)+Cl^-(a=1)+Ag(s)$；

(2) $\Delta_r G_m^\ominus=-21.52kJ\cdot mol^{-1}$；$\Delta_r S_m^\ominus=-62.7J\cdot mol^{-1}\cdot K^{-1}$；$\Delta_r H_m^\ominus=-40.21kJ\cdot mol^{-1}$

15. 某电池反应为：$Pb(s)+Hg_2Cl_2(s)=\!=\!=PbCl_2(a)+2Hg(l)$，在25℃其电动势为0.5357V，温度升高1℃，电动势增加 $1.45\times10^{-4}V$，计算：

(1) 1mol Pb 溶解后，电池最多能做多少功；

(2) 25℃时，电池反应的 ΔH、ΔS；

(3) 1mol Pb 可逆溶解时，电池吸热多少。

答案：(1) -1.034×10^5J；(2) $\Delta H=-95.1kJ\cdot mol^{-1}$，$\Delta S=28.0J\cdot mol^{-1}\cdot K^{-1}$；(3) $8.34kJ\cdot mol^{-1}$

16. 铅蓄电池内的反应为 $PbO_2+2H_2SO_4+Pb\longrightarrow 2PbSO_4+2H_2O$，已知各组分在298K时的标准摩尔生成吉布斯函数如下：

	PbO_2	H_2SO_4	$PbSO_4$	H_2O
$\Delta_f G_m^\ominus/kJ\cdot mol^{-1}$	-231.1	-738.5	-806.7	-236.6

求此铅蓄电池的标准电动势。

答案：1.961V

17. 电池 $Ag|AgCl|HCl(aq)|Cl_2(100kPa)|Pt$ 在25℃、$p^\ominus$ 时的 $E=1.1372V$，电动势温度系数为 $-5.95\times10^{-4}V\cdot K^{-1}$。

(1) 写出电极反应和电池反应；

(2) 可逆通电 1F 后，求其热效应 Q_r；

(3) 若此反应为热化学反应，不在电池中进行，则 Q 为多少。

答案：(1) 负极：$Ag(s)+Cl^- \longrightarrow AgCl(s)+e^-$，正极：$1/2Cl_2(100kPa)+e^- \longrightarrow Cl^-$，电池反应：$Ag(s)+1/2Cl_2(100kPa) \longrightarrow AgCl(s)$；(2) $-17.11 kJ \cdot mol^{-1}$；(3) $-127 kJ \cdot mol^{-1}$

18. 在 298K 时，测得电池 $Sn|Sn^{2+}(a_1=1)\|Pb^{2+}(a_2=1)|Pb$ 的电动势为 0.010V，求：

(1) 电池反应的 $\Delta_r G_m^\ominus$；

(2) 反应达平衡时的条件；

(3) 逆反应自发进行的条件。

答案：(1) $-19.3 kJ \cdot mol^{-1}$；(2) $a_1/a_2 = 2.18$ 即达平衡的条件；

(3) $a_1/a_2 > 2.18$ 时，逆反应能自发进行

19. 电池反应：$Pb(s)+PbO_2(s)+2H_2SO_4(aq) \longrightarrow 2PbSO_4(s)+2H_2O(l)$，已知 $E^\ominus(PbO_2/PbSO_4)=1.68V$，$E^\ominus(SO_4^{2-}|PbSO_4|Pb)=-0.41V$，求 298K 时上述反应的 $\Delta_r G_m^\ominus$ 及当 pH=4 时的 $\Delta_r G_m$。不考虑各物质活度因子。

答案：$\Delta_r G_m^\ominus = -404 kJ \cdot mol^{-1}$；$\Delta_r G_m = -355 kJ \cdot mol^{-1}$

20. 已知 25℃ 时，$E^\ominus(Ag^+|Ag)=0.7991V$，$E^\ominus(Cl^-|Cl_2|Pt)=1.3595V$，AgCl 的标准溶度积为 1.78×10^{-10}，试求反应 $2Ag+Cl_2(g) \Longrightarrow 2AgCl(s)$ 的 $\Delta_r G_m^\ominus$。

答案：$\Delta_r G_m^\ominus = -19.45 kJ \cdot mol^{-1}$

21. 已知反应 $Ag(s)+\frac{1}{2}Hg_2Cl_2(s) \Longrightarrow AgCl(s)+Hg(l)$，在 298K 时，有如下数据：

物质	Ag(s)	Hg₂Cl₂(s)	AgCl(s)	Hg(l)
$\Delta_f H_m^\ominus / kJ \cdot mol^{-1}$	0	-264.93	-127.03	
$S_m^\ominus / J \cdot K^{-1} \cdot mol^{-1}$	42.55	195.8	96.2	77.4

(1) 将反应设计成电池并写出电极反应；

(2) 计算 298K 时的电动势 E 和温度系数 $\left(\frac{\partial E}{\partial T}\right)_p$；

(3) 计算可逆热效应 Q_r 与恒压反应热 Q_p 二者之差值。

答案：(1) $Ag(s)|AgCl(s)|Cl^-(aq)|Hg_2Cl_2(s)|Hg(l)$，$(-)Ag+Cl^- \longrightarrow AgCl+e^-$，$(+)\frac{1}{2}Hg_2Cl_2+e^- \longrightarrow Hg+Cl^-$；(2) 0.0461V，$3.43 \times 10^{-1} V \cdot K^{-1}$；(3) 4.44kJ

22. 25℃ 时，电池 $Zn(s)|ZnCl_2(0.005 mol \cdot kg^{-1})|Hg_2Cl_2(s)|Hg(l)$ 的电动势为 1.227V，求：

(1) 此电池的标准电动势；

(2) 求 $\Delta_r G_m^\ominus$ [计算离子平均活度因子的极限公式中，$A=0.509$ $(mol \cdot kg^{-1})^{-\frac{1}{2}}$]。

答案：(1) 1.030V；(2) $-198.8 kJ \cdot mol^{-1}$

23. 电池 $Zn(s)|ZnCl_2(0.555 mol \cdot kg^{-1})|AgCl(s)|Ag(s)$ 在 298K 时，$E=1.015V$，已知 $(\partial E/\partial T)_p = -4.02 \times 10^{-4} V \cdot K^{-1}$，$E^\ominus(Zn^{2+}|Zn)=-0.763V$，$E^\ominus(Cl^-|AgCl|Ag)=0.222V$。

(1) 写出电池反应（得失 2 个电子）；

(2) 求反应的平衡常数；

(3) 求 $ZnCl_2$ 的 $\gamma_\pm$；

(4) 若该反应在恒压反应釜中进行，不做非体积功，热效应为多少；

(5) 若反应在可逆电池中进行，热效应为多少。

答案：(1) $Zn(s) + 2AgCl(s) \longrightarrow Zn^{2+}(a_+) + 2Cl^-(a_-) + 2Ag(s)$；

(2) 2.1×10^{33}；(3) 0.520；(4) $-219.0 kJ \cdot mol^{-1}$；(5) $-23.12 kJ \cdot mol^{-1}$

24. 求 25℃ 时，$2Ag + Cl_2(100kPa) \Longleftrightarrow 2AgCl(s)$ 的 $\Delta_r G_m^\ominus$。已知 25℃ 时，标准电极电势 $E^\ominus(Ag^+|Ag) = 0.799V$，$E^\ominus(Cl^-|Cl_2|Pt) = 1.358V$，AgCl 在水中的标准活度积为 1.78×10^{-10}。

答案：$-219.1 kJ \cdot mol^{-1}$

25. 电池反应 $Cd + 2AgCl \Longleftrightarrow CdCl_2 + 2Ag$，在 25℃ 及 $p^\ominus$ 条件下，$E = 0.6753V$。$\Delta_f H_m^\ominus(CdCl_2) = -390.78 kJ \cdot mol^{-1}$，$\Delta_f H_m^\ominus(AgCl) = -127.07 kJ \cdot mol^{-1}$。

(1) 求上述反应的 $\Delta_r H_m^\ominus$。

(2) 可逆过程最小非体积功是多少？

(3) 反应若在烧杯中进行时，$\Delta_r H_m$、$\Delta_r G_m$ 和 $\Delta_r S_m$ 各为多少。

答案：(1) $-136.64 kJ \cdot mol^{-1}$；(2) $-130.312 kJ$；$-632.8 kJ \cdot mol^{-1}$；

(3) $\Delta_r H_m = -136.64 kJ \cdot mol^{-1}$；$\Delta_r G_m = -130.3 kJ \cdot mol^{-1}$；$\Delta_r S_m = -21.22 J \cdot mol^{-1} \cdot K^{-1}$

26. 298K 时，$10 mol \cdot kg^{-1}$ 和 $6 mol \cdot kg^{-1}$ 的 HCl 水溶液中，HCl 的分压分别为 560Pa 和 18.7Pa，设两溶液均遵守亨利定律，试计算下述两电池的电动势的差值。

(1) $Pt|H_2(p^\ominus)|HCl(10 mol \cdot kg^{-1})|Cl_2(p^\ominus)|Pt$

(2) $Pt|H_2(p^\ominus)|HCl(6 mol \cdot kg^{-1})|Cl_2(p^\ominus)|Pt$

答案：0.0873V

27. 已知水的活度积常数 $K_w = 1 \times 10^{-14}$，求 25℃ 时电极 $OH^-(H_2O)|H_2|Pt$ 的标准电极电势。

答案：$-0.828V$

28. Sn^{4+}，$Sn^{2+}|Pt$ 和 $Sn^{2+}|Sn$ 的标准电极电势分别为 $E^\ominus(Sn^{4+}, Sn^{2+}|Pt) = 0.15V$，$E^\ominus(Sn^{2+}|Sn) = -0.14V$，计算 $E^\ominus(Sn^{4+}|Sn)$。

答案：0.005V

29. 在 298K 时，分别用金属 Fe 和 Cd 插入下述溶液中，组成电池，试判断何种金属首先被氧化？

(1) 溶液中含 Fe^{2+} 和 Cd^{2+} 的质量摩尔浓度均为 $0.1 mol \cdot kg^{-1}$；

(2) 溶液中含 Fe^{2+} 为 $0.1 mol \cdot kg^{-1}$，而 Cd^{2+} 为 $0.0036 mol \cdot kg^{-1}$。已知：$E^\ominus(Fe^{2+}|Fe) = -0.4402V$，$E^\ominus(Cd^{2+}|Cd) = -0.4029V$，设所有的活度因子均为1。

答案：(1) Fe(s) 首先氧化成 Fe^{2+}；(2) Cd(s) 首先氧化成 Cd^{2+}

30. 写出电解池 $Pt|HBr(b = 0.05 mol \cdot kg^{-1}, \gamma_\pm = 0.860)|Pt$ 的电解方程式，并计算 25℃ 时该电解池最小可逆分解电压。已知 $E^\ominus(Br^-|Br_2|Pt) = 1.0652V$，$E^\ominus(O_2|OH^-|Pt) = 0.401V$。

答案：$H^+ + Br^- \longrightarrow 1/2 H_2 + 1/2 Br_2$；1.2269V

31. 25℃ 时，某溶液中含有 $Ag^+(a = 0.05)$、$Fe^{2+}(a = 0.01)$、$Cd^{2+}(a = 0.001)$、$Ni^{2+}(a = 0.1)$、$H_2(a = 0.001)$，又已知：H_2 在 Ag、Fe、Cd、Ni 上超电势分别是 0.20V、

0.18V、0.30V、0.24V。当外加电压从零开始逐渐增加时，在阴极上发生反应的顺序？已知 $E^{\ominus}(Ag^+|Ag) = 0.799V$、$E^{\ominus}(Fe^{2+}|Fe) = -0.44V$、$E^{\ominus}(Cd^{2+}|Cd) = -0.403V$、$E^{\ominus}(N^{2+}|Ni) = -0.25V$。

答：阴极上先是 Ag 析出，然后是 Ni、H_2、Cd、Fe

32. 25℃时，用电解沉积法分离 Cd^{2+} 和 Zn^{2+}，设溶液中 Cd^{2+} 和 Zn^{2+} 质量摩尔浓度均为 $0.1 mol \cdot kg^{-1}$，不考虑活度因子的影响，并知 $E^{\ominus}(Zn^{2+}|Zn) = -0.763V$，$E^{\ominus}(Cd^{2+}|Cd) = -0.403V$。问哪种金属首先在阴极上析出？当第二种金属开始析出时，前一种金属离子的浓度为多少？

答：首先析出 Cd；$6.54 \times 10^{-14} mol \cdot kg^{-1}$

33. 在 25℃时用铜片作阴极，石墨作阳极，对中性 $0.1 mol \cdot dm^{-3}$ 的 $CuCl_2$ 溶液进行电解。若电流密度为 $10 mA \cdot cm^{-2}$，问在阴极上首先析出什么物质？已知在电流密度为 $10 mA \cdot cm^{-2}$ 时，氢在铜电极上的超电势为 0.584V。又问在阳极上析出什么物质？已知氧气在石墨电极上的超电势为 0.896V。假定氯气在石墨电极上的超电势可忽略不计。$E^{\ominus}(Cu^{2+}|Cu) = 0.337V$，$E^{\ominus}(Cl^-|Cl_2|Pt) = 1.36V$，$E^{\ominus}(OH^-, H_2O|O_2|Pt) = 0.401V$。

答：阴极上首先析出 Cu；阳极上首先析出 Cl_2

第6章 化学反应动力学

物理化学通常包含两大内容：化学热力学和化学动力学。化学热力学研究的是化学反应的方向和限度问题，如在给定的始态和终态之间，反应能否发生？如能发生，进行到什么程度为止。但化学热力学不考虑过程变化的细节和速率，即不包含时间变量。而要弄清楚化学反应系统从始态到终态所经历过程的细节，发生该过程所需要的时间，以及影响这种过程的因素等，就需要化学动力学来解决。

化学动力学是研究化学反应速率规律及反应机理的科学。化学动力学的主要任务是研究反应速率、速率所遵循的规律和各种因素对反应速率的影响；揭示化学反应历程，找出影响反应速率的关键因素并加以控制，使反应按照我们所需要的方向进行。它包括以下三个层次的研究内容。①宏观反应动力学：它是以宏观反应动力学实验为基础，研究从复合反应到基元反应的动力学行为。由于这方面的研究在化工生产中起着十分重要的作用，所以它在理论和应用的研究上获得了很大的发展。②基元反应动力学：它是以大量的微观分子反应动力学行为为出发点，借助于统计力学的方法，研究宏观反应动力学行为。③分子反应动力学：这是近年来新发展的一个领域，它通过分子束散射技术和远红外化学冷光，凭借于量子力学的理论模型，研究单个分子通过碰撞发生变化的动力学行为。本章主要讨论第一层次的内容。

§6.1 化学反应速率的表示方法

核心内容

1. 化学反应速率的惯用表示法

可用单位体积内物质的量随时间的变化率表示反应速率。但同一反应，用不同物质表示其反应速率时，数值可能不同。

2. 用反应进度定义化学反应速率

用单位体积、单位时间内化学反应的反应进度来定义反应速率。

$$v = \frac{1}{V} \times \frac{d\xi}{dt} = \frac{1}{V} \times \frac{1}{\nu_B} \times \frac{dn_B}{dt}$$

同一反应，用不同物质表示其反应速率时，数值相同。

化学反应速率就是指化学反应的快慢，其科学的、定量的定义有多种形式。

6.1.1 化学反应速率的惯用表示法

化学反应过程中，参加反应的物质的量随时间发生变化，常用单位体积内物质的量随时间的变化率表示反应速率。反应速率通常用 v 表示。

对反应物 A，其消耗速率

$$v_A = -\frac{1}{V} \times \frac{dn_A}{dt} \tag{6.1.1}$$

对产物 Z，其生成速率 $\quad v_Z = \dfrac{1}{V} \times \dfrac{dn_Z}{dt}$ (6.1.2)

式中，V 为反应系统的体积；n_A、n_Z 分别为反应物 A 和产物 Z 的物质的量；t 为反应时间。

由于随反应的进行，反应物的物质量在减少，为使反应速率为正值，式(6.1.1)中加一负号。若在反应过程中体积恒定不变，则

反应物 A 的消耗速率 $\quad v_A = -\dfrac{1}{V} \times \dfrac{dn_A}{dt} = -\dfrac{dc_A}{dt}$ (6.1.3)

产物 Z 的生成速率 $\quad v_Z = \dfrac{1}{V} \times \dfrac{dn_Z}{dt} = \dfrac{dc_Z}{dt}$ (6.1.4)

c_A、c_Z 分别为反应系统中，反应时间 t 时的反应物 A 和产物 Z 的浓度。反应速率的单位为浓度·时间$^{-1}$。

化学反应速率的惯用表示法使用方便，表达直观。但由于在一般的化学反应式中反应物与生成物的计量系数常不相同，使得 $\dfrac{dn_A}{dt} \neq \dfrac{dn_Z}{dt}$，$v_A \neq v_Z$，即同一反应，用不同物质表示其反应速率时，数值不同。因此，化学反应速率的惯用表示法存在缺陷。

6.1.2 用反应进度定义化学反应速率

某反应的化学计量式

$$0 = \sum_B \nu_B B$$

反应进度 ξ 定义为 $d\xi = \dfrac{dn_B}{\nu_B}$，用单位体积、单位时间内化学反应的反应进度来定义反应速率，即

$$v = \dfrac{1}{V} \times \dfrac{d\xi}{dt} = \dfrac{1}{V} \times \dfrac{1}{\nu_B} \times \dfrac{dn_B}{dt} \quad (6.1.5)$$

若化学反应为恒容反应，则

$$v = \dfrac{1}{\nu_B} \times \dfrac{dc_B}{dt} \quad (6.1.6)$$

ν_B 为化学反应式中物质 B 的计量系数，对反应物，ν_B 取负值，对产物，ν_B 取正值。

对任一化学反应，$aA + bB \Longrightarrow gG + hH$

根据式(6.1.6)

$$v = -\dfrac{1}{a} \times \dfrac{dc_A}{dt} = -\dfrac{1}{b} \times \dfrac{dc_B}{dt} = \dfrac{1}{g} \times \dfrac{dc_G}{dt} = \dfrac{1}{h} \times \dfrac{dc_H}{dt}$$

$$v_A = -\dfrac{dc_A}{dt},\ v_B = -\dfrac{dc_B}{dt},\ v_G = \dfrac{dc_G}{dt},\ v_H = \dfrac{dc_H}{dt}$$

所以

$$v = \dfrac{v_A}{a} = \dfrac{v_B}{b} = \dfrac{v_G}{g} = \dfrac{v_H}{h}$$

对气相反应，压力比浓度更容易测定。因此，也可以用参加反应的各物质的分压代替浓度。对反应

$$N_2O_5(g) \Longrightarrow N_2O_4(g) + \dfrac{1}{2}O_2(g)$$

有

$$v_p = -\frac{dp_{N_2O_5}}{dt} = \frac{dp_{N_2O_4}}{dt} = \frac{1}{2}\times\frac{dp_{O_2}}{dt}$$

v_p 的单位为压力·时间$^{-1}$。对理想气体，$p_B = c_B RT$，所以 $v_p = vRT$。

6.1.3 反应速率的测定方法

可通过实验确定反应速率。要测定反应速率，必须测出在不同时间下的反应物或产物的浓度，绘制物质浓度随时间的变化曲线，称为动力学曲线，然后求出不同时间下的曲线斜率。对反应物，斜率的负值为相应反应时间下反应物的反应速率，对产物，斜率即为反应速率。

在动力学曲线上（图 6.1.1），可以看出反应刚开始，速率大，然后不断减小，瞬时速率 $\dfrac{dc_P}{dt}$ 或 $-\dfrac{dc_R}{dt}$ 体现了反应速率变化的实际情况。

测定不同时刻各物质浓度的方法有以下两种。

① 化学方法 不同时刻取出一定量反应物，用骤冷、冲稀、加阻化剂、除去催化剂等方法使反应立即停止，然后进行化学分析。化学方法的优点是可直接得到不同时刻某物质浓度的数值，缺点是需采取措施终止反应，实验操作较烦琐。

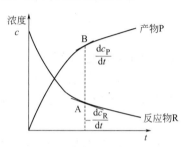

图 6.1.1 反应物和产物的浓度随时间的变化

② 物理方法 用物理性质测定方法（旋光、折射率、电导率、电动势、黏度等）或现代谱仪（IR、UV-Vis、ESR、NMR 等）监测与浓度有定量关系的物理量的变化，从而求得浓度变化。物理法一般是在对反应无影响的情形下连续地测定系统的物理性质，非常方便、快捷，可做原位反应，在动力学实验中占有重要地位。缺点是需要知道浓度与这些物理量之间的关系，且最好选择两者具有线性关系的物理量，以减少烦琐的换算过程。

§6.2 化学反应的速率方程

> **核心内容**
>
> 1. 化学反应的速率方程
>
> 表示反应速率与浓度等参数之间的关系或表示浓度等参数与时间之间关系的方程称为速率方程。速率方程有积分式和微分式。
>
> 2. 基元反应及其速率方程的建立
>
> 基元反应是指反应物的分子、原子、离子或自由基等通过一次碰撞直接转化为产物的反应。基元反应的反应速率方程遵守质量作用定律，即其反应速率与反应物浓度的幂乘积成正比，各浓度的方次就是基元反应方程式中各反应物的计量系数。
>
> 3. 反应分子数、反应级数、反应速率常数
>
> 反应分子数是微观概念，是指基元反应中参加反应的物种的数目，其值一般为 1、2、3。反应级数是指化学反应的幂级数速率方程中，各物质浓度项的指数的代数和。对基元反应，反应分子数＝反应级数。速率方程中的比例系数称为反应速率常数，也称为比速率（单位反应物浓度时的反应速率），所以一定反应，定温下，反应速率常数为定值，与浓度无关。

6.2.1 化学反应的速率方程

在一定温度下，表示反应速率与浓度的函数关系（微分形式）或表示浓度与时间关系（积分形式）的方程称为化学反应的速率方程（动力学方程）。

在恒定温度下，反应速率是系统中各种物质浓度的函数，反应速率 v 对各物质浓度 c_1、c_2、c_3、…的这种依赖关系一般可表示为

$$v = f(c_1, c_2, c_3, \cdots) \tag{6.2.1}$$

这是反应速率方程的微分式。

将（6.2.1）积分，得到

$$c = F(t) \tag{6.2.2}$$

这是反应速率方程的积分式。

对指定反应系统，速率方程的形式并不是唯一的，可以有不同的表示方法。最常见、最方便进行动力学处理的速率方程的形式为幂级数形式

$$v = k \prod_B c_B^{\nu_B} \tag{6.2.3}$$

通常，需要靠动力学实验所提供的信息来确定反应速率方程的形式及动力学参数，因此反应速率方程又被称之为经验速率方程。基元反应速率方程是最为简单的。

6.2.2 基元反应及其速率方程的建立

一般化学反应方程式只能反映反应的始末状态，并不代表反应的真正历程。如反应

$$H_2 + Cl_2 \rightleftharpoons 2HCl$$

现在知道该反应由下面几步构成：

(1) $Cl_2 + M \longrightarrow 2Cl\cdot + M$
(2) $Cl\cdot + H_2 \longrightarrow HCl + H\cdot$
(3) $H\cdot + Cl_2 \longrightarrow HCl + Cl\cdot$
(4) $Cl\cdot + Cl\cdot + M \longrightarrow Cl_2 + M$

基元反应是指反应物的分子、原子、离子或自由基等通过一次碰撞直接转化为产物的反应。H_2 和 Cl_2 的反应由四步组成，所以该反应为非基元反应，而非基元反应的反应步骤的集合或者说完成反应物到产物转变所经历的基元反应序列称为该反应的反应历程或反应机理。步骤（1）～步骤（4）可称为 H_2 和 Cl_2 反应的反应历程，而反应历程中的每一步都是基元反应。由于非基元反应是多个基元反应的集合，也称为总包反应或总反应。需要注意的是：基元反应的反应方程计量关系是不能随意按比例扩大、缩小的。

基元反应的速率方程比较简单，可直接由质量作用定律得到。

对于基元反应

$$aA + bB \longrightarrow gG + hH$$

其反应速率与反应物浓度的幂乘积成正比，各浓度的方次就是基元反应方程式中各反应物的计量系数。即

$$v = k c_A^a c_B^b \tag{6.2.4}$$

基元反应的这个规律称为质量作用定律。注意：质量作用定律也仅适用于基元反应。

根据质量作用定律，H_2 和 Cl_2 反应的反应历程中的（1）～（4）反应的速率方程为

$$v_1 = k_1 c_{Cl_2} c_M; \quad v_2 = k_2 c_{Cl\cdot} c_{H_2}; \quad v_3 = k_3 c_{H\cdot} c_{Cl_2}; \quad v_4 = k_4 c_{Cl\cdot}^2 c_M$$

一般来说，对一个基元反应，即使系统中该基元反应中的组分也参与其他基元过程，质量作用定律的适用性也不受影响。

6.2.3 反应分子数、反应级数、反应速率常数

基元反应中参加反应的物种（分子、原子、离子、自由基等）的数目叫做反应分子数。如 H_2 和 Cl_2 反应的反应历程中的（1）～（4）基元反应的反应分子数分别为 2、2、2、3。将反应分子数为 1、2、3 的基元反应分别叫单分子反应、双分子反应和三分子反应。大多数气相基元反应是单分子或双分子反应，三分子反应已很少见，还未发现四分子或四分子以上的基元反应。

基元反应的逆反应也必然是基元反应，这就是微观可逆性原理。不难判断下面的四乙基铅的分解反应不可能是基元反应。因为逆向反应若为基元反应，反应分子数等于 5，这是不现实的。

$$Pb(C_2H_5)_4 = Pb + 4C_2H_5$$

反应级数是指化学反应的幂级数速率方程中，各物质浓度项的指数的代数和，通常用 n 表示。

若 $v=kc_A^\alpha c_B^\beta c_C^\gamma \cdots$，则反应级数 $n=\alpha+\beta+\gamma+\cdots$。通常说的该反应的级数是对总反应而言的，$\alpha$、$\beta$、$\gamma$ 也称为反应对反应物 A、B、C 的分级数，即反应对 A 为 α 级，对 B 为 β 级等。反应级数反映出物质浓度对反应速率的影响程度，级数越大，反应速率受浓度的影响越大。

反应级数和反应分子数存在本质的区别，反应级数是对宏观的总反应而言的，它可正、可负，可为零或分数。即使对同一反应，反应级数因实验条件、数据处理方式不同而有所变化。而反应分子数是对微观分子反应而言的，是必然存在的，其数值只能是 1、2 或 3。反应级数是实验结果，在不知反应历程的情况下也可从实验求得。但要确定反应分子数，必须研究反应历程，确定反应是否为基元反应。对于基元反应，反应分子数和反应级数在数值上相等。

反应速率方程 $v=kc_A^\alpha c_B^\beta c_C^\gamma \cdots$ 中，存在一个与浓度无关的常数 k，称为反应速率常数。反应速率常数的单位与反应级数有关，对一级反应，k 的单位是 [时间]$^{-1}$，二级反应，k 的单位是 [浓度]$^{-1}\cdot$[时间]$^{-1}$。反应速率常数虽与浓度无关，但与反应的温度、催化剂、甚至有时与反应器材料及表面处理等因素有关。只有上述因素固定后 k 才是常数。若反应物浓度均为单位浓度时，$v=k$，此时反应速率常数的大小可直接体现反应速率的快慢。

对于复杂反应，无反应分子数的概念。反应级数和反应速率常数只适用于具有简单级数的反应。例如，HBr 的合成，其速率方程为

$$v=\frac{k_1 c_{H_2} c_{Br_2}^{0.5}}{1+k_2 c_{HBr}/c_{Br_2}}$$

没有反应级数，k_1 和 k_2 也不叫反应速率常数，只称为动力学参数。

§6.3 简单级数的反应

核心内容

1. 零级反应

反应速率与反应物浓度无关的反应称为零级反应。零级反应特点：①速率方程微分

式 $-\dfrac{dc_A}{dt}=k$，定积分式 $c_A-c_{A,0}=-kt$。②浓度 c_A 与时间 t 呈直线关系；③半衰期 $t_{1/2}=\dfrac{c_{A,0}}{2k}$；④速率常数 k 的单位 ［浓度］·［时间］$^{-1}$。

2. 一级反应

反应速率与反应物浓度的一次方成正比。动力学特征：①微分式 $-\dfrac{dc_A}{dt}=kc_A$，定积分式 $\ln\dfrac{c_A}{c_{A,0}}=-kt$；②$\ln c_A$ 对 t 为直线关系；③半衰期 $t_{1/2}=\dfrac{\ln 2}{k}$；④速率常数单位［时间］$^{-1}$。

3. 二级反应

反应速率与反应物浓度的二次方成正比。动力学特征：①微分式 $-\dfrac{dc_A}{dt}=kc_A^2$，定积分式 $\dfrac{1}{c_A}-\dfrac{1}{c_{A,0}}=kt$；②$\dfrac{1}{c_A}$-$t$ 呈直线关系；③半衰期 $t_{1/2}=\dfrac{1}{kc_{A,0}}$；④速率常数单位［浓度］$^{-1}$·［时间］$^{-1}$。

4. n 级反应

反应速率与反应物浓度的 n 次方成正比。n 级反应（$n\neq 1$）的动力学特征：①微分式 $-\dfrac{dc_A}{dt}=kc_A^n$，定积分式 $\dfrac{1}{n-1}\left(\dfrac{1}{c_A^{n-1}}-\dfrac{1}{c_{A,0}^{n-1}}\right)=kt$；②$\dfrac{1}{c_A^{n-1}}$ 对 t 为直线关系；③半衰期 $t_{1/2}=\dfrac{2^{n-1}-1}{(n-1)kc_{A,0}^{n-1}}=\dfrac{A}{c_{A,0}^{n-1}}$；④速率常数单位［浓度］$^{1-n}$·［时间］$^{-1}$。

简单级数反应是指反应速率只与反应物浓度有关，而且反应级数只是零或正整数的反应。

6.3.1 零级反应

反应速率与反应物浓度无关的反应称为零级反应。常见的零级反应包括某些光化学反应、表面催化反应、酶催化反应、电解反应等，它们的反应速率均与浓度无关。如在光照下，H_2 和 Cl_2 生成 HCl 的反应就是零级反应，HCl 的生成速率不受 H_2、Cl_2 及 HCl 浓度的影响，而只与照射的光强度有关。

设反应

$$A \longrightarrow P$$

为零级反应，则反应速率方程的微分形式为：

$$v=-\dfrac{dc_A}{dt}=k \tag{6.3.1}$$

设反应开始时，即 $t=0$ 时只有反应物 A，浓度为 $c_{A,0}$，反应至 t 时刻时，A 的浓度变为 c_A，在该边界条件下对式（6.3.1）进行积分，得到

$$\int_{c_{A,0}}^{c_A} dc_A = -\int_0^t k\,dt$$

$$c_A - c_{A,0} = -kt \tag{6.3.2}$$

式（6.3.2）为零级反应速率方程的定积分式。

由式(6.3.2)可得出零级反应的动力学特征。

① 动力学数据 c_A 与 t 呈直线关系（图 6.3.1），根据该直线的斜率即可求出反应速率常数 $k=-$斜率。

② 常用分数寿期表示反应进行的程度。设反应的转化率为 x，则
$$c_A = c_{A,0}(1-x)$$

式(6.3.2)转化为
$$c_{A,0} x = k t_x \quad (6.3.3)$$

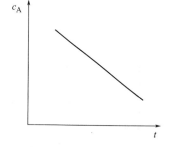

图 6.3.1 c_A 与 t 的关系曲线

t_x 称为分数寿期，当 $x=0.5$ 时，即反应掉初始浓度的一半所用时间，称为半衰期 $t_{1/2}$。

$$t_{1/2} = \frac{c_{A,0}}{2k} \quad (6.3.4)$$

零级反应的半衰期与反应物的初始浓度 $c_{A,0}$ 成正比，初始浓度愈大，半衰期愈长。半衰期是最常用到的分数寿期，也是各简单级数反应的重要的动力学特征之一。

③ 零级反应速率常数 k 零级反应速率常数 k 的单位为［浓度］·［时间］$^{-1}$。

零级反应可在有限时间内完成，这也有别于反应级数 $n \geqslant 1$ 的其他简单级数的反应。

零级反应的任一动力学特征都可用来判断该反应是否是零级反应，在推断反应级数方面，这些动力学特征是等价的。

6.3.2 一级反应

反应速率与反应物浓度的一次方成正比的反应为一级反应。常见的一级反应有放射性元素的蜕变、分子重排、五氧化二氮的分解等。如

$$^{226}_{88}\text{Ra} \longrightarrow {}^{222}_{86}\text{Rn} + {}^{4}_{2}\text{He} \qquad v = k c_{^{226}_{88}\text{Ra}}$$

$$\text{N}_2\text{O}_5 \longrightarrow \text{N}_2\text{O}_4 + \frac{1}{2}\text{O}_2 \qquad v = k c_{\text{N}_2\text{O}_5}$$

对一级反应

$$\begin{array}{ccc} & A & \longrightarrow & P \\ t=0 & c_{A,0} & & 0 \\ t=t & c_A & & c_P = c_{A,0} - c_A \end{array}$$

反应速率方程微分式为

$$v = -\frac{dc_A}{dt} = k c_A \quad (6.3.5)$$

对式(6.3.5)做不定积分

$$\int -\frac{dc_A}{c_A} = \int k \, dt$$

积分得

$$\ln c_A = -kt + 常数 \quad (6.3.6)$$

式(6.3.6)为一级反应速率方程的不定积分式（图 6.3.2）。

对式(6.3.5)做定积分

$$\int_{c_{A,0}}^{c_A} \frac{dc_A}{c_A} = -\int_0^t k \, dt$$

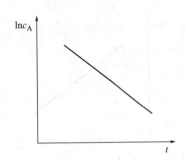

图 6.3.2 $\ln c_A$ 与 t 的关系曲线

得
$$\ln \frac{c_A}{c_{A,0}} = -kt \quad (6.3.7)$$

式(6.3.7)为一级反应速率方程的定积分式。

若令 x 为时间 t 时反应物的转化率，则有

$$\ln \frac{1}{1-x} = kt \quad (6.3.8)$$

一级反应的动力学特征如下。

① 一级反应速率常数的单位：[时间]$^{-1}$。

② 由一级反应速率方程的不定积分式可知，$\ln c_A$ 对 t 为直线关系（图 6.3.2），由直线的斜率可求得一级反应的速率常数，$k=-$斜率。

③ 当 $c_A = 0.5 c_{A,0}$ 时，对应的反应时间为半衰期 $t_{1/2}$，由式(6.3.7)得：

$$t_{1/2} = \frac{\ln 2}{k} \quad (6.3.9)$$

所以，一级反应的半衰期与反应物的初始浓度无关，只与反应速率常数成反比。对于给定的一级反应，由于 k 为定值，所以 $t_{1/2}$ 也为定值。

【例 6.3.1】 某一级反应在 50min 内反应转化 25%，若反应物的初始浓度为 5.0×10^3 mol·dm^{-3}，则再反应 50min，反应物的浓度为多少？

解：根据转化率表示的一级反应的定积分式

$$\ln \frac{1}{1-x} = kt$$

将 $x = 0.25$、$t = 50$min 代入上式，

$$k = \left(\ln \frac{1}{1-0.25} \times 50^{-1} \right) \text{min}^{-1}$$

得 $k = 5.754 \times 10^{-3}$ min^{-1}

再反应 50min，则总反应时间 $t' = 100$min，将 $t' = 100$min、$c_{A,0} = 5.0 \times 10^3$ mol·dm^{-3} 代入

$$\ln \frac{c_A}{c_{A,0}} = -kt$$

有 $\ln \dfrac{c_A}{5.0 \times 10^3} = -5.754 \times 10^{-3} \times 100$，得

$$c_A = 2.81 \times 10^3 \text{ mol·dm}^{-3}$$

【例 6.3.2】 测得某分解反应在 35℃ 的实验数据如下所示。

c_A/mol·dm^{-3}	分解速率 v/mol·dm^{-3}·s^{-1}
0.15	0.05
0.30	0.10
0.60	0.20

(1) 确定反应级数和速率常数。

(2) 当 $c_A = 0.45$ mol·dm^{-3} 时，求分解反应速率为多少？

解：(1) 根据表中数据可以看出，分解速率正比于反应物浓度，即

$$v = k c_A$$

因此，该反应为一级反应，$k = \dfrac{v}{c_A}$，代入数据得

$$k = \frac{0.05}{0.15}\text{s}^{-1} = \frac{0.10}{0.30}\text{s}^{-1} = \frac{0.20}{0.60}\text{s}^{-1} = 0.33\text{s}^{-1}$$

(2) 当 $c_A = 0.45 \text{mol} \cdot \text{dm}^{-3}$ 时，分解速率为 $v = kc_A = [0.33 \times 0.45]\text{mol} \cdot \text{dm}^{-3} \cdot \text{s}^{-1} = 0.15\text{mol} \cdot \text{dm}^{-3} \cdot \text{s}^{-1}$

6.3.3 二级反应

反应速率与反应物浓度的二次方成正比的反应称为二级反应。在溶液中进行的有机化学反应大多属于二级反应，如乙烯、丙烯的二聚反应，乙酸乙酯的皂化，碘化氢的热分解反应等。

先讨论只有一种反应物的二级反应

$$a\text{A} \longrightarrow \text{P}$$

速率方程微分式为

$$-\frac{dc_A}{dt} = kc_A^2 \tag{6.3.10}$$

积分

$$-\int_{c_{A,0}}^{c_A} \frac{dc_A}{c_A^2} = \int_0^t k\,dt$$

得速率方程的定积分式

$$\frac{1}{c_A} - \frac{1}{c_{A,0}} = kt \tag{6.3.11}$$

二级反应的动力学特征如下。

① 二级反应的速率常数 k 的单位：[浓度]$^{-1}$·[时间]$^{-1}$，如 $\text{mol}^{-1} \cdot \text{dm}^3 \cdot \text{s}^{-1}$。

② $\frac{1}{c_A}$-t 呈直线关系（图 6.3.3），斜率为反应速率常数。

③ 当反应物消耗一半时，$c_A = \frac{1}{2}c_{A,0}$，代入式 (6.3.11) 得

$$t_{1/2} = \frac{1}{kc_{A,0}} \tag{6.3.12}$$

二级反应的半衰期与反应物的初始浓度成反比，初始浓度越大，半衰期越短。

再讨论两种反应物的二级反应

$$a\text{A} + b\text{B} \longrightarrow \text{产物}$$

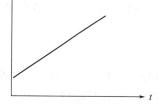

图 6.3.3 $1/c_A$ 与 t 的关系曲线

假设反应物 A 和 B 的分级数均为一级，则反应速率方程的微分式为

$$-\frac{dc_A}{dt} = k_A c_A c_B \tag{6.3.13}$$

积分式分以下几种情况。

① 当 $\frac{c_{A,0}}{c_{B,0}} = \frac{a}{b}$，即两反应物的初始浓度之比等于其化学计量系数之比，则在任意时刻，两反应物的浓度均满足 $\frac{c_A}{c_B} = \frac{a}{b}$，有

$$-\frac{dc_A}{dt} = k_A c_A c_B = \frac{b}{a} k_A c_A^2 = k_A' c_A^2$$

积分结果同式(6.3.11)，但应注意，计算得到的 k_A' 应换算成 k_A。

② 当 $a=b$，但 $c_{A,0} \neq c_{B,0}$，则在任意时刻，两反应物的浓度均不相等，$c_A \neq c_B$

$$-\frac{dc_A}{dt} = k_A c_A c_B$$

设 t 时刻反应物 A 和 B 反应掉的浓度为 x，则该时刻，$c_A = c_{A,0} - x$，$c_B = c_{B,0} - x$，$-\frac{dc_A}{dt} = \frac{dx}{dt}$，于是

$$\frac{dx}{dt} = k_A (c_{A,0} - x)(c_{B,0} - x)$$

积分

$$\int_0^x \frac{dx}{(c_{A,0} - x)(c_{B,0} - x)} = k_A \int_0^t dt$$

得

$$\frac{1}{c_{A,0} - c_{B,0}} \ln \frac{c_{B,0}(c_{A,0} - x)}{c_{A,0}(c_{B,0} - x)} = k_A t \tag{6.3.14}$$

若以 $\ln \frac{c_{B,0}(c_{A,0} - x)}{c_{A,0}(c_{B,0} - x)}$ 对 t 作图，可得一直线，由该线的斜率可得 k_A。对 A 和 B 来说，半衰期是不相同的，没有统一的表达式。

对 A，$x = 0.5 c_{A,0}$ 时，有

$$t_{1/2(A)} = \frac{1}{k_A(c_{A,0} - c_{B,0})} \ln \frac{c_{B,0}(c_{A,0} - x)}{c_{A,0}(c_{B,0} - x)}$$

$$= \frac{1}{k_A(c_{A,0} - c_{B,0})} \ln \frac{c_{B,0}}{2c_{B,0} - c_{A,0}} \left(c_{B,0} > \frac{c_{A,0}}{2} \right)$$

对 B，$x = 0.5 c_{B,0}$ 时，有

$$t_{1/2(B)} = \frac{1}{k_A(c_{A,0} - c_{B,0})} \ln \frac{2c_{A,0} - c_{B,0}}{c_{A,0}} \left(c_{A,0} > \frac{c_{B,0}}{2} \right)$$

③ 若反应物 B 的初始浓度远大于反应物 A 的初始浓度，即 $c_{B,0} \gg c_{A,0}$，则反应过程中，反应物 B 的浓度可近似看成常数，$c_B = c_{B,0}$，有

$$-\frac{dc_A}{dt} = k_A c_A c_B = k' c_A$$

其中 $k' = k_A c_{B,0}$，这时，二级反应降为一级反应。这种由于一种反应物大大过量于另一种反应物，而使反应降为一级反应称为准一级反应。如蔗糖水解反应为二级反应

$$-\frac{dc_{蔗糖}}{dt} = k c_水 c_{蔗糖}$$

但由于反应在水溶液中进行，反应中消耗 H_2O 与溶剂 H_2O 相比微不足道，水的浓度可视为恒定，有

$$-\frac{dc_{蔗糖}}{dt} = k c_水 c_{蔗糖} = k' c_{蔗糖}$$

【例 6.3.3】 在气相反应动力学中，往往可以用压力来代替浓度，若反应 $aA \longrightarrow P$ 为 n 级反应，反应速率的微分式可写为：

$$-\frac{1}{a} \times \frac{dp_A}{dt} = k_p p_A^n$$

式中，k_p 是以压力表示的反应速率常数；p_A 是 A 的分压。视为理想气体时，(1) 请证

明 $k_p = k_c(RT)^{1-n}$；(2) 当 $k_c = 2.00 \times 10^{-4} \text{dm}^3 \cdot \text{mol}^{-1} \cdot \text{s}^{-1}$，$T = 400\text{K}$ 时，求 k_p 值。

解：（1）
$$p_A = c_A RT \tag{a}$$

$$-\frac{1}{a} \times \frac{dp_A}{dt} = k_p p_A^n \tag{b}$$

以式(a)代入式(b)，得到

$$-\frac{1}{a} \times \frac{dp_A}{dt} = k_p (RT)^n c_A^n \tag{c}$$

对式(a)求导得

$$\frac{dp_A}{dt} = RT \frac{dc_A}{dt} \tag{d}$$

将式(d)代入式(c)得

$$-\frac{1}{a} RT \frac{dc_A}{dt} = k_p (RT)^n c_A^n$$

整理得

$$-\frac{1}{a} \times \frac{dc_A}{dt} = k_p (RT)^{n-1} c_A^n = k_c c_A^n$$

所以

$$k_p = k_c (RT)^{1-n}$$

（2）由 $k_c = 2.00 \times 10^{-4} \text{dm}^3 \cdot \text{mol}^{-1} \cdot \text{s}^{-1}$ 可知为二级反应，则

$$k_p = (RT)^{1-2} k_c = k_c/RT = \frac{2.00 \times 10^{-4}}{8.314 \times 400} \text{kPa}^{-1} \cdot \text{s}^{-1} = 6.01 \times 10^{-8} \text{kPa}^{-1} \cdot \text{s}^{-1}$$

【例 6.3.4】 反应 $A + B \longrightarrow C + D$ 的速率方程为 $r = kc_A c_B$，初始时 A 与 B 浓度均为 $0.02 \text{mol} \cdot \text{dm}^{-3}$，在 294K，25min 时取出样品并立即终止反应进行定量分析，测得溶液中 B 为 $0.529 \times 10^{-2} \text{mol} \cdot \text{dm}^{-3}$，试求反应转化率 90% 时，需时间多少？

解： 二级反应，初始浓度之比等于其化学计量系数之比，所以

$$v = kc_A c_B = kc_B^2$$

速率方程的定积分式为

$$\frac{1}{c_B} - \frac{1}{c_{B,0}} = kt$$

将数据 $c_{B,0} = 0.02 \text{mol} \cdot \text{dm}^{-3}$，$c_B = 0.529 \times 10^{-2} \text{mol} \cdot \text{dm}^{-3}$ 及 $t = 25\text{min}$ 代入，得

$$k = \left[\left(\frac{1}{0.529 \times 10^{-2}} - \frac{1}{0.02}\right) \times 25^{-1}\right] \text{mol}^{-1} \cdot \text{dm}^3 \cdot \text{min}^{-1}$$

$$k = 5.56 \text{mol}^{-1} \cdot \text{dm}^3 \cdot \text{min}^{-1}$$

当转化率达 90% 时，

$$t = \frac{1}{k}\left(\frac{1}{c_{B,0} \times 0.1} - \frac{1}{c_{B,0}}\right) = \left[\frac{1}{5.56} \times \left(\frac{1}{0.02 \times 0.1} - \frac{1}{0.02}\right)\right] \text{min} = 80.9 \text{min}$$

6.3.4 n 级反应

一种反应物的 n 级反应

$$aA \longrightarrow p$$

或反应物的浓度之比等于化学计量系数之比（$c_A : c_B : \cdots = a : b : \cdots$）的多种反应物的反应

$$aA + bB + \cdots \longrightarrow P$$

其速率方程的微分式为

$$-\frac{dc_A}{dt}=kc_A^n \quad (6.3.15)$$

当 $n=1$ 时，反应为一级反应，积分即得一级反应积分式(6.3.7)。

当 $n\neq 1$ 时，积分

$$-\int_{c_{A,0}}^{c_A}\frac{dc_A}{c_A^n}=k\int_0^t dt$$

得

$$\frac{1}{n-1}\left(\frac{1}{c_A^{n-1}}-\frac{1}{c_{A,0}^{n-1}}\right)=kt \quad (6.3.16)$$

n 级反应的动力学特征如下。

① 反应速率常数 k 的单位：[浓度]$^{1-n}$·[时间]$^{-1}$，任意级数反应的速率常数的单位均可由此得到。如当 $n=0$，k 的单位为 [浓度]·[时间]$^{-1}$，即还原成前面所讲零级反应的速率常数的单位。

② $\frac{1}{c_A^{n-1}}$ 对 t 作图为直线，直线斜率为 $(n-1)k$，注意，此时 $n\neq 1$。

③ 将 $c_A=0.5c_{A,0}$ 代入式(6.3.16)，整理得半衰期

$$t_{1/2}=\frac{2^{n-1}-1}{(n-1)kc_{A,0}^{n-1}}=\frac{A}{c_A^{n-1}} \quad (6.3.17)$$

半衰期与 $c_{A,0}^{n-1}$ 成反比。

§6.4　反应级数的测定

> **核心内容**
>
> 1. 积分法（或尝试法）
>
> 利用动力学方程的定积分式或不定积分式来确定反应级数的方法。
>
> 2. 微分法
>
> 用反应速率方程的微分式求反应级数的方法。将微分式两边取对数，得到
>
> $$\ln v=\ln k+n\ln c_A$$
>
> 以 $\ln v$ 对 $\ln c_A$ 作图为一直线，由直线的斜率可求得反应级数。
>
> 3. 半衰期法
>
> 将 n 级反应半衰期计算公式进行整理，得到
>
> $$\ln t_{1/2}=\ln A+(1-n)\ln c_{A,0}$$
>
> 以 $\ln t_{1/2}$ 对 $\ln c_{A,0}$ 作图，为一直线，由直线的斜率可得到反应级数 n。
>
> 4. 孤立法（过量浓度法）
>
> 对多组分反应，$v=kc_A^\alpha c_B^\beta c_C^\gamma\cdots$。
>
> 在一组实验中保持除 A 之外的其他组分远远过量，则在反应过程中，只有 A 的浓度 c_A 发生改变，而其他组分的浓度 c_B、c_C、… 保持不变，速率方程简化为 $v=kc_A^\alpha c_B^\beta c_C^\gamma\cdots=(kc_B^\beta c_C^\gamma\cdots)c_A^\alpha=k'c_A^\alpha$
>
> 用前面的方法求出 A 的分级数 α，依此类推，可求出 β、γ、…，反应级数为 $\alpha+\beta+\gamma+\cdots$。

确定反应速率与反应物浓度的关系，即建立反应速率方程是反应动力学研究的主要目的之一。建立反应速率方程包括确定速率方程的形式、求取反应级数及反应速率常数。由于常用的均为幂级数形式的反应速率方程，且在反应级数确定后反应速率常数很容易根据反应速率方程求出，因此，确定反应级数成为建立反应速率方程的关键。根据反应速率方程、动力学特征等，借助动力学实验数据，可确定反应级数。下面简要介绍几种求取反应级数的方法。

6.4.1 积分法（或尝试法）

利用动力学方程的定积分式或不定积分式来确定反应级数的方法称为积分法。积分法又分尝试法和作图法。

尝试法是将实验测得的一系列 c_A-t 或 x-t 的动力学数据，带入简单级数反应的速率方程的定积分式中，若不同动力学数据所求得的反应速率常数相同，则所对应的级数为该反应的反应级数，否则，选择其他级数，重新尝试。

【例 6.4.1】 在一抽空的刚性容器中，引入一定量纯气体 A，发生如下反应

$$A(g) \longrightarrow B(g) + 2C(g)$$

设反应能进行完全，经一定时间恒温后，开始计时测定系统总压力随时间的变化如下：

t/min	0	30	50	∞
$p_{总}$/Pa	53329	73327	79993	106658

求反应级数及反应速率常数。

解：

	A(g)	$\longrightarrow$	B(g)	+	2C(g)	
$t=0$	p_0		p'		$2p'$	$p_0 = p_0 + 3p' = 53329\text{Pa}$
$t=t$	p		$(p_0-p)+p'$		$2(p_0-p)+2p'$	$p_t = 3(p_0+p')-2p$
$t=\infty$	0		p_0+p'		$2(p_0+p')$	$p_\infty = 3(p_0+p') = 106658\text{Pa}$

求出 $p' = 8888\text{Pa}$；$p_0 = 26665\text{Pa}$

将 p' 及 p_0 数据代入 $p_t = 3(p_0+p')-2p$，得到：

$$p(30\text{min}) = 16666\text{Pa}$$
$$p(50\text{min}) = 13333\text{Pa}$$

应用尝试法，设反应为二级反应，则

$$\frac{1}{16666} - \frac{1}{26665} = k_1 \times 30$$

$$\frac{1}{13333} - \frac{1}{26665} = k_2 \times 50$$

分别求出反应速率常数 $k_1 = 7.50 \times 10^{-7}\text{Pa}^{-1} \cdot \text{min}^{-1}$

$$k_2 = 7.50 \times 10^{-7}\text{Pa}^{-1} \cdot \text{min}^{-1}$$

速率常数相等，即反应为二级。

速率常数取平均值：$\bar{k} = 7.50 \times 10^{-7}\text{Pa}^{-1} \cdot \text{min}^{-1}$

作图法是利用速率方程的不定积分式求反应级数。

零级反应，以 c 对 t 作图应为直线；

一级反应，以 $\ln c$ 对 t 作图应为直线；

二级反应，以 $1/c_A$ 对 t 作图应为直线；以此类推。

以此规则，则直线方程对应的级数值即为该反应的反应级数。

积分法的优点是只需要一次实验数据就能求得反应级数。其缺点是不够灵敏,若实验的浓度范围小,很难区别是哪一级反应,且只能用于简单级数的反应。

6.4.2 微分法

微分法是用浓度随时间的变化率与浓度的关系即反应速率方程的微分式求反应级数。

若反应速率方程为

$$v = -\frac{dc_A}{dt} = kc_A^n \tag{6.4.1}$$

在反应浓度为 $c_{A,1}$ 和 $c_{A,2}$,其反应速率分别为 v_1 和 v_2 时,则有

$$v_1 = kc_{A,1}^n \tag{6.4.2}$$

$$v_2 = kc_{A,2}^n \tag{6.4.3}$$

对式(6.4.2)和式(6.4.3)两边取对数,再整理得

$$n = \frac{\ln v_1 - \ln v_2}{\ln c_{A,1} - \ln c_{A,2}} \tag{6.4.4}$$

利用式(6.4.4),在实验数据较少的条件下,利用两个实验数据点可求得反应级数 n。

也可通过微分法的作图法求取反应级数。对式(6.4.1)式两边取对数

$$\ln v = \ln k + n \ln c_A \tag{6.4.5}$$

以 $\ln v$ 对 $\ln c_A$ 作图为一直线,由直线的斜率可求得反应级数,由直线截距求得反应速率常数。

通过微分法求取反应级数,需要知道不同浓度下的反应速率。根据动力学实验数据计算反应速率有以下方法。

(1) 初始浓度法

用反应物的不同初始浓度进行多次动力学实验,以浓度 c_A 对时间 t 作图,如图 6.4.1(a) 所示。求得不同初始浓度 $c_{1,0}$、$c_{2,0}$、$c_{3,0}$…下的反应初始速率 $v_{1,0}$、$v_{2,0}$、$v_{3,0}$…,即各曲线在 $t=0$ 时切线斜率的负值。然后将这些初始速率的对数对相应的初始浓度的对数作图,为一直线 [图 6.4.1(b)],此直线的斜率为反应级数。用这种方法求得的反应级数,消除了其他复杂因素的影响,是对浓度而言的级数,称为真实级数。

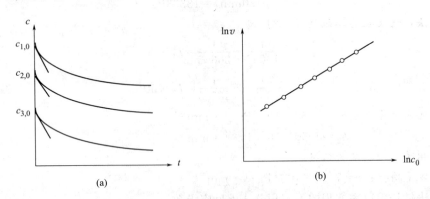

图 6.4.1 初始速率微分法求取反应级数

(2) 同一初始浓度的连续测定法

在一次实验中,在曲线上求不同时间时切线的斜率,其负值即为反应在该时刻的反应速率 [图 6.4.2(a)]。然后将这些反应速率的对数对相应的反应物浓度的对数作图,为一直线

[图 6.4.2(b)]，此直线的斜率为反应级数。因为用这样的方法确定反应级数时，反应时间是不同的，这样确定的级数可称为对时间而言的级数。

对于简单级数的反应，这两种方法求得的反应级数一般相同，但对于复杂反应，却不一定相同。如乙醛的气相热分解反应，对浓度而言的级数为 2，而对时间而言的级数为 1.5。两者的不同可能与反应生成的产物对反应产生抑制作用或催化作用有关。

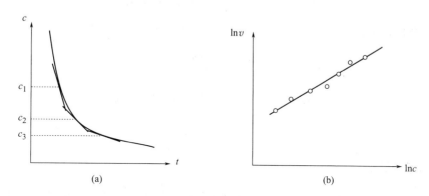

图 6.4.2　同一初始浓度的连续测定法求取反应级数

【**例 6.4.2**】 25℃时，酸催化蔗糖转化反应

$$C_{12}H_{22}O_{11} + H_2O \longrightarrow C_6H_{12}O_6 + C_6H_{12}O_6$$
蔗糖　　　　　　　葡萄糖　　　果糖

的动力学数据如下（蔗糖的初始浓度 $c_0 = 1.0023 \text{mol} \cdot \text{dm}^{-3}$，时刻 t 的浓度为 c）

t/min	0	30	60	90	130	180
$(c_0-c)/\text{mol} \cdot \text{dm}^{-3}$	0	0.1001	0.1946	0.2770	0.3726	0.4676

使用作图法证明此反应为一级反应。求反应速率常数及半衰期。蔗糖转化 95% 需时若干？

解：设反应为一级反应，数据为

t/min	0	30	60	90	130	180
$c/\text{mol} \cdot \text{dm}^{-3}$	1.0023	0.9022	0.8077	0.7253	0.6297	0.5347
$\ln \dfrac{c}{c_0}$	0	-0.1052	-0.2159	-0.3235	-0.4648	-0.6283

以 $\ln \dfrac{c}{c_0}$ 对时间 t 作图，见图 6.4.3。

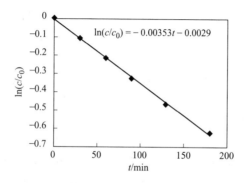

图 6.4.3　$\ln \dfrac{c}{c_0}$-t 关系

由图可以看出，$\ln\dfrac{c}{c_0}$ 对时间 t 作图为直线，所以该反应为一级反应。

直线的拟合公式为 $\ln\dfrac{c}{c_0} = -3.53\times10^{-3}t$

所以 $k=3.53\times10^{-3}\,\text{min}^{-1}$，则

$$t_{1/2}=\dfrac{\ln2}{k}=\dfrac{\ln2}{3.53\times10^{-3}}\,\text{min}=196.4\,\text{min}$$

蔗糖转化 95% 时，根据

$$\ln\dfrac{1}{1-x}=kt$$

有

$$t=\left[\ln\dfrac{1}{1-0.95}\times(3.53\times10^{-3})^{-1}\right]\text{min}$$

$$t=848.6\,\text{min}$$

6.4.3 半衰期法

根据化学反应的半衰期和反应物初始浓度之间的定量关系确定反应级数的方法称为半衰期法。对于反应速率方程符合 $-\dfrac{\mathrm{d}c_A}{\mathrm{d}t}=kc_A^n$ 的化学反应，半衰期与反应物初始浓度的关系为

$$t_{1/2}=\dfrac{2^{n-1}-1}{(n-1)kc_{A,0}^{n-1}}=\dfrac{A}{c_{A,0}^{n-1}} \tag{6.4.6}$$

对同一反应，则有

$$\dfrac{t''_{1/2}}{t'_{1/2}}=\left(\dfrac{c'_{A,0}}{c''_{A,0}}\right)^{n-1}$$

等式两边取对数，整理得

$$n=1+\dfrac{\ln(t''_{1/2}/t'_{1/2})}{\ln(c'_{A,0}/c''_{A,0})}$$

若实验数据较多，可用作图法求反应级数。将式(6.4.6)两边取对数，得

$$\ln t_{1/2}=\ln A+(1-n)\ln c_{A,0}$$

以 $\ln t_{1/2}$ 对 $\ln c_{A,0}$ 作图，为一直线，由直线的斜率可得到反应级数 n。该方法的优点是只需一组实验数据即可求得反应级数，且并不限于半衰期 $t_{1/2}$，其他反应寿期如 $t_{1/3}$、$t_{1/4}$ 等也可代替半衰期求反应级数。

【例 6.4.3】 今在 473.2K 时，研究反应 $A+2B \longrightarrow 2C+D$，其速率方程可写成 $r=kc_A^\alpha c_B^\beta$。当 A 与 B 的初始浓度分别为 $0.01\,\text{mol}\cdot\text{dm}^{-3}$ 及 $0.02\,\text{mol}\cdot\text{dm}^{-3}$ 时，测得反应物 B 在不同时刻的浓度数据如下：

t/h	0	90	217
$c_B/\text{mol}\cdot\text{dm}^{-3}$	0.020	0.010	0.0050

(1) 求该反应的总级数；
(2) 当 A 与 B 的初始浓度均为 $0.02\,\text{mol}\cdot\text{dm}^{-3}$ 时，测得初始反应速率仅为第一次实验的 1.4 倍，分别求 A 及 B 的反应级数 α、β 值；
(3) 计算反应速率常数 k 值（浓度以 $\text{mol}\cdot\text{dm}^{-3}$，时间用 s 表示）。

解：(1)

	A	+	2B	$\longrightarrow$	2C	+	D
$t=0,\ c_{B,0}/\text{mol}\cdot\text{dm}^{-3}$	0.01		0.02		0		0
$t=t,\ c_B/\text{mol}\cdot\text{dm}^{-3}$	0.01$-x$		0.02$-2x$		2x		x

则

$$v=k(0.01-x)^\alpha(0.02-2x)^\beta=2^\beta k(0.01-x)^{\alpha+\beta}$$

由反应物 B 在不同时刻的浓度数据可知，该反应的半衰期为 90h。

由半衰期法 $\alpha+\beta = 1 + \dfrac{\ln(t_{1/2})_1 - \ln(t_{1/2})_2}{\ln(c_{B,0})_2 - \ln(c_{B,0})_1} = 1 + \dfrac{\ln 90 - \ln(217-90)}{\ln 0.010 - \ln 0.020} \approx 1.50$

(2) $v_{0,1} = k(0.01)^{\alpha}(0.02)^{3/2-\alpha}$

$v_{0,2} = k(0.02)^{\alpha}(0.02)^{3/2-\alpha} = 1.4 v_{0,1}$

联立求解，得 $\alpha = 0.5$，则 $\beta = 1.5 - 0.5 = 1$

(3) $\dfrac{dx}{dt} = 2k(0.01-x)^{3/2}$

积分得 $2\left[\dfrac{1}{(0.01-x)^{1/2}} - \dfrac{1}{0.01^{1/2}}\right] = 2kt$

当 $t = 90h$ 时，$x = 0.005 \text{mol} \cdot \text{dm}^{-3}$，代入上式，得

$k = 1.28 \times 10^{-5} (\text{mol} \cdot \text{dm}^{-3})^{-\frac{1}{2}} \cdot \text{s}^{-1}$

6.4.4 孤立法（过量浓度法）

对多组分反应，反应方程式为

$$v = k c_A^{\alpha} c_B^{\beta} c_C^{\gamma} \cdots$$

用前面的确定反应级数的方法虽然可行，但较为烦琐，此时可采用孤立法。此法是选择一种实验条件，在一组实验中保持除 A 之外的其他组分远远过量，则在反应过程中，只有 A 的浓度 c_A 发生改变，而其他组分的浓度 c_B、c_C…保持不变，则有

$$v = k c_A^{\alpha} c_B^{\beta} c_C^{\gamma} \cdots = (k c_B^{\beta} c_C^{\gamma} \cdots) c_A^{\alpha} = k' c_A^{\alpha}$$

用前面的方法求出 A 的分级数 α，依此类推，可求出 β、γ…，反应级数为 $\alpha + \beta + \gamma + \cdots$。

【例 6.4.4】 已知反应 $A + B \longrightarrow P$，得到如下数据：

A 的起始浓度 $c_{A,0}/\text{mol} \cdot \text{dm}^{-3}$： 0.5　0.5　0.2

B 的起始浓度 $c_{B,0}/\text{mol} \cdot \text{dm}^{-3}$： 0.01　0.02　0.01

半衰期 $t_{1/2}/\text{s}$： 720　360　1800

试求此反应的动力学方程。

解：由题意知反应物初始浓度关系 $c_{A,0} \gg c_{B,0}$，则 $r = k c_A^n c_B^m = k' c_B^m$，其中 $k' = k c_A^n$。

对反应物 B $\quad t_{1/2} = \dfrac{2^{m-1}-1}{k c_{B,0}^{m-1}}$

对比 1、2 组数据可得 $\dfrac{(t_{1/2})_1}{(t_{1/2})_2} = \dfrac{720}{360} = \dfrac{(0.02)^{m-1}}{(0.01)^{m-1}}$

$m = 2$

则 $\quad k' = k c_{A,0}^n = \dfrac{1}{t_{1/2} c_{B,0}}$

据 1、3 组数据可得 $\dfrac{(c_{A,0})_1^n}{(c_{A,0})_2^n} = \dfrac{0.5^n}{0.2^n} = \dfrac{1800}{720}$

$n = 1$

反应的速率方程：$v = k c_A c_B^2$

由 1 组数据可得 $\quad (t_{1/2})_1 = \dfrac{1}{k'(c_{B,0})_1} = \dfrac{1}{k(c_{A,0})_1 (c_{B,0})_1}$

$(t_{1/2})_1 = \dfrac{1}{k'(c_{B,0})_1} = \dfrac{1}{k(c_{A,0})_1 (c_{B,0})_1}$

代入数据求知
$$k = 0.278 (\text{dm}^6 \cdot \text{mol}^{-2} \cdot \text{s}^{-1})$$

§6.5 几种典型的复杂反应

> **核心内容**
>
> 1. 对峙反应
>
> 在正、反两个方向上都能进行的反应，也称可逆反应。当反应达到平衡时，对峙反应的净速率为零（正、逆反应速率相等）。一定条件下，正、逆反应速率常数之比等于反应平衡常数。
>
> 2. 平行反应
>
> 相同反应物同时进行若干个不同的反应。平行反应的总反应速率等于各平行反应的速率之和。若反应开始时只有反应物，两平行反应的反应级数相同时，则在任何时刻，各平行反应产物的浓度之比等于其速率常数之比。
>
> 3. 连续反应
>
> 当前一反应的产物是后一反应的反应物时，这两个反应构成连续反应。其特点之一是在某一时刻，中间物种的浓度达到最大值，该时刻称为最佳反应时间。

由两个或两个以上的基元反应或简单反应以各种方式联系起来所形成的化学反应就是复杂反应。典型的复杂反应包括对峙反应（对行反应，可逆反应）、平行反应和连续反应。链反应也是一种典型的复杂反应，由于它具有特殊的动力学规律，留待后面专门讨论。

6.5.1 对峙反应

在正、反两个方向上都能进行的反应为对峙反应。如光气的合成与分解、碘化氢与其单质元素之间的转化、顺反异构化反应等均为对峙反应。现以最简单的对峙反应即正向反应、逆向反应均为一级反应的对峙反应（1-1 级对峙反应）为例，讨论对峙反应的动力学方程及动力学特性。

对于 1-1 级对峙反应

$$\begin{array}{cccc} & A & \underset{k_{-1}}{\overset{k_1}{\rightleftharpoons}} & B \\ t=0 & c_{A,0}=a & & 0 \\ t=t & a-x & & x \\ t=t_e & c_{A,e}=a-x_e & & x_e \end{array}$$

下标"e"表示平衡。

在 t 时刻时，正向反应速率 $v_+ = k_1 c_A = k_1(a-x)$

逆向反应速率 $v_- = k_{-1} c_B = k_{-1} x$

反应物 A 的净消耗速率取决于正向与逆向反应速率的总结果，即

$$v = v_+ - v_- = \frac{\mathrm{d}x}{\mathrm{d}t} = k_1(a-x) - k_{-1} x \tag{6.5.1}$$

当正、逆向反应速率相等时，反应达到平衡，$v=0$，所以

$$k_1(a - x_e) = k_{-1} x_e \tag{6.5.2}$$

$$\frac{x_e}{a-x_e}=\frac{k_1}{k_{-1}}=K \tag{6.5.3}$$

K 为对峙反应的平衡常数。由式(6.5.2)得

$$k_1 a = (k_1 + k_{-1})x_e \tag{6.5.4}$$

式(6.5.4)代入式(6.5.1)得

$$\frac{dx}{dt}=(k_1+k_{-1})(x_e-x) \tag{6.5.5}$$

将式(6.5.5)做定积分，得

$$\ln\frac{x_e}{x_e-x}=(k_1+k_{-1})t \tag{6.5.6}$$

$\ln(x_e-x)$ 对 t 作图为一直线，根据斜率可得 (k_1+k_{-1})，与 $\frac{k_1}{k_{-1}}=K$ 联解，可得到 k_1 和 k_{-1}。式(6.5.6)与一级反应 $\ln\frac{a}{a-x}=k_1 t$ 形式上一致。但两者存在差别：在对峙反应中，当 $t\to\infty$ 时，$c_A\to c_{A,e}$，而在单纯正向反应中，当 $t\to\infty$ 时，$c_A\to 0$。因此对峙反应的半衰期是反应掉 $c_{A,0}-c_{A,e}=x_e$ 的一半所用的时间，将 $x=\frac{x_e}{2}$ 代入式(6.5.6)得对峙反应的半衰期

$$t_{1/2}=\frac{\ln 2}{k_1+k_{-1}} \tag{6.5.7}$$

式(6.5.7)与单纯一级反应的半衰期公式 $t_{1/2}=\frac{\ln 2}{k}$ 形式上也一致，半衰期大小与反应物初始浓度无关。

一级对峙反应的特点总结：①净速率等于正、逆反应速率之差值；②达到平衡时，反应净速率等于零；③正、逆速率常数之比等于平衡常数，$K=\frac{k_1}{k_{-1}}$；④达到平衡后，反应物和产物的浓度不再随时间而改变（图6.5.1）。

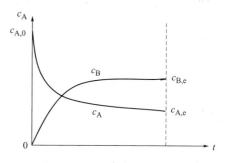

图 6.5.1 对峙反应中反应物、产物浓度与时间的关系

【例 6.5.1】 已知对峙反应 $A \rightleftharpoons B$ 的 $k_1=0.006 \text{min}^{-1}$，$k_{-1}=0.002\text{min}^{-1}$。若反应开始时，系统中只有反应物 A，起始浓度为 $1\text{mol}\cdot\text{dm}^{-3}$。计算反应进行 100min 后，产物 B 的浓度。

解：

$$\begin{array}{ccc} & A & \underset{k_{-1}}{\overset{k_1}{\rightleftharpoons}} & B \\ t=0 & a_0 & & 0 \\ t=t & a_0-x & & x \\ t=\infty & a_0-x_e & & x_e \end{array}$$

可得速率方程为

$$\frac{dx}{dt}=(k_1+k_{-1})(x_e-x)$$

令 $a_0=1\text{mol}\cdot\text{dm}^{-3}$，则

$$x_e=\frac{k_1 a_0}{k_1+k_{-1}}=\frac{0.006\times 1}{0.006+0.002}\text{mol}\cdot\text{dm}^{-3}=0.75\text{mol}\cdot\text{dm}^{-3}$$

速率方程积分式
$$\ln\frac{x_e-x}{x_e}=-(k_1+k_{-1})t$$

$t=100\text{min}$ 时，有
$$\ln\frac{0.75-x}{0.75}=-(0.006+0.002)\times 100$$
$$x=0.413\text{mol}\cdot\text{dm}^{-3}$$

6.5.2 平行反应

相同反应物同时进行若干个不同的反应称为平行反应。这种情况在有机反应中较多，如甲苯的溴化反应，生成65%的对溴甲苯和35%的邻溴甲苯，同样，甲苯硝化反应可同时生成对硝基甲苯和邻硝基甲苯。通常将生成期望产物的反应称为主反应，其余的反应为副反应。我们主要进行平行一级反应的动力学分析。

对平行一级反应

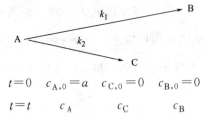

$$\begin{array}{llll} t=0 & c_{A,0}=a & c_{C,0}=0 & c_{B,0}=0 \\ t=t & c_A & c_C & c_B \end{array}$$

若两个反应均为一级，则反应速率微分方程为：
$$\frac{dc_B}{dt}=k_1 c_A \tag{6.5.8}$$

$$\frac{dc_C}{dt}=k_2 c_A \tag{6.5.9}$$

因为 $c_{B,0}=0$，$c_{C,0}=0$，则有
$$c_A+c_B+c_C=c_{A,0} \tag{6.5.10}$$

对式(6.5.10)微分，得
$$\frac{dc_A}{dt}+\frac{dc_B}{dt}+\frac{dc_C}{dt}=0 \tag{6.5.11}$$

所以
$$-\frac{dc_A}{dt}=(k_1+k_2)c_A \tag{6.5.12}$$

将式(6.5.12)积分
$$-\int_{c_{A,0}}^{c_A}\frac{dc_A}{c_A}=\int_0^t (k_1+k_2)dt$$

得到
$$\ln\frac{c_{A,0}}{c_A}=(k_1+k_2)t \tag{6.5.13}$$

或写成
$$c_A=c_{A,0}\exp[-(k_1+k_2)t] \tag{6.5.14}$$

由式(6.5.13)可知，$\ln c_A$ 对 t 作图为一直线
$$\text{直线斜率}=-(k_1+k_2) \tag{6.5.15}$$

将式(6.5.14)分别代入式(6.5.8)和式(6.5.9),积分得到

$$c_B = \frac{k_1 c_{A,0}}{k_1+k_2}\{1-\exp[-(k_1+k_2)t]\} \tag{6.5.16}$$

$$c_C = \frac{k_2 c_{A,0}}{k_1+k_2}\{1-\exp[-(k_1+k_2)t]\} \tag{6.5.17}$$

式(6.5.16)和式(6.5.17)之比,得到

$$\frac{c_B}{c_C}=\frac{k_1}{k_2} \tag{6.5.18}$$

即任一时刻,两产物浓度之比都等于两反应速率常数之比,与时间无关。该式成立的条件是各产物的起始浓度为零,且两平行反应的反应级数相同。式(6.5.18)告诉我们,要想改变主副产物的相对比例,必须从改变它们的速率常数之比入手。可以采用的方法有选择适当催化剂、改变温度等。

联解式(6.5.15)和式(6.5.18),可求得 k_1 和 k_2。

【例 6.5.2】 25℃时,在溶液中进行反应

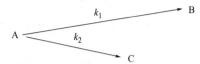

反应开始时只有反应物 A,A 的起始浓度为 $0.5\text{mol}\cdot\text{dm}^{-3}$,30min 后,有 15% 的 A 转化为 B,25% 的 A 转化为 C,A 转化为 B、C 的反应均为一级反应。试求:A 转化为 B 的反应速率常数 k_1 和 A 转化为 C 的反应速率常数 k_2?

解:
$$\ln\frac{c_{A,0}}{c_A}=(k_1+k_2)t$$

$$\ln\frac{1}{1-x_A}=(k_1+k_2)t$$

$$\ln\frac{1}{1-0.15-0.25}=(k_1+k_2)\times 30$$

解之
$$k_1+k_2=0.0170\text{min}^{-1} \tag{1}$$

又
$$\frac{c_B}{c_C}=\frac{k_1}{k_2}=\frac{15}{25}=0.6 \tag{2}$$

(1)、(2) 联立解之 $\quad k_1=0.00639\text{min}^{-1},\ k_2=0.01064\text{min}^{-1}$

6.5.3 连续反应

当前一反应的产物是后一反应的反应物时,这两个反应构成连续反应或称连串反应。例如苯的氯化反应,生成物氯苯能进一步与氯作用生成二氯苯、三氯苯等;再比如烃类热解生成短链烃,短链烃进一步热解生成更短的碳链直至甲烷。连续反应在实际化学反应过程中极为常见,实际过程往往包括多步连续反应过程,其数学处理也比较复杂。这里只讨论两个一级反应组成的最简单的连续反应。

设有如下一级连续反应

$$\begin{array}{cccc} & A & \xrightarrow{k_1} & B & \xrightarrow{k_2} & C \\ t=0 & c_{A,0} & & 0 & & 0 \\ t=t & c_A & & c_B & & c_C \end{array}$$

则有
$$c_A + c_B + c_C = c_{A,0} \tag{6.5.19}$$

反应速率方程
$$-\frac{dc_A}{dt} = k_1 c_A \tag{6.5.20}$$

$$\frac{dc_B}{dt} = k_1 c_A - k_2 c_B \tag{6.5.21}$$

$$\frac{dc_C}{dt} = k_2 c_B \tag{6.5.22}$$

将式(6.5.20)积分,并整理成指数式,得
$$c_A = c_{A,0} \exp(-k_1 t) \tag{6.5.23}$$

将式(6.5.23)代入(6.5.21),并求解微分方程,得
$$c_B = \frac{k_1 c_{A,0}}{k_2 - k_1}[\exp(-k_1 t) - \exp(-k_2 t)] \tag{6.5.24}$$

将式(6.5.23)和式(6.5.24)代入式(6.5.19),得
$$c_C = c_{A,0}\left[1 - \frac{k_2 \exp(-k_1 t)}{k_2 - k_1} + \frac{k_1 \exp(-k_2 t)}{k_2 - k_1}\right] \tag{6.5.25}$$

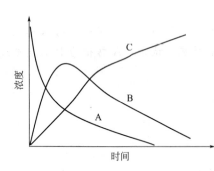

图 6.5.2 连续反应的反应动力学曲线

根据式(6.5.23)、式(6.5.24)和式(6.5.25),以浓度对时间作图,得到如图 6.5.2 所示的三条曲线。从图中可以看出:反应物 A 的浓度随反应时间的增加而逐渐减少,并最终趋于零。产物 C 的浓度随反应的进行而逐渐增加。但 c_B-t 曲线比较特殊,中间产物 B 的浓度随反应进行先增加,达到极大值后,又随反应的进行而减少,直至趋于零,这是连续反应的一个基本特点。

中间产物 B 的浓度达到极大值时的反应时间称为中间产物最佳时间,用 t_m 表示。可以利用动力学方程求得最佳时间及该时间下的中间产物 B 的浓度 $c_{B,m}$。

中间产物浓度出现极大值时,它的一阶导数为零。
$$\frac{dc_B}{dt} = 0 \tag{6.5.26}$$

对式(6.5.24)求导,代入式(6.5.26)并整理得
$$t_m = \frac{\ln k_2 - \ln k_1}{k_2 - k_1} \tag{6.5.27}$$

将式(6.5.27)代入式(6.5.24),得
$$c_{B,m} = c_{A,0}\left(\frac{k_1}{k_2}\right)^{\frac{k_2}{k_2 - k_1}} \tag{6.5.28}$$

对一般反应,反应时间越长,得到的最终产物越多。但对连续反应,若中间化合物 B 为目的产物,由于在反应时间 t_m 时其浓度最大,超过这个时间,反而引起目的产物的浓度降低和副产物浓度的增加。

对于复杂的连续反应,要从数学上严格求许多联立微分方程的解析解而得到反应速率方程的积分关系是十分困难的。因此,在进行动力学处理时,常采用一些近似方法,如稳态近

似法、平衡态近似法（见链反应及复合反应速率的近似处理方法一节）等。

§6.6 温度对反应速率的影响

> **核心内容**
>
> 温度每升高10℃，反应速率增加至原来速率的2~4倍，称为范特霍夫经验规则。更为准确反映反应速率与温度关系的方程为阿累尼乌斯方程。主要有以下形式：
>
> 微分形式　$\dfrac{d\ln k}{dT}=\dfrac{E_a}{RT^2}$；定积分式　$\ln\dfrac{k_2}{k_1}=-\dfrac{E_a}{R}\left(\dfrac{1}{T_2}-\dfrac{1}{T_1}\right)$；
>
> 不定积分式　$\ln k=-\dfrac{E_a}{RT}+\ln A$；指数式　$k=A\exp\left(-\dfrac{E_a}{RT}\right)$
>
> A、E_a 分别称为指前因子和活化能，阿累尼乌斯假定 A、E_a 均与温度无关。反应体系中各分子具有的能量不同，能量高的、碰撞直接发生反应的分子称为活化分子，活化分子平均能量与所有分子平均能量的差值称为活化能。

6.6.1 反应速率与温度关系的几种类型

温度对反应速率有显著的影响。根据经验，升高温度可以使反应速度加快，但并非完全如此，各种化学反应（总包反应）的速度与温度的关系相当复杂，目前已知有5种类型（图6.6.1）。

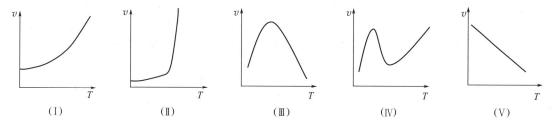

图 6.6.1　反应速率与温度之间的关系示意图

（Ⅰ）类反应的反应速率随温度的升高而逐渐加快，它们之间呈指数关系，这类反应最为常见。（Ⅱ）类反应的反应速率开始时受温度影响不大，但到达一定温度时，反应速率迅速增大，以爆炸的方式极快地进行。（Ⅲ）类反应在温度不太高时，其反应速率随温度的升高而加快，超过一定温度，随温度的升高，反应速率反而下降。如多相催化反应和酶催化反应，可能是高温对催化剂的不利影响及酶失活所致。（Ⅳ）类反应随温度升高，其反应速率先增大，后下降，然后再增大。可能与发生了副反应有关，如碳的氧化反应。（Ⅴ）类反应随温度升高，其反应速率反而下降。这类反应很少见到，如一氧化氮氧化成二氧化氮就属于该类型。

由于类型（Ⅰ）最为常见，我们只讨论该类型。

6.6.2 反应速率常数与温度关系

（1）范特霍夫经验规则

范特霍夫（Van't Hoff）首先总结出一个半定量的经验规则：温度每升高10℃，反应速率增加至原来速率的 2~4 倍。

$$\frac{k(T+10\text{K})}{k(T)} \approx 2 \sim 4$$

部分具有简单级数反应的反应速率受温度的影响符合这一规律，如乙酸乙酯皂化，308℃时的反应速率是298℃时的反应速率的1.82倍，又如蔗糖水解，308℃时的反应速率是298℃时的反应速率的4.13倍。范特霍夫经验规则是一种近似规则，一般在计算准确性要求不高或缺乏数据时才用到该规则。

（2）阿累尼乌斯方程

阿累尼乌斯（Arrhenius）于1889年，提出了反应速率常数随温度变化的经验关系式，称为阿累尼乌斯方程。方程形式如下。

$$\frac{\mathrm{d}\ln k}{\mathrm{d}T} = \frac{E_a}{RT^2} \tag{6.6.1}$$

式中，k 为反应速率常数；T 为温度，K；R 为气体常数，$R = 8.314 \text{J} \cdot \text{mol}^{-1} \cdot \text{K}^{-1}$；$E_a$ 为经验常数，称为阿累尼乌斯活化能，简称活化能，$\text{J} \cdot \text{mol}^{-1}$。活化能通常是大于零的值，所以 $\frac{\mathrm{d}\ln k}{\mathrm{d}T} > 0$，即温度升高，反应速率常数增大，反应速率增加。

若存在两个反应，反应速率常数分别为 k_1、k_2，活化能分别为 $E_a(1)$ 和 $E_a(2)$，且 $E_a(1) > E_a(2)$，由式(6.6.1)可得

$$\frac{\mathrm{d}\ln k_1}{\mathrm{d}T} - \frac{\mathrm{d}\ln k_2}{\mathrm{d}T} = \frac{E_a(1) - E_a(2)}{RT^2} > 0$$

即温度升高，活化能大的反应的速率常数增大得更快，即升高温度，对活化能大的反应更有利。

若温度变化范围不大，E_a 可看作常数，对式(6.6.1)做定积分 $\int_{k_1}^{k_2} \mathrm{d}\ln k = \int_{T_1}^{T_2} \frac{E_a}{RT^2} \mathrm{d}T$，得阿累尼乌斯方程的定积分式

$$\ln \frac{k_2}{k_1} = -\frac{E_a}{R}\left(\frac{1}{T_2} - \frac{1}{T_1}\right) \tag{6.6.2}$$

在 E_a 不变的情况下对式(6.6.1)做不定积分，得

$$\ln k = -\frac{E_a}{RT} + \ln A \tag{6.6.3}$$

由式(6.6.3)可以看出，$\ln k$ 对 $\frac{1}{T}$ 作图为一直线，由直线的斜率可以求得活化能 E_a。将式(6.6.3)改写成指数形式，得

$$k = A\exp\left(-\frac{E_a}{RT}\right) \tag{6.6.4}$$

其中，A 为指前因子（频率因子），与速率常数的单位相同。式(6.6.1)~式(6.6.4)均称为阿累尼乌斯方程。

阿累尼乌斯方程适用于基元反应和非基元反应，甚至某些非均相反应；也可以用于描述一般的速率过程如扩散过程等。

阿累尼乌斯根据实验结果，认为反应物分子必须经过碰撞才能发生反应，但又不是反应物分子的任何一次直接碰撞都能发生反应，只有那些能量相当高的反应物分子碰撞才能发生反应。那些能量高的、碰撞直接发生反应的分子称为活化分子，活化分子

平均能量与所有分子平均能量的差值称为活化能。图 6.6.2 给出了反应物分子与活化分子的能量示意图,从反应物分子变为产物分子需要越过一个能垒,能垒大小等于活化分子与反应物分子的能量之差,即活化能 E_a。E_a' 为逆反应的活化能。

阿累尼乌斯方程在化学动力学中的作用是相当重要的,公式中的指前因子和活化能是动力学研究中所要确定的重要的动力学参数。特别是所提出的活化能和活化分子的概念,在反应速率理论的发展过程中起到了很大作用。

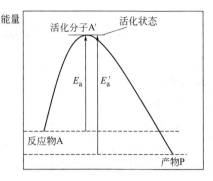

图 6.6.2 反应物分子与活化分子的能量示意图

【例 6.6.1】 物质 A 的分解反应为一级反应,已知 300K 下其半衰期为 1800s。试求:

(1) 该一级反应的反应速率常数;
(2) 若该反应的活化能为 80kJ·mol^{-1},试求反应在 500K 时的反应速率常数?

解:(1) 一级反应 $t_{1/2} = \dfrac{\ln 2}{k_1}$

代入数据,得

$$k_1 = \frac{\ln 2}{t_{1/2}} = \frac{\ln 2}{1800} \mathrm{s}^{-1} = 3.85 \times 10^{-4} \mathrm{s}^{-1}$$

(2) 由 $\ln \dfrac{k_2}{k_1} = -\dfrac{E_a}{R}\left(\dfrac{1}{T_2} - \dfrac{1}{T_1}\right)$,代入数据

$$\ln \frac{k_2/\mathrm{s}^{-1}}{3.85 \times 10^{-4}} = -\frac{80 \times 10^3}{8.314} \times \left(\frac{1}{500} - \frac{1}{300}\right)$$

求得 500K 时,$k_2 = 143.7 \mathrm{s}^{-1}$。

【例 6.6.2】 某药物的分解为一级反应,反应速率常数与温度的关系为:

$$\ln(k/\mathrm{h}^{-1}) = -\frac{8938}{T/\mathrm{K}} + 20.400$$

(1) 求该反应的活化能和 30℃ 时的反应速率常数;
(2) 基于此药物分解 30% 即无效,问在 30℃ 保存,有效期为多少?

解:(1) $\ln(k/\mathrm{h}^{-1}) = -\dfrac{8938}{T/\mathrm{K}} + 20.400$ 与 $\ln k = -\dfrac{E_a}{RT} + a$ 对比,对应项相等
得到

$$E_a = (8.314 \times 8938 \times 10^{-3}) \mathrm{kJ} \cdot \mathrm{mol}^{-1} = 74.31 \mathrm{kJ} \cdot \mathrm{mol}^{-1}$$

$$\ln(k/\mathrm{h}^{-1}) = -\frac{8938}{T/\mathrm{K}} + 20.400 = -\frac{8938}{303.15} + 20.400$$

$$k = 1.119 \times 10^{-4} \mathrm{h}^{-1}$$

(2) 该反应为一级反应

$$\ln(1-x) = -kt$$

代入数据,得

$$\ln(1-0.3) = -1.119 \times 10^{-4} t$$

$$t = 3187 \mathrm{h} = 133 \text{ 天}$$

§6.7 链反应及复合反应速率的近似处理方法

> **核心内容**
> 1. 链反应一般特征
> 链反应过程一般包括链的引发、链的传递和链的终止三个步骤。
> 2. 链反应速率方程的建立方法——稳态近似法及平衡态近似法
> 近似处理方法的目的是将速率方程中的不可测量的中间物种的浓度用可测量的反应物或产物的浓度表示。
> 稳态近似法：反应可在很短时间内达到稳态，此时，中间物种B（如自由基、自由原子等）的生成速率等于其消耗速率，即其浓度不再随时间变化。有 $\dfrac{dc_B}{dt}=0$。一般活泼的中间物种可采用稳态近似法。
> 平衡态近似法：一个快速对峙反应与一个慢反应构成连续反应，利用快速平衡反应的平衡常数与平衡浓度的关系，将中间物种的浓度用反应物或产物的浓度表示。

链反应又称连锁反应，是一种具有特殊规律的、常见的复合反应。用热、光、辐射等方法使反应引发，反应便能通过活性组分发生一系列的连串反应，像链条一样使反应自动传递下去，这类反应称为链反应。在工业生产中，很多重要的生产工艺如橡胶合成、塑料分解、地球化学中的干酪根热解生烃、原油裂解、碳氢化合物的氧化等均与链反应有关。全面了解链反应的特点和基本规律是非常重要的。

6.7.1 链反应一般特征

链反应过程一般包括链的引发、链的传递和链的终止三个步骤。

① 链的引发　最常见和最简单的引发过程是稳定的分子产生自由基或自由原子的过程。处于稳定态的分子吸收了外界的能量，如加热、光照、超声、激光或加引发剂，使它分解成自由基等活性组分。引发步骤活化能较高，是链反应中最难进行的一步。

② 链的传递　链的引发所产生的活性组分与另一稳定分子作用，在形成产物的同时又生成新的活性组分，使反应如链条一样不断传递下去。链的传递步骤是链反应的主体。

③ 链的终止　使活性组分数量减少的反应为链终止反应。链终止反应包括：两个活性组分相碰撞形成稳定分子或歧化反应；两活性组分与器壁相碰撞，形成稳定分子，放出的能量被器壁吸收，使反应终止。

以 $H_2+Cl_2 \longrightarrow 2HCl$ 的反应机理为例加以说明。

(1) $Cl_2 + M \xrightarrow{k_1} 2Cl\cdot + M$　　链的引发

(2) $Cl\cdot + H_2 \xrightarrow{k_2} HCl + H\cdot$ ⎫
(3) $H\cdot + Cl_2 \xrightarrow{k_3} HCl + Cl\cdot$ ⎬　链的传递

(4) $2Cl\cdot + M \xrightarrow{k_4} Cl_2 + M$　　链的终止

式中，$Cl\cdot$、$H\cdot$ 分别代表氯自由基和氢自由基。基元反应（1）为稳定的氯分子产生氯自由基的过程，为链的引发步骤；基元反应（2）为氯自由基消耗和氢自由基的生成过程，基元反应（3）为氢自由基消耗和氯自由基的生成过程，（2）和（3）过程如此往复循环（2）→（3）→（2）→（3）→…，构成链的传递步骤；基元反应（4）为氯自由基消耗生成稳定氯分子的过程，为链的终止步骤。

6.7.2 直链反应和支链反应

根据链的传递方式不同，可将链反应分为直链反应和支链反应。

直链反应是指链传递过程中消耗一个活性组分的同时产生一个新的活性组分，链传递过程中活性组分的数量（浓度）保持不变。如 $H_2+Cl_2 \longrightarrow 2HCl$ 的链反应就是直链反应。再如甲烷的氯化反应

$$CH_4+Cl\cdot \longrightarrow CH_3\cdot +HCl$$
$$Cl_2+CH_3\cdot \longrightarrow CH_3Cl+Cl\cdot$$
$$\cdots$$
$$CH_3Cl+Cl\cdot \longrightarrow CH_2Cl\cdot +HCl$$
$$CH_2Cl\cdot +Cl_2 \longrightarrow CH_2Cl_2+Cl\cdot$$

在每步基元反应中只生成一个自由基，因此，该链反应也是直链反应。

支链反应是指一个活性组分消耗后产生两个或更多活性组分，活性组分以几何级数增加的链反应。直链反应和支链反应图示如下：

直链反应： $\longrightarrow$ 支链反应：

如氢与氧气生成水汽的反应就包含支链反应，反应机理如下。

链引发
$$H_2+O_2 \longrightarrow 2OH\cdot$$
$$H_2 \longrightarrow 2H\cdot$$
$$O_2+O_2 \longrightarrow O_3+O\cdot$$

直链传递
$$H\cdot +H_2+O_2 \longrightarrow H_2O+OH\cdot$$
$$OH\cdot +H_2 \longrightarrow H_2O+H\cdot$$

支链传递
$$H\cdot +O_2 \longrightarrow OH\cdot +O\cdot$$
$$O\cdot +H_2 \longrightarrow OH\cdot +H\cdot$$
一个自由基消耗后产生两个新的自由基

链终止
$$H\cdot +O_2+M \longrightarrow HO_2+M^*$$
$$O\cdot +O_2+M \longrightarrow O_3+M^*$$
$$OH\cdot +H\cdot +M \longrightarrow H_2O+M^*$$

6.7.3 链反应速率方程的建立方法——稳态近似法及平衡态近似法

链反应中，若 B 为中间物种，其浓度是不可测的，在最终的速率方程中，不应包含不可测量的中间物种的浓度。因此要找出中间物种 B 的浓度与可测量的反应物和产物浓度之间的关系。从连串反应 A→B→C 的讨论已经看出，若 B 为中间物种，求解 c_B 已比较困难。对更复杂的反应，要处理多个有联系的微分方程在数学上很困难，一般不可能由多步机理的微分速率方程确切得到积分速率方程。因此往往利用一些特殊条件将求解的问题简化，通过

近似处理，可以得到复杂反应速率方程的近似解，而这些近似解与在特殊条件下的精确解，其结果是完全一致的。下面介绍两种近似处理方法，近似处理方法的主要目的是找出中间物种的浓度与反应物或产物浓度之间的定量关系。

(1) 稳态近似法

若中间物种 B 的活性很高（如自由基、自由原子等），它们一旦生成，即可迅速进行下一步的反应，使得反应在极短的时间内，中间物种 B 的生成速率等于其消耗速率，这时 B 的浓度很低，且处于稳态，即其浓度不再随时间变化。有

$$\frac{\mathrm{d}c_\mathrm{B}}{\mathrm{d}t}=0 \qquad (6.7.1)$$

这种近似处理方法称为稳态近似法，一般活泼的中间物种可以采用稳态近似法。

根据前面给出的 $\mathrm{H}_2+\mathrm{Cl}_2 \longrightarrow 2\mathrm{HCl}$ 的反应机理，采用稳态近似法，推导其速率方程。从反应机理可以得到

$$\frac{\mathrm{d}c_\mathrm{HCl}}{\mathrm{d}t}=k_2 c_{\mathrm{Cl}\cdot} c_{\mathrm{H}_2}+k_3 c_{\mathrm{H}\cdot} c_{\mathrm{Cl}_2} \qquad (6.7.2)$$

式(6.7.2)是用 HCl 的生成速率表示的反应速率方程。在动力学研究中，中间物种的浓度极难测定，因而常用易测量的反应物或产物的浓度来表示中间物种的浓度，利用稳态近似法可以方便地找到它们之间的定量关系。从反应机理可以看出，反应过程中出现的中间物种是 Cl· 和 H·。根据稳态近似法，有

$$\frac{\mathrm{d}c_{\mathrm{Cl}\cdot}}{\mathrm{d}t}=0 \qquad (6.7.3)$$

$$\frac{\mathrm{d}c_{\mathrm{H}\cdot}}{\mathrm{d}t}=0 \qquad (6.7.4)$$

根据反应机理，有

$$\frac{\mathrm{d}c_{\mathrm{Cl}\cdot}}{\mathrm{d}t}=2k_1 c_{\mathrm{Cl}_2} c_\mathrm{M}-k_2 c_{\mathrm{Cl}\cdot} c_{\mathrm{H}_2}+k_3 c_{\mathrm{H}\cdot} c_{\mathrm{Cl}_2}-2k_4 c_{\mathrm{Cl}\cdot}^2 c_\mathrm{M}=0 \qquad (6.7.5)$$

$$\frac{\mathrm{d}c_{\mathrm{H}\cdot}}{\mathrm{d}t}=k_2 c_{\mathrm{Cl}\cdot} c_{\mathrm{H}_2}-k_3 c_{\mathrm{H}\cdot} c_{\mathrm{Cl}_2}=0 \qquad (6.7.6)$$

式(6.7.6)代入式(6.7.5)得：

$$c_{\mathrm{Cl}\cdot}=\left(\frac{k_1}{k_4}\right)^{1/2} c_{\mathrm{Cl}_2}^{0.5} \qquad (6.7.7)$$

将式(6.7.6)和式(6.7.7)代入式(6.7.2)，得

$$\frac{\mathrm{d}c_\mathrm{HCl}}{\mathrm{d}t}=2k_2 c_{\mathrm{Cl}\cdot} c_{\mathrm{H}_2}$$

$$=2k_2 c_{\mathrm{H}_2}\left(\frac{k_1}{k_4}\right)^{1/2} c_{\mathrm{Cl}_2}^{0.5}$$

$$=k' c_{\mathrm{H}_2} c_{\mathrm{Cl}_2}^{0.5}$$

其中 $k'=2k_2\left(\frac{k_1}{k_4}\right)^{1/2}$。

(2) 平衡态近似法

对反应

$$\mathrm{H}_2+\mathrm{I}_2 \longrightarrow 2\mathrm{HI}$$

反应机理为

(1) $\quad I_2 + M \underset{k_{-1}}{\overset{k_1}{\rightleftharpoons}} 2I\cdot + M \qquad$ 快速平衡

(2) $\quad H_2 + 2I\cdot \overset{k_2}{\longrightarrow} 2HI \qquad$ 慢过程

步骤（1）是一个对峙反应，能迅速达到平衡，而步骤（2）是一个慢反应（反应速率由最慢的一步决定，所以最慢的一步通常称为速率控制步骤）。假定快速平衡反应不受慢步骤反应的影响，即各正、逆向反应间的平衡关系始终存在，从而利用平衡常数及反应物浓度来求出中间产物的浓度，这种处理方法称为平衡态近似法。

HI 的生成反应速率方程为

$$\frac{dc_{HI}}{dt} = 2k_2 c_{H_2} c_{I\cdot}^2 \tag{6.7.8}$$

（1）为快速平衡，则有

$$\frac{c_{I\cdot}^2}{c_{I_2}} = K \tag{6.7.9}$$

由式(6.7.9)得

$$c_{I\cdot}^2 = K c_{I_2} \tag{6.7.10}$$

式(6.7.10)代入式(6.7.8)，得

$$\frac{dc_{HI}}{dt} = k_2 K c_{H_2} c_{I_2} = k c_{H_2} c_{I_2}$$

用平衡态近似法从反应机理推导反应速率方程的思路：①确定速率控制步骤，并将其反应速率作为总的反应速率；②应用控制步骤前的快速平衡步骤的平衡常数表示式，找出中间物种的浓度与反应物或产物浓度间的关系，以消除该反应速率方程中出现的所有中间物种的浓度。

在复杂的反应机理中，若存在快速平衡步骤，则可以采用平衡态近似法，通常情况下，采用稳态近似法。

【例 6.7.1】 一氧化氮氧化反应 $2NO + O_2 \longrightarrow 2NO_2$ 的反应机理如下：

$$2NO \underset{k_-}{\overset{k_+}{\rightleftharpoons}} N_2O_2$$

$$N_2O_2 + O_2 \overset{k_2}{\longrightarrow} 2NO_2$$

试分别采用稳态近似法和平衡态近似法导出 NO_2 的反应速率方程，并讨论各种方法的适用条件。

解： 根据反应机理的第二步，给出 NO_2 的反应速率方程为

$$v = \frac{dc_{NO_2}}{2dt} = k_2 c_{N_2O_2} c_{O_2}$$

反应过程中活泼的中间物种为 N_2O_2。

采用稳态近似法处理

$$\frac{dc_{N_2O_2}}{dt} = 0 = k_+ c_{NO}^2 - k_- c_{N_2O_2} - k_2 c_{N_2O_2} c_{O_2}$$

$$c_{N_2O_2} = \frac{k_+ c_{NO}^2}{k_- + k_2 c_{O_2}}$$

$$v = \frac{k_+ k_2}{k_- + k_2 c_{O_2}} c_{NO}^2 c_{O_2}$$

稳态近似法的条件：中间产物 $c_{N_2O_2}$ 很活泼因而浓度很低，稳态时，$\dfrac{dc_{N_2O_2}}{dt}=0$，不难看出当 $k_-+k_2c_{O_2}\gg k_+$ 时，能满足此条件。

采用平衡态近似法处理

$$c_{N_2O_2}=\dfrac{k_+}{k_-}c_{NO}^2, \qquad v=\dfrac{k_+k_2}{k_-}c_{NO}^2 c_{O_2}$$

条件：$k_-\gg k_2c_{O_2}$，即第二步为速控步骤，k_2 很小。若把此条件代入到稳态近似法处理得到的速率方程中，两种处理方法得到的结果相同。

§6.8 催化反应简介

> **核心内容**
>
> 1. 催化剂加速反应的原因
>
> 催化剂改变反应速率的主要原因是催化剂的存在，改变了反应途径，使反应的表观活化能降低。
>
> 2. 催化反应的特点
>
> 催化剂参与催化反应，但反应终了时，催化剂的化学性质和数量都不变；催化剂只能缩短达到平衡的时间，而不能改变反应的方向和限度；催化剂对反应的加速作用具有选择性；催化剂浓度对反应速率有影响。

把一种或几种物质加入到某化学系统中，可以显著改变反应的速率，而其本身在反应前后的数量及化学性质不发生变化，这种物质就称为该反应的催化剂。若催化剂可加速反应速率，称为正催化剂（简称为催化剂），若降低反应速率，则称为负催化剂或阻化剂。催化剂改变反应速率的这种作用称为催化作用，含有催化剂的反应称为催化反应。在自然界中广泛存在着催化反应和催化过程。如植物在光作用下能利用二氧化碳和水合成有机物是由于叶绿素的催化作用；人体内也存在多种多样的催化反应过程，起催化作用的物质就是非常高效的生物酶催化剂；规模巨大的能源工业如石油炼制工业和整个化学工业都是建立在催化反应基础之上的，85%的产品都与催化过程有关，说明了催化反应和过程的普遍性及重要性。

催化反应可分为单相催化（均相催化）和多相催化。催化剂与反应物处在同一相中的反应称为均相催化反应。如 H^+ 为催化剂的丙酮碘化反应，催化剂和反应物都处于液相中；生物体中进行的蛋白质、脂肪、碳水化合物的合成、分解反应也是生物酶为催化剂的均相催化反应。催化剂与反应物处在不同相的催化反应称为多相催化反应，如用固体超强酸作催化剂使乙醇和乙酸生成乙酸乙酯的反应是固-液多相催化反应；原油的催化加氢反应、催化裂化反应以及合成氨反应等均为多相催化反应。

6.8.1 催化剂加速反应的原因

催化剂改变反应速率的主要原因是催化剂的存在，改变了反应途径，使反应的表观活化能改变。对正催化反应，使反应的表观活化能降低，反应速率加快。

设反应 A+B ⟶ AB，加入催化剂 K 后，一般认为反应机理为：

快速平衡 $A+K \underset{k_{-1}}{\overset{k_1}{\rightleftharpoons}} AK$

慢步骤 $AK + B \xrightarrow{k_2} AB + K$

慢步骤为速率控制步骤,由该步的反应速率方程

$$v = k_2 c_{AK} c_B \qquad (6.8.1)$$

由快速平衡步骤,得

$$k_1 c_A c_K = k_{-1} c_{AK} \qquad (6.8.2)$$

所以

$$c_{AK} = \frac{k_1 c_A c_K}{k_{-1}} \qquad (6.8.3)$$

式(6.8.3)代入式(6.8.1),得

$$v = k_2 \frac{k_1}{k_{-1}} c_A c_B c_K = k c_A c_B$$

其中:$k = k_2 \dfrac{k_1}{k_{-1}} c_K$,结合阿累尼乌斯方程,得到

$$E_a = E_{a1} + E_{a2} - E_{a-1} \qquad (6.8.4)$$

E_a 为催化反应的表观活化能。

从能量示意图(图 6.8.1)可以看出,非催化反应,要克服活化能为 E_{a0} 的较高的能峰,而在催化剂的作用下,反应途径发生改变,只需要克服两个较小的能峰 E_{a1}、E_{a2}。催化反应中的两步的活化能降低,两步的反应速率加快,因此,催化反应的总包反应速率加快。

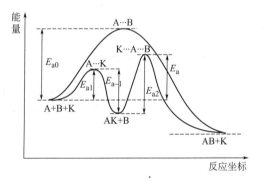

图 6.8.1 催化反应的活化能与反应途径
E_{a0} 为无催化剂加入时的活化能。

6.8.2 催化反应的特点

① 催化剂加速反应速率的本质是改变了反应的历程,降低了整个反应的表观活化能,提高了反应速率。

② 催化剂参与催化反应,但反应终了时,催化剂的化学性质和数量都不变。

根据催化剂加速反应速率的原因可知,催化剂参与了催化反应,经历了催化剂的反应和催化剂的再生(还原)过程。例如,使用 NO 对 SO_2 催化氧化:

$$2NO + O_2 \longrightarrow 2NO_2 \quad 催化剂反应步骤$$
$$NO_2 + SO_2 \longrightarrow NO + SO_3 \quad 催化剂再生步骤$$

对于多相催化,反应前后催化剂的化学性质不变,但物理性质会发生改变,如存在催化剂的结焦、破碎、表面烧结等物理变化。

③ 催化剂只能缩短达到平衡的时间,而不能改变反应的方向和限度。因此,催化剂不能实现热力学上不能进行的反应,并且,不能通过加入催化剂来改变平衡状态和平衡常数,即对于已平衡的反应,不可能借加入催化剂来增加产物的比例。能加速正反应的催化剂,也必定能加速逆反应速率,所以正反应方向的优良催化剂也一定是逆反应的催化剂。例如用 CO 和 H_2 为原料合成甲醇是一个很有经济价值的反应,在常压下寻找甲醇分解反应的催化剂就可作为高压下合成甲醇的催化剂,因为直接研究高压反应,实验条件要苛刻得多。

④ 催化剂对反应的加速作用具有选择性。催化剂的选择性有两方面的含义。a. 不同类

型的反应，有其相应的催化剂。如环己烷的脱氢反应，只能用 Pt、Pd、Cu、Co、Ni 等催化，氯化反应用 $FeCl_3$ 做催化剂，水化反应用 Al_2O_3 为催化剂等。b. 同一反应物，用不同催化剂会发生不同的催化反应，得到不同产品。如用 Cu 为催化剂，由乙醇反应可得到乙醛，若用 Al_2O_3 为催化剂，可由乙醇制备乙烯，若用 $ZnO\text{-}Cr_2O_3$ 为催化剂，可由乙醇制备丁二烯。

⑤ 催化剂浓度对反应速率有影响。如丙酮碘化，H^+ 为催化剂，H^+ 浓度影响反应速率。

§6.9 非等温反应动力学的处理方法

通常，反应动力学都是在等温条件下的等温动力学，动力学处理相对简单。但许多反应是在非等温条件下进行的，如生油岩中干酪根的热解反应，是随着地下埋深的增加，温度逐渐升高的非等温反应。热分析技术也通常是在线性升温条件下对固体物质的反应进行动力学研究，形成了非等温动力学分支。非等温动力学较传统的等温动力学有许多优点，如一条非等温的热分析曲线即可包含多条等温曲线的信息，使分析快速简便；再加上严格的等温实验较难实现，因此，非等温动力学已经成为热分析动力学的核心。

6.9.1 线性升温动力学方程

早期的动力学研究都是在等温情况下进行的，到 20 世纪初开始采用非等温实验方法跟踪非均相反应速率的尝试。由于常采用恒速升温方法，即升温速率 $\beta = dT/dt$ 是个常数，因此可进行如下变换：

$$\frac{dc}{dt} = \frac{dc}{dT} \times \frac{dT}{dt} = \beta \times \frac{dc}{dT} \tag{6.9.1}$$

因为
$$\frac{dc}{dt} = k(T)f(c)$$

所以
$$\frac{dc}{dT} = \frac{1}{\beta} \times k(T)f(c) \tag{6.9.2}$$

速率常数和温度的关系符合阿累尼乌斯方程

$$k = A\exp(-E_a/RT) \tag{6.9.3}$$

将式(6.9.3) 带入式(6.9.2) 得线性升温过程的动力学方程

$$\frac{dc}{dT} = \frac{1}{\beta} A\exp(-E_a/RT)f(c) \tag{6.9.4}$$

动力学研究的目的就是解出式(6.9.4) 中的动力学参数 E_a、A 和 $f(c)$，并求解该微分方程。

6.9.2 动力学模式函数 $f(c)$ 的确定

动力学模式函数表示反应速率与浓度之间所遵循的函数关系。其相应的积分形式被定义为：

$$G(c) = \int_{c_0}^{c} \frac{dc}{f(c)} \tag{6.9.5}$$

$$G(x) = \int_{0}^{a} \frac{dx}{f(x)} \tag{6.9.6}$$

x 为转化率,对于均相反应,$f(c)$、$f(x)$ 可以是前面所讲的零级反应、一级反应等的某种形式。对于非均相反应,人们也给出了一些过程的动力学函数模式,见表 6.9.1。

表 6.9.1 常见固态反应的动力学模式函数

模式	$f(x)$	$G(x)$	模式	$f(x)$	$G(x)$
成核与生长	$m(1-x)[-\ln(1-x)]^{1-\frac{1}{m}}$	$[-\ln(1-x)]^{\frac{1}{m}}$	一维扩散	$\frac{1}{2}x^{-1}$	x^2
相界面反应	$n(1-x)^{1-\frac{1}{n}}$	$1-(1-x)^{\frac{1}{n}}$	二维扩散	$-\frac{1}{\ln(1-x)}$	$x+(1-x)\ln(1-x)$

6.9.3 动力学方程的求解方法

非等温反应动力学的处理方法与等温反应动力学的处理方法相似,分为微分法、积分法、最大速率法以及初始速率法等。常见的几种积分法和微分法见表 6.9.2。

表 6.9.2 常见的几种积分法和微分法

积 分 法	微 分 法	积 分 法	微 分 法
Doyle 法	Freeman-Carroll 法	Ozawa 法	Vachuska-Voboril 法
Coats-Redfern 法	Newkirk 法	Flynn-Wall-Ozawa 法	Friedman 法
Broido 法	Achar 法		

下面仅介绍 Coats-Redfern 处理方法。

由式(6.9.4)得:

$$G(x) = \int_0^x \frac{dx}{f(x)} = \int_{T_0}^T \frac{1}{\beta} A \exp(-E_a/RT) dT$$

$$\approx \int_0^T \frac{1}{\beta} A \exp(-E_a/RT) dT \tag{6.9.7}$$

令 $u = E_a/RT$,则有

$$G(x) = \frac{AE_a}{\beta R} P(u) \tag{6.9.8}$$

式中,$P(u)$ 为温度积分,其形式如下:

$$P(u) = \int_0^\infty -(e^{-u}/u^2) du \tag{6.9.9}$$

但 $P(u)$ 得不到有限的精确解。

6.9.4 温度积分的近似解

关于非等温动力学,人们提出了很多的求解方法,从数学上可分为积分法和微分法两大类。微分法不涉及难解的温度积分的误差,但要用到精确的微商实验数据。积分法的问题则是温度积分的难解及由此提出的各种近似方法的误差。下面只介绍一种简单的求解温度积分及动力学参数的方法——Coats-Redfern 法。

将式(6.9.4)分离变量,两边积分得:

$$\int_0^x \frac{dx}{(1-x)^n} = \frac{A}{\beta} \int_0^T e^{-E_a/RT} dT \tag{6.9.10}$$

将式(6.9.10)左边积分得

$$\int_0^x \frac{dx}{(1-x)^n} = \begin{cases} -\ln(1-x) & n=1 \\ \frac{1}{n-1}[(1-x)^{1-n}-1] & n \neq 1 \end{cases} \tag{6.9.11}$$

将式(6.9.10)右边 $u = E_a/RT$ 代入得:

$$\frac{A}{\beta}\int_{T_0}^{T}\mathrm{e}^{-E_a/RT}\mathrm{d}T = \frac{AE}{\phi R}\int_{u}^{\infty}\mathrm{e}^{-u}u^{-2}\mathrm{d}u \tag{6.9.12}$$

将式(6.9.12)右边积分项按照级数展开得:

$$\int_{u}^{\infty}\mathrm{e}^{-u}u^{-2}\mathrm{d}u = \mathrm{e}^{-u}u^{-2}\left(1-\frac{2!}{u}+\frac{3!}{u^2}-\frac{4!}{u^3}+\cdots\right)$$

级数取前两项代入式(6.9.12)得:

$$\frac{A}{\beta}\int_{T_0}^{T}\mathrm{e}^{-E_a/RT}\mathrm{d}T = \frac{ART^2}{\beta E_a}\left(1-\frac{2RT}{E_a}\right)\mathrm{e}^{-E_a/RT} \tag{6.9.13}$$

将式(6.9.13)代入式(6.9.10)得:

$$\frac{A}{\beta}\int_{T_0}^{T}\mathrm{e}^{-E_a/RT}\mathrm{d}T = \frac{ART^2}{\beta E_a}\left(1-\frac{2RT}{E_a}\right)\mathrm{e}^{-E_a/RT}$$

即

$$\int_{0}^{x}\frac{\mathrm{d}x}{(1-x)^n} = \frac{ART^2}{\beta E_a}\left(1-\frac{2RT}{E_a}\right)\mathrm{e}^{-E_a/RT} \tag{6.9.14}$$

等式左边积分,得

$$\begin{cases} n=1, -\ln(1-x) \\ n\neq 1, \dfrac{1}{n-1}[(1-x)^{1-n}-1] \end{cases} = \frac{ART^2}{\beta E_a}\left(1-\frac{2RT}{E_a}\right)\mathrm{e}^{-E_a/RT} \tag{6.9.15}$$

式(6.9.15)两边同时除以 T^2,整理并取对数得:

$$\begin{cases} n=1, \ln\left[-\dfrac{\ln(1-x)}{T^2}\right] \\ n\neq 1, \ln\left[\dfrac{(1-x)^{1-n}-1}{T^2(n-1)}\right] \end{cases} = \ln\left[\frac{AR}{\beta E_a}\left(1-\frac{2RT}{E_a}\right)\right] - \frac{E_a}{R}\times\frac{1}{T} \tag{6.9.16}$$

由于对一般的反应温区和大部分的 E_a 值而言, $\dfrac{E_a}{RT}\gg 1$, $1-\dfrac{2RT}{E_a}\approx 1$,所以方程(6.9.16)右端第一项几乎是常数, $\ln\left[\dfrac{(1-x)^{1-n}-1}{T^2(n-1)}\right]$ 或 $\ln\left[-\dfrac{\ln(1-x)}{T^2}\right]$ 对 $\dfrac{1}{T}$ 作图,可得一直线,由直线斜率 $(-E_a/R)$ 可求得活化能 E_a,频率因子 A 由 $\ln\left[\dfrac{(1-x)^{1-n}-1}{T^2(n-1)}\right]$ 或 $\ln\left[-\dfrac{\ln(1-x)}{T^2}\right]$ 等于零时对应的 $1/T$ 值求出。

本章基本要求

1. 掌握动力学的基本概念。
2. 掌握简单级数反应的特点及相关计算。
3. 掌握用实验数据确定反应级数的方法。
4. 掌握平行、对峙及连串反应的特点及相关计算。
5. 掌握温度对反应速率影响、Arrhenius 经验式的各种表示形式及相关计算。
6. 理解活化能的物理意义及其对反应速率的影响,掌握活化能的求算方法。
7. 掌握链反应的特点,会用稳态近似、平衡态近似等方法从复杂反应机理推导速率方程。
8. 了解催化反应的特点及非等温反应动力学的处理方法。

自测题(单选题)

1. 在基元反应中,正确的是( )。
   (a) 反应级数与反应分子数总是一致
   (b) 反应级数总是大于反应分子数
   (c) 反应级数总是小于反应分子数
   (d) 反应级数不一定与反应分子数总是一致

2. 反应 A+B ⟶ C+D 的速率方程为 $r=kc_A c_B$，则反应（   ）。
(a) 是二分子反应
(b) 是二级反应但不一定是二分子反应
(c) 不是二分子反应
(d) 是对 A、B 各为一级的二分子反应

3. 下述定温、定容下的基元反应中，符合下图的是（   ）。
(a) 2A ⟶ B+D
(b) A ⟶ B+D
(c) 2A+B ⟶ 2D
(d) A+B ⟶ 2D

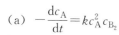

4. 对于反应 $2A+B_2 \xrightarrow{k} 3C$，下列式子中正确的是（   ）。
(a) $-\dfrac{dc_A}{dt}=kc_A^2 c_{B_2}$
(b) $-\dfrac{dc_A}{dt}=2kc_A^2 c_{B_2}$
(c) $-\dfrac{dc_A}{dt}=\dfrac{k}{2}c_A^2 c_{B_2}$
(d) $-3\dfrac{dc_A}{dt}=2\dfrac{dc_C}{dt}$

5. 某二级反应 2A ⟶ 产物的半衰期与 A 的初始浓度的关系是（   ）。
(a) 无关
(b) 成正比
(c) 成反比
(d) 与初始浓度的平方成正比

6. 反应 $H_2+I_2 \longrightarrow 2HI$ 和 $\dfrac{1}{2}H_2+\dfrac{1}{2}I_2 \longrightarrow HI$ 的（   ）相等。
(a) 热力学平衡常数 (b) 摩尔反应热 (c) 反应级数 (d) 反应进度

7. 在等容条件下，已知某均相反应的历程为 $A \underset{r_2}{\overset{r_1\ k_1}{\rightleftarrows}} B \underset{r_4\ k_4}{\overset{r_3\ k_3}{\rightleftarrows}} C$，$A \xrightarrow[k_2]{r_2} D$

k 是速率常数，r 为反应速率，按质量作用定律，不正确的关系是（   ）。
(a) $r_1=k_1 c_A$ (b) $r_2=k_2 c_A$ (c) $r_3=k_3 c_B - k_1 c_A$ (d) $r_4=k_4 c_C$

8. 阿累尼乌斯经验式适用于（   ）。
(a) 基元反应
(b) 基元反应和大部分非基元反应
(c) 对峙反应
(d) 所有化学反应。

9. 某气相 1-1 级平行反应 $M \xrightarrow{k_1} R$，$M \xrightarrow{k_2} S$，其指前因子 $A_1=A_2$，活化能 $E_1 \neq E_2$ 均与温度无关，现测得 298K 时，$\dfrac{k_1}{k_2}=100$，754K 时，$\dfrac{k_1'}{k_2'}=$（   ）。
(a) 2500
(b) 2.5
(c) 6.2
(d) 缺活化能数据，无法计算

10. 某反应 $nA \longrightarrow B$，反应物消耗 3/4 所需时间是其半衰期的 5 倍，此反应为（   ）。
(a) 零级反应 (b) 一级反应 (c) 二级反应 (d) 三级反应

11. 某化合物与水作用时，其起始浓度为 $1\text{mol} \cdot \text{dm}^{-3}$，1 小时后为 $0.5\text{mol} \cdot \text{dm}^{-3}$，2 小时后为 $0.25\text{mol} \cdot \text{dm}^{-3}$，则此反应级数为（   ）。

(a) 0　　　　　　(b) 1　　　　　　(c) 2　　　　　　(d) 3

12. 对于链反应，下面说法不正确的是（　　）。
(a) 链反应的共同步骤为：链的引发、传递及终止三步
(b) 支链反应在一定条件下可引起爆炸
(c) 链反应的速率可用稳态近似法和平衡态近似法处理
(d) 链反应的速率极快，反应不需要活化能

13. 物质 A 发生两个一级平行反应

设两反应的指前因子相近且与温度无关，已知 $E_1 > E_2$，则有（　　）。
(a) $k_1 > k_2$　　　　　　　　　　(b) $k_1 < k_2$
(c) $k_1 = k_2$　　　　　　　　　　(d) 无法比较 k_1 及 k_2 的大小

14. 已知反应 1 和反应 2 的活化能关系为 $E_2 > E_1$，且都在相同的升温区间内升温，则正确的是（　　）。
(a) $\dfrac{\mathrm{d}\ln k_2}{\mathrm{d}T} > \dfrac{\mathrm{d}\ln k_1}{\mathrm{d}T}$　　(b) $\dfrac{\mathrm{d}\ln k_2}{\mathrm{d}T} < \dfrac{\mathrm{d}\ln k_1}{\mathrm{d}T}$　　(c) $\dfrac{\mathrm{d}\ln k_2}{\mathrm{d}T} = \dfrac{\mathrm{d}\ln k_1}{\mathrm{d}T}$　　(d) $\dfrac{\mathrm{d}k_2}{\mathrm{d}T} > \dfrac{\mathrm{d}k_1}{\mathrm{d}T}$

15. 催化剂能极大地改变反应速率，以下说法不正确的是（　　）。
(a) 催化剂改变了反应历程
(b) 催化剂降低了反应的活化能
(c) 催化剂改变了反应的平衡，致使转化率大大地提高了
(d) 催化剂能同时加快正向和逆向反应速率

16. 某一反应在一定条件下的平衡转化率为 65.5%，当有催化剂存在时，其转化率应当是（　　）。
(a) 大于 65.5%　　(b) 小于 65.5%　　(c) 等于 65.5%　　(d) 不确定

17. 稳态近似法常用于处理下列哪种动力学问题（　　）。
(a) 一级反应　　(b) 基元反应　　(c) 对行反应　　(d) 连串反应

自测题答案
1. (d)；2. (b)；3. (c)；4. (d)；5. (c)；6. (c)；7. (c)；8. (b)；9. (c)；10. (d)；11. (b)；12. (d)；13. (b)；14. (a)；15. (c)；16. (c)；17. (d)

习题

1. 反应 $2A + B \longrightarrow D$ 的速率方程为：$-\dfrac{\mathrm{d}c_B}{\mathrm{d}t} = k c_A c_B$，298K 时，$k = 2 \times 10^{-4}$ dm^3·mol^{-1}·s^{-1}。若初始浓度 $c_{0,B} = \dfrac{1}{2} c_{0,A} = 0.02$ mol·dm^{-3}，求半衰期 $t_{1/2}$。

答案：1.25×10^5 s

2. 已知气相热分解反应 $B_2A_2(g) \longrightarrow B_2(g) + A_2(g)$ 为一级反应，在 593K 下，经 90min 时 B_2A_2 分解的分数为 0.112，求 593K 时反应的速率常数 k。

答案：2.2×10^{-5} s^{-1}

3. 25℃时，乙酸乙酯与NaOH的皂化作用，反应的速率常数为$6.36 dm^3 \cdot mol^{-1} \cdot min^{-1}$，若起始时酯和碱的浓度均为$0.02 mol \cdot dm^{-3}$，试求10min后酯的水解百分数。

答案：56%

4. 某物质A的分解反应为二级反应，当反应进行到A消耗了1/3时，所需时间为2min，若继续反应掉同样数量的A，应需多长时间？

答案：8min

5. 在313K时，N_2O_5在CCl_4溶剂中的分解为一级反应，初速度$v_0 = 1.00 \times 10^{-5} mol \cdot dm^{-3} \cdot s^{-1}$，反应1h后，速率$v = 3.26 \times 10^{-6} mol \cdot dm^{-3} \cdot s^{-1}$。试求：

(1) 313K时的反应速率常数；
(2) 313K时的半衰期；
(3) 初始浓度c_0。

答案：(1) $3.11 \times 10^{-4} s^{-1}$；(2) $2.23 \times 10^3 s$；(3) $0.0321 mol \cdot dm^{-3}$

6. 当有碱存在时，硝基氨分解为N_2O和H_2O是一级反应。在288K时，将0.806mmol NH_2NO_2放入溶液中，70min后，有$6.19 cm^3$气体放出（已换算成288K、1.013×10^5 Pa的干燥气体体积），求288K时该反应的半衰期。

答案：123.6min

7. 纯BHF_2被引入292K恒容的容器中，发生下列反应：
$$6BHF_2(g) \longrightarrow B_2H_6(g) + 4BF_3(g)$$
不论起始压力如何，发现1h后，反应物分解8%，求：

(1) 反应级数；
(2) 速率常数；
(3) 当起始压力是101325Pa时，2h后容器中的总压力。

答案：(1) 一级反应；(2) $0.083 h^{-1}$；(3) 98.7kPa

8. 反应A $\longrightarrow$ 2B在恒容反应器中进行，反应温度为373K，实验测得系统总压数据如下：

T/s	0	5	10	25	∞
p/kPa	35.6	40.0	42.7	46.7	53.3

已知$t = \infty$为A全部转化的时刻，该反应对A为二级反应，试推导以总压表示的反应速率公式，并求速率常数。

答案：$k_c = \dfrac{RT}{t} \times \dfrac{p_t - p_0}{(p_\infty - p_t)(p_\infty - p_0)}$；$0.0117 mol^{-1} \cdot dm^3 \cdot s^{-1}$

9. 对于反应$NH_4CNO \longrightarrow CO(NH_2)_2$，已知实验数据如下所示：

$c_0(NH_4CNO)/mol \cdot dm^{-3}$	半衰期/h
0.05	37.03
0.10	19.15
0.20	9.45

试求反应的级数。

答案：二级反应

10. 反应$2A + B \longrightarrow P$，其速率方程为$-\dfrac{dp_B}{dt} = k p_A^a p_B^b$。经实验发现，当$p_{A,0} : p_{B,0} =$

100∶1，在 1093.2K 时，反应的半衰期与 $p_{B,0}$ 无关。当 $p_{B,0}∶p_{A,0}=100∶1$，在 1093.2K 时，反应的半衰期与 $p_{A,0}$ 成反比。请确定 a，b 值。

答案：$a=2$；$b=1$

11. 物质 A 的热分解反应：A(g) ⟶ B(g)+C(g) 在密闭容器中定温下进行，测得其总压力随时间的变化如下：

t/min	0	10	30	∞
$p×10^6/\text{Pa}$	1.30	1.95	2.28	2.60

(1) 试确定反应级数；
(2) 计算速率常数 k；
(3) 试计算反应经过 40min 时的转化率。

答案：(1) 二级反应；(2) $7.77×10^4$ $(\text{Pa·min})^{-1}$；(3) 80%

12. 在一抽空的刚性容器中，引入一定量纯气体 A，发生如下反应：

$$A(g) \longrightarrow B(g)+2C(g)$$

设反应能进行完全，经一定时间恒温后，开始计时测定系统总压随时间的变化如下：

t/min	0	30	50	∞
$p_{总}/\text{Pa}$	53329	73327	79993	106658

求反应级数及速率常数。

答案：二级；$7.5×10^{-7}(\text{Pa·min})^{-1}$

13. 把一定量的 $PH_3(g)$ 引入有惰性气体的 600℃ 的烧瓶中，$PH_3(g)$ 分解为 $P_4(g)$ 和 $H_2(g)$（可完全分解），测得总压随时间的变化如下：

t/s	0	60	120	∞
$p×10^{-4}/\text{Pa}$	3.4984	3.6384	3.6734	3.6850

求反应级数及速率常数。

答案：一级；0.0232s^{-1}

14. 在 298.2K 时，下列反应可进行到底 $N_2O_5+NO \longrightarrow 3NO_2$。在 N_2O_5 的初始压力为 133.32Pa、NO 为 13332Pa 时，用 $\lg p(N_2O_5)$ 对时间 t 作图，得一直线，相应的半衰期为 2.0h。当 N_2O_5 和 NO 的初压各为 6666Pa 时，得到如下实验数据：

p（总）$/\text{Pa}$	13332	15332	16665	19998
t/h	0	1	2	∞

(1) 若反应的速率方程可表示为 $r=kp^x(N_2O_5)p^y(NO)$，从上面给出的数据求 x，y，k 的值；
(2) 如果 N_2O_5 和 NO 的初始压力分别为 13332Pa 和 133.32Pa，求半衰期 $t_{1/2}$ 的值。

答案：(1) $x=1$，$y=0$，$k=0.35\text{h}^{-1}$；(2) 0.0143h

15. 某化合物的分解是一级反应，该反应活化能 $E_a=14043×10^4\text{J·mol}^{-1}$，已知 557K 时该反应速率常数 $k_1=3.3×10^{-2}\text{s}^{-1}$，现在要控制此反应在 10min 内，转化率达到 90%，试问反应温度应控制在多少度？

答案：520K

16. 乙烯热分解反应 $C_2H_4 \longrightarrow C_2H_2+H_2$ 为一级反应，在 1073K 时，反应经过 10h 有 50% 的乙烯分解，已知该反应的活化能 $E_a=250.8\text{kJ·mol}^{-1}$，求此反应在 1573K 时，乙烯

分解50%需时多少？

答案：4.8s

17. 某基元反应 $2A \longrightarrow P$，在283K下A的起始浓度为$0.2\text{mol}\cdot\text{dm}^{-3}$时，A转化50%需4min，同样起始浓度在300K下A转化50%需1min。试求：

(1) 活化能 E_a；

(2) 300K的速率常数和指前因子；

(3) 若假设指前因子不随温度而变，求310K下A转化75%时所需的时间。

答案：(1) $57.56\text{kJ}\cdot\text{mol}^{-1}$；(2) $5\text{mol}^{-1}\cdot\text{dm}^3\cdot\text{min}^{-1}$，$5.265\times10^{10}\text{mol}^{-1}\cdot\text{dm}^3\cdot\text{min}^{-1}$；(3) 1.42min

18. 某气相反应 $A \longrightarrow P$，反应物分压为 p_A，p_A^{-1} 与时间t为直线关系，50°C下截距为150atm^{-1}，斜率为$2.0\times10^{-3}\text{atm}^{-1}\cdot\text{s}^{-1}$。试求

(1) 此条件下的半衰期 $t_{1/2}$？

(2) 已知活化能 $E_a=60.0\text{kJ}\cdot\text{mol}^{-1}$，计算此反应指前因子。

(3) 100°C反应物起始压力 $p_{A,0}=4.0\times10^{-3}\text{atm}$时，反应1000s后的转化率？

答案：(1) 75000s；(2) $1.00\times10^7\text{atm}^{-1}\cdot\text{s}$；(3) 13.8%

19. 基元反应 $D \longrightarrow B+C$，300K时，反应的半衰期为20min，310K时，反应的半衰期为10min，试求：

(1) 反应在300K时的速率常数 $k(300)=$？

(2) 反应的活化能 $E_a=$？

(3) 温度310K时，反应进行多长时间，反应速率为初速率的一半？

答案：(1) 0.0347min^{-1}；(2) $53.5\text{kJ}\cdot\text{mol}^{-1}$；(3) 10min

20. 反应 $A+2B \longrightarrow D$ 的速率方程为 $\dfrac{-\mathrm{d}p_A}{\mathrm{d}t}=kp_A^{0.5}p_B^{1.5}$

(1) 用 $p_{A,0}=250\text{kPa}$，$p_{B,0}=2p_{A,0}=500\text{kPa}$ 的起始压力，于一密闭容器中300K下反应20s后 $p_A=25\text{kPa}$，问继续反应20s时，$p_A=$？

(2) 初始压力相同，反应活化能 $E_a=40\text{kJ}\cdot\text{mol}^{-1}$，400K、反应20s容器中D的分压是多少？

答案：(1) 13.16kPa；(2) 249.5kPa

21. 反应 $2AB \xrightarrow{k_1} A_2+B_2$，$2AB \xrightarrow{k_2} A_2B+\dfrac{1}{2}B_2$ 是一平行二级反应，若使 $4\text{mol}\cdot\text{dm}^{-3}$ 的AB在1300K恒容下反应0.78s，测得有 $0.70\text{mol}\cdot\text{dm}^{-3}$ 的 A_2B 和 $1.24\text{mol}\cdot\text{dm}^{-3}$ 的 A_2 生成，试求 k_1 和 k_2 值。

答案：$k_1=6.66\text{mol}\cdot\text{dm}^{-3}\cdot\text{s}^{-1}$；$k_2=3.76\text{mol}\cdot\text{dm}^{-3}\cdot\text{s}^{-1}$

22. 已知反应 $2HI \underset{k_{-1}}{\overset{k_1}{\rightleftharpoons}} H_2+I_2$ 的正反应和逆反应均为二级反应，试求：

(1) 平衡常数与 k_1 及 k_{-1} 的关系；

(2) 正反应恒容反应热与正反应活化能 E_1 与逆反应活化能 E_{-1} 的关系。

答案：(1) $\dfrac{k_1}{k_{-1}}=\dfrac{[H_2][I_2]}{[HI]^2}$；(2) $E_1-E_{-1}=\Delta U$

23. 已知对峙反应 $A \underset{k_{-1}}{\overset{k_1}{\rightleftharpoons}} B$ 的 $k_1=0.006\text{min}^{-1}$，$k_{-1}=0.002\text{min}^{-1}$。若反应开始时，系统中只有反应物A，起始浓度为$1\text{mol}\cdot\text{dm}^{-3}$。计算反应进行100min后，产物B的浓度。

答案：0.413mol·dm^{-3}

24. 某一级平行反应

$$A \begin{smallmatrix} k_1 \\ \nearrow \\ \searrow \\ k_2 \end{smallmatrix} \begin{smallmatrix} B \\ \\ C \end{smallmatrix}$$

反应开始时 $c_{A,0} = 0.50$ mol·dm^{-3}，已知反应进行到 30min 时，分析可知 $c_B = 0.08$ mol·dm^{-3}，$c_C = 0.22$ mol·dm^{-3}，试求：

(1) 该时间反应物 A 的转化率（用百分号表示）；
(2) 反应的速率常数 $k_1 + k_2 = ?$ 及 $k_1/k_2 = ?$

答案：(1) 60%；(2) 0.03min^{-1}，0.36

25. 某一气相反应

$$A(g) \underset{k_2}{\overset{k_1}{\rightleftharpoons}} B(g) + C(g)$$

已知在 298K 时，$k_1 = 0.21$s^{-1}，$k_2 = 5 \times 10^{-9}$Pa^{-1}·s^{-1}，当温度升至 310K 时，k_1 和 k_2 的值均增加 1 倍，试求：

(1) 298K 时的平衡常数 $K_p^\ominus$；
(2) 正、逆反应的实验活化能；
(3) 反应热效应 $\Delta_r H_m$。

答案：(1) 420；(2) 44.36kJ·mol^{-1}，44.36kJ·mol^{-1}；(3) 0

26. 反应 $A + 2B \longrightarrow P$ 的可能历程如下：

$$A + B \underset{k_{-1}}{\overset{k_1}{\rightleftharpoons}} I$$

$$I + B \overset{k_2}{\longrightarrow} P$$

其中 I 为不稳定的中间产物。若以产物 P 的生成速率表示反应速率，试问：

(1) 什么条件下，总反应表现为二级反应；
(2) 什么条件下，总反应表现为三级反应。

答案：(1) $k_{-1} \ll k_2 c_B$；(2) $k_{-1} \gg k_2 c_B$

27. 乙醛的离解反应 $CH_3CHO \Longrightarrow CH_3 + CHO$ 是由下面几个步骤构成的：

$$CH_3CHO \overset{k_1}{\longrightarrow} CH_3 + CHO$$

$$CH_3 + CH_3CHO \overset{k_2}{\longrightarrow} CH_4 + CH_3CO$$

$$CH_3CO \overset{k_3}{\longrightarrow} CH_3 + CO$$

$$CH_3 + CH_3 \overset{k_4}{\longrightarrow} C_2H_6$$

试用稳态近似法导出：

$$\frac{d[CH_4]}{dt} = k_2 \left(\frac{k_1}{2k_4}\right)^{1/2} [CH_3CHO]^{3/2}$$

28. 光气热分解的总反应为 $COCl_2 \Longrightarrow CO + Cl_2$，该反应的历程为

(1) $Cl_2 \underset{k_{-1}}{\overset{k_1}{\rightleftharpoons}} 2Cl$

(2) $Cl + COCl_2 \xrightarrow{k_2} CO + Cl_3$

(3) $Cl_3 \underset{k_{-3}}{\overset{k_3}{\rightleftharpoons}} Cl_2 + Cl$

其中反应（2）为决速步，（1）、（3）是快速对峙反应，试证明反应的速率方程为

$$\frac{d[CO]}{dt} = k[COCl_2][Cl_2]^{1/2}$$

29. 反应 $2H_2O_2 \longrightarrow 2H_2O + O_2$ 的反应机理为：

$$H_2O_2 + I^- \longrightarrow H_2O + IO^- \tag{1}$$

$$H_2O_2 + IO^- \longrightarrow H_2O + I^- + O_2 \tag{2}$$

其中：I^- 为催化剂。

求：(1) 设 IO^- 处于稳态，试证明反应速率方程为 $\dfrac{dc_{O_2}}{dt} = kc_{I^-}c_{H_2O_2}$；

(2) 若设（1）为快速平衡，试推导反应速率方程。

30. 实验测得 N_2O_5 气相分解反应的反应机理为：

$$N_2O_5 \underset{k_{-1}}{\overset{k_1}{\rightleftharpoons}} NO_2 + NO_3$$

$$NO_2 + NO_3 \xrightarrow{k_2} NO_2 + O_2 + NO$$

$$NO + NO_3 \xrightarrow{k_3} 2NO_2$$

其中 NO_3 和 NO 是活泼中间物。

试用稳态法证明 N_2O_5 气相分解反应的速率方程为 $-\dfrac{d[O_2]}{dt} = k[N_2O_5]$。

第7章 表面现象与胶体分散系统

物质通常有气、液、固三种状态。密切接触的不同相态之间的过渡区称为界面，常见的界面有气-液界面、气-固界面、液-液界面、液-固界面和固-固界面。通常将其中一个接触相为气相时产生的界面称为表面。表面可以是单分子层，也可以是多分子层，一般认为有几个分子厚度。

表面现象研究的是在相表面上所发生的一些物理化学行为和现象。对于任何一个相表面，分布在表面层的分子与相内部的分子的受力情况、能量状态和所处的环境均不相同。以前我们处理问题时，通常将表面分子与相内部的分子等同起来，这是由于系统的表面积不大，表面层上的分子数目相对相内部而言是微不足道的，因此忽略表面性质对系统的影响。当物质形成高度分散系统时，所研究的系统有巨大的表面积，表面层分子在整个系统中所占的比例较大，表面性质就显得十分突出，若不考虑表面分子的特殊性，将会导致错误的结论。例如，将大块固体碾成粉末或做成多孔性物质时，其吸附量便显著增加。

研究表面现象无论是在理论上还是在实践上都有十分重要的意义。在理论上，表面现象是胶体化学、催化和纳米科学等学科的重要理论基础之一；在实践中，表面现象对催化剂的制备、日化品、纺织印染、造纸行业、农药使用、锄地保墒和原油的开采与集输等都有重要的指导意义。可以说，表面现象涉及工农业的各个领域，与人们的衣食住行各方面息息相关。表面现象的内容十分丰富，本章着重介绍表面张力、表面吸附和表面活性剂等方面的一些基本概念和应用。

§7.1 表面的基本概念

核心内容

1. 表面吉布斯函数、表面张力

(1) 表面吉布斯函数 σ 组成恒定的封闭系统在定温定压条件下，每增加单位表面积时，系统吉布斯函数的增量。单位为 $J \cdot m^{-2}$。

(2) 表面张力 σ 在一定温度和压力下，垂直作用于单位长度、与表面相切并指向液体方向的力称为液体的表面张力。单位是 $N \cdot m^{-1}$。

2. 吉布斯 (Gibbs) 吸附等温式

在一定的温度、压力下，溶质的表面吸附量 Γ 与溶液的浓度和表面张力间的关系可用吉布斯吸附等温式表示：

$$\Gamma = -\frac{c}{RT} \times \frac{d\sigma}{dc}$$

表面吸附量 Γ：单位面积的表面层所含溶质的物质的量比在相同溶剂量的本体溶液中所含溶质的物质的量的超出值，单位是 $mol \cdot m^{-2}$。

若 $\frac{d\sigma}{dc} < 0$，则 $\Gamma > 0$，即随着溶质浓度的增大，溶液的表面张力减小，表面吸附量为正，称为正吸附；若 $\dfrac{d\sigma}{dc}>0$，则 $\Gamma<0$，即随着溶质浓度的增大，溶液的表面张力增大，表面吸附量为负，称为负吸附。

7.1.1 表面吉布斯（Gibbs）函数

物质表面层的分子与内部分子周围的环境不同，任何一个相表面分子与内部分子的受力情况不同（如图 7.1.1 所示）。液相内部任何一个分子受四周邻近分子的作用力是对称的，各个方向的力彼此抵消，合力为零，分子在液体内部移动不需要做功。但液体表面层的分子，下方受到邻近液体分子的引力，上方受到气体分子的引力，由于与气体分子间的力小于液体分子间的力，所以表面分子所受的作用力是不对称的，合力指向液体内部，所以液体表面都有自动收缩成最小的趋势。

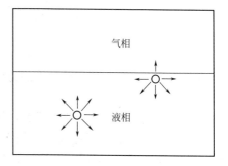

图 7.1.1 液体表面分子与内部分子的受力情况

显然，如果要把一个分子从内部移到表面，因克服内部的拉力而做功，这种在形成新表面过程中所消耗的功，称为表面功，是热力学中提到的除体积功外的一种非体积功 $\delta W'$。如果系统的组成不变，则在定温定压下，可逆地使表面积增加 dA 所需的功为：

$$\delta W' = \sigma dA \tag{7.1.1}$$

σ 为比例系数，它在数值上等于在 T、p 及组成恒定的条件下，增加单位表面积时所必须对系统做的可逆非体积功。根据热力学原理，在此条件下环境对系统做的表面功等于系统吉布斯函数的增加值，即 $\delta W' = (dG)_{T,p}$。所以对于组成恒定的封闭系统，σ 可表示为

$$\sigma = (\partial G/\partial A)_{T,p,n_B} \tag{7.1.2}$$

这里 σ 是指组成恒定的封闭系统在定温定压条件下，每增加单位表面积时，系统吉布斯函数的增量。也就是说当以可逆方式形成单位新表面时，环境对系统所做的表面功变成了单位表面层分子的吉布斯函数。因此 σ 被称为表面吉布斯函数，其单位为 $J \cdot m^{-2}$。

7.1.2 液体的表面张力

在日常生活中，如荷叶上的露珠、落地的水银等的表面都存在一种自动收缩成球形的力，这种在一定温度和压力下，垂直作用于单位长度、与表面相切并指向液体方向的力称为液体的表面张力。设想在液面上任意画一条线，将液面分作两部分，由于两部分液面上的表面张力都趋向于使各自的表面收缩，所以表面张力总是作用在该线的两侧，垂直于该线，沿着液面拉向两侧；如果表面是弯曲的，则表面张力的方向与液面相切。

设有一个细钢丝制成的框架，中间有一根可以自由移动的横杆 AB，若将此框架浸入肥皂水中然后取出，即可在整个矩形框架中形成一层肥皂水薄膜〔如图 7.1.2(a) 所示〕。

此时横杆受力达到平衡，静止于膜上。如果将横杆下边的肥皂膜刺破，则会发现横杆向上移动，这说明上面的液膜对横杆有向上的拉力，使液膜面积收缩，这就是表面张力。

如果在横杆下部挂一个大小合适的砝码〔图 7.1.2(b)〕，使横杆停止移动，稳定在某一位置上达到平衡，这时横杆与砝码的总重力与向上的拉力相等。设横杆的长度为 l，因为肥

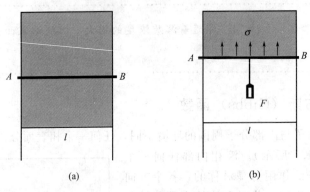

图 7.1.2 表面张力示意图

皂膜有两个表面，故作用在横杆上的力应该正比于 $2l$，即 $F \propto 2l$。写成等式为

$$F = \sigma \times 2l \tag{7.1.3}$$

式中，比例系数 σ 称为表面张力系数，简称为表面张力，单位是 $N \cdot m^{-1}$。

设若用力 F 将 AB 可逆地向下滑动微小距离 dx，力 F 所做的功是表面功，其大小为 $\delta W' = Fdx = \sigma \times 2ldx = \sigma dA$，对比此结果与式(7.1.1)和式(7.1.2)，可以发现表面张力和表面吉布斯函数虽然物理意义不同，但两者的数值相同、量纲相同，实际上是同一现象两种不同的表达方式，因此都用 σ 表示。

表面张力是普遍存在的，不仅在液体、固体表面有，在固-液界面、液-液界面以及固-固界面处也存在相应的表面张力。表面张力是表面化学中最重要的物理量，是产生一切表面现象的根源。

【例 7.1.1】 在 20℃ 时，将 1g 汞分散成直径为 7×10^{-8} m 微粒，试求过程的 ΔG。已知汞的密度为 $13.6 \times 10^3 \mathrm{kg \cdot m^{-3}}$，汞的表面张力为 $483 \times 10^{-3} \mathrm{N \cdot m^{-1}}$。

解：1g 汞的体积 $V = 1/\rho$，分散成直径为 7×10^{-8} m 微粒的粒数为

$$N = \frac{V}{\frac{4}{3}\pi r^3} = \frac{3}{4\pi r^3 \rho}$$

初始汞滴的表面积可忽略不计，因而

$$\begin{aligned}\Delta G &= \sigma N \times 4\pi r^2 \\ &= \left[483 \times 10^{-3} \times 4\pi (3.5 \times 10^{-8})^2 \times \frac{3}{4\pi \times (3.5 \times 10^{-8})^3 \times 13.6 \times 10^6}\right] \mathrm{J} \\ &= 3.04 \mathrm{J}\end{aligned}$$

7.1.3 溶液的表面吸附

液体的表面张力大小与液体的本性、温度和溶质性质有关。一般温度升高，表面张力减小。在液体中加入某种溶质时，液体的表面张力会发生变化。

溶液表面张力随溶质浓度变化的曲线，大致有图 7.1.3 所示的三种情况。第一种情况（A 线）为表面张力随浓度的增加而升高。如水中溶入无机盐、不挥发性酸碱，以及蔗糖、甘露醇等。第二种情况（B 线）是表面张力随溶质浓度的增加而降低，但降低的幅度不是很大。醇、醛、酸、酯等大部分有机化合物的水溶液便是如此。第三种情况（C 线）是低浓度下溶液的表面张力急剧下降，到一定浓度后表面张力随浓度的变化不大，这类物质主要是表面活性剂。

若溶质使液体表面张力增大，则溶质在溶液表面层的浓度小于其在溶液内部的浓度；若

溶质使液体表面张力减小，则溶质在溶液表面层的浓度大于其在溶液内部的浓度。这种溶质在溶液表面层的浓度与溶液内部的浓度不同的现象称为溶液表面吸附。在一定的温度、压力下，溶质的表面吸附量 $\varGamma$ 与溶液的浓度和表面张力间的关系，可用著名的吉布斯（Gibbs）吸附等温式表示：

$$\varGamma = -\frac{c}{RT} \times \frac{\mathrm{d}\sigma}{\mathrm{d}c} \qquad (7.1.4)$$

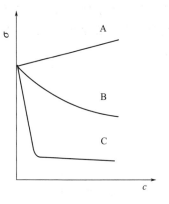

图 7.1.3 溶液表面张力与浓度的关系

式中，c 是溶液本体浓度；σ 是溶液的表面张力；$\dfrac{\mathrm{d}\sigma}{\mathrm{d}c}$ 是表面张力-浓度曲线上指定浓度处切线的斜率。表面吸附量 $\varGamma$ 的定义为：单位面积的表面层所含溶质的物质的量比在相同溶剂量的本体溶液中所含溶质的物质的量的超出值，单位是 $\mathrm{mol \cdot m^{-2}}$。应当明确，表面吸附量 $\varGamma$ 并非是溶液的表面浓度，而是溶液单位表面上与溶液内部相比时溶质的过剩量。但对表面活性物质来说，溶液浓度相当小，表面过剩量与溶液内部相比要大得多，这时吸附量可近似看作表面浓度。

若 $\dfrac{\mathrm{d}\sigma}{\mathrm{d}c}<0$，则 $\varGamma>0$，即随着溶质浓度的增大，溶液的表面张力减小，表面吸附量为正，称为正吸附；若 $\dfrac{\mathrm{d}\sigma}{\mathrm{d}c}>0$，则 $\varGamma<0$，即随着溶质浓度的增大，溶液的表面张力增大，表面吸附量为负，称为负吸附。

§7.2 表面活性剂

> **核心内容**
> 1. 定义
> 能使溶液表面张力显著降低的物质称为表面活性剂，其分子由亲水基和亲油基两部分构成。
> 2. 分类
> 表面活性剂可分为离子型和非离子型，离子型表面活性剂按生成的活性基团带电的正负性再分类为阳离子型、阴离子型以及两性表面活性剂。
> 3. 临界胶束浓度
> 表面活性剂在水溶液中形成胶束所需的最低浓度，称为临界胶束浓度，用 cmc 表示。

能使溶液表面张力显著降低的物质称为表面活性剂，其分子由亲水基和亲油基两部分构成。表面活性剂在纺织、造纸、农药、医药、食品、洗涤、采矿和石油等各个领域均有广泛的应用，由于其用途的重要性和性能的显著性，表面活性剂被誉为"工业味精"。

7.2.1 表面活性剂的分类

表面活性剂的分类方法有多种，一般认为按化学结构分类比较合适。即当表面活性剂溶于水时，凡能电离生成离子的就叫离子型表面活性剂，凡在水中不电离的就叫非离子型表面活性剂。离子型表面活性剂按生成的活性基团带电的正负性再分类为阳离子型、阴离子型以及两性表面活性剂。见图 7.2.1。

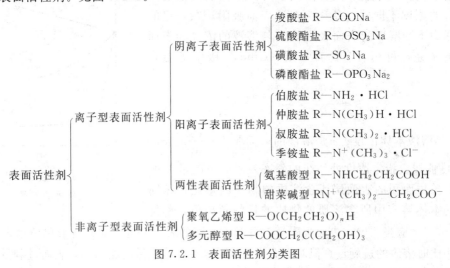

图 7.2.1　表面活性剂分类图

表面活性剂在实际使用时,往往是几种不同类型的表面活性剂混合使用,经复配后的表面活性剂系统性能会更加优异,这就是表面活性剂的复配增效作用。但应当注意,阴离子和阳离子型表面活性剂一般情况不混合使用(特殊用途除外),否则会发生沉淀而失去作用。

7.2.2　表面活性剂缔合系统

表面活性剂分子由于其结构上的两亲性特点,能够在气液界面上相对浓集。当浓度大到一定程度时达到饱和吸附,此时在界面上,表面活性剂分子整齐地定向排列,形成致密的单分子层。

在溶液内部,低浓度时表面活性剂分子会三三两两地将憎水基相靠拢分散在水中,随着浓度的升高,众多的表面活性剂分子会相互缔合为较大的聚集结构,形成球状、棒状或蠕虫状的"胶束"。形成胶束的表面活性剂分子其亲水的极性基朝外,与水分子接触,而非极性基朝里构成胶束的内核,避免受到水的排斥,这样形成的结构能够稳定存在。

表面活性剂在水溶液中形成胶束所需的最低浓度,称为临界胶束浓度,用 cmc 表示。临界胶束浓度与在溶液表面形成饱和吸附所对应的浓度基本一致。表面活性剂溶液的许多性质,如表面张力、电导率、渗透压、去污能力、增溶能力等,都以临界胶束浓度为分界而出现明显的转折(见图 7.2.2),可以通过这些性质随浓度变化规律的测量而得到临界胶束浓度的数值。

表面活性剂溶液在浓度超过 cmc 后,可自发形成许多不同的有序组合体,除了上述所说的胶束外,还可以形成囊泡、液晶、凝胶及微乳液等(见图 7.2.3)。这些有序组合体根据其形状和特性,有不同的应用价值,随着科学的发展,这个领域正在越来越受到人们的重视。

7.2.3　表面活性剂的 HLB 值

表面活性剂的分子中,既含有亲水基也含有亲油基,有关表面活性剂的结构、性质及应用等都与其两亲特性有关。表面活性剂的亲水亲油平衡值称为 HLB 值,1949 年 Griffin 率先提出 HLB 值的概念,表面活性剂的亲油或亲水程度可以用 HLB 值的大小判别,HLB 值

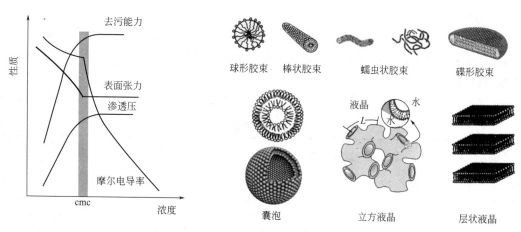

图 7.2.2　表面活性剂溶液的性质与浓度的关系

图 7.2.3　表面活性剂有序组合体

越大代表亲水性越强，HLB 值越小代表亲油性越强。通常以石蜡的 HLB 为 0，油酸的 HLB 为 1，油酸钾的 HLB 为 20，十二烷基硫酸钠的 HLB 为 40 作为标准，大多数表面活性剂的 HLB 值在 1～40（表 7.2.1）。HLB 在实际应用中有重要参考价值。

表 7.2.1　常用表面活性剂的 HLB 值

表面活性剂	HLB 值	表面活性剂	HLB 值
阿拉伯胶	8.0	吐温 40	15.6
西黄蓍胶	13.0	吐温 60	14.9
明胶	9.8	吐温 61	9.6
单硬脂酸丙二酯	3.4	吐温 65	10.5
单硬脂酸甘油酯	3.8	吐温 80	15.0
二硬脂酸乙二酯	1.5	吐温 81	10.0
单油酸二甘酯	6.1	吐温 85	11.0
十二烷基硫酸钠	40.0	卖泽 45（聚氧乙烯单硬脂酸酯）	11.1
司盘 20	8.6	卖泽 49（聚氧乙烯硬脂酸酯）	15.0
司盘 40	6.7	卖泽 51	16.0
司盘 60	4.7	卖泽 52（聚氧乙烯 40 硬脂酸酯）	16.9
司盘 65	2.1	聚氧乙烯 400 单月桂酸酯	13.1
司盘 80	4.3	聚氧乙烯 400 单硬脂酸酯	11.6
司盘 83	3.7	聚氧乙烯 400 单油酸酯	11.4
司盘 85	1.8	苄泽 35（聚氧乙烯月桂醇醚）	16.9
油酸钾	20.0	苄泽 30（聚氧乙烯月桂醇醚）	9.5
油酸钠	18.0	西土马哥（聚氧乙烯十六醇醚）	16.4
油酸三乙醇胺	12.0	聚氧乙烯氢化蓖麻油	12～18
卵磷脂	3.0	聚氧乙烯烷基酚	12.8
蔗糖酯	5～13	聚氧乙烯脂肪醇醚（乳白灵 A）	13.0
泊洛沙姆 188	16.0	聚氧乙烯壬基酚醚（OP）	15.0
阿特拉斯 G-3300（烷基芳基磺酸盐）	11.7	聚氧乙烯辛基酚醚	14.2
阿特拉斯 G-263（烷基芳基磺酸盐）	25～30	聚氧乙烯辛基酚醚甲醛加成物（TritonWR1339）	13.9
阿特拉斯 G-917（月桂酸丙二酯）	4.5		
吐温 20	16.7	聚氧乙烯月桂醚（平平加 O-20）	16.0
吐温 21	13.3		

表面活性剂 HLB 值的计算方法很多，常见的有基团数法和质量分数法。

(1) 基团数法

这种方法把 HLB 值看成是整个表面活性剂分子中各单元结构的作用总和,这些基团各自对 HLB 有不同的贡献(见表 7.2.2),按下列公式将各基团的基数加和起来,就是表面活性剂的 HLB 值:

$$HLB = 7 + \sum 亲水基数 - \sum 亲油基数 \tag{7.2.1}$$

表 7.2.2 亲水基和亲油基的基数

亲水基团	基团数	亲油基团	基团数
—SO$_4$Na	38.7	—CH—	0.475
—SO$_3$Na	37.4	—CH$_2$—	0.475
—COOK	21.1	—CH$_3$	0.475
—COONa	19.1	=CH—	0.476
—N=	9.4	—CH$_2$—CH$_2$—CH$_2$—O—	0.15

酯(失水山梨醇环)	6.8	—CH$_2$—CH$_2$—O—
		       |
		      CH$_3$
			0.15

酯(自由)	2.4		
—COOH	2.1	CH$_3$ | CH$_2$—CH—O—	0.15
—OH(自由)	1.9		
—O—	1.3	—CF$_2$—	0.870
—OH(失水山梨醇环)	0.5	—CF$_3$	0.870
—(CH$_2$CH$_2$O)—	0.33	苯环	1.662

(2) 质量分数法

本法适用于计算含有聚氧乙烯基的非离子型表面活性剂的 HLB 值,计算式为

$$HLB = \frac{亲水基质量}{总质量} \times 20 \tag{7.2.2}$$

式中,亲水基指的氧乙烯基的质量,若此分子完全是烃类,则 HLB=0;若分子是聚乙二醇,则 HLB=20。因此,这类非离子表面活性剂的 HLB 值在 0~20。

不同 HLB 值的表面活性剂,其用途也不一样(见表 7.2.3)。

表 7.2.3 不同用途表面活性剂的 HLB 值范围

HLB 值范围	1~3	3~6	8~18	12~15	13~15	15~18
主要用途	消泡剂	W/O 型乳化剂	O/W 型乳化剂	润湿剂	洗涤剂	增溶剂

7.2.4 表面活性剂的性能及应用

在人类的生产生活中,表面活性剂已经成为不可或缺的助剂,比如在民用洗涤、石油、纺织、农药、医药、冶金、采矿、机械、建筑、航空、电子、造纸、食品等领域,表面活性剂都得到了广泛的应用。表面活性剂的重要性源于其用量少、效果大的优异性能,下面介绍几种表面活性剂常见的性能。

(1) 增溶作用

一些非极性的碳氢化合物,如煤油、植物油、石蜡等在水中的溶解度是非常小的,但浓度超过 cmc 的表面活性剂水溶液却能"溶解"相当量的这些碳氢化合物。例如,苯在水中的溶解度很小,室温下 100g 水只能溶解约 0.07g 苯,但 100g 10%的油酸钠溶液却可以溶解约 9g 苯。这种难溶和不溶性有机物在表面活性剂胶束水溶液中溶解度增大的现象叫做增溶作用。

增溶作用是由胶束引起的,因此增溶作用必须在表面活性剂的临界胶束浓度之上才能发

生。有机物溶质进入胶束的疏水区是化学势降低的热力学自发过程。增溶后的溶液仍然保持透明的均相状态，增溶后溶液的依数性变化很小，说明溶液中总的粒子数变化不大。但 X 射线衍射实验测定发现，增溶后的胶束体积变大了。

实验证明，对于不同的溶质和胶束，它们的增溶机理是不同的，如图 7.2.4 所示。芳烃、脂肪烃和环烷烃等难溶于水的溶质增溶于胶束的内核之中；某些溶质本身也具有两亲性，如正丁醇，这类溶质是增溶在胶束的栅栏层；还有一些在水和溶剂中都不易溶解的有机染料粒子是吸附在胶束的表面。

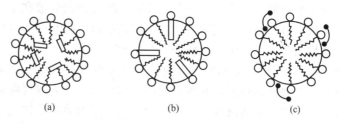

图 7.2.4　胶束增溶作用的示意图

增溶作用在洗涤、分离蛋白质、染色、乳液聚合、医药和石油领域都有广泛的应用。例如在采油工业中，利用表面活性剂的增溶作用可提高采收率，即所谓的"胶束驱"工艺。首先配制含有水、表面活性剂和助表面活性剂组成的胶束溶液，该系统既能润湿岩层，又能溶解大量原油，故在岩层间推进时能有效地洗下附于岩层上的原油，从而大大提高了原油的采收率。此法的缺点是成本太高，尚缺乏实际应用的条件。

(2) 润湿作用

在生产和生活中，人们常常需要改变某种液体对某种固体的润湿程度，有时要把不润湿变为润湿，有时则正好相反。表面活性剂的加入可以改变液体对固体的润湿性，如图 7.2.5 所示。当固体表面是疏水性时，加入表面活性剂，亲油基和亲油性的表面结合，在表面上形成一层吸附层，表面活性剂的亲水基朝向液体，这样表面就变成亲水性的了。反之，若固体是亲水的，表面活性剂的亲水基和亲水表面结合，而亲油基朝外，这样表面就变成了亲油性。

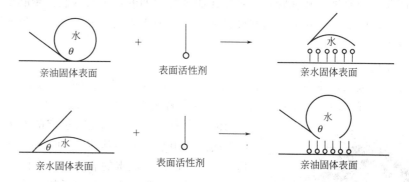

图 7.2.5　润湿转化作用

例如，普通的棉布因纤维中有醇羟基而呈亲水性，所以很易被水沾湿，不能防雨。过去曾采用将棉布涂油或上胶的办法制成雨布，虽能防雨但透气性变得很差，做成雨衣穿着既不舒适又较笨重。后经研究采用表面活性剂处理棉布，使其极性基与棉纤维的醇羟基结合，而非极性基伸向空气，使得与水的接触角加大，变原来的润湿为不润湿，制成了既能防水又可透气的雨布。实验证明，用季铵盐与氟氢化合物混合处理过的棉布经大雨冲淋 168h 而不透湿。

有时,也需要将不润湿的表面变成润湿性的表面。如喷洒农药杀灭害虫时,若农药溶液对植物茎叶表面润湿性不好,喷洒时药液易呈珠状而滚落地面造成浪费,留在植物上的也不能很好展开,杀虫效果不佳。若在药液中加入表面活性剂,提高润湿程度,喷洒时药液易在茎叶表面展开,可大大提高农药的利用率和杀虫效果。

(3) 乳化作用

一种液体以细小液珠的形式分散在另一种与它不互溶的液体之中所形成的系统称为乳状液。这两种不互溶的液体,一种是水或水溶液,另外一种统称为油。若油以小液珠形式分散在水中,称为水包油型乳状液,记作"O/W",如牛奶就是奶油分散在水中形成的 O/W 型乳状液;若水呈小水珠分散在油中,则称为油包水型乳状液,记作"W/O",如通常的石油采出液就是细小水珠均匀分散在油中形成的 W/O 型乳状液。

由于油-水的界面张力很大,油-水间形成的乳状液是不稳定的,必须加乳化剂提高稳定性。常用的乳化剂是一些表面活性剂,它可吸附在油水界面上,大幅度降低界面张力,并且形成的吸附膜具有一定强度能阻碍液珠的聚集。当采用离子型表面活性剂作乳化剂时,液珠界面的电荷斥力对乳状液的稳定也起重要作用。表面活性剂能使油-水系统形成稳定乳状液的作用称为乳化作用。

乳化作用的应用十分广泛。例如,高分子合成中的乳液聚合、农药剂型的配制、金属切屑液的制备等好多领域都要用到表面活性剂的乳化作用。在石油的钻采中,乳化降黏是解决稠油开采和输送的有效方法。在抽油井的套管环形空间中注入表面活性剂溶液,使之与稠油混合形成 O/W 型乳状液,从而使黏度大幅度降低,可用抽油机抽出。这种乳状液可常温输送,由于表面活性剂能吸附在管壁上形成一层亲水膜,管道的润湿性由亲油变为亲水,原油乳状液的内摩擦及与管壁的摩擦均为水相摩擦,因而管线摩阻也可大幅度降低,提高输送能力。乳化降黏形成的乳状液应具有适当的稳定性,既保证在开采输送过程中不能破乳,又要考虑不能影响集油站和炼厂的破乳脱水,所以乳化剂的选择是非常关键的问题。

有时,人们需要破坏乳状液的稳定性而使油水分离,这种作用称为破乳。原油中含有水分不仅会增加管道和储罐的负担,而且能够造成设备的腐蚀与结垢,因而 W/O 型的原油乳状液在进炼厂前必要进行破乳脱水,否则无法进行后期的加工与炼制。聚醚型的高分子表面活性剂是最常用的原油破乳剂,这些破乳剂能顶替油水界面上的乳化剂,形成强度较差的膜而使水滴聚集。

(4) 起泡作用

泡沫是气体分散在液体中所形成的系统,图 7.2.6 是一般气泡的结构示意图。由于气-液界面张力较大,气体的密度比液体低,气泡很容易逸出破裂。向液体中加入表面活性剂,再向液体中鼓气就可形成比较稳定的泡沫,这种作用称为起泡,用来产生泡沫的表面活性剂称为起泡剂。起泡剂一方面可降低水的表面张力,因为发泡时总的表面积会增加,降低表面张力后使系统的总表面能减小,系统才能稳定;另一方面可使形成的气泡膜有一定的机械强度和弹性,离子型的起泡剂还可使泡沫带电,静电斥力能使液膜稳定。在选矿、泡沫灭火、洗涤等过程中都需要不同类型的起泡剂。

在选矿中,由于某些矿石所含有用矿石较少,冶炼前需经富集。为此先将矿石粉碎成细末,投入水

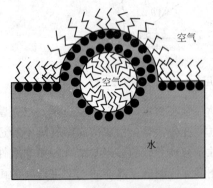

图 7.2.6 气泡的结构示意图

中。由于矿物和矿渣都易润湿，均沉于水底。在水中加入少量的某种表面活性剂，其极性基仅能与有用矿物表面发生选择性化学吸附，而非极性基向外伸展，因此当向水中鼓空气泡时，矿物粉末便逃离水相而附着在气泡上随之升到水面。与此同时，矿渣因不能吸附所加表面活性剂，其表面亲水仍沉在水底。这就是泡沫浮选富集矿物的基本原理。

在泡沫系统中除了有起泡剂外，还必须有某种稳泡剂，它使生成的泡沫更加稳定。例如在泡沫钻井泥浆中，所加的起泡剂为 $C_{12} \sim C_{14}$ 的烷基苯磺酸盐，稳泡剂是 $C_{12} \sim C_{16}$ 的脂肪醇以及聚丙烯酰胺等高聚物。

在许多过程中，由于产生气泡给工作增加了不少麻烦，如在造纸、制药及发酵等生产过程中，如果泡沫太多会使液体溢出，轻则浪费原料，重则引发事故，必须及时将多余的泡沫消除。常用的消泡剂有中短链醇、聚醚非离子表面活性剂及有机硅乳液等。

（5）去污作用

表面活性剂的去污作用是一个很复杂的过程，它与渗透、乳化、分散、增溶以及起泡等各种因素有关，需要多种表面活性剂的协同作用，所以合成洗涤剂是含有多种表面活性剂的混合物。

最早使用的洗涤剂是肥皂，它是用动植物的油脂与 NaOH 皂化而制得的硬脂酸钠。若在硬水中洗涤，硬脂酸钠会与水中的 Ca^{2+}、Mg^{2+} 等离子生成不溶性的脂肪酸盐，不但降低了肥皂的去污能力，而且还污染了织物的表面。近几十年来，合成洗涤剂工业发展迅速，用烷基硫酸盐、长链烷基苯磺酸盐和烷基聚氧乙烯醚等表面活性剂为原料，制成片状、粉状或液体状的各种合成洗涤剂，克服了肥皂的部分缺点，广泛应用于机械、汽车和日常生活的洗涤过程中。

§7.3　固体表面的吸附

核心内容

1. 物理吸附和化学吸附的区别

物理吸附的作用力是范德华力、吸附无选择性、不需要活化能，可以是单或多分子层吸附，吸附的分子不稳定，容易脱附。

化学吸附的作用力是吸附质与吸附剂分子之间的化学键力，化学吸附有选择性，一般为单分子层吸附，吸附过程需要一定的活化能。

2. 吸附等温线

温度一定时，反映吸附质平衡分压 p 与吸附量 q 之间关系的曲线称为吸附等温线。

3. Langmuir 吸附等温式

$$\theta = \frac{ap}{1+ap}$$

Langmuir 吸附等温理论的基本假设：固体表面是均匀的，吸附态分子之间无相互作用，吸附是单分子层的，吸附作用是吸附和解吸达到平衡的结果。

4. BET 吸附等温式

$$\frac{p}{V(p_s-p)} = \frac{1}{V_m C} + \frac{C-1}{V_m C} \times \frac{p}{p_s}$$

BET 吸附是多层吸附，该公式适用于低温物理吸附，在催化剂制备中用于测定固体比表面和孔径分布。

7.3.1 吸附作用

固体表面与液体表面一样，表面分子的受力是不均匀的，所以也有表面吉布斯函数和表面张力存在。由于固体不具有流动性，不能像液体那样以尽量减少表面积的方式降低表面能。但是固体表面分子能捕获使其表面张力降低的气体或液体分子，使它们在其表面浓集，试图将自己的表面掩盖起来，这种现象称为固体对气体或液体的吸附（adsorption）。被吸附的气体或液体称为吸附质（adsorbate），起吸附作用的固体称为吸附剂（adsorbent）。例如，通常用作干燥剂的硅胶，当它吸附空气中的水分时，硅胶就是吸附剂，水蒸气就是吸附质。

虽然一般固体都有吸附能力，但吸附剂主要是指比表面大、吸附能力强的多孔固体物质。常用的吸附剂有活性炭、硅胶、分子筛、硅藻土、活性氧化铝和交换树脂等，这些吸附剂都是多孔性物质，具有很大的内表面。吸附作用除与吸附剂和吸附质本身的化学特性有关外，也与吸附剂的结构特性紧密相关。吸附在生产实践和日常生活中应用非常广泛，如工业催化、气体的分离与纯化、废水的净化和中药的精制等，都与吸附现象有关。

7.3.2 物理吸附和化学吸附

按照吸附剂与吸附质分子之间作用力的不同，将吸附分为物理吸附和化学吸附。物理吸附的作用力是范德华（van der Waals）力，它存在于所有分子之间，吸附质以这种力在吸附剂表面凝聚，游离的吸附质又可在已吸附的分子上凝结，所以这种吸附无选择性，可以是单分子层，也可以是多分子层。吸附时的热效应相当于吸附质分子的凝聚热，这种吸附不需要活化能，温度升高，吸附量下降。物理吸附的稳定性较差，吸附的分子容易从固体表面逃脱而进入气相，该过程称为脱附（或称解吸）。

化学吸附的作用力是吸附质与吸附剂分子之间的化学键力，吸附剂表面某一位置被吸附质分子占据后，就不再吸附其他分子，所以化学吸附有选择性，为单分子层吸附，吸附过程需要一定的活化能。吸附热的数值接近化学反应热，吸附量会随着温度的升高而增加。例如，金属镍是一种很好的加氢、脱氢催化剂，氢分子首先在金属镍表面发生物理吸附，稍微加热，提供少量活化能，氢分子就从物理吸附转化为化学吸附，氢分子解离为氢原子，引发加氢（或脱氢）反应。

物理吸附与化学吸附的比较见表 7.3.1。

表 7.3.1 物理吸附与化学吸附的比较

项 目	物理吸附	化学吸附
吸附力	范德华力	化学键力
吸附分子层	被吸附分子可形成单分子层，也可形成多分子层	被吸附分子只能形成单分子层
吸附的选择性	无选择性,任何固体均能吸附任何气体,易液化者易被吸附	有选择性,指定吸附剂只对某些气体有吸附作用
吸附热	较小，与气体冷凝热相近	较大，接近于化学反应热
吸附速率	较快,受温度影响小,易达平衡,较易脱附	较慢,受温度影响大,不易达平衡,较难脱附

有时在同一固体表面上物理吸附与化学吸附会同时发生，在适当的条件下二者还可以相互转化，强的物理吸附与弱的化学吸附之间没有严格的界限。

7.3.3 吸附曲线

（1）吸附平衡与吸附量

气相中的分子可被吸附到固体表面上来，已被吸附的分子也可以脱附而逸回气相。在温度及气相压力一定的条件下，当吸附速率与脱附速率相等，即单位时间内被吸附到固体表面上来的气体量与脱附而逸回气相的气体量相等时,当达到吸附平衡状态,此时吸附在固体表面上的气体量不再随时间而变化。当达到吸附平衡时,单位质量吸附剂所能吸附的气体的物质的量或这些气体在标准状况下所占的体积,称为吸附量,以 q 表示。$q=n/m$ 或 $q=V/m$,其中 m 为吸附剂的质量。吸附量可用实验方法直接测定。

(2) 吸附曲线

由实验结果得知,对于一定的吸附剂和吸附质来说,吸附量 q 由吸附温度 T 及吸附质的分压 p 所决定。在 q、T、p 三个因素中固定其一而反映另外两者关系的曲线,称为吸附曲线,共分三种。

① 吸附等压线　吸附质平衡分压 p 一定时,反映吸附温度 T 与吸附量 q 之间的关系的曲线称为吸附等压线。等压线可用于判别吸附类型。无论物理吸附或者化学吸附都是放热的,所以温度升高时两类吸附的吸附量都应下降。物理吸附速率快,较易达到平衡,所以实验中确能表现出吸附量随温度而下降的规律。但是化学吸附速率较慢,温度较低时,往往难以达到吸附平衡,而升温会加快吸附速率,此时会出现吸附量随温度升高而增大的情况,直到真正达到平衡之后,吸附量才随温度升高而减小。因此,在吸附等压线上,若在较低温度范围内先出现吸附量随温度升高而增大,后又随温度升高而减小的现象,则可判定有化学吸附现象。

② 吸附等量线　吸附量一定时,反映吸附温度 T 与吸附质平衡分压 p 之间关系的曲线称为吸附等量线。在等量线中,T 与 p 的关系类似于克劳修斯-克拉佩龙方程,可用来求算吸附热 $\Delta_{ads} H_m$。即

$$\left(\frac{\partial \ln p}{\partial T}\right)_a = \frac{\Delta_{ads} H_m}{RT^2} \tag{7.3.1}$$

$\Delta_{ads} H_m$ 一定是负值,它是研究吸附现象的重要参数之一,其数值的大小常被看作是吸附作用强弱的一种标志。

③ 吸附等温线　温度一定时,反映吸附质平衡分压 p 与吸附量 q 之间关系的曲线称为吸附等温线,常见的有如图 7.3.1 所示五种类型。其中 Ⅰ 型为单分子层吸附,其余均为多分子层吸附的情况。在所有吸附曲线中,人们对等温线的研究最多,导出了一系列解析方程,称为吸附等温式,下面将专题讨论。

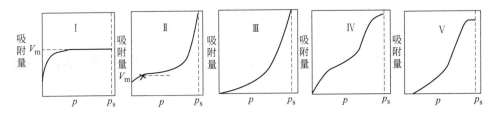

图 7.3.1　几种类型的吸附等温线

类型 Ⅰ 吸附等温线(例如 78K 时,N_2 在活性炭上的吸附)表现吸附量随压力的升高很快达到一个极限值 V_m,这种类型称为 Langmuir 型(简称 L 型)。L 型吸附是单分子层的,极限值 V_m 表示以单分子覆盖满了固体吸附表面,吸附量达到最大值,称为饱和吸附量。

类型 Ⅱ 吸附等温线(例如 78K 时,N_2 在硅胶上或铁催化剂上的吸附)表现固体表面上的多分子层物理吸附,低压时为单分子层吸附,中压时形成多分子层吸附,当压力高至接近吸附质的饱和蒸气压 p_s 时,会发生凝聚吸附,吸附量显著增大。这种吸附类型比较常见,通常称 S 型等温线。

类型 Ⅲ(例如 352K 时,Br_2 在硅胶上的吸附)和类型 Ⅴ(例如 373K 时,水蒸气在木

炭上的吸附）两种吸附等温线在比压较低部分都是向上凹的，说明中低压时分子层的吸附力较弱，这两类吸附比较少见。

类型Ⅳ吸附等温线（例如 323K 时，苯蒸气在氧化铁凝胶上的吸附）的低压部分与Ⅱ很相似，表明单层吸附较快，在较高压力部分与Ⅴ相似，发现有毛细凝结现象发生。在 $p/p_s \to 1$ 时趋于饱和，这个饱和值相当于吸附剂的孔充满了吸附质液体，由此可以求得吸附剂的孔体积。

7.3.4 吸附等温式

饱和吸附量 V_m 可以利用吸附等温式来计算。吸附等温式的类型很多，对于物理吸附、化学吸附、单分子层吸附、多分子层吸附所适用的吸附等温式一般都不相同，也有的一个吸附等温式可以适用于多种吸附。这里主要介绍两种比较常用的吸附等温式。

（1）Langmuir 吸附等温式

Langmuir 根据吸附试验数据，从动力学观点总结出了单分子吸附理论的相应的吸附等温式，他在推导等温式时引入的基本假定如下。

① 吸附是单分子层的。由于固体表面原子的力场没有达到饱和，有剩余的力场存在，所以气体分子碰到固体表面时，其中一部分被固体吸附并放出吸附热。但是气体分子只有碰撞到固体的表面空白时才有可能被吸附。固体表面盖满一层吸附分子后，力场得到饱和，不再有吸附能力，因此吸附是单分子层的。

② 表面是均匀的。已被吸附的分子当其热运动的动能足以克服吸附剂引力场的势垒时，又可重新返回气相，返回气相的机会不受邻近被吸附分子的影响，也不受吸附位置的限制，即被吸附分子之间无相互作用，吸附剂的表面是均匀的。

③ 吸附平衡是吸附与脱附的动态平衡。吸附开始时，因固体全是空白表面，吸附速率大于脱附速率。随着表面被气体分子覆盖的比例增加，吸附速率逐渐下降，而脱附速率逐渐增加。最后，两者速率相等，达到吸附平衡。

设表面被吸附分子覆盖的分数为 θ，则 $(1-\theta)$ 就是空白表面，吸附速率和脱附速率可分别表示为

$$v_a = k_a p (1-\theta)$$
$$v_d = k_d \theta$$

式中，v_a 是吸附速率，正比于吸附质压力 p 和空白表面分数 $(1-\theta)$；v_d 是脱附速率，正比于表面覆盖分数 θ；k_a 和 k_d 分别表示吸附和脱附的速率常数。达到吸附平衡时，吸附速率等于脱附速率，所以有

$$k_a p (1-\theta) = k_d \theta$$

$$\theta = \frac{k_a p}{k_d + k_a p}$$

令 $k_a/k_d = a$，a 称为吸附平衡常数（或吸附系数），代入上式，得

$$\theta = \frac{ap}{1+ap} \tag{7.3.2}$$

这就是 Langmuir 吸附等温式，它指出了表面覆盖分数与吸附质压力之间的关系。吸附平衡常数 a 的值与吸附剂、吸附质的本性和吸附温度等因素有关，a 值越大，表示吸附剂的吸附能力越强。式(7.3.2)有两种极限情况。

① 当压力很低或吸附很弱时，$ap \ll 1$，则 $\theta \approx ap$，θ 随着压力 p 的增加而线性增加。

② 当压力足够高或吸附很强时，$ap \gg 1$，则 $\theta \approx 1$，这是铺满单分子层的状态。

由于假定在一个有吸附能力的位置上只吸收一个分子,所以 $\theta=V/V_m$,V 代表压力为 p 时的实际吸附量,V_m 代表当在表面上铺满单分子层时的饱和吸附量。将这个关系带入式 (7.3.2),重排后得到 Langmuir 吸附等温式的另一个形式

$$\frac{p}{V}=\frac{1}{V_m a}+\frac{p}{V_m} \tag{7.3.3}$$

通过实验可测出不同压力 p 时的吸附量 V,以 p/V 对 p 作图,可得一条直线,从直线的截距和斜率可求得吸附平衡常数 a 和饱和吸附量 V_m 的值。有了 V_m 的值就可以计算吸附剂的比表面。由于 Langmuir 在推导吸附等温式时所引入的假定并不适合所有的吸附情况,所以用该等温式计算得到的结果只能符合一部分吸附实验数据。

【例 7.3.1】 在 240K 时,用活性炭吸附 CO(g),实验测得饱和吸附量为 $V_m=4.22\times 10^{-2}\,\mathrm{m^3 \cdot kg^{-1}}$。在 CO(g) 的分压 $p_{CO,1}=13.466\,\mathrm{kPa}$ 时,吸附量为 $V_1=8.54\times 10^{-3}\,\mathrm{m^3 \cdot kg^{-1}}$。设吸附服从 Langmuir 吸附等温式,试计算:

(1) 表面覆盖度 θ 和 Langmuir 吸附等温式中的吸附平衡常数 a;
(2) CO(g) 的分压 $p_{CO,2}=25.0\,\mathrm{kPa}$ 时的平衡吸附量和表面覆盖度。

解:(1) 表面覆盖度 θ 是指某压力下的平衡吸附量与饱和吸附量之比,即

$$\theta=\frac{V}{V_m}=\frac{8.54\times 10^{-3}}{4.22\times 10^{-2}}=0.20$$

Langmuir 吸附等温式

$$\theta=\frac{ap}{1+ap}$$

$$0.2=\frac{a\times 13.466\mathrm{kPa}}{1+a\times 13.466\mathrm{kPa}}$$

解得

$$a=1.86\times 10^{-5}\,\mathrm{Pa^{-1}}$$

(2) 在 CO(g) 的分压 $p_{CO,2}=25.0\,\mathrm{kPa}$ 时,代入 Langmuir 吸附等温式,得

$$\theta=\frac{ap}{1+ap}=\frac{1.86\times 10^{-5}\times 25.0\times 10^3}{1+1.86\times 10^{-5}\times 25.0\times 10^3}=0.32$$

$$V=\theta V_m=(0.32\times 4.22\times 10^{-2})\mathrm{m^3 \cdot kg^{-1}}=1.35\times 10^{-2}\,\mathrm{m^3 \cdot kg^{-1}}$$

从计算可知,覆盖度和吸附量随分压的增加而变大。

(2) BET 吸附等温式

布鲁诺尔(Brunauer)、埃米特(Emmett)、泰勒(Teller)在 Langmuir 等温式的基础上加以扩展,他们认为吸附不一定是单分子层的,已被吸附的分子依靠自身的范德华力可以再吸引同类分子,所以吸附可以是单分子层也可以是多分子层的,从而导出了另一个吸附等温式,称为 BET 二常数(V_m 和 C)公式。

$$\frac{p}{V(p_s-p)}=\frac{1}{V_m C}+\frac{C-1}{V_m C}\times \frac{p}{p_s} \tag{7.3.4}$$

式中,p_s 是吸附质在吸附温度时的饱和蒸气压;C 是与吸附热有关的常数;其余符号的意义与 Langmuir 等温式相同。以实验测定的 $\frac{p}{V(p_s-p)}$ 对比压 $\frac{p}{p_s}$ 作图,应得到一条直线,从直线的斜率和截距就可求出 V_m 和 C 的值。有了 V_m 的值,若吸附剂的质量和吸附质分子的截面积已知,就可以计算固体吸附剂的比表面。

测定吸附剂或固体吸附剂比表面的方法很多,用 BET 低温氮吸附测定比表面和孔径分布的方法应用很普遍。固体催化剂的比表面是衡量催化剂质量的重要参数之一,所以在多相

§7.4 液体对固体的润湿

> **核心内容**
>
> 1. 润湿和铺展
>
> 润湿是固体（或液体）表面上的气体被液体取代的过程。铺展是固-液界面取代气-固界面（或液-液界面取代气-液界面）的同时，又使气-液界面扩大的过程。
>
> 2. 杨氏方程
>
> $$\sigma_{s\text{-}g}=\sigma_{s\text{-}l}+\sigma_{g\text{-}l}\cos\theta\quad(\text{式中},\theta\text{ 为润湿角})$$
>
> (1) $\sigma_{s\text{-}l}>\sigma_{s\text{-}g}$ 时，$\cos\theta<0$，$\theta>90°$，液体对固体表面不润湿，θ 愈大，就愈不能润湿。
>
> (2) $\sigma_{s\text{-}l}<\sigma_{s\text{-}g}$ 时，$\cos\theta>0$，$\theta<90°$，液体对固体表面润湿，θ 愈小，润湿的程度就愈高。

润湿是固体（或液体）表面上的气体被液体取代的过程。前面在表面活性剂的性能及应用部分提到润湿的问题，本节主要讨论液体对固体表面润湿的一些基本理论。在一块水平放置的光滑的固体表面上滴上一滴液体，可能出现如下三种情况：一是液滴在固体表面上迅速地展开，形成液膜平铺在固体表面上，这种现象称为铺展；二是液滴在固体表面上呈单面凸透镜形，这种现象表明液体能润湿固体，如图 7.4.1(a) 所示；三是液滴呈扁球形，这种现象则表明液体不能润湿固体表面，如图 7.4.1(b) 所示。液体对固体表面润湿的情况，可用润湿角或杨氏方程表示。

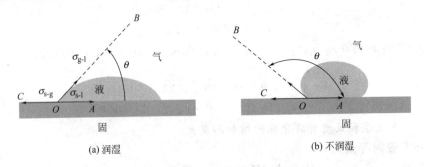

图 7.4.1 液体对固体表面的润湿图

7.4.1 润湿角与杨氏方程

图 7.4.1 为过液滴中心且垂直于固体表面的剖面图，图中 O 点为三个相界面投影的交点。固-液界面的水平线与过 O 点的气-液界面的切线之间的夹角 θ，称为润湿角（或接触角）。有三个力同时作用于 O 点处的液体上，这三个力实质上就是三个界面上的界面张力：$\sigma_{s\text{-}g}$ 力图把液体分子拉向左方，以覆盖更多的气-固界面；$\sigma_{s\text{-}l}$ 则力图把 O 点处的液体分子拉向右方，以缩小固-液界面；$\sigma_{g\text{-}l}$ 则力图把 O 点处的液体分子拉向液面的切线方向，以缩小气-液界面。在光滑的水平面上，当上述三种力处于平衡状态时，合力为零，液滴保持一定形状，并存在下列关系：

$$\sigma_{s\text{-}g}=\sigma_{s\text{-}l}+\sigma_{g\text{-}l}\cos\theta \qquad (7.4.1)$$

1805 年杨氏（T. Young）曾导出以上公式，故称其为杨氏方程。在一定 T、p 下，由杨氏方程可得以下结论。

(1) $\sigma_{s\text{-}l} > \sigma_{s\text{-}g}$ 时，$\cos\theta < 0$，$\theta > 90°$，液体对固体表面不润湿，θ 愈大，就愈不能润湿。当 θ 接近于 $180°$ 时，则称为完全不润湿。

(2) $\sigma_{s\text{-}l} < \sigma_{s\text{-}g}$ 时，$\cos\theta > 0$，$\theta < 90°$，液体对固体表面润湿，θ 愈小，润湿的程度就愈高，当 θ 趋近于零度时，液体几乎完全平铺在固体表面上，这种情况称为完全润湿。

7.4.2 铺展

铺展是固-液界面取代气-固界面（或液-液界面取代气-液界面）的同时，又使气-液界面扩大的过程。也就是说，一种液体完全平铺在固体表面上，或者是一种液体完全平铺在另一种互不相溶的液体表面上，皆称为铺展。我们只讨论液体在固体表面上的铺展。

由式(7.4.1)可知，当 $\theta = 0°$ 时，$\cos\theta = 1$，式(7.4.1)变为 $\sigma_{s\text{-}g} = \sigma_{s\text{-}l} + \sigma_{g\text{-}l}$，令

$$\varphi = \sigma_{s\text{-}g} - \sigma_{s\text{-}l} - \sigma_{g\text{-}l} \tag{7.4.2}$$

式中，φ 称为铺展系数。杨氏方程适用的范围是 $\varphi \leqslant 0$，铺展条件是 $\varphi \geqslant 0$。

从热力学的观点来看，铺展系数的物理意义为：在定温定压下，铺展过程系统的比表面吉布斯函数为负值，即

$$\Delta_{T,p} G(\text{比表面}) = \sigma_{g\text{-}l} + \sigma_{s\text{-}l} - \sigma_{s\text{-}g} = -\varphi \tag{7.4.3}$$

当 $\varphi > 0$ 时，$\Delta_{T,p} G$（比表面）< 0，铺展过程自动地进行，液体分子将高度地分散在固体表面上。

润湿与铺展在实践中得到了广泛的应用。天然的棉花纤维表面有一层不被水润湿的"脂"，制药棉时必须将这种脂脱掉，才能使棉花吸收大量的医用酒精溶液作消毒棉球等。棉花纤维在纺织、印染过程中也要经历脱脂过程，才能使染料很好地附在棉花纤维上，制成五彩缤纷的棉布。

【例 7.4.1】 $20°C$ 时，水的表面张力为 $72.8 \times 10^{-3} \text{N} \cdot \text{m}^{-1}$，汞的表面张力为 $483 \times 10^{-3} \text{N} \cdot \text{m}^{-1}$，汞-水的界面张力为 $375 \times 10^{-3} \text{N} \cdot \text{m}^{-1}$。试判断：水能否在汞的表面上铺展？

解：设水为液体 1，汞为液体 2。则液体 1 在液体 2 上铺展的条件为

$$\varphi = \sigma_{2\text{-}g} - \sigma_{1\text{-}2} - \sigma_{1\text{-}g} \geqslant 0$$

$$\varphi = (483 - 375 - 72.8) \times 10^{-3} = 35.2 \times 10^{-3} (\text{N} \cdot \text{m}^{-1}) > 0$$

故水能在汞上铺展。

§7.5 弯曲液面的特性

核心内容

1. 拉普拉斯方程

反映弯曲液面的附加压力 Δp 与弯曲液面曲率半径和表面张力关系，一般表示为 $\Delta p = 2\sigma/r$。

2. 毛细现象

将毛细管插在液体中，液体对管壁的润湿程度不同使管中液面变成凸面或凹面，因而产生附加压力，使管中液面下降或上升。

3. Kelvin 公式

$$RT \ln \frac{p_r}{p} = \frac{2\sigma M}{\rho r}$$

利用 Kelvin 公式解释自然界中的各种"新相难生成"现象。

7.5.1 弯曲液面的附加压力

(1) 弯曲液面附加压力的产生

在一定的大气压下，平面液体所受的压力就等于大气压力 p。而当液体表面呈弯曲形状时，液体内部除了承受环境的压力 p 外，还受到因表面张力的作用而产生的附加压力 Δp 的作用。对于图 7.5.1(a) 中所示凸液面，任取一个小截面，截面圆周线以外的液体对圆周线有表面张力的作用。由于表面张力的方向是切于表面并垂直作用于切线上，其合力使表面趋向于缩小，方向指向液体内部，这个合力就是附加压力 Δp。

凸液面受到的总压力 $p_凸$ 可表示为

$$p_凸 = p + \Delta p$$

对于图 7.5.1(b) 中的凹液面，由于附加压力的方向与环境压力的作用方向正好相反，因此，凹液面受到的总压力 $p_凹$ 可表示为

$$p_凹 = p - \Delta p$$

显然，在其他条件相同的情况下，凸液面液体所受的压力大于平面液体所受的压力，凹液面液体所受的压力小于平面液体所受的压力。

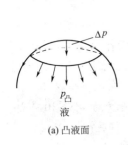 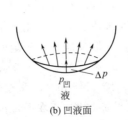 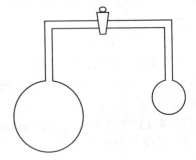

(a) 凸液面　　　(b) 凹液面

图 7.5.1　弯曲液面下的附加压力示意图　　　图 7.5.2　大、小气泡的体积变化示意图

表面张力使弯曲液面下产生附加压力的事实可通过图 7.5.2 的实验验证。当打开连接小泡和大泡的活塞时，小泡越缩越小，而大泡越胀越大，说明气泡内气流是从小泡流向大泡。这是由于小泡半径小，曲率大，产生的附加压力比大泡大。因此，小泡内部气体所受的压力大于大泡，故气流由小泡流向大泡。此实验表明，附加压力与曲率半径和表面张力有关。

(2) 拉普拉斯方程

为了导出弯曲液面的附加压力 Δp 与弯曲液面曲率半径和表面张力关系，假设有一半径为 r 的球形液滴，通过球的中心画一截面，如图 7.5.3 所示。

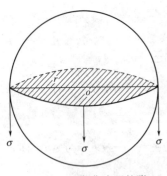

图 7.5.3　弯曲液面的附加压力示意图

沿着截面周界线两边的液面对周界线皆有表面张力的作用。若不考虑液体静压力的影响，以上半球为系统，则沿截面周界线上表面张力的合力 F，就等于垂直作用于截面上的力，所以

$$F = 2\pi r \sigma$$

垂直作用于单位截面积上的力，就是附加压力

$$\Delta p = F/(\pi r^2) = 2\pi r \sigma/(\pi r^2)$$

$$\Delta p = 2\sigma/r \tag{7.5.1}$$

上式即为拉普拉斯（Laplace）方程

对于凸液面，取 $r>0$，$\Delta p>0$。对于凹液面，习惯上取其曲率半径为负值，即 $r<0$，$\Delta p<0$，附加压力的方向指向气体。对于水平液面，因 $r\to\infty$，故其附加压力为零。

对于在空气中的小气泡，因其内外有两个气-液界面，泡内气体所承受的附加压力应比按式（7.5.1）计算的结果加大一倍，故

$$\Delta p = 4\sigma/r$$

表面张力的存在是弯曲液面产生附加压力的根本原因，而毛细管现象则是弯曲液面产生附加压力的必然结果。

7.5.2 毛细现象

把一支毛细管垂直地插入某液体中，该液体若能润湿管壁，液体在毛细管内上升，管中的液面将呈凹形，液-固界面的切线与管壁之间的夹角 θ 为润湿角，此时 $\theta<90°$，如图 7.5.4 所示。

由于附加压力 Δp 指向大气，使弯曲液面下的液体受到向上的提升力。在这种情况下，液体将被压入管内，直至上升的液柱所产生的静压力 $\rho g h$ 与附加压力 Δp 在数值上相等时，才可达到力的平衡状态，即

$$\Delta p = 2\sigma/r = \rho g h$$

由图 7.5.4 可以看出，$\cos\theta = R/r$，将此式与上式结合，可得液体在毛细管中上升的高度

$$h = 2\sigma\cos\theta/(R\rho g) \tag{7.5.2}$$

式中，σ 为液体的表面张力；ρ 为液体的密度；R 为毛细管的半径；θ 为润湿角。

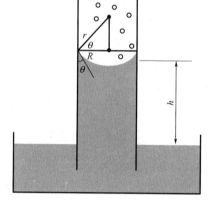

图 7.5.4 毛细管现象

当液体不能润湿毛细管内壁时，管内液面呈凸液面，$\theta>90°$，$\cos\theta<0$，则 h 为负值，表示管内凸液面下降的深度。

毛细现象的应用实例很多。例如，天旱时农民通过锄地可以保持土壤水分。一方面，锄地可以切断地表土壤的毛细管，防止土壤中的水分沿毛细管上升到表面而挥发；另一方面，由于水在土壤毛细管中呈凹液面，饱和蒸气压小于平液面，锄地切断的毛细管又易于使大气中水汽凝结，增加土壤水分。这就是锄地保墒的科学道理。

此外，植物茎叶对地下水分的吸收、血液在血管中的输送、石油在地层中的流动等过程中都存在毛细管现象。

7.5.3 弯曲液面的蒸气压与 Kelvin 公式的应用

在一定的温度和外压下，各种纯液态物质都有确定的饱和蒸气压。但实验表明，对于高度分散的微小液滴，饱和蒸气压不仅与液体的本性、温度和外压有关，而且还与微小液滴的半径大小有关，其定量关系可用开尔文（Kelvin）公式表示，即

$$RT\ln\frac{p_r}{p} = \frac{2\sigma M}{\rho r} \tag{7.5.3}$$

式中，p 为温度 T 时平面液体的饱和蒸气压；p_r 为半径为 r 的微小液滴的饱和蒸气压；σ、M 和 ρ 分别为液体的表面张力、摩尔质量和密度。表 7.5.1 是 25℃时水滴半径和相对蒸气压的关系。

表 7.5.1 25℃时水滴半径和相对蒸气压的关系

r/m	10^{-6}	10^{-7}	10^{-8}	10^{-9}
p_r/p	1.001	1.011	1.111	2.950

表中数据说明，在一定温度下，水滴越小，其饱和蒸气压越大，当 r 小到 10^{-9} m 时，其饱和蒸气压几乎为平液面蒸气压的 3 倍，此时蒸发速率很快。在化工生产中，常采用喷雾干燥的工艺，主要就是利用这个原理。

对于凹液面，例如水中的气泡，$r < 0$，$\ln(p_r/p) < 0$，则 $p_r < p$，即凹液面的饱和蒸气压小于平液面的饱和蒸气压。所以，在一定温度下，对于平液面尚未达到饱和的蒸气，但在毛细管内的凹液面，却可能已处于饱和或过饱和的状态，从而蒸气便凝结于毛细管内，这种现象称为毛细管凝结。硅胶常用来吸附空气中的水蒸气作为干燥剂，利用的就是这个道理。

【例 7.5.1】 在 270K 时，液体乙烷的饱和蒸气压 $p_0 = 22.1 \times 10^5$ Pa。今在液体乙烷中有一个半径为 3.6nm 的蒸气泡，当泡中全部是乙烷蒸气时，试计算泡中乙烷的蒸气压力。已知乙烷的摩尔质量 $M(C_2H_6) = 0.030 \text{kg} \cdot \text{mol}^{-1}$，表面张力为 $0.0035 \text{N} \cdot \text{m}^{-1}$，密度 $\rho = 406.5 \text{kg} \cdot \text{m}^{-3}$。

解： 因为蒸气泡的内部液面是曲面，根据 Kelvin 公式

$$RT\ln\frac{p_r}{p_0} = -\frac{2\gamma V_m(B,1)}{R'} = -\frac{2\gamma M(B,1)}{\rho R'}$$

代入已知的数据计算

$$\ln\frac{p_r}{p_0} = -\frac{2\gamma M(B,1)}{RT\rho R'}$$

$$= -\frac{2 \times 0.0035 \times 0.030}{8.314 \times 270 \times 406.5 \times 3.6 \times 10^{-9}} = -0.0639$$

$$\frac{p_r}{p_0} = 0.938$$

$$p_r = 0.938 p_0 = (0.938 \times 22.1 \times 10^5) \text{Pa} = 20.7 \times 10^5 \text{Pa}$$

显然，在这样小的蒸气泡中，蒸气压力仍小于平面液体的饱和蒸气压。

通过开尔文公式还可以解释很多的亚稳态现象。

① **过饱和蒸气** 当蒸气中不存在凝结中心时，蒸气可以达到很大的过饱和度而不凝结出液体，因为这时对平面液体而言蒸气虽已达到过饱和，而对于最开始形成的微小液滴来说，其蒸气压尚未达到饱和，所以在没有凝结中心时往往容易形成过饱和蒸气。如夏天常出现有云无雨的气象，就属于这种情况。人工降雨的基本原理也就是向云层过饱和水汽中喷射 AgI 小颗粒，提供凝聚凝结中心而使水汽凝结为雨滴落下。

② **过热液体** 液体达到沸点时，液体中最初形成的气泡半径极小，其蒸气压小于大气压，再加上附加压力和静压力的作用，微小气泡难以长大冒出，致使液体出现虽到沸点也不沸腾的过热现象。在这种过热液体里，外界扰动，克服微小气泡阶段，就会产生暴沸，即过热溶液容易产生暴沸。在液体中加入沸石（多孔性物质），加热时孔中储气逸出绕过了微小气泡产生的困难阶段，使液体过热程度大大降低，达到防止暴沸的目的。

③ 过冷液体 据相平衡原理,当液态与固态的化学势相等时,液态可逆地转化为固态。但由于最初形成的晶体颗粒极小,其蒸气压较大,液体在正常凝固点不能析出固体而成为过冷液体。若向过冷液体中投入小晶粒作晶种,则能使其迅速凝固。

§7.6 胶体的分类与制备

> **核心内容**
>
> 1. 胶体的定义及基本特征
>
> 分散相粒子半径在 1~100nm 的分散系统称为胶体分散系统,分散相粒子称为胶体粒子。胶体分散系统具有三个基本特性:多相性、高分散性和热力学不稳定性。
>
> 2. 胶体分散系统的分类
>
> (1) 按分散介质的相态,胶体分散系统可分为气溶胶、液溶胶和固溶胶。
>
> (2) 按性质分,胶体分散系统又可分为憎液溶胶、亲液溶胶和缔合胶体等。
>
> 3. 胶体的制备方法和溶胶的净化过程
>
> 胶体的制备有分散法和凝聚法两种方法,分散法是粒子尺寸由大到小的制备过程,而凝聚法是由小到大的制备过程。
>
> 在溶胶制备过程中,常引入或产生过量的电解质或其他杂质,除去过量的电解质及其他杂质以提高溶胶的纯度和稳定性,即溶胶的净化。溶胶净化最常用的方法是半透膜渗析法。

7.6.1 胶体的概念

一种或几种物质分散在另一种物质中所构成的系统称为分散系统。除了纯净物之外,一切混合物都是分散系统,如盐水、酒、牛奶、矿石、原油等都是分散系统。在分散系统中,被分散的物质称为分散相,起分散作用的物质称为分散介质。按分散相的大小,常把分散系统分为两类。

① 均相分散系统 分散相以分子、原子或离子均匀地分散在介质中的系统为均相分散系统(分子分散系统),又称为真溶液。分散相粒子半径小于 10^{-9}m,与分散介质间无相界面,为单相、热力学稳定系统。如蔗糖水溶液、空气等。

② 多相分散系统 分散相以比分子大得多的颗粒分散在介质中的系统为多相分散系统。分散相粒子是众多分子、原子或离子的聚集体,与分散介质间有相界面,为多相系统。根据分散相质点的大小不同,多相分散系统又分为两类。分散相粒子半径大于 10^{-7}m 的称为粗分散系统。它是一种用普通显微镜甚至肉眼也能分辨出来的多相系统,如牛奶、钻井泥浆等。分散相粒子半径在 $10^{-9} \sim 10^{-7}$m 的称为胶体分散系统,分散相粒子称为胶体粒子。胶体分散系统是一种高度分散的多相系统,用眼睛看或普通显微镜观察是透明的,与真溶液差不多。胶体粒子具有很大的比表面和很高的界面能,因此,粒子间有自动相互集结而降低其界面能的趋势,是热力学不稳定系统。习惯上,把分散介质为液体的胶体系统称为溶胶。例如,AgI 溶胶、SiO_2 溶胶、金溶胶等。

胶体分散系统具有三个基本特性:多相性、高分散性和热力学不稳定性。胶体的许多性质,如动力性质、光学性质、电学性质等,都是由这三个基本特性所引起的。

7.6.2 胶体的分类

按分散介质的相态,胶体分散系统可分为气溶胶、液溶胶和固溶胶。因为多种气体混合时一般都形成单一的均相系统,所以没有气-气溶胶。表 7.6.1 是胶体分散系统的八种类型。

表 7.6.1 胶体分散系统的八种类型

分散介质	分散相	名　称	实　例
气	固液	气溶胶 气溶胶	烟、尘 云、雾
液	固液气	溶胶、悬浮体、软膏 乳状液 泡沫	金溶胶、AgI 胶体、油漆、墨汁、牙膏、泥浆 牛奶、人造黄油、油水乳状液 肥皂水泡沫、奶酪
固	固液气	固态悬浮体 固态乳状液 固态泡沫	有色玻璃、照相胶片、某些合金 珍珠、黑磷(P-Hg)、某些宝石 泡沫塑料、沸石、面包

若按照性质划分,胶体分散系统又可分为憎液溶胶、亲液溶胶和缔合胶体等。

① 憎液溶胶　憎液溶胶是由如 AgI、$Fe(OH)_3$ 等难溶物质分散在液体介质(通常是水)中形成的溶胶。粒径为 1~100nm 的固体颗粒是由许多分子或原子组成,在一定程度上保留了原来宏观物体的性质。因为微粒具有很大的相界面,总的表面能很高,所以有自动聚结降低表面能的趋势,是热力学上的不稳定系统。一旦介质被蒸发,固体粒子聚结,如再加入介质,就不可能再变成原来的溶胶状态,这是一个不可逆的过程。憎液溶胶是本章研究的主要对象。

② 亲液溶胶　亲液溶胶是由分子大小已经达到胶体范围的大分子化合物(如蛋白质)溶解在合适的溶剂中形成的均匀溶液。从分散相与分散介质的形态上看,它们均匀地以分子形式混合,应属于均相分散系统。但由于分散相分子本身的大小已达到胶粒范围,它的扩散速率小、不能透过半透膜等性质与胶体系统相似,所以也称为溶胶。它与憎液溶胶不同的是,一旦将介质溶剂蒸发,大分子沉淀,若再加入介质,又会得到与原来一样的均匀溶液。它没有相界面,是热力学上稳定的、可逆的系统。

③ 缔合胶体　由表面活性物质缔合形成的胶束分散在介质中得到的外观均匀的溶液,或由缔合表面活性物质保护的一种微小液滴均匀分散在另一种液体介质中形成的微乳状液都称为缔合胶体。胶束或微乳液滴的大小也为 1~100nm,这种胶束溶液和微乳状液在热力学上属于稳定系统。

胶体分散系统是物理化学的一个重要分支,也是物理学、生物化学、材料化学、食品科学、药物学和环境科学等的重要研究对象,已逐渐发展为涉及几乎所有学科领域的纳米科学,所以掌握胶体分散系统的一些基本原理和性质是十分重要的。

7.6.3 胶体的制备

从分散度的大小来看,胶体介于真溶液与粗分散系统之间。胶体的制备过程可表示为

$$\text{粗分散系统} \xrightarrow[\text{大变小}]{\text{分散法}} \text{胶体系统} \xleftarrow[\text{小变大}]{\text{凝聚法}} \text{分子分散系统}$$

(1) 分散法

利用机械设备、气流、电、超声波等将粗分散的物料分散成胶体系统的方法称为分散法。下面介绍两种常用的分散方法。

① 胶体磨　它的主要部件是一高速转动的圆盘，每分钟的转速可高达 10000 转。磨盘与外壳之间的距离极小，物料在其间受到强烈的冲击与研磨。研磨又有湿法与干法之分，一般来说，湿法操作的粉碎程度更高。由于微小粒子易于重新聚结成大颗粒，故常在研磨时加入少量的表面活性剂作为溶胶的稳定剂，或加入溶剂冲淡。湿法的磨细粒度为 10^{-7} m。一般工业上用的胶体石墨、颜料及医用硫溶胶等都是使用胶体磨制成的。

② 气流粉碎　在装有两个高压喷嘴的粉碎室中，一个喷高压空气，一个喷物料，两束几乎是超音速的物流以一定角度相交，形成涡流，使粒子在互碰、摩擦和剪切力作用下被粉碎，这样得到的颗粒粒度可小于 10^{-6} m。农药的粉剂一般是采用这种方法得到的。

(2) 凝聚法

将分子、原子或离子的分散系统凝聚成溶胶的方法称为凝聚法，可分为物理凝聚法和化学凝聚法。蒸气凝聚法和溶液过饱和法属于物理凝聚法，这里着重介绍化学凝聚法。

化学凝聚是利用生成不溶性物质的化学反应控制析晶过程，使其停留在胶体尺度的阶段而得到溶胶。下面举例说明。

① 水解法　如利用 $FeCl_3$ 的水解反应制备 $Fe(OH)_3$ 溶胶。反应为
$$FeCl_3 + 3H_2O \longrightarrow Fe(OH)_3 + 3HCl$$
在不断搅拌下，将 $FeCl_3$ 稀溶液滴入沸腾的水中可生成红棕色、透明的 $Fe(OH)_3$ 溶胶，通过渗析除去过量的 Cl^-，即可得到稳定的带正电荷的 $Fe(OH)_3$ 溶胶粒子。

② 还原法　如用甲醛还原 $KAuO_2$，可制得红褐色的金溶胶。反应为
$$2KAuO_2 + 3HCHO + K_2CO_3 \longrightarrow 2Au + 3HOOCK + H_2O + KHCO_3$$

③ 复分解法　如 AgI 溶胶的制备。反应为
$$AgNO_3 + KI \longrightarrow AgI + KNO_3$$
若 $AgNO_3$ 过量，则得到带正电的 AgI 溶胶；若 KI 过量，则得到带负电的 AgI 溶胶。

7.6.4　溶胶的净化

在溶胶制备过程中，常引入或产生过量的电解质或其他杂质，除去过量的电解质及其他杂质以提高溶胶的纯度和稳定性，即溶胶的净化。溶胶净化最常用的方法是渗析法。此法一般采用羊皮纸、动物的膀胱膜、硝化纤维薄膜等作为半透膜，将溶胶置于半透膜制成的袋内，再放入水中，胶体粒子不能透过半透膜，多余的电解质或其他杂质的分子或离子能自动向水中扩散，经过一定时间的渗析，即达到净化的目的。为加快渗析作用，可加大渗析面积，适当地提高操作温度或外加电场。在外电场的作用下，正、负离子定向扩散的速度可加快，这种渗析方法称为电渗析。应当指出，过量的电解质能破坏溶胶的稳定性，但适量电解质的存在又是形成胶体系统必不可少的条件。因此，只能除去多余的电解质，以保持溶胶的稳定性。

胶体分散系统具有许多独特的性能，在胶体类产品的开发中，我们期望提高胶体的稳定性；而在另一些场合，如空气中的尘雾，生产、生活中的废水造成环境污染，我们又期望有效地破坏它。因此，我们必须对胶体的性能有所了解。

§7.7 溶　　胶

> **核心内容**
> 1. 溶胶的主要性质
> 溶胶的光学性质——丁达尔效应；溶胶的动力学性质——布朗运动；溶胶的电性质——电泳与电渗。
> 2. 溶胶的稳定与聚沉
> （1）DLVO 理论的基本要点：①导致胶粒聚结的原因是范德华引力产生的吸引能 E_A；②粒子间相互靠近时，双电层重叠产生的排斥作用能 E_R 对抗聚结；③当粒子间的总势能 $E_T = E_A + E_R$ 大于粒子的动能时，粒子间不能发生聚结，溶胶保持稳定。
> （2）电解质的聚沉作用　Schulze-Hardy 价数规则：反离子的价数愈高，其聚沉能力愈强。
> 感胶离子序：$H^+ > Cs^+ > Rb^+ > NH_4^+ > K^+ > Na^+ > Li^+$
> 　　　　　　$F^- > Cl^- > Bi^- > NO_3^- > I^- > SCN^- > OH^-$
> （3）高分子对溶胶的稳定和聚沉作用　高分子化合物对溶胶稳定性的影响具有两重性，一般在较低浓度下可使溶胶聚沉，较高浓度下反而会对溶胶起到稳定作用。

7.7.1　溶胶的性质

（1）溶胶的光学性质——丁达尔效应

当一束聚焦的光线通过胶体时，在与入射光垂直的方向上可以看到一个光亮的圆锥体，此现象称作丁达尔效应（图 7.7.1）。丁达尔效应是由光的散射引起的，由于胶粒特有的高分散度，粒径小于入射光的波长，当光束照射到胶体粒子上时，入射光使颗粒中的电子做与入射光同频率的强迫振动，于是分散颗粒像一个新光源一样，向各个方向发出与入射光相同频率的散射光。

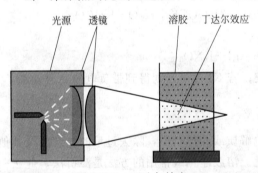

图 7.7.1　丁达尔效应

丁达尔效应是检验系统是否为胶体的简便有效的方法。当光束通过粗分散系统时，因粒径大于入射光的波长，主要发生反射现象；而当光束通过真溶液时，小分子发出的散射光相互干涉而抵消，几乎观察不到散射光。故丁达尔效应是溶胶特有的光学现象。

散射光的强度由瑞利根据稀溶胶的散射导出，瑞利公式的简化式可表示为

$$I = KnV^2/\lambda^4$$

式中，I 为散射光强度；λ 为入射光的波长；n 是单位体积中的粒子数；V 是每个胶粒的体积；K 是与折射率等有关的数值。

由瑞利公式可以得到，散射光的强度与入射光波长的 4 次方成反比，与单位体积中的粒子数成正比，同时还与胶粒的体积、折射率等因素有关。

（2）溶胶的动力学性质——布朗运动

1827 年，植物学家布朗在显微镜下发现悬浮于水中的花粉处于不停息、无规则的热运动，后来进一步发现粒度小于 4×10^{-6} m 的粒子在分散介质中均有此现象，这就是布朗运动（图 7.7.2）。产生布朗运动现象的原因，是胶体粒子受分散介质分子从各方面撞击、推动，每一瞬间合力的方向、大小不同，所以每一瞬间胶体粒子运动速度和方向都在改变，因而形成不停的、无秩序的运动。布

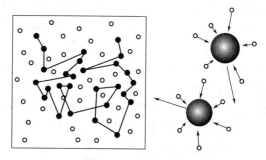

图 7.7.2　布朗运动

朗运动的速率取决于粒子的大小、温度及介质黏度等，粒子越小、温度越高、黏度越小则胶粒的运动速率越快。

对于粗分散系统的大颗粒，在每一时刻也都会受到周围分散介质分子不同方向的撞击，但一则颗粒面积大，接受的撞击次数多，不同方向的力互相抵消，二则因粒子质量较大，撞击造成的运动不显著，因而没有明显的布朗运动。

（3）溶胶的电性质——电泳与电渗

在外电场作用下，分散相与分散介质发生相对移动的现象，称为溶胶的"电动现象"。电动现象是溶胶粒子带电的最好证明。电动现象包括电泳和电渗两种。

① 电泳　在外电场的作用下，胶体粒子在分散介质中定向移动的现象称为电泳。图 7.7.3 是一种测定电泳速度的实验装置。实验时先在 U 形管中装入适量的 NaCl 溶液 [或 Fe(OH)$_3$ 溶胶的渗析辅助液]，再打开支管的旋塞从 NaCl 溶液的下方缓慢压入红棕色的 Fe(OH)$_3$ 溶胶，使二者之间有清晰的界面。通入直流电后可以观察到电泳管中正极一端界面下降，负极一端界面上升，即 Fe(OH)$_3$ 溶胶向负极方向移动，这证明了 Fe(OH)$_3$ 的胶体粒子带正电荷。

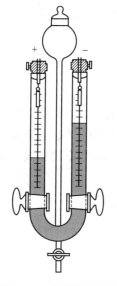

图 7.7.3　电泳仪装置图

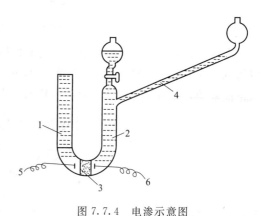

图 7.7.4　电渗示意图

1,2—盛液管；3—多孔膜；4—毛细管；5,6—电极

实验测出在一定时间间隔内界面移动的距离，即可求得粒子的电泳速度。实验表明，电势梯度愈大，粒子带电愈多，粒子的体积愈小，则电泳速度越快；介质的黏度愈大，电泳速

度越慢。研究电泳现象不仅有助于了解溶胶粒子的结构及电性质,在生产与科研中也有许多应用。例如汽车工业中的电泳涂漆、生物化学中的蛋白分离等,都采用的是电泳技术。

② 电渗 在以溶胶填充的多孔塞的两端施加一定的电压,液体介质通过多孔塞定向流动的现象称为电渗。如图 7.7.4 所示,把溶胶充满在多孔塞中固定,在多孔塞两端施加电压之后,可以观察到毛细管中液面发生了升降。若胶粒荷正电而介质荷负电,则液体介质向正极一侧移动;反之亦然。电渗现象表明溶胶中分散介质也是带电的。

③ 溶胶粒子带电的原因 溶胶粒子带电主要有两种原因。

一是吸附。胶粒由于比表面大、表面能高,容易选择性地吸附杂质离子。当吸附了正离子时,溶胶粒子带正电;吸附了负离子则带负电。不同情况下溶胶粒子容易吸附何种离子,这与被吸附离子的本性及溶胶粒子的表面结构有关。法扬斯规则表明,与溶胶粒子有相同化学元素的离子能优先被吸附。

二是电离。当分散相颗粒与分散介质接触时,颗粒表面分子发生电离,有一种离子溶于分散介质,因而使胶体粒子带电。

7.7.2 溶胶的胶团结构

溶胶中的固体分散相粒子称为胶核。胶核与其吸附的离子及紧密层中的反离子一起构成胶粒。胶粒加上扩散层的反离子一起构成胶团。胶粒带电,整个胶团保持电中性。电泳时胶粒朝某一电极移动,扩散层中的反离子朝另一电极移动。例如,对于用 $AgNO_3$ 与 KI 溶液混合制备的 AgI 溶胶,当 KI 或 $AgNO_3$ 适当过量时分别形成的胶团如图 7.7.5 所示。

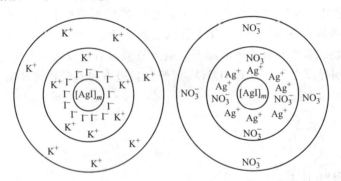

图 7.7.5 AgI 溶胶示意图

当 KI 过量时,多个 AgI 分子组成了胶核,以 $(AgI)_m$ 表示,胶核与吸附的 I^- 及紧密层中的 K^+ 一起构成胶粒,再加上扩散层的 K^+ 就构成了 AgI 胶团。AgI 胶粒带负电,电泳时朝正极移动,扩散层中的 K^+ 朝负极移动。AgI 胶团的结构也可用下列简式表示:

$$\underbrace{\underbrace{[AgI]_m \cdot \underbrace{nI^- \cdot (n-x)K^+}_{\text{紧密层}}}_{\text{胶粒}}]^{x-} \cdot xK^+}_{\text{胶团}}$$

其中,n 表示胶核吸附的 I^- 数,$n-x$ 是紧密层中的 K^+ 数。

7.7.3 溶胶的稳定与聚沉

(1) 溶胶的稳定

溶胶属于热力学不稳定系统，自发变化的趋势是小的胶粒合并成大胶粒，当胶粒的布朗运动不足以克服重力时而发生沉降，此现象称为聚沉。

溶胶的稳定性主要包含两个方面：一是胶粒的布朗运动对抗胶粒的重力沉降，从而使胶粒稳定地分散在介质中，称之为动力学稳定性；二是胶粒双电层的排斥作用阻碍胶粒合并，从而保持系统的分散度不变，称之为抗聚结稳定性。抗聚结稳定性是溶胶稳定的基础。此外，溶剂化也是溶胶稳定的原因之一。

20 世纪 40 年代，Derjaguin、Landau、Verwey、Overbeek 从能量的观点出发，提出了溶胶抗聚结稳定性理论，称为 DLVO 理论。

DLVO 理论的基本要点是：①导致胶粒聚结的原因是范德华引力产生的吸引能 E_A；②粒子间相互靠近时，双电层重叠产生的排斥作用能 E_R 对抗聚结；③当粒子间的总势能 $E=E_A+E_R$ 大于粒子的动能时，粒子间不能发生聚结，溶胶保持稳定。以两个相距为 H、半径为 r 的球形胶粒间的相互作用为例：

$$E_A = -\frac{Ar}{12H}$$

$$E_R = \frac{\beta r}{Z^2}\exp(-\kappa H)$$

$$E = E_A + E_R = -\frac{Ar}{12H} + \frac{\beta r}{Z^2}\exp(-\kappa H)$$

其中
$$\kappa = \left(\frac{2c_0 Z^2 e^2}{\varepsilon k T}\right)^{\frac{1}{2}}$$

上式中 $A=10^{-20} \sim 10^{-19}$ J，称之为 Hamaker 常数，温度一定 β 为常数；Z 为扩散层中反离子的价数；c_0 为溶液离子浓度。

以 E-H 作图，所得曲线叫势能曲线，如图 7.7.6 所示。

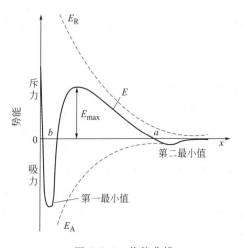

图 7.7.6 势能曲线

从图 7.7.6 可见，两胶粒相距较远时，如在第二极小处，$E<0$，此时粒子间的吸引能占优势；当两胶粒相互靠近时，双电层重叠、排斥能增大，并形成势垒。当胶粒的热运动能超过势垒时，胶粒间相互作用能 E 迅速下降，胶粒在第一极小处聚结变大，双电层被破坏。胶粒间的聚结过程为不可逆过程，胶粒间一旦发生聚结，便不可能自行重新分散。

当胶粒热运动能不足以克服势垒时，胶粒间相互分开，从而保持其抗聚结稳定性。当势垒很大，胶粒的布朗运动不足以对抗粒子的重力沉降时，胶粒可在第二极小区沉降并与介质相分离，此时胶粒没有实质性的合并，经摇动可恢复，故为可逆过程。溶胶的抗聚结稳定性主要取决于其势垒的高低。胶粒的双电层厚度愈大，电动电势愈高，所形成的势垒愈高，胶体越稳定。

（2）溶胶的聚沉

溶胶的稳定性是暂时的、相对的和有条件的，溶胶一旦聚沉便失去了表观上的均匀性，所具有的一些特性也将消失。溶胶的聚沉是热力学不可逆过程，已经聚沉的溶胶不可能自动再分散成原来的状态。影响溶胶聚沉的因素很多，包括：溶胶的浓度、温度、溶胶间的相互作用、外加电解质和高分子等。

① 电解质 溶胶对外加电解质非常敏感，少量电解质的存在有利于溶胶稳定，过量电解质会导致溶胶聚沉。通常用聚沉值来表示电解质的聚沉能力。所谓聚沉值是使溶胶发生明显聚沉所需电解质的最低浓度。聚沉值越小，聚沉能力越强。表 7.7.1 是不同电解质对几种溶胶的聚沉值。

表 7.7.1 不同电解质的聚沉值   单位：$mmol \cdot dm^{-3}$

As_2S_3（负溶胶）		AgI（负溶胶）		Al_2O_3（正溶胶）	
LiCl	58	$LiNO_3$	165	NaCl	43.5
NaCl	51	$NaNO_3$	140	KCl	46
KCl	49.5	KNO_3	136	KNO_3	60
KNO_3	50	$RbNO_3$	126	K_2SO_4	0.30
KAc	110	$Ca(NO_3)_2$	2.40	$K_2Cr_2O_7$	0.63
$CaCl_2$	0.65	$Mg(NO_3)_2$	2.60	K_2CrO_4	0.69
$MgCl_2$	0.72	$Pb(NO_3)_2$	2.43	$K_3[Fe(CN)_6]$	0.08
$MgSO_4$	0.81	$Al(NO_3)_3$	0.067		
$AlCl_3$	0.093				

电解质的聚沉能力一般有如下规律。

a. 电解质对某种溶胶的聚沉主要是由与胶粒带相反电荷的离子，即反离子决定的。反离子的价数愈高，其聚沉能力愈强，这就是舒尔采-哈迪（Schulze-Hardy）的价数规则。如 KCl、$MgCl_2$、$AlCl_3$ 对负电溶胶的聚沉能力之比为 1∶71∶532，一般可近似表示为离子价数的 6 次方之比，即 $1^6 : 2^6 : 3^6$。但也有反常现象，如 H^+ 虽为一价，却有很强的聚沉能力。

b. 同价离子的聚沉能力虽然相近，但由于离子的半径大小不同其聚沉能力也有差别。常见的一价正、负离子对带相反电荷胶体粒子的聚沉能力可排序为

$$H^+ > Cs^+ > Rb^+ > NH_4^+ > K^+ > Na^+ > Li^+$$
$$F^- > Cl^- > Br^- > NO_3^- > I^- > SCN^- > OH^-$$

这种将带有相同电荷的离子按聚沉能力大小排列的顺序，称为感胶离子序。但是在上述排列中，H^+ 和 OH^- 皆具有反常行为。

【例 7.7.1】 将浓度为 $0.09 mol \cdot dm^{-3}$ 的 KI 溶液与浓度为 $0.10 mol \cdot dm^{-3}$ 的 $AgNO_3$ 溶液等体积混合，在所制备的溶胶系统中分别加入浓度相同的 Na_2SO_4、$CuSO_4$ 和 $MgCl_2$ 溶液，试判断哪种电解质聚沉能力最强？

解：在制备溶胶时，因为 $AgNO_3$ 过量，AgI 胶核优先吸附银离子，所得胶粒带正电，则外加电解质中阴离子价数越高，聚沉能力越强，所以 Na_2SO_4 和 $CuSO_4$ 要比 $MgCl_2$ 强得多。Cu^{2+} 的价数比 Na^+ 高，所以 Na_2SO_4 的聚沉能力还要比 $CuSO_4$ 强一点，所以聚沉能力最强的是 Na_2SO_4。

② 高分子 高分子化合物对溶胶稳定性的影响具有两重性，在不同浓度下既可使溶胶稳定，也可使溶胶聚沉。见图 7.7.7。

当加入少量高分子时，溶胶往往可能发生聚沉，高分子的这种作用称为敏化作用。溶胶因敏化作用引起的聚沉常称为絮凝。其原因可从三个方面说明。一是搭桥效应：一个长碳链的高分子化合物，可以同时被吸附在许多个分散相的微粒上，即高分子化合物起到搭桥的作用，把许多个胶粒联结起来，变成较大的集合体而聚沉。二是脱水效应：高分子化合物对水分子有更强的亲和力，由于它的溶解与水化作用，使胶体粒子脱水，失去水化外壳而聚沉。

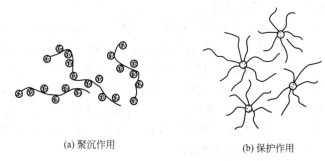

(a) 聚沉作用　　　　　　(b) 保护作用

图 7.7.7　高分子化合物对溶胶聚沉和保护作用示意图

三是电中和效应：离子型的高分子化合物吸附在带电的胶体粒子上，可以中和分散相粒子的表面电荷，使粒子间的静电斥力降低，而使溶胶聚沉。高分子化合物对溶胶的聚沉作用，广泛应用于工业污水的处理和净化、化工操作中的分离和沉淀以及有用矿泥的回收等。它比无机聚沉剂效率高，聚沉速度快，且沉淀物块大而疏松，便于过滤。

若在溶胶中加入较高浓度的高分子，许多个高分子的同一端吸附在胶粒的表面上，或者是许多个高分子环绕在胶粒的周围，形成水化外壳，将胶粒完全包围起来，阻止了胶粒之间或胶粒与电解质之间的直接接触，反而会起到稳定和保护溶胶的作用。

§7.8　乳状液与微乳液

核心内容

1. 乳状液的分类

常见的乳状液可分为 O/W 和 W/O 两种类型，鉴别的方法有稀释法、染色法、电导法等。影响乳状液类型的因素很多，掌握常见的定向楔理论、相体积理论、聚结速度理论及 Bancroft 规则等规律。

2. 乳状液的稳定与破乳

乳化剂提高乳状液稳定的机理包括降低油水界面能、形成界面双电层和界面膜的形成。乳化剂选择方法有 HLB 法与 PIT 法。

乳状液的破乳措施分为物理法和化学法。

7.8.1　乳状液的定义与分类

乳状液（Emulsion）是一种液体以小液滴的形式分散在另一种与其不相溶的液体中构成的多相分散系统，其分散相粒子的直径一般在 $0.1\sim 10\mu m$。其分散相液滴对可见光具有反射和折射作用，故外观不透明或半透明，常呈乳白色或灰蓝色。

（1）乳状液的类型

乳状液为多相分散系统，其中一相为水或水溶液，称为水相，以符号"W"表示，另一相为与水不相混溶的有机液体，称为油相，以符号"O"表示。乳状液的类型常见的有两种：一种是油为分散相，亦称内相（inner phase），水为分散介质，即外相（outer phase），所形成的乳状液称水包油型，用 O/W 表示；若水为内相，油为外相，所形成的乳状液为油包水型，用 W/O 表示。

乳状液的类型可通过以下方法来鉴别。

① 稀释法　根据乳状液能被外相液体稀释的原理，若向乳状液中加水，乳状液能被分散稀释的为 O/W 型；不能被水稀释，即加水后变黏稠或分层者为 W/O 型。

② 染色法　将适量的水溶性染料加到乳状液中，若乳状液呈均匀连续的染料颜色，说明水为外相，属 O/W 型乳状液；若观察颜色不连续，说明水为内相，属 W/O 型乳状液。

③ 电导法　乳状液的电导取决于其外相，水溶液的电导远大于油，故 O/W 型乳状液的电导率通常大于 W/O 型。但使用离子型乳化剂或水相含量很大的 W/O 型乳状液的电导率也颇为可观。电导法常用于乳状液转型的确定。

(2) 影响乳状液类型的因素

在乳状液的制备中，除油水两种组分外，还需加入第三种组分——乳化剂。常用的乳化剂有合成表面活性剂，包括阴离子型、阳离子型、两性和非离子型表面活性剂；天然产物乳化剂，如动植物胶、卵磷脂等；固体粉末乳化剂，如黏土、碳酸钙等。

影响乳状液类型的因素很多，人们在长期的实践中总结出了定向楔理论、相体积理论、聚结速度理论及 Bancroft 规则等规律。

① 定向楔理论　乳化剂在油-水界面吸附并紧密排列时，若其亲水基和疏水基体积相差较大，可形成楔子状，由于内相液滴的弧度，与乳化剂大的一端亲和的液相将构成乳状液的外相，另一相成内相。如 1 价金属皂为乳化剂时，可得到 O/W 型乳状液；若为高价金属皂时，疏水基为多链，则得到 W/O 型乳状液。

② 相体积理论　Ostwald 根据半径相同的圆球最密堆积时，圆球体积占 74%，空隙占 26%，认为形成乳状液的类型与油、水两相的体积分数有关。若体积分数 $\varphi > 74\%$ 或 $\varphi < 26\%$，则只形成一种类型的乳状液，体积分数大的为外相；若 φ 在 26%～74%，则 O/W 型和 W/O 型均可形成。实际上，由于内相液珠的可变形性，反常的例子很多。如在原油的降黏开采或输送过程中，加 20% 体积比的降黏剂水溶液，即可形成 O/W 型原油乳状液。

③ Bancroft 规则　Bancroft 认为，形成乳状液的类型取决于乳化剂在油水两相的溶解度，乳化剂溶解度大的一相为外相。例如钠皂易溶于水，钙皂易溶于油，用钠皂作乳化剂时形成 O/W 型乳状液，而用钙皂作乳化剂时易形成 W/O 型乳状液。

7.8.2　乳状液的稳定与破乳

(1) 乳状液的稳定性

乳状液为高度分散的多相系统，属热力学不稳定系统。但是，若选择合适的乳化剂且制备方法得当，亦可获得动力学稳定的乳状液。乳化剂提高乳状液稳定的机理可归结为以下几个方面。

① 降低油水界面能。多数乳化剂为表面活性剂，当加入表面活性剂后，表面活性剂在油-水界面上吸附，可使油-水界面能显著降低，从而减缓液珠聚集的趋势，提高乳状液的稳定性。

② 形成界面双电层。乳状液的液珠吸附带电离子或因乳化剂分子是离子型表面活性剂，带电的液珠界面可形成扩散双电层。当液珠靠近时，双电层重叠产生的静电斥力能阻止液珠的进一步靠近，从而维持乳状液的稳定性。

③ 界面膜的形成。非离子型的乳化剂或高分子型的乳化剂在液珠的界面吸附，形成牢固的界面膜，此膜有一定的强度，对分散相液珠起保护作用，使其在相互碰撞后不易合并。

(2) 乳化剂的选择

要制备有一定相对稳定性的乳状液，乳化剂的选择非常重要。由于油、水相的性质，乳化方法及乳状液类型的不同，可选的乳化剂也不一样。常见的乳化剂选择方法有两种：

HLB 法与 PIT 法。前者适用于各类表面活性剂,但未涉及温度、油水比的影响;后者是关于温度的影响,但一般只适用于非离子表面活性剂。

① HLB 法 在乳状液的制备中,HLB 值是选择乳化剂的重要依据。对于一个给定的油-水系统,存在一个乳化的最佳 HLB 值。表 7.8.1 是一些具体乳状液所需要的最佳 HLB 值。由不同 HLB 值的表面活性剂可以复配出所需的最佳 HLB 值的乳化剂。混合表面活性剂的 HLB 值具有加和性,即可按组成中各表面活性剂的质量分数加以计算:

$$\text{HLB}_{A,B} = \text{HLB}_A w_A + \text{HLB}_B w_B$$

表 7.8.1 乳化各种油所需的 HLB 值

油相	HLB 值		油相	HLB 值	
	O/W	W/O		O/W	W/O
石蜡	10	4	蓖麻油	14	—
蜂蜡	9	5	苯	15	—
石蜡油	7~8	4	甲苯	11~12	—
芳烃矿物油	12	4	油酸	17	—
烷烃矿物油	10	4	十二醇	14	—
煤油	14	—	硬脂酸	17	—
棉籽油	7.5	—	四氯化碳	16	—

② PIT 法 非离子表面活性剂的亲水亲油性除与结构有关,还受温度影响。低温下易形成 O/W 型乳状液,而高温时形成 W/O 型乳状液。这是因为非离子表面活性剂随温度的升高,亲水性下降,亲油性增强。当温度达到某一数值时,非离子表面活性剂的亲水亲油性刚好达到平衡,这时乳状液类型发生转变,该温度称为相转变温度(PIT)。PIT 不仅与乳化剂的本性有关,也反映了油和水两相性质的影响。

(3) 乳状液的破乳

在工业生产中,有时乳状液的形成不利于物质分离,通过一定手段,使乳状液油水分离的过程,称为破乳。常用的破乳措施分为物理法和化学法。

① 物理法

a. 改变温度:升温可以增加乳化剂的溶解度,降低它在界面上的吸附量,从而削弱保护膜;另一方面,升温可降低外相黏度,增加液滴碰撞机会,因而有利于破乳。冷冻也能导致乳状液的破坏。

b. 过滤:用分散相易润湿的过滤材料过滤乳状液,液滴润湿过滤材料而形成薄膜,从而导致乳状液的破坏。例如,W/O 型乳状液通过填充碳酸钙的过滤层,O/W 型乳状液通过塑料网时,都会引起破乳。

c. 电破乳:此法常用于 W/O 型乳状液的破乳。在高压电场中,极性乳化剂分子转向而降低了界面膜的强度。同时,水滴极化后会定向排列,当电压升至一定强度时,小液滴瞬间聚结成大水滴而破乳。

② 化学法

a. 加无机盐:在一些乳状液中添加无机盐会引起破乳作用。例如,用阴离子表面活性剂乳化的 O/W 型乳状液,如添加氯化钙、氯化铝等高价阳离子,乳化剂会生成不溶于水的金属皂而失去乳化作用,从而导致破乳。

b. 添加酸:在以碱性皂作乳化剂的乳状液中添加酸,皂变为脂肪酸而析出,表面活性剂失去乳化作用而破乳。

c. 添加破乳剂：这是目前工业上最常用的破乳方法，破乳剂一般为聚氧乙烯聚氧丙烯嵌段型的表面活性剂。由于破乳剂分子的热运动，破乳剂分子会扩散并吸附在油水界面上，顶替原来的成膜物质，而破乳剂分子形成的膜强度低于乳化剂的膜强度，所以它能促使液珠的聚并，导致破乳的发生。

例如原油采出液一般是 W/O 型乳状液，必须破乳脱水后才能进炼厂加工。在实际生产中很少采用单一的破乳方法，一般是多种方法并用。为此，常常是加热、外加电场和添加破乳剂三者同时进行，以提高原油的破乳效率。

7.8.3 乳状液的应用

乳状液在工农业生产、日常生活以及生理现象中都有极其广泛的应用。

（1）控制反应

许多化学反应是放热的，反应时温度急剧上升，能促进副反应的发生或导致爆聚，从而影响产品质量。若将反应物制成乳状液后再反应，即可避免上述缺点。因为反应物分散成小滴后，在每个小滴中反应物数量较少，产生热量也少，并且乳状液的相界面面积大，散热快，因而温度易于控制。高分子化学中常使用乳液聚合反应，以制得合成塑料、合成橡胶、黏合剂、涂料、絮凝剂、医用高分子材料等产品。

（2）农药喷洒

绝大多数的农药原药是油溶性的，不能直接在农业上使用。为了使少量的原药能够均匀地喷洒在大面积的农作物上，最常用的方法之一是把原药配制成乳油后使用。将原药按一定的比例溶解在有机溶剂中，加入一定量的农药专用乳化剂配制成一种透明的均相液体，这就是农药乳油。乳油加水稀释后，即被均匀分散在水中形成乳白色的乳状液，由于乳化剂的作用，农药在农作物上润湿、黏附并使药剂渗透到植物体内，起到杀虫、杀菌或除草的作用。

（3）日常生活

乳状液在日常生活中的应用不胜枚举。例如化妆品中的膏霜类乳剂，W/O 型的有很好的润肤作用，而 O/W 型的则有很好的滑爽感觉。食品行业中乳状液的应用也很常见，例如蛋黄酱、牛奶、人造奶油、冰淇淋等的制作就是制备乳状液的过程。

7.8.4 微乳液

由水、油、表面活性剂和助表面活性剂按适当比例混合，自发形成的各向同性、透明、热力学稳定的分散系统称微乳状液，简称微乳液。

微乳液有 O/W 型、W/O 型和双连续相三种结构类型，见图 7.8.1。形成乳状液不仅需要油、水及表面活性剂，一般还需加入相当量的极性有机物，这类极性有机物称为微乳液的辅助表面活性剂，通常是中短链的有机醇、酸、胺等化合物。

微乳液与一般乳状液之间有明显区别。乳状液的液滴大小常在 $0.1 \sim 50 \mu m$，外观为乳白色、不透明的系统，而微乳液中分散相的液滴大小一般在 $10 \sim 200 nm$，小于可见光波长，故外观为透明或半透明状。乳状液一般需要外力搅拌才能形成，是一种黏度相对较高的热力学不稳定系统，而微乳液可自发形成或稍加搅拌即可形成表面活性剂用量较大的热力学稳定系统，黏度较低。

微乳液成为稳定的油、水分散系统的原因，一种解释认为在一定条件下产生了所谓的瞬时负界面张力，从而使液滴的分散过程自发进行。另一种解释认为是表面活性剂胶束对水或

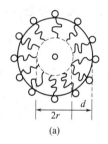 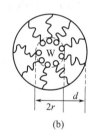 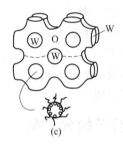

图 7.8.1　常见的微乳液类型图

油的增溶作用，尤其是 W/O 型的微乳液可看成是增溶的反相胶束。

由于微乳液的形成为自发过程，微乳液的制备一般不需要特殊的设备，主要是系统中各种组分适当地配伍，即表面活性剂与助表面活性剂的选择和配伍，目前常采用 HLB 法、PIT 法、盐度扫描法等来寻找这种匹配关系。

微乳液可广泛应用于加工农药剂型、纳米材料制备、酶催化及三次采油等领域。在石油的开采中，向油井中注入表面活性剂、助表面活性剂等，使其与残留在岩石空隙中的原油形成微乳液而采出，可显著提高原油的采收率，但成本较高。在农药加工中，将农药制成微乳剂，可大大减少有机溶剂的使用，降低成本，提高药效，并有利于节能环保。另外，以微乳液为反应器进行酶催化或合成单分散的纳米材料，已成为生物和材料制备领域的研究热点。

§7.9　高分子溶液

> **核心内容**
>
> 1. 高分子溶液与溶胶的异同点
>
> 高分子溶液与溶胶的相同之处在于粒度大小、扩散速率类似，均不能透过半透膜；不同之处则体现在溶解性、热力学稳定性、有无相界面和黏度大小上。
>
> 2. 唐南平衡
>
> 如何用渗透压法测定电离大分子物质的相对分子质量。
>
> 大分子离子不能透过半透膜，而小离子和水分子可以，但是为了保持电中性，小离子也只能留在大分子离子一侧，这种小离子在半透膜两侧浓度呈不均匀分布的渗透平衡称为唐南（Donnan）平衡。

高分子溶液的溶质分子大小通常在胶体分散系统的范围内，例如，天然的蛋白质溶液和明胶溶液等，都具有扩散缓慢、不能穿过半透膜等溶胶的基本物理化学性能。因此早期把高分子溶液称为亲液溶胶。随着胶体化学的发展，发现高分子溶液与溶胶存在着本质上的差别，高分子溶液与溶胶的主要相同之处有：

① 高分子溶液与溶胶的粒子大小均在 $1\text{nm} \sim 1\mu\text{m}$；

② 扩散速率都比较缓慢；

③ 均不能透过半透膜。

不同之处有：

① 高分子化合物能自动溶解在溶剂中，而溶胶粒子不会自动分散在分散介质中；

② 高分子溶液属于热力学稳定系统，而溶胶是热力学不稳定系统；

③ 高分子溶液是均相系统，没有明确界面，丁达尔效应弱，而溶胶是多相系统，系统内存在大量界面，丁达尔效应强；

④ 高分子溶液的黏度要比溶胶的大。

高分子溶液的溶质是大分子，许多性质也不同于小分子溶液，所以小分子溶液的热力学结论也不能直接用于高分子溶液。

7.9.1 高分子的分子量

高分子的分子量有两个特点：一是比小分子的远大得多，一般在 $10^3 \sim 10^7$；二是除了有限的几种蛋白质外，绝大多数高分子的分子量都是不均一的，即具有多分散性。因此，通常所测得的分子量都具有统计平均的意义。统计平均方法不同，所得平均分子量也不相同。各种平均分子量及其测定方法列于表 7.9.1 中。

表 7.9.1 各种平均分子量及其测定方法

平均分子量的种类	数学表达式	测定方法
数均分子量	$\overline{M}_n = \sum N_i M_i = \dfrac{\sum m_i}{\sum (m_i/M_i)} = \dfrac{\sum n_i M_i}{\sum n_i}$	凝固点降低法、渗透压法、端基分析法
重均分子量	$\overline{M}_W = \sum w_i M_i = \dfrac{\sum m_i M_i}{\sum m_i} = \dfrac{\sum n_i M_i^2}{\sum n_i M_i}$	光散射法
Z 均分子量	$\overline{M}_Z = \dfrac{\sum Z_i M_i}{\sum Z_i} = \dfrac{\sum m_i M_i^2}{\sum m_i M_i} = \dfrac{\sum n_i M_i^3}{\sum n_i M_i^2}$	超离心法
黏均分子量	$\overline{M}_\eta = [\sum w_i M_i^a]^{1/a} = \left[\dfrac{\sum m_i M_i^a}{\sum m_i}\right]^{1/a} = \left[\dfrac{\sum n_i M_i^{(a+1)}}{\sum n_i M_i}\right]^{1/a}$	黏度法

表 7.9.1 中，$i=1\sim\infty$，N_i 和 w_i 分别代表分子量为 M_i 的分子在高分子化合物中所占的摩尔分数和质量分数；n_i 和 m_i 分别代表分子量为 M_i 的高分子的物质的量和质量；a 是常数，一般在 $0.5\sim1$。

通常来说，$\overline{M}_Z > \overline{M}_W > \overline{M}_\eta > \overline{M}_n$，只有当分子量完全均一时，各种平均分子量才相等。分子量的多分散性可用分子量分布来描述，也可用多分散性系数 d 来表征，即

$$d = \overline{M}_W / \overline{M}_n$$

d 值越大，多分散性越大，分子量分布越宽。通常 d 值在 $1.5\sim20$。

7.9.2 高分子溶液的渗透压

前面我们学过，渗透压是溶液的一种依数性，只与溶质质点的多少有关，与质点的大小、性质无关。所用的半透膜只允许溶剂分子通过，不允许溶质质点通过。由于在膜两边水的化学势不等，水分子有从纯水一边向溶液一边渗透的倾向，就产生了渗透压。对于不电离的高分子水溶液，渗透压 Π 与溶液浓度的关系符合 van't Hoff 渗透压公式，即

$$\Pi = cRT$$

由于高分子溶液的浓度一般较低，测得的渗透压很小，所以用这种方法计算不电离高分子物质的摩尔质量常会引起较大的误差。

对于电离高分子，渗透压的情况则有所不同。例如，将浓度为 c 的高分子电解质 RNa 的溶液置于半透膜左侧，RNa 可电离出 R^- 和 Na^+，右侧放纯水，如图 7.9.1 所示。

半透膜只允许水分子和 Na^+ 通过，而 R^- 则不行。Na^+ 虽然可以透过半透膜，但是为了保持左侧溶液的电中性，又阻止 Na^+ 到右侧去。这种小离子在半透膜两侧浓度呈不均匀分

布的渗透平衡称为唐南（Donnan）膜平衡，简称为 Donnan 平衡。

在膜两边离子浓度不等的情况下，采用渗透压公式计算得到的高分子物质的摩尔质量是不正确的。因为在膜两边带电粒子的不均匀分布相当于组成了一个浓差电池，在膜两边有电势差，这就是膜电势，它的存在会影响渗透压的数值，所以在测定大分子电解质的摩尔质量时要设法减小膜电势的影响。

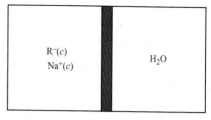

图 7.9.1　电离高分子渗透压示意图

膜电势在生理上却起着重要作用，细胞膜相当于带有生理活性的半透膜，细胞膜两边的离子浓度是不等的。例如，红细胞中的 K^+、Mg^{2+} 的浓度比血浆中高，而 Na^+、Ca^{2+} 的浓度却比血浆中低。当细胞内的蛋白质和离子与细胞外的体液建立膜平衡时，会产生一定的电势差，不同的细胞膜上的电势差也是不同的，维持一定的膜电势就维持了生命。

7.9.3　高分子溶液的黏度

高分子溶液具有高黏性，这是它的主要特征之一。产生高黏性的原因主要是：①高分子化合物的分子所占体积很大，阻碍了介质的自由流动；②高分子的溶剂化作用束缚了大量溶剂分子；③高分子之间的相互作用。由于这些因素，高分子溶液常表现出高黏性。

外加添加剂，如无机电解质、表面活性剂和大分子化合物等，能够显著影响高分子溶液的黏度。通常，无机盐的加入会显著降低高分子溶液的黏度，因为水化能力很强的无机盐离子会夺取高分子链周围的水化水，使高分子链卷缩。对于聚电解质溶液，无机盐的加入不仅会抑制高分子链上反离子的解离，使其有效电荷减少，而且会压缩扩散双电层，破坏水化膜，从而导致高分子溶液的黏度显著降低。不同结构的高分子相互混合使系统的黏度发生不同的变化。例如，聚乙烯吡咯烷酮可以导致水解聚丙烯酰胺水溶液的黏度显著升高，却使羟乙基纤维素的黏度降低。大多数高分子溶液的黏度随温度升高而显著下降。

对高分子溶液黏度的研究不仅可应用于大分子摩尔质量的测定，也可以了解高分子在溶液中的尺寸、形态变化以及高分子与溶剂之间的相互作用等。

§7.10　凝　　胶

> **核心内容**
>
> 1. 凝胶的分类
>
> 凝胶是胶体分散系统的一种特殊存在形式，根据形成骨架的分散相粒子的特性，可将凝胶分成弹性凝胶和刚性凝胶两类。
>
> 2. 凝胶的制备
>
> 将干胶浸到适当的液体介质中溶胀，称之为溶胀法。若从大分子溶液或溶胶来制备凝胶，此过程称之为胶凝。
>
> 3. 凝胶的性质
>
> 凝胶处于固态和液态之间，兼具固体和液体的特点，又不完全同于固体或液体，凝胶的这种特殊结构决定其具有许多独特的性质，如溶胀、触变性、脱液收缩、胶溶作用以及溶胶中独特的扩散和化学反应等。

一定条件下，大分子溶液或溶胶中的分散相粒子相互联结，构成网状骨架，分散介质充满在骨架空隙形成的半固体状态的分散系统称之为凝胶。

根据形成骨架的分散相粒子的特性，可将凝胶分成两类。一类是线性大分子溶液形成的凝胶，这类凝胶的骨架具有弹性，吸收介质时体积胀大，除去介质时体积缩小，称之为弹性凝胶。如明胶、琼脂、肉冻等都属于弹性凝胶，弹性凝胶在吸收液体介质时，具有严格的选择性，例如，明胶在水中溶胀形成凝胶，在苯中却不能。另一类凝胶的骨架是由刚性颗粒形成的，对液体介质的吸收没有选择性，吸收介质时，其体积基本不变，这类凝胶称之为刚性凝胶，许多无机溶胶〔如 $Fe(OH)_3$ 等〕形成的凝胶属刚性凝胶。刚性凝胶对液体介质的吸收选择性不强，只要液体能润湿其骨架，即可被吸收。

凝胶系统广泛存在于食品、制药及生命科学等领域中，研究凝胶的形成和特性具有重要意义。

7.10.1 凝胶的制备

凝胶可以从两种方式制得，一种是将干胶浸到适当的液体介质中溶胀，称之为溶胀法。溶胀法适用于从大分子物质直接制备凝胶。另一种方法是从大分子溶液或溶胶来制备凝胶，此过程称之为胶凝。在此重点讨论由胶凝法来制备凝胶。

(1) 大分子溶液的胶凝

大分子溶液的胶凝主要是通过降低其溶解度实现的。常用的降低大分子溶解度的方法有以下几种。

① 降低温度。有些大分子溶液的溶解度随温度的降低而减小，当降低温度时溶解度降低，溶液中的大分子相互连接形成网状骨架从而形成凝胶。如肉冻、琼脂等凝胶的制备即属于此类。

② 加入电解质。前已述及，向大分子中加入电解质时，电解质对大分子的盐析作用会导致大分子溶解度减小，若控制得当，可使其在溶解度减小过程中大分子相互搭结形成网状骨架，得到相应的凝胶。

③ 等电点下凝胶。对两性大分子电解质溶液，如蛋白质溶液等，在等电 pH 下，其溶解度最小，通过调节 pH，可使其在等电 pH 下胶凝。

(2) 溶胶的胶凝

向溶胶中加入电解质，通过压迫其双电层，使凝胶相互连接形成网状骨架结构，可得到相应的凝胶，在溶胶的胶凝过程中，加入电解质的量要严格控制，一般胶凝所需电解质的量为其聚沉值的一半左右。例如，3.2% 的 $Fe(OH)_3$ 溶胶，向其加入 KCl，当 KCl 浓度达 $8 mol \cdot m^{-3}$ 时，溶胶中的胶粒开始相互连接形成结构，并表现出反常黏度，进一步加入 KCl，KCl 浓度增至 $22 mol \cdot m^{-3}$ 时，系统胶凝，形成 $Fe(OH)_3$ 凝胶；若将 KCl 浓度增至 $46 mol \cdot m^{-3}$，则发生聚沉，$Fe(OH)_3$ 以沉淀析出。

在胶凝过程中，分散相颗粒的形成和浓度对胶凝有着重要影响。分散相颗粒的对称性愈差，愈易于胶凝。例如蛋清中的卵蛋白为球蛋白，对称性好，不易于胶凝，若将其加热，使卵蛋白分子内近链端的氢键断裂，粒子由球形变为棒形，便特别易于胶凝。分散相粒子的浓度愈大，颗粒间距离愈小，便愈容易相互连接形成骨架，有利于胶凝。

(3) 通过化学反应胶凝

分散相间通过化学反应连接成骨架，从而实现胶凝。如硅酸凝胶的形成即属于此类。

$$nNa_2SiO_3 \xrightarrow{H^+} (H_2SiO_3)_n$$

7.10.2 凝胶的稳定性

凝胶的稳定性取决于其骨架结构的稳定性，与形成骨架的分散质粒子间的连接力有关。粒子间的连接力愈强，所形成的凝胶愈稳定。

(1) 以范德华力连接形成的凝胶

$Fe(OH)_3$、石墨、黏土等棒状或片状颗粒以范德华力连接成空间网状结构，介质充斥其间形成凝胶。此类凝胶骨架离子间的连接力较弱，稳定性差，在外力的作用下，如搅拌，很容易导致骨架被破坏而形成溶胶，如除去外力，长时间静置，又可恢复成凝胶。沼泽地、钻井泥浆属于这类凝胶。

(2) 以氢键连接形成的凝胶

蛋白质类大分子溶液可通过分子间氢键互相连接成网状骨架结构而成为凝胶。此类凝胶的稳定性比以范德华力形成的凝胶要好，凝胶的持液量大，且具有弹性。但是此类凝胶受温度影响大。若将系统加热到一定温度，可导致凝胶结构被破坏，降低温度又可恢复为凝胶。肉冻属于此类。

(3) 以化学键力连接形成的凝胶

硫化橡胶、交联葡聚糖凝胶等以化学键力相连接形成网状结构。此类凝胶骨架牢固，稳定性最好。

7.10.3 凝胶的特性

凝胶由分散相粒子联结而成的骨架与充满其中的介质构成，处于固态和液态之间，兼具固体和液体的特点，又不完全同于固体或液体，凝胶的这种特殊结构决定其具有许多独特的性质。

(1) 溶胀

凝胶在液体介质中吸收液体而胀大的过程称之为溶胀 (Swelling)。溶胀是弹性凝胶具有的特性，刚性凝胶一般不发生溶胀。凝胶的溶胀过程由两个阶段组成，首先扩散进入凝胶内与骨架上的大分子相互作用形成溶剂化层，此阶段为放热过程，时间较短，凝胶体积的增加小于吸收液体的体积；溶胀的第二阶段为溶剂进一步在凝胶内渗透，凝胶体积迅速增大，并产生溶胀压 (凝胶自身产生的阻止其在介质中溶胀的压力)。

溶胀的程度可用溶胀度 (单位质量干凝胶吸收液体的量) 来衡量，溶胀度愈大，其溶胀作用愈强。

溶胀主要与温度、pH 等有关。由于溶胀为放热过程，一般温度升高，溶胀度减小。有些以氢键力联结成骨架而形成的凝胶当温度升高到一定程度，会导致骨架被破坏，有限溶胶被转变为无限溶胶。蛋白质凝胶受 pH 影响较大，在等电 pH 时，溶胀度最小，偏离等电 pH，其溶胀度变大。有人认为皮肤被蜂蚁叮咬后肿胀与蚁酸进入皮肤使溶胀度增大有关。

(2) 触变性

凝胶在外力作用下成为流体，外力撤销后又逐渐恢复为凝胶，凝胶的这种特性称之为触变性。以范德华力为联结力的凝胶多具有触变性。凝胶的触变性具有许多实际应用，如钻井泥浆其触变性使得钻井时具有良好的流动性，停机时形成凝胶阻止钻屑下沉卡钻。将农药水悬浮剂制成具有一定触变性的系统，摇动时呈流体易于从包装内倒出，静止时形成凝胶以阻止悬浮颗粒下沉，可提高其储存稳定性。

(3) 脱液收缩

新制备的凝胶在放置中，会有一部分液体自动而缓慢地从凝胶中分离出来。这种现象称为脱液收缩，亦称离浆。脱液收缩的原因是凝胶的网状结构形成后，形成骨架的颗粒仍继续相互作用，使颗粒进一步相互靠近而定向排列，从而造成其骨架伸缩，骨架内一部分液体被排出。脱液收缩可看作是凝胶过程的继续。食品加工中的面包变硬，豆腐脱液均与脱液收缩有关。

（4）凝胶中的扩散与化学反应

小分子在凝胶内的液体中的扩散速率与其在纯液体中的扩散速率相近，故可将其作为扩散介质。例如，在电化学上用含 KCl 水溶液的琼脂凝胶作盐桥，可起到联通电路和消除液接电势的作用。

凝胶中的液体可作为化学反应的介质，由于物质在凝胶内的液体介质中没有对流，故其化学反应表现出与普通液体中不同的现象。19 世纪末，Liesegang 将明胶溶于热的 $K_2Cr_2O_7$ 溶液中，冷却制得凝胶，然后向此凝胶内滴入 $AgNO_3$ 溶液，得到红色的 Ag_2CrO_4 沉淀呈同心环状，称之为 Liesegang 环。

（5）胶溶作用

在凝胶中加入一定量胶溶稳定剂，可使凝胶形成溶胶，此过程称为胶溶。例如在新生成的 $Fe(OH)_3$ 沉淀中加入 $FeCl_3$ 溶液并搅拌，可生成 $Fe(OH)_3$ 溶胶。盐碱地的形成与胶溶作用有关，当大量 Na^+ 流入耕地时，其胶溶作用会破坏土壤的团粒结构，使其耕作性能变差。

本章基本要求

1. 掌握表面张力及表面吉布斯函数的定义及影响表面张力的因素。
2. 理解弯曲液面的附加压力和蒸气压产生的原因，能进行相关计算。
3. 能用拉普拉斯方程、开尔文方程、吉布斯吸附等温方程解释亚稳态、正吸附、负吸附等界面现象。
4. 掌握表面活性剂的定义、结构特点，了解其分类及作用。
5. 掌握润湿角的定义，能根据润湿角大小判断润湿程度。
6. 了解物理吸附和化学吸附的区别；掌握 Langmuir 吸附的基本假定。
7. 理解胶体系统的定义、分类，掌握胶体系统的基本特征；了解胶体系统的各种制备方法。
8. 理解丁达尔效应的本质，掌握影响散射光强度的因素。
9. 理解电泳、电渗现象产生的原因。
10. 掌握电动电势的含义及胶核带电原因，明确电解质对电动电势的影响。
11. 掌握胶团结构的表示（书写）方法。
12. 了解 DLVO 稳定理论的基本点，掌握胶体稳定和聚沉的主要原因。
13. 掌握电解质的聚沉规则，能运用该规则判断不同电解质对溶胶聚沉能力的相对大小。
14. 了解乳状液的类型及鉴别方法，明确乳状液稳定的原因。
15. 了解唐南平衡及凝胶的制备和性质。

自测题（填空及单选题）

1. 胶体是_____。

胶体按聚集状态分类，可分为_____、_____、_____。

2. 有胶体化学的问题必然有界面化学的问题，这是因为_____。

3. 胶体制备的方法有两种，一种是_____，其特点是_____；另一种是_____，其特点是_____。

4. 在超显微镜下，可以看到胶体微粒处于不停顿的无规则运动状态，这种运动称为_____。虽然胶体粒子不断改变方向、改变速度做无规则运动，但就单个质点而言，它向各方向运动的概率均等，在浓度较高的区域，由于单位体积内质点数较周围多，因而必定是"出多进少"，使浓度降低，而低浓度区域则相反，这就表现为_____，它是胶粒无规则运动的宏观表现。

5. 为减缓胶粒在重力场和离心力场中的沉降，可以加入_____，增加介质的_____，提高胶体系统的稳定性。

6. 丁达尔效应是_____。溶胶产生丁达尔效应的原因是_____。散射光在各个方向上的强度_____（相同或不同）。

7. 胶粒表面带电的来源_____、_____、_____，非水介质中质点荷电的规律服从 Coehn 规则，即当两种物质接触时，相对介电常数 D 较大的一相带_____，另一相带_____。

8. 电动现象中，胶粒运动是发生在固液两相的边界处（滑动面），这时边界处（滑动面）与液体内部的电位差，称为_____。

9. 高聚物稳定胶体的空位稳定理论是指在低浓度下发生_____作用，在高浓度下发生_____作用。

10. 一定浓度的溶胶或大分子化合物的真溶液在放置过程中自动形成凝胶的过程称为_____。

11. 凝胶浓度较高时，物质的扩散速度较慢，在凝胶中无机械扰动和液体的对流现象，因此在凝胶中发生化学反应时，生成的不溶物呈现周期性分布，形成_____环。

12. 极性吸附剂易于吸附_____，反之亦然；无论是极性还是非极性吸附剂，一般吸附质分子的结构越复杂、沸点越高，越____（易或难）被吸附；酸性吸附剂易吸附_____，反之亦然。吸附剂孔径要略____（大于或小于）吸附质的大小。

13. 两种新型表面活性剂，一种是由一个桥联基团连接两个相同的两亲部构成的表面活性剂，称为_____；一种是两亲水基间连接疏水链而形成的双亲水端基的表面活性剂，称为_____。

14. 表面活性剂溶解度随温度变化，对于离子型表面活性剂，溶解度随温度升高而_____，达到某一温度后其溶解度突然迅速增加，这个温度即所谓的_____；对于非离子型表面活性剂，溶解度随温度升高而_____，达到某一温度后非离子表面活性剂溶解度下降析出，溶液浑浊的最低温度称_____。

15. HLB 值为表面活性剂的_____。HLB 值越大，亲水性_____（越强或越弱）；HLB 值越小，亲水性_____（越强或越弱）。

16. 一条高分子链就是一个独立的运动单元，一个长链上必然存在若干个独立的运动小单元，这些独立的运动小单元称为_____。

17. 雾属于分散系统，其分散介质是（　　）。

(a) 液体   (b) 气体   (c) 固体   (d) 气体或固体

18. 将高分子溶液作为胶体系统来研究，因为它（　　）。
(a) 是多相系统   (b) 是热力学不稳定系统
(c) 对电解质很敏感   (d) 粒子大小在胶体范围内

19. 溶胶与大分子溶液的区别主要在于（　　）。
(a) 粒子大小不同   (b) 渗透压不同
(c) 丁达尔效应的强弱不同   (d) 相状态和热力学稳定性不同

20. 对由各种方法制备的溶胶进行半透膜渗析或电渗析的目的是（　　）。
(a) 除去杂质，提高纯度
(b) 除去小胶粒，提高均匀性
(c) 除去过多的电解质离子，提高稳定性
(d) 除去过多的溶剂，提高浓度

21. 在 $AgNO_3$ 溶液中加入稍过量 KI 溶液，得到溶胶的胶团结构可表示为（　　）。
(a) $[(AgI)_m \cdot nI^- \cdot (n-x) \cdot K^+]^{x-} \cdot xK^+$
(b) $[(AgI)_m \cdot nNO_3^- \cdot (n-x)K^+]^{x-} \cdot xK^+$
(c) $[(AgI)_m \cdot nAg^+ \cdot (n-x)I^-]^{x+} \cdot xK^+$
(d) $[(AgI)_m \cdot nAg^+ \cdot (n-x)NO_3^-]^{x+} \cdot xNO_3^-$

22. 根据 Rayleigh 散射定律判断下列说法错误的是（　　）。
(a) 散射光强度与入射光波长的 4 次方成反比，即波长越短的光越易被散射（散射得越多）
(b) 散射光强度与单位体积的质点数 c 成反比
(c) 散射光强度与粒子体积的平方正比
(d) 粒子的折射率与周围介质的折射率相差越大，粒子的散射光越强

23. 有关超显微镜的下列说法中，不正确的是（　　）。
(a) 可以观察离子的布朗运动
(b) 可以配合电泳仪，测定粒子的电泳速度
(c) 可以直接看到粒子的形状与大小
(d) 观察到的粒子仅是粒子对光散射闪烁的光点

24. 根据 DLVO 理论，溶胶相对稳定的主要因素是（　　）。
(a) 胶粒表面存在双电层结构
(b) 胶粒和分散介质运动时产生 ζ 电位
(c) 布朗运动使胶粒很难聚结
(d) 离子氛重叠时产生的电性斥力占优势

25. 电动现象产生的基本原因是（　　）。
(a) 外电场或外电压作用
(b) 电解质离子存在
(c) 分散相粒子或介质分子的布朗运动
(d) 固体粒子或多孔体表面与液相界面存在漫散双电层结构

26. 工业上为了将不同蛋白质分子分离，通常采用的方法是利用溶胶性质中的（　　）。
(a) 电泳   (b) 电渗   (c) 沉降   (d) 扩散

27. 下列电解质对某溶胶的聚沉值分别为 $c(NaNO_3) = 300$ mol·dm^{-3}，$c(Na_2SO_4) =$

295mol·dm^{-3}，$c(MgCl_2)=25$mol·dm^{-3}，$c(AlCl_3)=0.5$mol·dm^{-3}，可确定该溶液中粒子带电情况为（　　）。

(a) 不带电　　　　　(b) 带正电　　　　　(c) 带负电　　　　　(d) 不能确定

28. 下列关于凝胶的说法不正确的是（　　）。

(a) 具有固体特征的胶体系统

(b) 被分散的物质（大分子或胶体粒子）形成连续的网状骨架

(c) 骨架空隙中充有液体或气体

(d) 分散介质是连续的，而分散相是不连续的

29. 下面关于表面张力、比表面功和比表面吉布斯函数的叙述中哪一个是不正确的？（　　）。

(a) 三者的数值是相同的

(b) 三者的量纲是等同的

(c) 三者为完全相同的物理量

(d) 三者的大小都与分子间作用力有关

30. 液体在毛细管中上升还是下降，主要与下列哪个因素有关？（　　）

(a) 表面张力　　　　　　　　　　(b) 附加压力

(c) 液体是否润湿毛细管　　　　　(d) 毛细管半径

31. 相同温度下，同一液体被分散成不同曲率半径的分散系统，它在呈平面、凹面、凸面时的饱和蒸气压分别是 $p_平$、$p_凹$、$p_凸$，则三者关系是（　　）。

(a) $p_平 > p_凹 > p_凸$　　　　　　(b) $p_凹 > p_平 > p_凸$

(c) $p_平 = p_凹 = p_凸$　　　　　　(d) $p_凸 > p_平 > p_凹$

32. Gibbs 吸附公式中溶质表面吸附量 Γ 是吸附中一个重要性质，下面关于溶质表面吸附量的定义哪个是正确的？（　　）

(a) 单位面积表面层中所含溶质的物质的量

(b) 单位面积表面层中所含溶质的物质的量与溶液本体中所含溶质的物质的量之差

(c) 单位面积表面层中所含溶质的物质的量与同量溶液的本体中所含溶质的物质的量之差

(d) 单位面积表面层中所含溶质的物质的量与同量溶剂在溶液本体中所含溶质的物质的量之差

33. 下面关于物理吸附和化学吸附的描述，哪条是不正确的？（　　）

(a) 产生物理吸附的作用力是范德华力

(b) 产生化学吸附的作用力是化学键力

(c) 因物理吸附和化学吸附的作用力不同，故它们不可能同时发生

(d) 通常物理吸附和化学吸附都是放热过程

34. 临界胶束浓度（cmc）受表面活性剂结构的影响，下列描述中正确的有（　　）。

(a) 亲水基相同，疏水链的碳原子数多者，cmc 小

(b) 亲油基中的烷烃基相同时，离子型的 cmc 比非离子型小

(c) 憎水基上带有极性基团或不饱和基团的 cmc 小

(d) 碳氟链活性剂的 cmc 明显高于碳氢链活性剂的 cmc

35. 下面哪一点不是乳化剂对乳状液的稳定作用？（　　）

(a) 降低油-水界面张力　　　　　　(b) 增加界面膜强度

(c) 减小油、水密度差　　　　　　　(d) 使乳状液粒子带上电荷

36. O/W 型（W/O 型）乳状液变成了 W/O 型（O/W 型）的现象，属于乳状液的（　　）。
   (a) 变型（反相）　　(b) 絮凝　　(c) 聚集　　(d) 分层　　(e) 破乳

37. Donnan 平衡产生的本质原因是（　　）。
   (a) 溶液浓度大，大离子迁移速度慢
   (b) 小离子浓度大，影响大离子通过半透膜
   (c) 大离子不能透过半透膜且因静电作用使小离子在膜两边浓度不同
   (d) 大离子浓度大，妨碍小离子通过半透膜

38. 关于高聚物的分子量，正确的说法是（　　）。
   (a) 像小分子物质一样有固定和单一的值　　(b) 一般是不均匀的
   (c) 只能计算不能测定　　(d) 统计平均方法不同，所得分子量是一样的

填空题答案

1. 一相或多相（分散相）以一定细度（1nm～1μm 或 1～100nm）分散于另一相中（分散介质）的多分散物系；气溶胶、液溶胶、固溶胶。2. 胶体系统具有较大的界面积。3. 分散法、比表面积增加；凝聚法、有新相生成。4. 布朗运动、扩散。5. 增稠剂、黏度。6. 一束强光照射到胶体上，在入射光的垂直方向可看到一道明亮的光带；溶胶粒子对光的散射、不同。7. 电离、吸附、晶格取代、正电、负电。8. 电动电位（或 ζ 电位）。9. 絮凝、稳定。10. 胶凝。11. Liesegang。12. 极性吸附质、易、碱性吸附质、大于。13. Gemini 表面活性剂、Bola 表面活性剂。14. 升高、Krafft 点、降低、浊点。15. 亲水亲油平衡值、越强、越弱。16. 链段。

单选题答案

17. (a)；18. (d)；19. (d)；20. (c)；21. (a)；22. (b)；23. (c)；24. (d)；25. (d)；26. (a)；27. (c)；28. (d)；29. (c)；30. (c)；31. (d)；32. (d)；33. (c)；34. (a)；35. (c)；36. (a)；37. (c)；38. (b)。

习题

1. 某胶体水溶液中胶粒的平均直径为 4.2nm，设溶胶的黏度与纯水相同，计算 25℃ 时的扩散系数。已知 25℃ 时纯水的黏度为 0.8937mPa·s。

答案：$1.16 \times 10^{-10} m^2 \cdot s^{-1}$

2. 对某 O/W 型乳状液，采用 70%（质量分数）的 Tween80（HLB=15.0）和 30%（质量分数）的 Span80（HLB=4.3）复合乳化剂的乳化效果最好。现只有 Span65（HLB=2.1）和 Tween60（HLB=14.9），问二者应以何种比例混合才能达到相近的乳化效果？

答案：应以 30.5% 的 Span60 与 69.5% 的 Tween60 混合为佳

3. 20℃ 时，一滴己醇落在洁净的水面上，已知有关的界面张力分别为：$\sigma_{水}=72.8 \times 10^{-3} N \cdot m^{-1}$，$\sigma_{己醇}=24.8 \times 10^{-3} N \cdot m^{-1}$，$\sigma_{己醇,水}=6.8 \times 10^{-3} N \cdot m^{-1}$，当己醇和水相互溶解达到饱和后，$\sigma'_{水}=28.5 \times 10^{-3} N \cdot m^{-1}$，$\sigma'_{己醇}=\sigma_{己醇}$，$\sigma'_{己醇,水}=\sigma_{己醇,水}$。试问：己醇在水面上开始和终了的形状？

答案：开始己醇可以在水面上铺展，终了缩成圆珠状

4. 292.15K 时，丁酸水溶液的表面张力可以表示为 $\sigma = \sigma_0 - a\ln(1+bc)$，式中，$\sigma_0$ 为纯水的表面张力，$a=13.1 \times 10^{-3} N \cdot m^{-1}$，$b=19.62 dm^3 \cdot mol^{-1}$。

试求（1）该溶液中丁酸的表面过剩量 Γ 和浓度 c 的关系；

（2）$c=0.200\text{mol}\cdot\text{dm}^{-3}$ 时的表面吸附量为多少；

（3）当丁酸的浓度足够大时，表面过剩量 Γ_m 为多少？设此时表面上丁酸呈单分子层吸附，求液面上每个丁酸分子所占的截面积为多少？

答案：（1）$\Gamma=\dfrac{abc}{RT(1+bc)}$；（2）$4.298\times10^{-6}\text{mol}\cdot\text{m}^{-2}$；（3）$30.79\times10^{-20}\text{m}^2$

5. 有一完全浮在空气中的肥皂泡，若其直径 $2.0\times10^{-3}\text{m}$，已知肥皂溶液表面张力 $0.7\text{N}\cdot\text{m}^{-1}$，则肥皂泡内所受的附加压力是多少？

答案：2.8kPa

6. 某温度下，铜粉对氢气吸附服从 Langmuir 公式，其具体形式为：

$$V/(\text{dm}^3\cdot\text{kg}^{-1})=\frac{1.36p}{0.5+p}$$

式中，V 是铜粉对氢气的吸附量（273.15K，$p^{\ominus}$ 下的体积）；p 是氢气压力。已知氢分子横截面积为 $13.108\times10^{-22}\text{m}^2$，求 1kg 铜粉的表面积。

答案：$48\text{m}^2\cdot\text{kg}^{-1}$

7. 20℃时水和汞的表面张力系数分别为 $7.28\times10^{-2}\text{N}\cdot\text{m}^{-1}$、$0.483\text{N}\cdot\text{m}^{-1}$，汞-水界面张力为 $0.375\text{N}\cdot\text{m}^{-1}$，试判断（1）水能否在汞的表面上铺展开来？（2）汞能否在水上铺展开来？

答案：（1）汞不能在水上铺展；（2）水能在汞上铺展

8. 胶粒直径为 200nm，在 25℃ 时密度为 $1.15\times10^3\text{kg}\cdot\text{m}^{-3}$，计算粒子平均移动 0.2mm 所需的时间。若（1）只有扩散作用；（2）只考虑重力作用而沉降，忽略扩散作用。温度是 25℃，介质水的黏度为 $0.8937\text{mPa}\cdot\text{s}$，水的密度为 $1000\text{kg}\cdot\text{m}^{-3}$。

答案：（1）$8.13\times10^3\text{s}$；（2）$5.48\times10^4\text{s}$

附　　录

附录一　国际单位制

国际单位制是我国法定计量单位的基础,一切属于国际单位制的单位都是我国的法定计量单位。国际单位制的国际简称为 SI。

国际单位制的构成

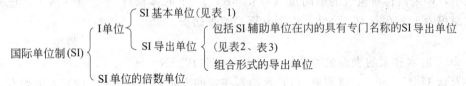

表 1　SI 基本单位

量的名称	单位名称	单位符号	量的名称	单位名称	单位符号
长度	米	m	热力学温度	开[尔文]	K
质量	千克(公斤)	kg	物质的量	摩[尔]	mol
时间	秒	s	发光强度	坎[德拉]	cd
电流	安[培]	A			

注：1. 圆括号中的名称,是它前面的名称的同义词。下同。

2. 无方括号的量的名称与单位名称均为全称。方括号中的字,在不致引起混淆、误解的情况下可以省略。去掉方括号中的字即为其名称的简称。下同。

表 2　包括 SI 辅助单位在内的具有专门名称的 SI 导出单位

量的名称	SI 导出单位		
	名称	符号	用 SI 基本单位和 SI 导出单位表示
[平面]角	弧度	rad	$1rad=1m/m=1$
立体角	球面度	sr	$1sr=1m^2/m^2=1$
频率	赫[兹]	Hz	$1Hz=1s^{-1}$
力	牛[顿]	N	$1N=1kg \cdot m \cdot s^{-2}$
压力、压强、应力	帕[斯卡]	Pa	$1Pa=1N \cdot m^{-2}$
能[量]、功、热量	焦[耳]	J	$1J=1N \cdot m$
功率,辐[射能]通量	瓦[特]	W	$1W=1J \cdot s^{-1}$
电荷[量]	库[仑]	C	$1C=1A \cdot s$
电压,电动势,电位,(电势)	伏[特]	V	$1V=1W \cdot A^{-1}$
电容	法[拉]	F	$1F=1C \cdot V^{-1}$
电阻	欧[姆]	Ω	$1\Omega=1V \cdot A^{-1}$
电导	西[门子]	S	$1S=1\Omega^{-1}$
磁通[量]	韦[伯]	Wb	$1Wb=1V \cdot s$
磁通[量]密度,磁感应强度	特[斯拉]	T	$1T=1Wb \cdot m^{-2}$
电感	亨[利]	H	$1H=1Wb \cdot A^{-1}$
摄氏温度	摄氏度	℃	$1℃=1K$
光通量	流[明]	lm	$1lm=1cd \cdot sr$
[光]照度	勒[克斯]	lx	$1lx=1lm \cdot m^{-2}$

表3 由于人类健康安全防护上的需要而确定的具有专门名称的SI导出单位

量的名称	SI导出单位		
	名称	符号	用SI基本单位和SI导出单位表示
[放射性]活度	贝可[勒尔]	Bq	$1Bq=1s^{-1}$
吸收剂量,比授[予]能,比释动能	戈[瑞]	Gy	$1Gy=1J \cdot kg^{-1}$
剂量当量	希[沃特]	Sv	$1Sv=1J \cdot kg^{-1}$

表4 SI词头

因数	词头名称		符号	因数	词头名称		符号
	英文	中文			英文	中文	
10^{24}	yotta	尧[它]	Y	10^{-1}	deci	分	d
10^{21}	zetta	泽[它]	Z	10^{-2}	centi	厘	c
10^{18}	exa	艾[可萨]	E	10^{-3}	milli	毫	m
10^{15}	peta	拍[它]	P	10^{-6}	micro	微	μ
10^{12}	tera	太[拉]	T	10^{-9}	nano	纳[诺]	n
10^{9}	giga	吉[咖]	G	10^{-12}	pico	皮[可]	p
10^{6}	mega	兆	M	10^{-15}	femto	飞[母托]	f
10^{3}	kilo	千	k	10^{-18}	atto	阿[托]	a
10^{2}	hecto	百	h	10^{-21}	zepto	仄[普托]	z
10^{1}	deca	十	da	10^{-24}	yocto	幺[科托]	y

附录二 希腊字母表

英文名称	中文名称	正体		斜体	
		大写	小写	大写	小写
alpha	阿尔法	A	α	A	α
beta	贝塔	B	β	B	β
gamma	伽马	Γ	γ	Γ	γ
delta	德尔塔	Δ	δ	Δ	δ
epsilon	西隆	E	ε	E	ε
zeta	截塔	Z	ζ	Z	ζ
eta	艾塔	H	η	H	η
theta	四塔	Θ	θ	Θ	θ
iota	约塔	I	ι	I	ι
kappa	卡帕	K	κ	K	κ
lambda	簡布达	Λ	λ	Λ	λ
mu	米尤	M	μ	M	μ
nu	纽	N	ν	N	ν
xi	克西	Ξ	ξ	Ξ	ξ
omicron	奥密克浅	O	o	O	o
pi	派	Π	π	Π	π
rho	洛	P	ρ	P	ρ
sigma	斯格马	Σ	σ	Σ	σ
tau	陶	T	τ	T	τ
upsilon	宇普斯隆	Υ	υ	Υ	υ
phi	斐	Φ	φ	Φ	φ
chi	喜	X	χ	X	χ
psi	普西	Ψ	ψ	Ψ	ψ
omega	欧米茄	Ω	ω	Ω	ω

附录三 基本物理常数

量的名称	符号	数值及单位
真空中的光速	c	$(2.99792458 \pm 0.000000012) \times 10^8 \text{m} \cdot \text{s}^{-1}$
元电荷	e	$(1.60217733 \pm 0.00000049) \times 10^{-19} \text{C}$
普朗克常数	h	$(6.6260755 \pm 0.0000040) \times 10^{-34} \text{J} \cdot \text{s}$
玻耳兹曼常数	k	$(1.380658 \pm 0.000012) \times 10^{-23} \text{J} \cdot \text{K}^{-1}$
阿伏伽德罗常数	L, N_A	$(6.022045 \pm 0.000031) \times 10^{23} \text{mol}^{-1}$
摩尔气体常数	R	$(8.314510 \pm 0.000070) \text{J} \cdot \text{mol}^{-1} \cdot \text{K}^{-1}$
法拉第常数	F	$(9.6485309 \pm 0.0000029) \times 10^4 \text{C} \cdot \text{mol}^{-1}$
真空介电常数	ε_0	$8.854188 \times 10^{-12} \text{F} \cdot \text{m}^{-1}$
电子的静止质量	m_e	$9.10938 \times 10^{-31} \text{kg}$
重力加速度	g	$9.80665 \text{m} \cdot \text{s}^{-2}$
原子的静止质量	m_p	$1.67262 \times 10^{-27} \text{kg}$

附录四 换算因子

1. 压力

非 SI 制单位名称	符号	换算因子
磅力每平方英寸	lbf/in^2	$1\text{lbf/in}^2 = 6894.757 \text{Pa}$
标准大气压	atm	$1\text{atm} = 101.325 \text{kPa}$(准确值)
千克力每平方米	kgf/m^2	$1\text{kgf/m}^2 = 9.80665 \text{Pa}$(准确值)
托	Torr	$1\text{Torr} = 133.3224 \text{Pa}$
工程大气压	at	$1\text{at} = 98066.5 \text{Pa}$(准确值)
约定毫米汞柱	mmHg	$1\text{mmHg} = 133.3224 \text{Pa}$

2. 能量

非 SI 制单位名称	符号	换算因子
英制热单位	Btu	$1\text{Btu} = 1055.056 \text{kJ}$
15℃卡	cal_{15}	$1\text{cal}_{15} = 4.1855 \text{J}$
国际蒸汽表卡	cal_{IT}	$1\text{cal}_{IT} = 4.1868 \text{J}$(准确值)
热化学卡	cal_{th}	$1\text{cal}_{th} = 4.184 \text{J}$(准确值)
标准大气压升	$\text{atm} \cdot l$	$1\text{atm} \cdot l = 101.325 \text{J}$(准确值)

附录五 元素的相对原子质量表（1997）

元素符号	元素名称	相对原子质量	元素符号	元素名称	相对原子质量
Ag	银	107.8682(2)	Bi	铋	208.98038(2)
Al	铝	26.981538(2)	Br	溴	79.904(1)
Ar	氩	39.948(1)	C	碳	12.0107(8)
As	砷	74.92160(2)	Ca	钙	40.078(4)
Au	金	196.96655(2)	Cd	镉	112.411(8)
B	硼	10.811(7)	Ce	铈	140.116(1)
Ba	钡	137.327(7)	Cl	氯	35.4527(9)
Be	铍	9.012182(3)	Co	钴	58.93320(9)

续表

元素符号	元素名称	相对原子质量	元素符号	元素名称	相对原子质量
Cr	铬	51.9961(6)	Os	锇	190.23(3)
Cs	铯	132.90543(2)	P	磷	30.973761(2)
Cu	铜	63.546(3)	Pa	镤	231.03588(2)
Dy	镝	162.50(3)	Pb	铅	207.2(1)
Er	铒	167.26(3)	Pd	钯	106.42(1)
Eu	铕	151.964(1)	Pr	镨	140.90765(2)
F	氟	18.9984032(5)	Pt	铂	195.078(2)
Fe	铁	55.845(2)	Rb	铷	85.4678(3)
Ga	镓	69.723(1)	Re	铼	186.207(1)
Gd	钆	157.25(3)	Rh	铑	102.90550(2)
Ge	锗	72.61(2)	Ru	钌	101.07(2)
H	氢	1.00794(7)	S	硫	32.066(6)
He	氦	4.002602(2)	Sb	锑	121.760(1)
Hf	铪	178.49(2)	Sc	钪	44.955910(8)
Hg	汞	200.59(2)	Se	硒	78.96(3)
Ho	钬	164.93032(2)	Si	硅	28.0855(3)
I	碘	126.90447(3)	Sm	钐	150.36(3)
In	铟	114.818(2)	Sn	锡	118.710(7)
Ir	铱	192.217(3)	Sr	锶	87.62(1)
K	钾	39.0983(1)	Ta	钽	180.9479(1)
Kr	氪	83.80(1)	Tb	铽	158.92534(2)
La	镧	138.9055(2)	Te	碲	127.60(3)
Li	锂	6.941(2)	Th	钍	232.0381(1)
Lu	镥	174.967(1)	Ti	钛	47.867(1)
Mg	镁	24.3050(6)	Tl	铊	204.3833(2)
Mn	锰	54.938049(9)	Tm	铥	168.93421(2)
Mo	钼	95.94(1)	U	铀	238.0289(1)
N	氮	14.00674(7)	V	钒	50.9415(1)
Na	钠	22.989770(2)	W	钨	183.84(1)
Nb	铌	92.90638(2)	Xe	氙	131.29(2)
Nd	钕	144.24(3)	Y	钇	88.90585(2)
Ne	氖	20.1797(6)	Yb	镱	173.04(3)
Ni	镍	58.6934(2)	Zn	锌	65.39(2)
O	氧	15.9994(3)	Zr	锆	91.224(2)

注：相对原子质量后面括号中的数字表示末位数的误差范围；相对原子质量未知的元素未列出。

附录六 某些物质的临界参数

物 质		临界温度 $t_c/℃$	临界压力 p_c/MPa	临界密度 $\rho_c/kg \cdot m^{-3}$	临界压缩因子 Z_c
He	氦	−267.96	0.227	69.8	0.301
Ar	氩	−122.4	4.87	533	0.291
H_2	氢	−239.9	1.297	31.0	0.305
N_2	氮	−147.0	3.39	313	0.290
O_2	氧	−118.57	5.043	436	0.288
F_2	氟	−128.84	5.215	574	0.288
Cl_2	氯	144	7.7	573	0.275
Br_2	溴	311	10.3	1260	0.270

续表

物　质		临界温度 $t_c/℃$	临界压力 p_c/MPa	临界密度 $\rho_c/kg \cdot m^{-3}$	临界压缩因子 Z_c
H_2O	水	373.91	22.05	320	0.23
NH_3	氨	132.33	11.313	236	0.242
HCl	氯化氢	51.5	8.31	450	0.25
H_2S	硫化氢	100.0	8.94	346	0.284
CO	一氧化碳	−140.23	3.499	301	0.295
CO_2	二氧化碳	30.98	7.375	468	0.275
SO_2	二氧化硫	157.5	7.884	525	0.268
CH_4	甲烷	−82.62	4.596	163	0.286
C_2H_6	乙烷	32.18	4.872	204	0.283
C_3H_8	丙烷	96.59	4.254	214	0.285
C_2H_4	乙烯	9.19	5.039	215	0.281
C_3H_6	丙烯	91.8	4.62	233	0.275
C_2H_2	乙炔	35.18	6.139	231	0.271
$CHCl_3$	氯仿	262.9	5.329	491	0.201
CCl_4	四氯化碳	283.15	4.558	557	0.272
CH_3OH	甲醇	239.43	8.10	272	0.224
C_2H_6OH	乙醇	240.77	6.148	276	0.240
C_6H_6	苯	288.95	4.898	306	0.268
$C_6H_5CH_3$	甲苯	318.57	4.109	290	0.266

附录七　某些气体的范德华常数

气体		$10^3 a$ /$Pa \cdot m^6 \cdot mol^{-2}$	$10^6 b$ /$m^3 \cdot mol^{-1}$	气体		$10^3 a$ /$Pa \cdot m^6 \cdot mol^{-2}$	$10^6 b$ /$m^3 \cdot mol^{-1}$
Ar	氩	136.3	32.19	C_2H_6	乙烷	556.2	63.80
H_2	氢	24.76	26.61	C_3H_8	丙烷	877.9	84.45
N_2	氮	140.8	39.13	C_2H_4	乙烯	453.0	57.14
O_2	氧	137.8	31.83	C_3H_6	丙烯	849.0	82.72
Cl_2	氯	657.9	56.22	C_2H_2	乙炔	444.8	51.36
H_2O	水	553.6	30.49	$CHCl_3$	氯仿	1537	102.2
NH_3	氨	422.5	37.07	CCl_4	四氯化碳	2066	138.3
HCl	氯化氢	371.6	40.81	CH_3OH	甲醇	964.9	67.02
H_2S	硫化氢	449.0	42.87	C_2H_6OH	乙醇	1218	84.07
CO	一氧化碳	150.5	39.85	$(C_2H_5)_2O$	乙醚	1761	134.4
CO_2	二氧化碳	364.0	42.67	$(CH_3)_2CO$	丙酮	1409	99.4
SO_2	二氧化硫	680.3	56.36	C_6H_6	苯	1824	115.4
CH_4	甲烷	228.3	42.78				

附录八　某些气体的摩尔定压热容与温度的关系

$$C_{p,m} = a + bT + cT^2$$

物　质		a/$J \cdot mol^{-1} \cdot K^{-1}$	$10^3 b$/$J \cdot mol^{-1} \cdot K^{-2}$	$10^6 c$/$J \cdot mol^{-1} \cdot K^{-3}$	温度范围/K
H_2	氢	26.88	4.347	−0.3265	273∼3800
Cl_2	氯	31.696	10.144	−4.038	300∼1500
Br_2	溴	35.241	4.075	−1.487	300∼1500
O_2	氧	28.17	6.297	−0.7494	273∼3800

续表

物　　质		a/J·mol^{-1}·K^{-1}	$10^3 b$/J·mol^{-1}·K^{-2}	$10^6 c$/J·mol^{-1}·K^{-3}	温度范围/K
N_2	氮	27.32	6.226	−0.9502	273～3800
HCl	氯化氢	28.17	1.810	1.547	300～1500
H_2O	水	29.16	14.49	−2.022	273～3800
CO	一氧化碳	26.537	7.6831	−1.172	300～1500
CO_2	二氧化碳	26.75	42.258	−14.25	300～1500
CH_4	甲烷	14.15	75.496	−17.99	298～1500
C_2H_6	乙烷	9.401	159.83	−46.229	298～1500
C_2H_4	乙烯	11.84	119.67	−36.51	298～1500
C_3H_6	丙烯	9.427	188.77	−57.488	298～1500
C_2H_2	乙炔	30.67	52.810	−16.27	298～1500
C_3H_4	丙炔	26.50	120.66	−39.57	298～1500
C_6H_6	苯	−1.71	324.77	−110.58	298～1500
$C_6H_5CH_3$	甲苯	2.41	391.17	−130.65	298～1500
CH_3OH	甲醇	18.40	101.56	−28.68	273～1000
C_2H_5OH	乙醇	29.25	166.28	−48.898	298～1500
$(C_2H_5)_2O$	二乙醚	−103.9	1417	−248	300～400
HCHO	甲醛	18.82	58.379	−15.61	291～1500
CH_3CHO	乙醛	31.05	121.46	−36.58	298～1500
$(CH_3)_2CO$	丙酮	22.47	205.97	−63.521	298～1500
HCOOH	甲酸	30.7	89.20	−34.54	300～700
$CHCl_3$	氯仿	29.51	148.94	−90.734	273～773

附录九　某些有机物的标准摩尔燃烧焓

（标准压力 $p^{\ominus}=100$ kPa，25℃）

物　　质		$-\Delta_c H_m^{\ominus}$/kJ·mol^{-1}	物　　质		$-\Delta_c H_m^{\ominus}$/kJ·mol^{-1}
CH_4(g)	甲烷	890.31	C_2H_5CHO(l)	丙醛	1816.3
C_2H_6(g)	乙烷	1559.8	$(CH_3)_2CO$(l)	丙酮	1790.4
C_3H_8(g)	丙烷	2219.9	$CH_3COC_2H_5$(l)	甲乙酮	2444.2
C_5H_{12}(l)	正戊烷	3509.5	HCOOH(l)	甲酸	254.6
C_5H_{12}(g)	正戊烷	3536.1	CH_3COOH(l)	乙酸	874.54
C_6H_{14}(l)	正己烷	4163.1	C_2H_5COOH(l)	丙酸	1527.3
C_2H_4(g)	乙烯	1411.0	C_3H_7COOH(l)	正丁酸	2183.5
C_2H_2(g)	乙炔	1299.6	$CH_2(COOH)_2$(s)	丙二酸	861.15
C_3H_6(g)	环丙烷	2091.5	$(CH_2COOH)_2$(s)	丁二酸	1491.0
C_4H_8(l)	环丁烷	2720.5	$(CH_3CO)_2O$(l)	乙酸酐	1806.2
C_5H_{10}(l)	环戊烷	3290.9	$HCOOCH_3$(l)	甲酸甲酯	979.5
C_6H_{12}(l)	环己烷	3919.9	C_6H_5OH(s)	苯酚	3053.5
C_6H_6(l)	苯	3267.5	C_6H_5CHO(l)	苯甲醛	3527.9
$C_{10}H_8$(s)	萘	5153.9	$C_6H_5COCH_3$(l)	苯乙酮	4148.9
CH_3OH(l)	甲醇	726.51	C_6H_5COOH(s)	苯甲酸	3226.9
C_2H_5OH(l)	乙醇	1366.8	$C_6H_4(COOH)_2$(s)	邻苯二甲酸	3223.5
C_3H_7OH(l)	正丙醇	2019.8	$C_6H_5COOCH_3$(l)	苯甲酸甲酯	3957.6
C_4H_9OH(l)	正丁醇	2675.8	$C_{12}H_{22}O_{11}$(s)	蔗糖	5640.9
$CH_3OC_2H_5$(g)	甲乙醚	2107.4	CH_3NH_2(l)	甲胺	1060.6
$(C_2H_5)_2O$(l)	二乙醚	2751.1	$C_2H_5NH_2$(l)	乙胺	1713.3
HCHO(g)	甲醛	570.78	$(NH_3)_2CO$(s)	尿素	631.66
CH_3CHO(l)	乙醛	1166.4	C_5H_5N(l)	吡啶	2782.4

附录十 某些物质的标准摩尔生成焓、标准摩尔生成吉布斯函数、标准摩尔熵及摩尔定压热容

(标准压力 $p^{\ominus}=100\text{kPa}$,25℃)

物 质	$\Delta_\text{f} H_\text{m}^{\ominus}$ /kJ·mol^{-1}	$\Delta_\text{f} G_\text{m}^{\ominus}$ /kJ·mol^{-1}	$S_\text{m}^{\ominus}$ /J·mol^{-1}·K^{-1}	$C_{p,\text{m}}$ /J·mol^{-1}·K^{-1}
Ag(s)	0	0	42.55	25.351
AgCl(s)	−127.068	−109.789	96.2	50.79
Ag$_2$O(s)	−31.05	−11.20	121.3	65.86
Al(s)	0	0	28.33	24.35
Al$_2$O$_3$(α,刚玉)	−1675.7	−1582.3	50.92	79.04
Br$_2$(l)	0	0	152.231	75.689
Br$_2$(g)	30.907	3.110	25.463	36.02
HBr(g)	−36.40	−53.45	198.695	29.142
Ca(s)	0	0	41.42	25.31
CaC$_2$(s)	−59.8	−64.9	69.96	62.72
CaCO$_3$(方解石)	−1206.92	−1128.79	92.9	81.88
CaO(s)	−635.09	−604.03	39.75	42.80
Ca(OH)$_2$(s)	−986.09	−898.49	83.39	87.49
C(石墨)	0	0	5.740	8.527
C(金刚石)	1.895	2.900	2.377	6.113
CO(g)	−110.525	−137.168	197.674	29.142
CO$_2$(g)	−393.509	−394.359	213.74	37.11
CS$_2$(l)	89.70	65.27	151.34	75.7
CS$_2$(g)	117.36	67.12	237.84	45.40
CCl$_4$(l)	−135.44	−65.21	216.40	131.75
CCl$_4$(g)	−102.9	−60.59	309.85	83.30
HCN(l)	108.87	124.97	112.84	70.63
HCN(g)	135.1	124.7	201.78	35.86
Cl$_2$(g)	0	0	223.066	33.907
Cl(g)	121.679	105.680	165.198	21.840
HCl(g)	−92.307	−95.299	186.908	29.12
Cu(s)	0	0	33.150	24.435
CuO(s)	−157.3	−129.7	42.63	42.30
Cu$_2$O(s)	−168.6	−146.0	93.14	63.64
F$_2$(g)	0	0	202.78	31.30
HF(g)	−271.1	−273.2	173.779	29.133
Fe(s)	0	0	27.28	25.10
FeCl$_2$(s)	−341.79	−302.30	117.95	76.65
FeCl$_3$(s)	−399.49	−334.00	142.3	96.65
Fe$_2$O$_3$(赤铁矿)	−824.2	−742.2	87.40	103.85
Fe$_3$O$_4$(磁铁矿)	−1118.4	−1015.4	146.4	143.43
FeSO$_4$(s)	−928.4	−820.8	107.5	100.58
H$_2$(g)	0	0	130.684	28.824
H(g)	217.965	203.247	114.713	20.784
H$_2$O(l)	−285.830	−237.129	69.91	75.291
H$_2$O(g)	−241.818	−228.572	188.825	33.577
I$_2$(s)	0	0	116.135	54.438
I$_2$(g)	62.438	19.327	260.69	36.90

续表

物 质	$\Delta_f H_m^\ominus$ /kJ·mol^{-1}	$\Delta_f G_m^\ominus$ /kJ·mol^{-1}	$S_m^\ominus$ /J·mol^{-1}·K^{-1}	$C_{p,m}$ /J·mol^{-1}·K^{-1}
I(g)	106.838	70.250	180.791	20.786
HI(g)	26.48	1.70	206.594	29.158
Mg(s)	0	0	32.68	24.89
MgCl$_2$(s)	−641.32	−591.79	89.62	71.38
MgO(s)	−601.70	−569.43	26.94	37.15
Mg(OH)$_2$(s)	−924.54	−833.51	63.18	77.06
Na(s)	0	0	51.21	28.24
Na$_2$CO$_3$(s)	−1130.68	−1044.44	134.98	112.30
NaHCO$_3$(s)	−950.81	−851.0	101.7	87.61
NaCl(s)	−411.153	−384.138	72.13	50.50
NaNO$_3$(s)	−467.85	−367.00	116.52	92.88
NaOH(s)	−425.609	−379.494	64.455	59.54
Na$_2$SO$_4$(s)	−1387.08	−1270.16	149.58	128.20
N$_2$(g)	0	0	191.61	29.125
NH$_3$(g)	−46.11	−16.45	192.45	35.06
NO(g)	90.25	86.55	210.761	29.844
NO$_2$(g)	33.18	51.31	240.06	37.20
N$_2$O(g)	82.05	104.20	219.85	38.45
N$_2$O$_3$(g)	83.72	139.46	312.28	65.61
N$_2$O$_4$(g)	9.16	97.89	304.29	77.28
N$_2$O$_5$(g)	11.3	115.1	355.7	84.5
HNO$_3$(l)	−174.10	−80.71	155.60	109.87
HNO$_3$(g)	−135.06	−74.72	266.38	53.35
NH$_4$NO$_3$(s)	−365.56	−183.87	151.08	139.3
O$_2$(g)	0	0	205.138	29.355
O(g)	249.170	231.731	161.055	21.912
O$_3$(g)	142.7	163.2	238.93	39.20
P(α-白磷)	0	0	41.09	23.840
P(红磷,三斜晶系)	−17.6	−12.1	22.80	21.21
P$_4$(g)	58.91	24.44	279.98	67.15
PCl$_3$(g)	−287.0	−267.8	311.78	71.84
PCl$_5$(g)	−374.9	−305.0	364.58	112.80
H$_3$PO$_4$(s)	−1279.0	−1119.1	110.50	106.06
S(正交晶系)	0	0	31.80	22.64
S(g)	278.805	238.250	167.821	23.673
S$_8$(g)	102.30	49.63	430.98	156.44
H$_2$S(g)	−20.63	−33.56	205.79	34.23
SO$_2$(g)	−296.830	−300.194	248.22	39.87
SO$_3$(g)	−395.72	−371.06	256.76	50.67
H$_2$SO$_4$(l)	−813.989	−690.003	156.904	138.91
Si(s)	0	0	18.83	20.00
SiCl$_4$(l)	−687.0	−619.84	239.7	145.31
SiCl$_4$(g)	−657.01	−616.98	330.73	90.25
SiH$_4$(g)	34.3	56.9	204.62	42.84
SiO$_2$(α 石英)	−910.94	−856.64	41.84	44.43
SiO$_2$(s,无定形)	−903.49	−850.70	46.9	44.4
Zn(s)	0	0	41.63	25.40
ZnCO$_3$(s)	−812.78	−731.52	82.4	79.71
ZnCl$_2$(s)	−415.05	−369.398	111.46	71.34

续表

物　质		$\Delta_f H_m^\ominus$ /kJ·mol^{-1}	$\Delta_f G_m^\ominus$ /kJ·mol^{-1}	$S_m^\ominus$ /J·mol^{-1}·K^{-1}	$C_{p,m}$ /J·mol^{-1}·K^{-1}
ZnO(s)		−348.28	−318.30	43.64	40.25
CH$_4$(g)	甲烷	−74.81	−50.72	186.264	35.309
C$_2$H$_6$(g)	乙烷	−84.68	−32.82	229.60	52.63
C$_2$H$_4$(g)	乙烯	52.26	68.15	219.56	43.56
C$_2$H$_2$(g)	乙炔	226.73	209.20	200.94	43.93
CH$_3$OH(l)	甲醇	−238.66	−166.27	126.8	81.6
CH$_3$OH(g)	甲醇	−200.66	−161.96	239.81	43.89
C$_2$H$_5$OH(l)	乙醇	−277.69	−174.78	160.7	111.46
C$_2$H$_5$OH(g)	乙醇	−235.10	−168.49	282.70	65.44
(CH$_2$OH)$_2$(l)	乙二醇	−454.80	−323.08	166.9	149.8
(CH$_3$)$_2$O(g)	二甲醚	−184.05	−112.59	266.38	64.39
HCHO(g)	甲醛	−108.57	−102.53	218.77	35.40
CH$_3$CHO(g)	乙醛	−166.19	−128.86	250.3	57.3
HCOOH(l)	甲酸	−424.72	−361.35	128.95	99.04
CH$_3$COOH(l)	乙酸	−484.5	−389.9	159.8	124.3
CH$_3$COOH(g)	乙酸	−432.25	−374.0	282.5	66.5
(CH$_2$)$_2$O(l)	环氧乙烷	−77.82	−11.76	153.85	87.95
(CH$_2$)$_2$O(g)	环氧乙烷	−52.63	−13.01	242.53	47.91
CHCl$_3$(l)	氯仿	−134.47	−73.66	201.7	113.8
CHCl$_3$(g)	氯仿	−103.14	−70.34	295.71	65.69
C$_2$H$_5$Cl(l)	氯乙烷	−136.52	−59.31	190.79	104.35
C$_2$H$_5$Cl(g)	氯乙烷	−112.17	−60.39	276.00	62.8
C$_2$H$_5$Br(l)	溴乙烷	−92.01	−27.70	198.7	100.8
C$_2$H$_5$Br(g)	溴乙烷	−64.52	−26.48	286.71	64.52
CH$_2$CHCl(g)	氯乙烯	35.6	51.9	263.99	53.72
CH$_3$COCl(l)	氯乙酰	−273.80	−207.99	200.8	117
CH$_3$COCl(g)	氯乙酰	−243.51	−205.80	295.1	67.8
CH$_3$NH$_2$	甲胺	−22.97	32.16	243.41	53.1
(NH$_2$)$_2$CO(s)	尿素	−333.51	−197.33	104.60	93.14

参 考 文 献

[1] 印永嘉,奚正楷,张树永,等. 物理化学简明教程. 第 4 版. 北京:高等教育出版社,2007.
[2] 肖衍繁,李文斌. 物理化学. 天津:天津大学出版社,2004.
[3] 王正烈,周亚平修订. 物理化学. 第 4 版. 北京:高等教育出版社,2005.
[4] 傅献彩,沈文霞. 物理化学. 第 5 版. 北京:高等教育出版社,2006.
[5] 胡英主编. 物理化学. 第 5 版. 北京:高等教育出版社,2008.
[6] 沈文霞. 物理化学核心教程. 第 2 版. 北京:科学出版社,2009.
[7] 沈钟,赵振国,王国庭. 胶体与表面化学. 第 3 版. 北京:化学工业出版社,2004.
[8] 侯万国,孙德军,张春光. 应用胶体化学. 北京:科学出版社,1998.
[9] 杨绮琴,方北龙,童叶翔. 应用电化学. 广州:中山大学出版社,2001.
[10] 杨文治. 电化学基础. 北京:北京大学出版社,1982.
[11] 徐越. 化学反应动力学. 北京:化学工业出版社,2004.
[12] 胡荣祖,史启祯. 热分析动力学. 北京:科学出版社,2001.
[13] 韩德刚,高执棣. 物理化学. 北京:高等教育出版社,2001.
[14] 蔡炳新. 基础物理化学:上册. 北京:科学出版社,2001.
[15] 林智信,安从俊,刘义,等. 物理化学. 武汉:武汉大学出版社,2003.
[16] 朱自强. 超临界流体技术——原理和应用. 北京:化学工业出版社,2000.
[17] Robert G Mortimer. Physical Chemistry. 3th Edition. Burlington:Elsevier Academic Press,2008.
[18] Atkins P,Paula J. Physical Chemistry. 8th Edition. London:Oxford University Press,2006.
[19] House J E. Principles of Chemical Kinetics. 2nd Edition. Burlington:Elsevier Academic Press,2007.
[20] 邓景发,范康年. 物理化学. 北京:高等教育出版社,1993.
[21] 傅玉普主编. 多媒体 CAI 物理化学. 第 3 版. 大连:大连理工大学出版社,2001.